建筑地基基础设计禁忌及实例

刘金波　李文平　刘民易　赵　兵　编著

中国建筑工业出版社

图书在版编目（CIP）数据

建筑地基基础设计禁忌及实例/刘金波等编著. —北京：中国
建筑工业出版社，2013.3
ISBN 978-7-112-15118-9

Ⅰ.①建… Ⅱ.①刘… Ⅲ.①地基-基础（工程）-建筑设计
Ⅳ.①TU47

中国版本图书馆 CIP 数据核字（2013）第 037837 号

　　本书内容是作者从多年的科研、设计、处理复杂工程的实践中提炼出来的关于地基基础设计中容易出现或容易被忽略的工程问题。全书共八章，包括地基基础综合问题，地基相关规范的理解与应用，地基基础方案的选择确定，天然地基承载力与变形，箱、筏基础，桩基础，地基处理以及 JCCAD 应用禁忌。

　　本书适合从事岩土、结构设计的工程师阅读使用，也可供相关专业科研、施工、监理等技术人员参考。

责任编辑：武晓涛
责任设计：董建平
责任校对：姜小莲　王雪竹

建筑地基基础设计禁忌及实例

刘金波　李文平　刘民易　赵　兵　编著

*

中国建筑工业出版社出版、发行（北京西郊百万庄）
各地新华书店、建筑书店经销
北京科地亚盟排版公司制版
北京市密东印刷有限公司印刷

*

开本：787×1092 毫米　1/16　印张：23　字数：560 千字
2013 年 4 月第一版　　2015 年 9 月第四次印刷
定价：**52.00** 元
ISBN 978-7-112-15118-9
（23117）

前　言

我承接了中国建筑工业出版社关于"建筑地基基础设计禁忌及实例"的编书任务，深感责任重大。原因之一是自己水平有限，唯恐写出来误导读者；原因二是自己总以"忙"为借口，拖延出书时间，好在武晓涛编辑给予了很大的耐心，也使我最后鼓足勇气，在众多前辈和朋友的帮助下，完成了这本书的编写。

本书名为"建筑地基基础设计禁忌及实例"，实为中国建筑工业出版社工程设计禁忌系列书之一。大家都知道，地基基础的问题非常复杂，原因之一就是作为建筑物载体的地基土的复杂性，包括成因、成分、工程性质及对工程性质的影响因素。其二，是地基处理方法的多样性，目前的有关地基处理、桩基础施工工艺众多，各有千秋，也就是说各有适用范围，而此点往往是我们设计人员容易忽略的。而很多的地基基础工程事故恰恰是施工造成的，一些工程隐患也有施工的因素。其三是结构的多样性和复杂性对地基基础设计的要求越来越高。

本书的主要内容是关于地基基础设计中容易出现或容易被忽略的工程问题。全书共八章，第1章主要介绍地基基础设计中通性的一些需注意的问题；第2章介绍地基基础相关规范应用中需注意的问题，作者从自己编规范和使用规范的体会进行介绍，对于提高理解规范的水平，更好的利用规范将大有益处；第3章是地基基础方案的选择确定，好的地基基础方案对工程安全、造价、施工都有决定性影响，提醒读者注意地基基础方案的重要性；第4章介绍天然地基设计中需注意的问题；第5章介绍箱筏基础设计中需注意的问题；第6章介绍桩基础设计中需注意的问题；第7章介绍地基处理和复合地基应用中需注意的问题；第8章介绍地基基础设计软件应用中需要注意的问题。

书中具体内容多以基本概念为出发点，是从作者多年的科研、设计、处理复杂工程的实践提炼出来的。对于提高结构、岩土设计人员的设计水平，减小地基基础工程事故的将非常有益。书中一些内容是作者首次在国内提出，如单侧裙楼对主楼地基变形的影响及设计注意要点、地表试桩对承载力的影响分析、人工挖孔桩护壁的选择、广义变刚度调平设计、地基检测位置应考虑地基变形特征等概念。还有一些建议对于提高工程的安全很有帮助，如桩基箍筋的合理设计、地基基础方案关键点的把握、基础耐久性全面考虑等。

本书从承接到完成约4年，其中有3年的时间在积累和思考，就像养育一个孩子一样，脑子里无时不挂念它，无时不想如何培养好它。有时在工作中突然有一个好的想法，马上停下手头的工作，把这些想法记录下来，补充进书里。稿件的整理时间约半年。本书写作一直贯彻对读者有用、有帮助的原则，适用于结构或岩土工程师再教育和提高设计水平。书的完成得到很多人的帮助，在这里感谢如下：

感谢我的主要合作伙伴李文平高级工程师、刘民易高级工程师和赵兵高级工程师；

感谢全国各地听过我讲课的学员。正是通过近年在全国各地约 70 场的各种讲座，我了解到土木工程师需要什么、在什么地方概念不清楚、在什么地方容易出问题。学员们的提问或提供的工程实际资料，极大地丰富了我的写作；

感谢李冰工程师、研究生郭金雪、邱仁东博士、康富中博士、万征博士、杨秋玲研究生、缪静芳研究生、UBC 土木系沈银澜博士、李晓京、赵晓光、江书超等为本书做了很多插图和资料收集工作；

感谢英属哥伦比亚大学土木系 Sigi Stiemer 教授在大学校园里给我提供的办公室，为我静心写作创造条件，我的大部分写作整理工作是在英属哥伦比亚大学土木系访问时完成的；

特别感谢我的硕士导师天津大学建筑设计研究院原总工程师凌光荣教授级高工、我的博士导师中国建筑科学研究院地基基础研究所原所长刘金砺研究员对我多年的指导和关怀；

也感谢我的家人为我写书给予时间上的支持和精神上的牵挂。

滨州规划设计院张明正总工程师、承德市建筑设计院总工程师吴立春、山东建筑大学设计研究院王同果高级工程师、丹东规划院的郭奇高级工程师、山东建筑大学土木系王示教授，为本书的设计内容部分完成了很多工作，提出了很好的建议；建研地基山东分公司的赵岭山、张忠南、衣兰法工程师、中国建筑科学研究院地基所赵兰涛工程师、曹雨民工程师等为本书有关施工的内容做了很多工作；滨州医院基建处王卫东高级工程师对有关基础造价的问题给予很多帮助。本书部分内容得到天津大学设计研究院安海玉副总工程的指正。这里一并感谢。

由于作者知识水平有限，还请读者多给指正，以利于本书的完善和我们工程设计水平的提高。作者邮箱 CABRLJB@126.com，276256527@qq.com。

刘金波
2012 年 10 月于英属哥伦比亚大学土木系

目　录

第1章　地基基础综合问题 ………………………………………………………… 1

【禁忌 1.1】　对地基和基础的概念认识不全面 ………………………………… 1

【禁忌 1.2】　对地基按承载力和变形控制设计之间的关系不清楚 …………… 1

【禁忌 1.3】　对影响地基变形的因素了解不全面 ……………………………… 3

【禁忌 1.4】　不注重基础沉降资料的经验积累 ………………………………… 4

【禁忌 1.5】　对减小地基变形的原理和方法不清楚 …………………………… 5

【禁忌 1.6】　对地基变形和基础沉降的关系了解模糊 ………………………… 7

【禁忌 1.7】　对上部结构、基础和地基的共同作用概念和相互影响不清楚 …… 8

【禁忌 1.8】　对多塔楼大底盘基础的特点和工程设计中的主要关注点
　　　　　　　不了解 …………………………………………………………… 10

【禁忌 1.9】　不能完整、全面、正确的阅读勘察报告 ………………………… 13

【禁忌 1.10】　对有关地形、地貌、地质构造的概念掌握不全面 …………… 16

【禁忌 1.11】　对土的主要物理指标及在工程中的应用不清楚 ……………… 19

【禁忌 1.12】　对土的抗剪强度指标的测试方法及在工程中的应用原则模糊 … 23

【禁忌 1.13】　对土的压缩试验及测试结果在工程中的应用不清楚 ………… 24

【禁忌 1.14】　对地基基础工程施工的重要性认识不足 ……………………… 27

【禁忌 1.15】　对地基基础检测重视不够 ……………………………………… 28

【禁忌 1.16】　对桩基或其他地基处理方法的质量问题处理教条 …………… 32

【禁忌 1.17】　不能综合判断地基基础新技术适用条件 ……………………… 34

【禁忌 1.18】　对地基基础耐久性设计考虑不全面 …………………………… 35

【禁忌 1.19】　对岩土工程的复杂性及不确定性认识不足 …………………… 36

【禁忌 1.20】　对地下水位改变对地基基础的影响重视不够 ………………… 40

【禁忌 1.21】　在设计中不能巧妙合理地利用概念 …………………………… 41

【禁忌 1.22】　对地下室外墙和基坑内壁之间的回填土不重视 ……………… 44

第2章　地基相关规范的理解与应用 …………………………………………… 45

【禁忌 2.1】　不能整体把握相关的地基基础规范 ……………………………… 45

【禁忌 2.2】　不注重理解规范条文规定的目的和要解决的问题 ……………… 46

【禁忌2.3】 不注重理解具体规定所含的基本概念 …………………… 48

【禁忌2.4】 对公式计算假设可能产生的误差不能正确判断 ……… 50

【禁忌2.5】 盲目地套用规范中的公式进行计算 …………………… 53

【禁忌2.6】 忽略条文的基本规定只看后面的具体内容 …………… 54

【禁忌2.7】 忽略规范条文的"轻"、"重"次序 …………………… 55

【禁忌2.8】 将地基基础相关规范条文"圣旨"化 ………………… 56

【禁忌2.9】 不注意规范所给范围值的合理选用 …………………… 56

【禁忌2.10】 不能正确理解规范之间的不一致 …………………… 59

【禁忌2.11】 对地基基础工程应遵循的国内规范、规程了解不全面 …… 61

【禁忌2.12】 对涉外工程规范的选用及国内外规范的异同缺乏了解 …… 62

【禁忌2.13】 对和地基基础设计相关的国外规范不了解 ………… 63

【禁忌2.14】 对承载能力极限状态和正常使用极限状态设计概念模糊 …… 66

【禁忌2.15】 对规范中地基基础设计等级理解教条 ……………… 67

【禁忌2.16】 应用规范时不结合工程实际,仅简单满足规范要求 …… 68

第3章 地基基础方案的选择确定 ……………………………………… 70

【禁忌3.1】 考虑地基基础时对概念设计重视不够 ……………… 70

【禁忌3.2】 对地基类型及设计注意事项掌握不全面 …………… 73

【禁忌3.3】 对特殊地基土的特性及变形特征了解不全面 ……… 76

【禁忌3.4】 确定地基基础方案时,考虑不全面 ………………… 82

【禁忌3.5】 考虑地基基础方案时,忽略上部结构特点和变形特征 …… 85

【禁忌3.6】 考虑地基基础方案时,抓不住关键控制点 ………… 89

【禁忌3.7】 考虑地基基础方案时,仅重视承载力,忽略变形协调 …… 92

【禁忌3.8】 对同一建筑基础埋深不一致可能产生的问题不能客观分析 …… 93

【禁忌3.9】 对常用地基处理方法原理及适用范围了解不全面 …… 94

【禁忌3.10】 对常用桩的应用条件和注意问题了解不全面 ……… 101

【禁忌3.11】 考虑基础方案时,对地下水重视不够 ……………… 103

【禁忌3.12】 考虑地基基础方案时,忽略对相邻建筑的影响 …… 103

【禁忌3.13】 采用天然地基时,忽略原有旧基础对变形的影响 …… 105

【禁忌3.14】 考虑地基基础方案时,对地震的影响重视不够 …… 105

【禁忌3.15】 考虑地基基础方案时,不能广义地应用变刚度调平 …… 107

【禁忌3.16】 对规范中与地基基础设计等级有关的事项了解不全面 …… 109

【禁忌3.17】 确定基础埋深时,忽略埋深的目的,仅按高度的1/15或1/18
　　　　　　 考虑 …………………………………………………… 110

【禁忌3.18】 对地基基础方案的经济性考虑不全面 ……………… 111

第4章 天然地基承载力与变形 ······ 114

【禁忌 4.1】 对天然地基承载力的基本特点和深度修正的原理了解不全面 ··· 114

【禁忌 4.2】 对地基基础各类验算所用的荷载组合不对 ······ 117

【禁忌 4.3】 将基底压力作为基础计算的设计值 ······ 119

【禁忌 4.4】 独立基础设计模型及荷载不当 ······ 120

【禁忌 4.5】 基础底面边缘最大压力值计算忽略了 $e > b/6$ 的情况 ······ 122

【禁忌 4.6】 忽略对天然地基软弱下卧层承载力的验算 ······ 123

【禁忌 4.7】 基础埋置深度不当 ······ 124

【禁忌 4.8】 确定新建建筑物基础埋深时未考虑对原有建筑物的影响 ······ 127

【禁忌 4.9】 建筑物增层时，未考虑原地基承载力的提高 ······ 128

【禁忌 4.10】 承载力深宽修正时，关键参数选取错误 ······ 129

【禁忌 4.11】 天然地基承载力深度修正的深度取值有误 ······ 130

【禁忌 4.12】 黏性土深度修正不查 e 及 I_L 是否大于 0.85 ······ 132

【禁忌 4.13】 粉土深度修正不查粘粒含量是否大于 10% ······ 132

【禁忌 4.14】 计算地基变形时，未考虑相邻荷载的影响 ······ 133

【禁忌 4.15】 计算地基变形时，沉降计算深度取值不当 ······ 134

【禁忌 4.16】 当按规范推荐公式计算基础中心点的沉降时，误以基础长和宽
作为 l 及 b 从 GB 50007—2011 表 K.0.1-2 中查取平均附加应力
系数 $\bar{\alpha}_i$ ······ 137

【禁忌 4.17】 地基承载力及变形验算误用活荷载折减后的数值 ······ 138

【禁忌 4.18】 当地下室基础埋置较深时，未考虑回弹再压缩的变形 ······ 139

【禁忌 4.19】 变形验算没采用合适压力区间的压缩模量 ······ 141

【禁忌 4.20】 在确定沉降计算经验系数时，对压缩模量的当量值及附加应力
系数沿土层厚度的积分值的概念及计算方法不了解 ······ 143

【禁忌 4.21】 当按规范推荐公式计算基础沉降时，误将附加应力系数当做
平均附加应力系数 ······ 144

【禁忌 4.22】 设计双柱或多柱联合基础时，未考虑荷载偏心的影响 ······ 146

【禁忌 4.23】 任何情况下基础梁均按地基反力为直线分布计算 ······ 148

【禁忌 4.24】 在计算柱下基础筏板抗冲切承载力时，忽略不平衡弯矩
的影响 ······ 150

【禁忌 4.25】 墙下条基在墙下设地梁，地梁按承担全部竖向荷载的普通受弯
构件进行承载力计算 ······ 151

【禁忌 4.26】 未按要求设置基础拉梁 ······ 152

【禁忌 4.27】 基础拉梁内力配筋计算错误 ······ 153

【禁忌 4.28】 认为高层建筑与相连的裙房之间设置沉降缝是解决差异沉降的
最好方式 ……………………………………………………… 155

【禁忌 4.29】 高层建筑与相连的裙房之间设置沉降缝后未对地下部分作任何
处理 ……………………………………………………… 157

【禁忌 4.30】 沉降缝兼做防震缝时，未留足缝宽 ………………… 158

【禁忌 4.31】 地下室平面长度超过伸缩缝最大间距要求，既未设伸缩缝也未
采取任何构造措施 ………………………………… 159

【禁忌 4.32】 地基基础设计未考虑地面荷载的影响 ……………… 162

【禁忌 4.33】 6 度以上地震区存在液化土层但未采取处理措施 …… 162

【禁忌 4.34】 无勘察报告进行地基基础设计 ……………………… 164

【禁忌 4.35】 施工图遗漏现场监测要求 …………………………… 166

【禁忌 4.36】 对基槽检验不够重视，对检验内容不得要领 ……… 170

第5章　箱、筏基础 ……………………………………………… 173

【禁忌 5.1】 高层建筑基础筏板偏心距的计算忽略裙楼的影响 …… 173

【禁忌 5.2】 地下室外墙结构计算模型不合理 …………………… 175

【禁忌 5.3】 地下室外墙计算荷载因素考虑不周全 ……………… 178

【禁忌 5.4】 地下室外墙误按主动土压力设计 …………………… 179

【禁忌 5.5】 地下室外墙无扶壁柱（或内横墙）的配筋方式不当 … 182

【禁忌 5.6】 地下室外墙有扶壁柱（或内横墙）时的配筋方式不当 … 184

【禁忌 5.7】 筏板布置不视上部结构荷载及地基承载力情况一律外挑 … 185

【禁忌 5.8】 忽略箱筏基础对混凝土、钢筋及墙厚的要求 ……… 186

【禁忌 5.9】 基础底板厚度取值考虑不全面 ……………………… 187

【禁忌 5.10】 筏板配筋没有考虑差异变形及整体弯曲的不利影响 … 187

【禁忌 5.11】 桩筏基础冲切计算考虑不全面 …………………… 189

【禁忌 5.12】 忽略柱与筏板交界面处混凝土的局部受压承载力验算 … 191

【禁忌 5.13】 墙下布桩基础底板按构造配筋 …………………… 192

【禁忌 5.14】 墙下筏形基础在墙与筏板交界处设基础明梁 …… 193

【禁忌 5.15】 防水底板计算仅考虑水浮力 ……………………… 194

【禁忌 5.16】 对抗浮设计考虑不全面 …………………………… 195

【禁忌 5.17】 地下室为箱形基础，外墙连续窗井外无挡土墙、内无内
隔墙 ……………………………………………… 198

【禁忌 5.18】 地下室混凝土内隔墙设计考虑不周全或缺少必要的验算 … 200

【禁忌 5.19】 对基础底板的裂缝控制设计不当 ………………… 201

【禁忌 5.20】 对后浇带作用、类型、设置位置及浇筑时间掌握不全面 …… 202

【禁忌 5.21】 沉降后浇带无防水做法 ·································· 204

第 6 章 桩基础 ··· 208

【禁忌 6.1】 对桩基的基本概念掌握不全面 ·························· 208

【禁忌 6.2】 不能正确理解桩分类的内涵及作用 ·················· 209

【禁忌 6.3】 对常用桩施工质量控制要点掌握不全面 ············ 210

【禁忌 6.4】 不能正确理解桩的极限承载力的概念 ··············· 216

【禁忌 6.5】 不能正确理解和应用规范中有关进入持力层的规定 ··· 217

【禁忌 6.6】 桩基抗震设计时考虑不全面 ·························· 218

【禁忌 6.7】 不能正确理解群桩效应 ································· 221

【禁忌 6.8】 对复合桩基基本原理和应用条件不清楚 ············ 225

【禁忌 6.9】 减沉复合疏桩基础的不适当应用 ····················· 227

【禁忌 6.10】 不考虑实际情况，一律按长径比区分桩和墩 ······ 228

【禁忌 6.11】 计算桩承载力时，忽略负摩阻力的影响 ············ 229

【禁忌 6.12】 桩身承载力验算考虑不全面 ·························· 234

【禁忌 6.13】 桩施工图对桩的检测要求不全面 ····················· 236

【禁忌 6.14】 施工前检测工程桩已指定 ····························· 239

【禁忌 6.15】 试桩达不到极限承载力仅满足设计要求 ············ 240

【禁忌 6.16】 对地表试桩结果可能产生误差的原理不清楚 ······ 241

【禁忌 6.17】 对饱和软土地区挤土桩可能出现的问题重视不够 ··· 243

【禁忌 6.18】 桩的配筋不考虑实际受力仅按构造配筋 ············ 245

【禁忌 6.19】 对预制桩的优缺点认识不足 ·························· 247

【禁忌 6.20】 对桩施工工艺对承载力和变形的影响重视不够 ····· 247

【禁忌 6.21】 灌注桩不适当扩底 ···································· 248

【禁忌 6.22】 对影响灌注桩后注浆效果的主要因素不清楚 ······ 248

【禁忌 6.23】 灌注桩后注浆承载力计算忽略施工工艺的影响 ···· 249

【禁忌 6.24】 不重视桩与承台连接的防水构造 ····················· 250

【禁忌 6.25】 灌注桩成孔后混凝土灌注间隔时间过长 ············ 251

【禁忌 6.26】 不注意区分高承台桩和低承台桩 ····················· 251

【禁忌 6.27】 对桩静载试验的沉降量和桩基础最终的沉降量的关系认识

模糊 ·· 253

【禁忌 6.28】 不能正确阅读桩基检测报告 ·························· 253

【禁忌 6.29】 桩承载力验算及承台抗弯承载力计算忽略桩位偏差的影响 ····· 254

【禁忌 6.30】 对于墩基础的设计要求不清楚 ························· 255

【禁忌 6.31】 对软土地区基坑开挖对桩的影响重视不够 ·········· 256

【禁忌6.32】 对基桩耐久性设计要点不清楚 ·················· 257

第7章 地基处理 ························· 258

【禁忌7.1】 对按加固原理进行地基处理方法分类了解不够 ········· 258
【禁忌7.2】 对地基处理要达到的加固效果了解不全面 ··········· 259
【禁忌7.3】 确定地基处理方法时考虑的因素不全面 ············ 260
【禁忌7.4】 对复合地基的概念及使用条件不清楚 ············· 260
【禁忌7.5】 对多桩型复合地基的类型和应用条件不了解 ·········· 261
【禁忌7.6】 多桩型复合地基计算错误 ·················· 263
【禁忌7.7】 确定地基处理方法时，忽略需处理的范围 ··········· 265
【禁忌7.8】 强夯设计时，对回填材料性质和厚度的不同重视不够 ····· 267
【禁忌7.9】 采用水泥土搅拌桩时，对淤泥质土中含的有机质重视不够 ··· 268
【禁忌7.10】 压实填土地基设计时考虑不全面 ·············· 268
【禁忌7.11】 对影响回填土地基的变形因素考虑不全面 ··········· 271
【禁忌7.12】 复合地基设计所需的资料不全 ··············· 272
【禁忌7.13】 对复合地基的褥垫层作用和要求不了解 ············ 272
【禁忌7.14】 CFG桩顶盲目进入褥垫层 ················· 274
【禁忌7.15】 CFG桩复合地基不视上部结构条件一律采用均匀布桩 ····· 275
【禁忌7.16】 对地基处理后的承载力修正概念不清楚 ············ 276
【禁忌7.17】 地基处理后仅进行承载力检测 ··············· 277
【禁忌7.18】 复合地基承载力检测的承压板尺寸不对 ············ 277
【禁忌7.19】 独立基础下CFG桩复合地基承载力计算与布桩错误 ····· 278
【禁忌7.20】 复合地基变形计算遗漏桩端以下土层的变形量 ········ 280
【禁忌7.21】 将修正后的地基承载力特征值代入复合地基承载力计算
公式 ························· 283
【禁忌7.22】 将复合地基承载力的检测要求绝对化 ············· 283
【禁忌7.23】 对选用的换填材料的注意要点不了解 ············· 285

第8章 JCCAD应用禁忌 ····················· 288

【禁忌8.1】 无论何种基础类型JCCAD地质资料均详细输入 ······· 288
【禁忌8.2】 对于地质资料输入中"按给定土层摩擦值端阻力计算"作用不
清楚 ························· 289
【禁忌8.3】 不重视地质资料输入中标高（相对与绝对）的问题 ······· 290
【禁忌8.4】 进行筏板基础沉降计算时，只是从基础底面标高处开始输入地质
资料 ························· 291

【禁忌 8.5】 在进行基础设计时不判断工程的具体情况，直接读取 SATWE 荷载的所有内力工况 ……………………………………………………… 293

【禁忌 8.6】 对基础设计读取上部荷载的合理性不进行判断，一律采用"PM 恒＋活"荷载进行基础设计 …………………………………………… 295

【禁忌 8.7】 对于规范中关于承载力、沉降及配筋的内力组合条件不重视，直接采用 SATWE 最大组合内力文件 WDCNL＊．OUT 输出结果进行基础设计 ……………………………………………………… 299

【禁忌 8.8】 采用 JCCAD 进行基础设计时，对于程序关于《建筑地基基础设计规范》中承载力、沉降及内力配筋等内力组合条件的合理实现不了解 ……………………………………………………………………… 301

【禁忌 8.9】 当上部结构采用非 PKPM 系列程序计算，基础采用 JCCAD 设计时，无论上部结构的情况如何，一律采用附加荷载输入 ……… 304

【禁忌 8.10】 没有注意 JCCAD 程序 10 版与 05 版对于砖混结构荷载读取存在的差异 ……………………………………………………………… 306

【禁忌 8.11】 对于砖混结构中存在的局部框架柱，基础设计时没有根据实际情况读取"PK 恒＋活"，仍然读取"PM 恒＋活" …………… 309

【禁忌 8.12】 对于大底盘多塔结构，采用 JCCAD 软件设计基础时，不知道如何合理考虑基础活荷载按楼层的折减系数 ………………… 310

【禁忌 8.13】 PMCAD 模型输入时，对于【楼层组装】菜单下的"底标高"参数不修改为实际的柱或墙底标高，均采用程序默认的标高 ±0.000 …………………………………………………………………… 315

【禁忌 8.14】 为了基础设计的经济性，承载力计算时盲目考虑水浮力 ……… 316

【禁忌 8.15】 不重视底板抗浮验算 …………………………………………… 319

【禁忌 8.16】 采用 JCCAD 进行不同形式基础设计时，覆土重不进行区别对待 …………………………………………………………………… 322

【禁忌 8.17】 采用 JCCAD 进行不同形式基础设计时，天然地基承载力深度修正没有区别对待 ………………………………………………… 325

【禁忌 8.18】 主裙楼一体建筑，主体承载力计算时，深度修正不考虑裙房的折算埋深，仍然取天然埋深 ……………………………………… 329

【禁忌 8.19】 防水板设计不严谨 …………………………………………… 333

【禁忌 8.20】 采用 JCCAD 软件进行柱下独立基础或桩承台基础设计时，将拉梁上的填充墙折算为附加线荷载输入 ……………………… 335

【禁忌 8.21】 采用 JCCAD〈基础梁板弹性地基梁计算〉菜单设计梁板式筏基时，某些竖向构件处不布置地基梁或者板带 ……………… 336

【禁忌 8.22】 对主裙楼结构偏心距计算控制的目的不了解 ………………… 338

【禁忌 8.23】 采用 JCCAD 设计主裙楼一体的建筑平板式筏基时，内筒冲切计算没有分别考虑主体和裙房 ·· 340

【禁忌 8.24】 采用 JCCAD 软件进行天然地基基础设计时，对于基床反力系数
K 的取值大小不重视 343

【禁忌 8.25】 基础底板和地基梁均验算裂缝宽度，且根据裂缝宽度反算
钢筋 345

【禁忌 8.26】 桩布置时不重视桩群承载力合力点与竖向永久荷载合力作用点
宜重合的要求 346

【禁忌 8.27】 采用 JCCAD 程序进行长短桩基础设计时，不了解其设计
原理 348

【禁忌 8.28】 沉降计算过分依赖软件，直接采用程序根据规范计算的
沉降值 352

【禁忌 8.29】 对软件过度信任与依赖，不加分析地直接使用软件计算
的结果 353

参考文献 ··· 355

第 1 章　地基基础综合问题

【禁忌 1.1】　对地基和基础的概念认识不全面

地基基础分为地基和基础两部分，地基和基础各自功能不同，具体概念如下：

1. 地基的基本概念

1）地基是支承基础的土体或岩体，建筑物的全部荷载均由地基来承担，地基需满足承载力、变形和稳定性的要求。

2）地基变形的大小和均匀程度影响建筑物的正常使用和结构安全。

3）地基分天然地基和人工地基。天然地基是指天然土层具有足够的承载能力，变形满足结构和使用要求，不需经过人工加固便可作为基础的承载体，如岩土、砂土、黏土等。人工地基是指天然土层的承载力、变形不能满足荷载要求，经过人工加固、处理的土层。

2. 基础的基本概念

建筑物向地基传递荷载的结构部分称为基础，一般材料采用钢筋混凝土。常用的如独立基础、条形基础、筏形基础、箱形基础、桩基础等。对于基础应明确以下几方面概念：

（1）基础的刚度的大小对地基变形有很大影响，刚度越大，地基变形越均匀。

（2）为满足高层建筑的抗倾覆和抗滑移稳定性，基础应有适当的埋深，一般情况下，天然地基和复合地基埋深不小于建筑物高度的 1/15，桩基础不小于 1/18～1/20，位于岩石地基上的高层建筑，其基础埋深应满足抗滑要求。

（3）由于地基变形对基础内力有很大影响，特别是不均匀变形，因此基础设计应考虑地基变形的影响，且满足构造要求。

3. 设计中应注意的问题

地基基础设计问题，不宜单纯着眼于地基基础本身，应把地基、基础与上部结构视为一个统一的整体，从三者相互作用的概念出发考虑地基基础方案。有关上部结构、基础和地基的共同作用问题见禁忌 1.7。

【禁忌 1.2】　对地基按承载力和变形控制设计之间的关系不清楚

地基的承载力和变形是地基基础设计的两个主要内容，《建筑地基基础设计规范》GB 50007—2011 在 3.0.2 条规定："所有建筑物的地基计算均应满足承载力计算的规定；设计等级为甲级、乙级的建筑物，均应按地基变形设计。"规范中上面两条为强制性条文，从中看出，关于承载力设计要求是满足"承载力计算规定"，而地基变形则是"按地基变形设计"，从规范的用词我们看出二者的重要程度和复杂程度，前者只需满足规定，后者需要设计。

关于承载力和变形设计的关系，可从以下几方面理解。

1. 承载力的特性

《建筑地基基础设计规范》GB 50007—2011 中 5.2.3 条规定"地基承载力特征值可由载荷试验或其他原位测试、公式计算，并结合工程经验等方法综合确定"，5.2.8 条规定"对于沉降已稳定的建筑或经过预压的地基，可适当提高地基的承载力"。对于承载力的检测方法，在附录 C、附录 D、附录 H、附录 Q、附录 S、附录 T 中都作了非常具体的规定。从规范的这些规定中，综合其他规范，我们可分析出地基或桩基的承载力具有以下特性：

1）承载力需要综合判断，不是简单的载荷试验最终确定的。

2）地基的承载力是可以提高的，如规范 5.2.8 的规定。这不同于混凝土的抗压强度和钢筋的抗拉强度。

3）承载力的检测结果和检测的具体规定有关，如检测方法规定的载荷板尺寸、沉降量、上、下级的沉降差等，如具体规定进行调整，则相同地质条件下，承载力的检测结果也不同。

4）桩基承载力设计值的取值可以不一致。如《建筑桩基技术规范》JGJ 94—2008 规定，桩的承载力特征值是极限值除以 2，而上海地方标准《地基基础设计规范》DGJ 08—11—2010 规定，对于经静载试验得出的桩的极限承载力，预制桩除以 1.8、灌注桩除以 1.9 为桩承载力设计值。上海规范虽然用承载力设计值表示，但其分项系数取 1，从数值上等同于特征值。其他规范如港口桩基规范设计、欧洲规范的取值也不一样。

5）承载力可以进行深宽修正，相同条件下，基础埋深不一样、宽度不一样，承载力的取值不一样。

2. 地基变形的特性

地基的变形是附加应力作用在地基土上产生的，地基变形具有以下特性：

1）影响地基变形的因素众多，禁忌 1.3 作了介绍，准确计算存在一定难度；

2）相同基底压力作用下，地基变形不一定相同，这和钢筋的受拉时产生的变形明显不同；

3）一般地基的变形是不可逆的；

4）既有工程的地基基础事故多为地基基础变形过大或不均匀造成，对于工程中的稳定性问题，实质也是大变形问题。

3. 变形控制设计是建筑物正常使用和上部结构设计的唯一要求

建筑物的正常使用和上部结构安全，对任何地基基础形式的唯一要求是满足上部结构安全使用的地基变形限定。此变形限定须满足建筑物的正常使用要求，并考虑对上部结构附加应力的影响进行结构设计，亦即上部结构的安全，除上部结构本身的承载力设计安全外，还对地基变形有一定的要求。只要使上部结构与地基连接的基础整体及差异变形控制在上部结构安全要求所限定的范围内，一般情况下，这个变形条件下的地基不会出现强度破坏。因此，变形控制设计是建筑物正常使用和上部结构设计的唯一要求，天然地基、复合地基、桩基及任何一种地基形式，如能较精确地计算变形，则变形控制设计必能满足建筑物的正常使用和结构安全。

4. 承载力控制设计是为变形控制设计服务的

在目前情况下，表面上，承载力控制设计是主要的、直观的，变形控制设计是辅助的。但承载力控制设计应以变形控制设计为基础，是为变形控制设计服务的。当根据计算和已有的经验变形不满足要求时，承载力取值应较实际适当降低（如扩大基础底面积）或采取他措施（如减沉桩），直至满足变形要求。对此，《建筑地基基础设计规范》GB 50007—2011 中，7.4.1 条 4 款规定："对于不均匀沉降要求严格的建筑物，可选用较小的基底压力。"禁忌 3.15 在介绍广义变刚度调平设计时，也介绍了类似的方法。

根据已有的经验，在大部分情况下，满足承载力要求的情况下，变形基本能满足要求。在一些特殊情况下，承载力可能满足要求，但变形不一定满足要求，这在设计中应重视。在具体设计中，对于相关规范中对地基变形计算的规定应严格遵循。

5. 承载力控制设计精度大于变形控制设计精度

由于影响地基变形的因素众多，准确计算存在很大困难，而承载力是可直接检测综合判定，因此地基变形计算精度小于地基承载力计算精度。

6. 设计既要满足承载力的规定也要满足变形的要求

在具体设计中，关于承载力和变形相关的规范都有规定，如《建筑地基基础设计规范》GB 50007—2011 中 5.3 节对变形要求做了详细的规定，具体设计均应遵守规范的相关规定。

【禁忌 1.3】 对影响地基变形的因素了解不全面

影响地基变形的因素众多，不完全总结有以下因素：

1. 地质条件，包括土层分布、性质

地基土是地基变形的主体，因此，土层分布、厚度、性质等，是影响地基变形的关键指标之一。

2. 上部结构形式、竖向刚度、荷载分布、荷载大小

上部结构形式、竖向刚度、荷载分布、荷载大小等，影响地基的变形特征，具体见禁忌 3.5。

3. 基础刚度

基础的刚度越大，基础下地基的变形越均匀。

4. 基础的形状和尺寸

基础的形状越复杂，地基土的相互影响越复杂，造成局部应力过大，越容易出现不均匀沉降；相同基底压力情况下，基础尺寸越大，影响深度越深，相应的变形越大。

5. 基础埋深

在相同条件下，基础埋深越大，附加应力降低，地基变形越小。

6. 地基处理方法

不同的地基处理方法对地基土的加固效果不同，土的压缩模量提高幅度不同，影响地基变形。

7. 施工因素

施工因素对地基变形的影响，主要体现在施工工艺和顺序对地基变形的影响。如场地大范围填土时间对地基变形的影响、主裙楼连体的高低层的施工顺序对地基变形的影响。对此《建筑地基基础设计规范》GB 50007—2011 在 7.5.2 条规定："地面堆载应均衡，并应根据使用要求、堆载特点、结构类型和地质条件确定允许堆载量和范围。堆载不宜压在基础上。大面积的填土，宜在基础施工前三个月完成。"7.1.4 条规定："荷载差异较大的建筑物，宜先建重、高部分，后建轻、低部分。"

8. 地下水位变化的影响

地下水位变化可能会引起地基变形增大，对于特殊土，如湿陷性黄土、膨胀土，地下水位上升可能造成地基的破坏。具体地下水位对地基基础变形的影响参见禁忌 1.20。

9. 周围环境的影响

如周围降水、堆载、基坑支护、地基处理施工、地下空间施工等，都可能影响建筑物地基的变形。

10. 时间因素

一般地基变形和时间有关，时间越长，地基变形越大，直至地基变形稳定。

【禁忌 1.4】 不注重基础沉降资料的经验积累

由于影响地基变形的因素众多，目前准确计算存在困难。相关规范在进行地基变形计算时，均需在计算结果基础上，根据经验系数进行修正。这些经验系数是规范编制组根据收集的资料统计分析出来的。随着资料的收集的增多，这些经验系数会随规范的修订而调整。因此，要求地基基础设计者注重自己的工程、自己所在地区的地基基础沉降资料的积累。为增加沉降资料的收集广度，提高地基变形计算精度，《建筑地基基础设计规范》GB 50007—2011 中 10.3.8 条规定下列情况必须沉降变形观测：

(1) 地基基础设计等级为甲级建筑物；

(2) 软弱地基上的地基基础设计等级为乙级建筑物；

(3) 处理地基上的建筑物；

(4) 加层、扩建建筑物；

(5) 受邻近深基坑开挖施工影响或受场地地下水等环境因素变化影响的建筑物；

(6) 采用新型基础或新型结构的建筑物。

规范 10.3.8 条为强制性条文，因此，工程设计人员应根据规范的规定，在图纸上明确说明，并根据可能的沉降变形特征，设置沉降观测点。

【禁忌 1.5】 对减小地基变形的原理和方法不清楚

1. 减小地基变形的基本原理

地基变形的本质是地基土在附加应力的作用产生的，外因是附加应力，内因是地基土自身的特性。因此，减小地基变形的基本原理就是减小地基土的附加应力和提高地基土的刚度。

2. 常用方法

1) 减小附加应力

基底附加压力 p_0 是上部结构传下来的压力 p 减去基底处原先存在于土中的自重压力，计算公式如下：

$$p_0 = p - p_c = p - \gamma_m d$$

式中　　p_0——基底附加压力；

p——基底处外荷载 F 和基础自重 G 引起的基底压力；

p_c——基底处土的自重压力；

γ_m——基底标高以上土的加权平均重度；

d——基础埋深。

从该公式可看出，减小附加应力的方法有以下几种：

(1) 增加基础底面积

在相同荷载作用下，底面积越大基底压力 p 越小。具体设计中，可合理利用裙房增大基础底面积，减小基底附加压力，从而减小地基变形。本章禁忌 1.8 介绍的多塔楼大底盘基础设计就是利用了此方法。

（2）增大埋深

埋深增大，也就是公式中的 d 增大，附加压力降低。

（3）增加桩或加强体的长度

桩基或加强体的作用是将荷载向深部传递和扩散，如图 1.5.1 所示。在相同荷载作用下，地基中的附加应力随着传递范围的增大，即加强体长度的增加而降低，即 $L_1 > L_2$，$\sigma_{Z1} < \sigma_{Z2}$。因此，短桩沉降量大于长桩。

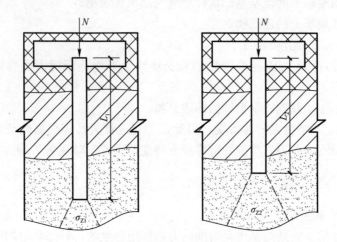

图 1.5.1　不同桩长附加应力影响大小示意图

2）采用减沉桩

对于软土地基上的多层、单层建筑，如果邻近地表的地层具有一定厚度的所谓"硬壳层"，由于采用浅基础时的地基变形过大，因而需采用桩基来限制沉降量。在这种情况下，桩是作为减少沉降的措施而设置的，这种当天然地基承载力基本满足建筑物荷载要求而以减少沉降为目的设置的桩，称为减沉桩。《建筑桩基技术规范》JGJ 94—2008 在 5.6 节专门进行了相关的规定。减沉桩是按控制基础沉降的原则设计的桩基础，也即在设计时由基础的沉降控制值来确定桩数和桩长。桩在基础中除承担部分荷载外主要起减少和控制沉降的作用，桩可视为减少和控制沉降的措施，或作为减少沉降的构件来使用。即在天然地基承载力基本满足建筑物荷载要求而沉降量偏大的情况，可按控制沉降大小来设置适量桩采用减沉桩。

目前在高层建筑中，对于主裙楼连体建筑，当主楼天然地基承载力基本满足要求，但主裙楼之间的差异沉降不满足要求时，也可采用减沉桩。图 1.5.2 为作者 2006 年完成基础设计的济南嘉汇环球广场项目，该项目平面呈"回"字形，四周高层，中间裙房。基础埋深 12m，地下水位约地表下 1m。主楼天然地基承载力满足要求，但裙楼抗浮不满足要求。主楼下沉，裙楼上浮，主、裙楼变形协调困难。本工程在设计中，主楼采用减沉桩来减小沉降，通过主楼沉降的减小，使主、裙楼变形协调。目前该工程使用情况良好。

3）采用灌注桩后注浆

灌注桩后注浆是在桩身混凝土达到一定强度后，用注浆泵将水泥浆或水泥与其他材料的混合浆，通过预置于桩身中的管路压入桩端或桩侧土中。一方面，桩侧注浆会使桩土间界面的传力条件得以改善，使力的传递范围增大。桩端注浆可使桩底沉渣、施工桩孔中桩端受到扰动的持力层得到有效的加固。另一方面，由于注浆需较高的压力，一般大于 1MPa，相当于大于 100m 高水头压力，对桩端土进行了预压和加固，达到减少沉降的目的。

图 1.5.2　济南嘉汇环球广场图片

通过对几十栋采用后注浆的建筑物沉降资料的统计分析，采用后注浆处理后，总沉降量可降低 20％～30％。《建筑桩基技术规范》JGJ 94—2008 在 5.5.10 条规定，对于经压浆处理的桩，计算沉降量可折减 0.7～0.8。

4）对地基土进行加固处理

对地基土进行加固处理可提高其刚度，刚度提高，在相同附加应力作用下，地基变形减小。具体方法可参照建筑地基处理技术规范的规定。

【禁忌 1.6】　对地基变形和基础沉降的关系了解模糊

在工程中常常提地基基础的变形和沉降，实际上二者是分开的，变形一般用来描述地基，而沉降一般用来描述基础，地基变形和基础沉降关系如下：

1）地基变形是由于基础将上部结构的荷载传递到地基土中产生；

2）沉降是地基变形在基础上的反应，综合反映了上部结构、基础和地基共同作用的结果；

3）基础沉降可直接测量，地基变形测量一般比较困难；

4）一般情况下，基底地基变形和基础沉降一致，特殊情况下不一致。

一般情况下地基的变形和基础沉降是协调的，特殊情况下，地基变形较基础沉降大。这种特殊情况一般发生在桩基础，由于桩侧摩阻力的影响或基底土的固结沉降，使基底土和承台脱开。图 1.6.1 为某未完工的工程照片，地基为回填土，采用桩基础。从照片可看出，回填土的固结使地基和基础梁完全脱开，地基

7

的变形和基础的沉降不一致。

图 1.6.1　某工程地基和基础脱开图片

【禁忌 1.7】　对上部结构、基础和地基的共同作用概念和相互影响不清楚

一些工程技术人员，在谈到上部结构、基础和地基共同作用时，常视之为非常复杂、高深莫测的工作，对共同作用程序的计算结果不能综合合理地进行分析判断。就上部结构、基础、地基的共同作用问题，可简单地从以下几方面了解：

1. 共同作用的概念和包括的内容

首先应明白基本概念，通俗地讲，所谓共同作用就是上部结构、基础和地基三者之间的相互影响，这里包括两个方面，一是竖向荷载作用下的相互影响，其衡量标准是上部结构、基础和地基的变形协调，表现在基础沉降均匀；另一方面，是竖向荷载和水平荷载共同作用下的相互影响问题，如地震作用或其他水平荷载作用下的相互影响问题，其衡量标准是建筑物的整体稳定。目前研究比较多的是前者，而后者常被忽略，相关规范一般用一定的基础埋深，来解决水平荷载作用下的安全问题。

2. 上部结构是荷载的主体和基础不均匀沉降的承受体

上部结构将建筑物的荷载集中到结构构件上，并经过竖向构件如柱子、剪力墙、核心筒向下传递，最终汇集到基础的对应部位，上部结构是荷载的主体。同时，上部结构是基础不均匀沉降的承受体，上部结构荷载的分布、荷载的水平、对不均匀沉降的承受能力、对稳定性的要求，决定基础形式、地基处理方法和基础埋深。上部结构刚度大小和分布对基础的不均匀沉降有很大的约束作用，如剪力墙结构和框架-核心筒结构，由于二者的刚度不一致，其基础沉降特征也有较大的差别。禁忌 3.5 将专门介绍。

3. 基础是上部结构荷载的传递体

借助于基础，上部结构的荷载传递到地基土中。基础的埋深、形式、尺寸、刚度都影响地基土中应力分布和大小。

4. 基础和上部结构的竖向刚度影响地基变形分布

基础和上部结构的刚度，对地基的变形分布有很大的影响，即在基础范围内，如上部结构和基础的刚度足够大，虽然地基中的应力水平可能存在差异，但其变形量基本是一样的，即上部结构和基础的联合刚度可改变地基的竖向变形分布。这就是上部结构和基础对地基变形的影响。

5. 地基是荷载的承受体

在地基、基础和上部结构相互作用中，地基是被动的承受体。地基土中应力水平、应力分布和变形量取决于上部结构荷载水平、荷载分布、基础和上部结构的刚度。同时，地基为半无限体，应力在半无限体内的传递和土的性质和土层分布有很大关系。

6. 共同作用计算的目的是变形协调和整体稳定

上部结构和基础作为整体，与地基之间变形协调和整体稳定是共同作用要达到的目的。而彼此之间，如果有比较接近的刚度，其变形协调条件就较好，建筑物出现裂缝、倾斜、甚至坍塌的可能性就不大。相反，如果彼此的刚度相差悬殊，事故率就会很高。比如在软弱地基上，如果上部结构和基础的刚度很大，而地基刚度低，在水平荷载作用下，可能会导致建筑物整体倾斜甚至坍塌，而裂缝现象不会严重。如上海莲花河畔倒楼事件，如图 1.7.1 所示。上部结构刚度大，而地基是淤泥质土，地基土刚度低，抵抗水平变形的能力差，是造成倒楼事故的原因之一。虽然倒塌和紧邻建筑基坑开挖有关，但基坑开挖产生的地基土水平位移的效应，和水平荷载作用的效应类似。楼虽然倒了，但结构整体完好。

如果上部结构和基础与地基之间的刚度基本上相适应，则上部结构与地基基础相互协调的结果，会发挥其极大的空间刚度优势，形成强大的抵抗力，使结构不易受损。如果上部结构和基础与地基之间的刚度都偏低，则其经过彼此变形协调以后，会形成各种不同的变形和沉降曲线，在结构上的相关部位产生与之相呼应的沉降裂缝。如果地基的刚度只是稍偏低，而上部结构刚度只是稍偏大，则彼此协调以后，只会在基础上产生裂缝和变形。

图 1.7.1　上海莲花河畔倒楼图片

7. 上部结构、基础和地基共同作用平衡方程及在工程上的应用

上部结构-基础-地基共同作用的总体平衡方程如下式：

$$(K_{st} + K_F + K_{s(p,s)})u = F_{st} + F_F$$

式中　K_{st}——凝聚于基础（承台）顶面上的"上部结构"刚度矩阵；

　　　K_F——凝聚于基础（承台）顶面上的"基础（承台）"刚度矩阵；

　$K_{s(p,s)}$——凝聚于基底的"地基土（桩土）"支承刚度矩阵；

　　　u——基础（承台）底节点位移向量；

　　　F_{st}——凝聚于基底的"上部结构"荷载向量；

　　　F_F——凝聚于基底的"基础（承台）"荷载向量。

对于某一特定建筑，上部结构、基础和地基，其刚度矩阵 K_{st}、K_F、K_s 是确定的，相应的荷载、位移向量 F_{st}、F_F、u 也随之确定。要使变形协调，对于天然地基而言，可以加大基础刚度 K_F，但对于非坚硬地基且荷载大而不均的情况效果并不明显。因此，要使变形协调，调整桩土支承刚度 $K_{s(p,s)}$ 是简易可行的方法，使之与荷载分布和相互作用效应匹配。《建筑桩基技术规范》JGJ 94—2008提出的变刚度调平设计，就是基于此原理提出的。目前，该方法是优化高层建筑地基基础设计、减少乃至消除差异沉降的有效、可行而又经济方法。禁忌 3.15，提出了广义的变刚度调平设计方法，具体可参考。

【禁忌 1.8】　对多塔楼大底盘基础的特点和工程设计中的主要关注点不了解

随着地下空间的开发利用，高层建筑基础的形式和功能有了较大的变化。箱形基础为框架-厚筏或厚筏-桩所代替，地下建筑面积极大地超过了高层建筑投影面积。在以框架-厚筏构成的大面积地下建筑上建造一个或多个层数不等的塔楼和低层裙房组成的建筑群成为未来建筑的主要发展形式。图1.8.1、图1.8.2为北京多塔楼大底盘建筑平面和剖面图，该建筑群由4栋高层坐落在一个大底盘上，其中A、B栋地上高度150m，C、D栋地上高度100m。4栋高层通过地下室和地上裙房连接在一起，构成多塔楼大底盘建筑群。

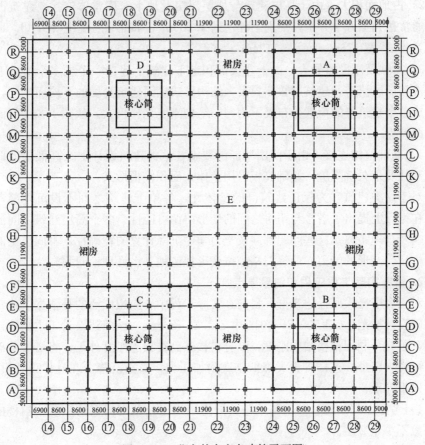

图1.8.1　北京某大底盘建筑平面图

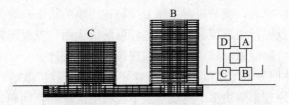

图1.8.2　北京某大底盘建筑剖面图

中国建筑科学研究院黄熙龄院士、宫剑飞博士领导的团队，对多塔楼大底盘基础进行了多年的试验研究，取得了很多成果，一些成果已应用到实际工程中，

11

取得了很好的社会和经济效益。

1. 多塔楼大底盘基础的特点

通过对多塔楼大底盘基础分析，可总结出以下特点：

1）基础埋深大。由于充分利用地下空间资源，目前建筑基础通常具有3～5层地下室，因此建筑埋深通常在15～25m。

2）占地面积大。由于高层建筑与地层裙房及地下车库整体连接，建筑占地面积通常达到上万平方米，个别工程达到40000m²，如北京三里屯SOHO，地下室长234m、宽176m、面积41184m²。

3）荷载及刚度差异大。由于在大面积地下建筑上建造一个或多个层数不等的塔楼和低层裙房，建筑层数差异大，结构形式也因建筑高度的不同而不同，因此造成整个建筑群的荷载分布极不均匀，结构刚度差异极大。从图1.8.2剖面可看出此特点。

4）基础整体连接。由于使用功能的要求，这类建筑设计上在高低层处取消双墙双柱及永久沉降缝，基础筏板采用整体大面积筏板形式。

对于这类建筑，为保证建筑群的整体性，各单个建筑之间不设沉降缝，因此，在设计上提出了塔楼与裙房之间的变形协调可能性。多个高层建筑之间的相互影响及合理距离。这些问题都涉及土力学中沉降计算的精确性，不同类型的上部结构承受变形的能力，最终归结到按变形控制地基设计理论问题。

2. 目前实际工程应用和注意要点

对于多塔楼大底盘建筑群，目前在实际工程中，应用广泛的是依据《建筑地基基础设计规范》GB 50007—2011中8.4.20条2款，该条建议对于主裙楼连体建筑，可充分利用裙楼结构刚度，结合塔楼基础筏板等厚度外延，将塔楼基础扩展至裙楼一跨外。这样可大大降低基底附加压力，减小沉降。在具体设计过程，注意以下几点：

1）考虑上部结构、基础与地基共同作用，充分利用裙楼的刚度，裙楼的实际层数不少于2层。

2）充分利用土体补偿性原理和高层荷载的有限扩散性原理，将高层下荷载控制在土体欠补偿状态，或基底附加压力控制在很小的状态；充分利用回弹再压缩段变形小的特点进行变形控制设计，这样可解决大面积筏板沉降量和差异沉降问题，进而取消沉降缝或沉降后浇带，实现筏板整体设计。

3）利用土体回弹再压缩段弹性变形特征和高层荷载扩散的有限影响距离的特点，采用叠加原理来解决多个高层建筑下筏板的沉降计算问题，这样可简化高层建筑（群）下大面积筏板基础的设计并满足计算精度要求。

4）根据高层建筑（群）下大面积筏板基础的刚度变化特征，分析筏板设计过程中如何根据基础刚度考虑局部弯矩与整体弯矩的贡献问题，这样可降低筏板钢筋用量。

3. 经济效益与社会效益

中国建筑科学研究院地基所已进行了 20 多项多塔楼大底盘基础的设计工作，图 1.8.3 为北京三里屯 SOHO 工程、图 1.8.4 为北京中石油大厦工程，均取得了很好的效果。综合分析至少具有以下两方面优点：

图 1.8.3　北京三里屯 SOHO 工程　　　图 1.8.4　北京中石油大厦

1）通过基础扩大基底压力降低，对于原需要打桩或地基处理的项目，可减少桩用量或采用天然地基；

2）由于附加应力大幅度减小，基础沉降小且稳定快，可不设沉降后浇带，较常规设计方法可提前停止降水。

【禁忌 1.9】　**不能完整、全面、正确的阅读勘察报告**

勘察报告是地基基础设计、施工的依据，对建筑物的正常使用甚至安全都起到非常重要的作用，因此应完整、全面、正确地阅读理解，可从以下几方面把握。

1. 判断场地危险性和稳定性

阅读勘察报告时，首先应根据地质、地形、地貌判断拟建建筑物是否建在危险地段，场地是否稳定，因为危险地段和不稳定场地对建筑物安全的影响是灾难性的。图 1.9.1、图 1.9.2 为舟曲泥石流发生前后对比图，从图中可看出，泥石流后，建在危险地段的建筑物全部毁坏，造成重大人员伤亡和财产损失。

阅读勘察报告时，应注意以下几方面，分析判断场地的危险性和稳定性：

1）勘察报告对地形、地貌特征及其与地层、构造、不良地质作用的关系，地貌单元的划分；

2）勘察报告中对岩溶、土洞、滑坡、崩塌、泥石流、冲沟、地面下沉、断裂、地震震害、地裂缝、岸边冲刷等不良地质作用的形成、分布、形态、规模、发育程度及其对场地稳定性影响；

图 1.9.1　舟曲泥石前照片

图 1.9.2　舟曲泥石流后的照片

　　3）勘察报告中人类活动对场地稳定性的影响，包括人工洞穴、地下采空、大挖大填、降水排水等。

　　正确判断场地的危险性和稳定性关系到建设项目可行性中的选址问题，同时还将为今后建筑中地基处理费用的预估做出有参考价值的判断。

　　2. 掌握地下水的情况

　　地下水对于基础设计、施工方案确定有重要影响，特别是埋深较大、荷载较小，可能存在抗浮问题的建筑。阅读勘察报告时应掌握以下几方面内容：

　　1）地下水的分类（根据埋藏条件分为上层滞水、潜水和承压水）、补给来源、排泄条件、井泉位置、含水层的岩性特征等；

2）地下水位标高，包括水位变化、稳定水位标高、抗浮设计水位标高，地下水位的标高对抗浮设计、基础的计算有影响；

3）地下水对建筑材料的腐蚀性。

3. 确定持力层

持力层的确定是地基基础设计的重要内容，包括天然地基、复合地基、桩基持力层的选择。持力层的选择关系到承载力和基础的沉降，在进行地基持力层选择分析时，可按以下步骤进行：

1）了解场地各土层的分布和性质，如层次、状态、压缩性和抗剪强度、土层厚度、埋深及均匀程度，这些性质能反映土层竖向和水平特性以及土的物理力学性质指标。

2）持力层的选择要满足承载力和变形的要求，特别注意变形要求。选择的持力层应相对均匀，其均匀性程度对建筑物的沉降的均匀性有很大的关系，一般避免选用非常不均匀的土层作持力层。

3）结合上部结构的特点和要求，如结构形式、荷载大小、荷载分布特征、对变形的要求等，初步确定地基持力层，并经过试算和方案比较之后，经适当调整后确定适宜的持力层。

4. 土的参数

勘察报告提供了有关岩土的物理力学指标和原始数据，其目的主要是为确定地基（桩基）承载力和变形。即能够直接计算或通过这些指标查相应的规范表格预估承载力。直接计算承载力的指标为抗剪强度指标 c 和 φ，而用于规范查表的指标就有天然重度 γ、天然含水量 ω、孔隙比 e、液限 ω_L、塑限 ω_P、塑性指数 I_P、液性指数 I_L、压缩模量 E_s、变形模量 E_0。对于砂和碎石土，应补充密实度、粒组含量。对于岩石地基，应补充岩石单轴饱和抗压强度。

5. 注意勘察报告的准确性

在阅读和使用勘察报告时，应注意所提供资料的可靠性。这需要对资料进行比较和依据已掌握的经验进行判断。因为在工程地质勘察中不能保证勘察的详细程度。另外，由于地基土的特殊工程性质，以及勘察手段本身的局限性，勘察报告可能不完全准确地反映场地的主要特征，或者在测试过程中，由于人为或仪器设备的因素，都可能造成勘察结果的失真而影响报告的可靠性。这就要求在使用报告过程中注意分析和发现问题，并对有疑问的关键问题设法进一步查清，以便减小差错。

6. 综合分析勘察报告有关地基基础方案的建议

对于勘察报告结论中提出的地基基础方案应客观对待，勘察技术人员可能对拟建建筑物上部结构的复杂程度、荷载特点和分布特征了解不够，提出的方案不一定是最优方案，且一般是建议性的。具体设计人员应综合考虑，确定地基基础方案，具体参看第3章。

【禁忌1.10】 对有关地形、地貌、地质构造的概念掌握不全面

在岩土工程地质勘察中，常用的基本概念有地貌、地质构造和岩体结构、第四纪堆积物等。了解这些基本概念，对于在宏观上、总体上理解勘察报告是大有益处的。

1. 地貌

地貌一般按成因划分，可划分为以下几种类型。

1）构造、剥蚀地貌

构造、剥蚀地貌，顾名思义其成因主要是构造和强烈的冰川剥蚀地质作用，其中又以构造作用为主。其地貌单元为：

(1) 山地。按其构造的形式可分为断块山、褶皱断块山、褶皱山。如按地貌的形态分类，又可分为最高山、高山、中山、低山。

(2) 丘陵。是外貌低矮平缓的起伏地形。

(3) 剥蚀残山。是指低山在长期的剥蚀过程中残留下的个别比较坚硬的残丘。

(4) 剥蚀准平原。由低山被长期剥蚀夷平后而形成。外貌低缓平坦，具有微弱起伏的地形特征。

2）山麓斜坡堆积地貌

山麓斜坡堆积地貌主要由山谷洪流洪积和山坡面流坡积地质作用形成。地貌单元有以下几种类型：

(1) 洪积扇。主要在山谷出口处形成，表现为由顶端向边缘（平原）缓慢倾斜的扇形地貌。其构成主要是流水挟带的碎屑物。

(2) 坡积裙。通常是由山坡上的面流将风化碎屑物质携带到山坡脚，并围绕坡脚堆积而形成的裙状地貌。

(3) 山前平原。在干旱、半干旱的天气条件下，暂时水流在山前堆积了大量的洪积物，这些洪积物和山坡上面流所挟带下来的坡积物汇合起来形成的宽广、平坦山前平原。

(4) 山间凹地。通常是由环绕山地所包围形成的堆积盆地。

3）河流侵蚀堆积地貌

河流侵蚀堆积地貌主要是由河流侵蚀切割成冲击地质作用而形成，其地貌单元有：

(1) 河谷。可分类为由地表水流切割而成的河谷、由地壳构造运动和流水作用而形成的构造河谷、火山河谷、冰川河谷、岩溶河谷、风成河谷。河谷内各地貌单元的特征又表现为河床、河漫滩、阶地、谷坡、谷岸，如图1.10.1所示。

（2）河间地块，通常称之为分水岭。这是指平原地区河流分流时中间较高的地段。

4）河流堆积地貌

河流堆积地貌的主导地质作用主要是河流的冲积作用，其地貌单元有如下两种：

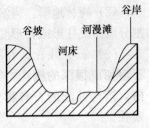

图 1.10.1　河谷内各单元地貌示意图

（1）冲积平原。一般是由于在巨大的河流中下游有非常开阔的河谷，以致产生十分强烈的堆积作用，尤其在雨季，洪水淹没河床以外大部分面积，流速渐缓，留下大量细小堆积物，形成广阔的冲积平原。

（2）河口三角洲。通常在河流的入海或入湖口处形成。由于在三角洲中堆积大量的碎屑物，所以河口三角洲往往是很厚的淤泥层，地下水位一般很浅，常常是软土地基，其承载力都较低。

5）大陆停滞水堆积地貌

大陆停滞水堆积地貌的主导地质作用为湖泊堆积作用和沼泽堆积作用，地貌单元也相应分为湖泊平原和沼泽地。

（1）湖泊平原。当风化碎屑物被地表水带到湖泊洼地时，形成湖岸堆积、湖边堆积和湖心堆积并不断扩大发展，就会形成向湖心倾斜的大片平原，即湖泊平原。湖泊平原地下水位埋藏很浅，也属软土。

（2）沼泽地。在湖泊中生长的茂盛水草和大量有机物在洼地中积聚，渐渐会产生湖泊的沼泽化。当水中植物逐渐长满整个湖泊洼地，便形成沼泽地。

6）大陆构造——侵蚀地貌

这类地貌其主导地质作用为中等构造运动、长期堆积和侵蚀作用或长期黄土堆积和侵蚀作用。地貌单元称之为构造平原、黄土塬、梁、峁。

（1）构造平原。构造平原是由于地壳的缓慢上升，海水不断退出陆地而形成的向海洋微微倾斜的平原。

（2）黄土塬、梁、峁。在黄土高原上，那些被冲沟切割得支离破碎而仍保持大片平缓倾斜的黄土平台称之为黄土塬。黄土塬被两条平行的冲沟切割而成条状高地时，称之为黄土梁。黄土梁又进一步被冲沟切割成孤立的或连续的馒头状的高地时，称之为黄土峁。

7）岩溶（喀斯特）地貌

岩溶地貌的成因主要是由以下主导地质作用引起，即地表水、地下水的强烈溶蚀作用。其地貌单元主要为岩溶盆地、峰林地形、石芽残丘和溶蚀准平原。

（1）岩溶盆地。常位于高而陡的悬崖之中，其地形较为平坦，地表河流或地下暗河流经其中，常有漏斗、竖井、落水洞等分布。

（2）峰林地形。岩溶盆地的边缘进一步受到溶蚀破坏，连续的石灰岩悬崖切割分离而成柱形或锥形陡峭石峰，形成峰林地形。

（3）石芽残丘。在石灰岩的表面或裂隙处，当地表水流过时，往往将岩石溶切成很深的槽沟，其长度小于 5 倍宽度时称为溶沟，大于 5 倍时称为溶槽，溶沟凸起的石脊称为石芽。石芽分布在石灰岩裸露的地面上，成为石芽残丘。

2. 地质构造和岩体结构

在工程地质中，地质构造主要指地壳运动使沉积岩的原始水平产状遭到破坏，岩层因变形、变位而出现各种空间排列形态。岩石在地壳运动引起的地应力作用下，形成岩层的弯曲——褶皱构造和断裂——裂隙、劈裂、劈理及断层构造。此外，由于地壳运动的影响，还会造成岩层间的不整合。因此，地质构造基本内容为褶皱、裂隙、断层和整合与不整合。

1）褶皱

褶皱是指地壳受到构造作用的水平力挤压后，形成波状起伏的构造。一个波状的弯曲称为褶曲，系列褶曲连在一起称为褶皱。按横剖面的形状划分，褶皱可

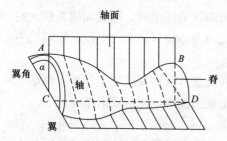

图 1.10.2　褶皱的基本要素示意图

分为背斜和向斜两种基本形式。描述褶皱的基本要素有轴面、褶皱轴、翼、脊和翼角，如图 1.10.2 所示。褶皱另外还有如下的几种分类法，如按轴面空间位置和翼部的倾斜分类；按两翼和顶部的形状分类；按顶部和翼部岩层的厚度变化分类；按脊线的长短及两翼的倾斜方向分类和按褶皱的多寡分类等。

2）裂隙（节理）

裂隙就是岩石中的裂缝，并且裂缝两侧的岩块沿断裂面没有或仅有微小的移动。裂隙分类有：按裂隙的成因分类，如原生裂隙、次生裂隙；还可按作用力的性质分，按裂隙走向与岩层走向的关系分，按裂隙走向与褶曲轴向的关系分，等等。

3）断层

当岩石断裂以后，沿着断裂面发生显著的相对位移，形成断层。断层具有如下一些基本要素：断层面、断层线——走向线和倾斜线、上盘下盘、断层带、断距等。断层按断层两盘的相对位移分为正断层和逆断层；也可按断层走向与岩层走向的关系分和按断层走向与褶曲轴向的关系分。

4）整合与不整合

岩层在沉积过程中无间断，按一定的次序连续堆积，相互平行排列，称之为

整合。如岩层在沉积过程中发生长时期的中断或侵蚀，然后又再堆积称之为不整合。根据形成的条件和原因，不整合可分为下列三种：平行不整合、角度不整合、假角度不整合。在工程上，山坡地质的第四纪堆积物和基岩之间的不整合是最应加以注意的，因为这种岩土的接触面（不整合面）是软弱结构面，当它具有一定的坡度时，堆积物常有可能沿此面发生滑动。另外，由于岩土性质不同，建筑物也可能发生不均匀沉降。岩体结构是岩体在长期的成岩和形变过程中形成的产物，它是岩体特性的决定因素。而岩体是指天然埋藏条件下，由岩块组成的，通常包含有一种以上弱面的地质体。岩体结构包括两个要素，结构面和结构体。结构面是指岩体中各种地质界面，它包括物质分界面及不连续面。结构体是由不同产状的各种结构面组合起来，将岩体切割而成的单元体，岩体结构主要指结构面和岩块的特性以及它们之间的排列组合。根据结构体的组合特点，一般岩体结构分为块状结构、镶嵌结构、碎裂结构、层状结构、层状碎裂结构及散体结构等六类。岩体结构面又分为原生结构面，次生结构面和构造结构面。

3. 第四纪堆积物

第四纪堆积物是指新生代第四纪所形成的各种堆积物。它是地壳的岩石经风化、风、地表流水、湖泊、海洋、冰川等地质作用的破坏，搬运和堆积而成的现代沉积层，它具有如下的基本特征：

（1）陆相沉积为主。因其堆积物的时代较新，所以出露地表的以陆相沉积为主，往往都没有受到变质作用的影响。

（2）松散性。第四纪堆积物通常表现出松散状态，硬结成岩作用较低。

（3）岩相多变性。其原因是堆积环境比较复杂，堆积物的性质、结构、厚度在水平方向或垂直方向都具有很大的差异性。

（4）第四纪堆积物常构成各种堆积面貌，并在各地貌单元中呈规律性的分布。在建筑工程的工程地质勘察中，可能遇到的第四纪堆积物有下列几种：风化残积、重力堆积、大陆流水堆积、海水堆积、地下水堆积、冰川堆积和风力堆积。由此可以反映出第四纪堆积物按其成因而定义的主要特征为风化作用产生的残积物；地表流水的地质作用产生的坡积物、洪积物和冲积物；海洋地质作用产生的滨海堆积物；冰川地质作用产生的冰川堆积物和气候条件产生的风力堆积物；建筑工程中主要接触的堆积物是风化作用和地表流水地质作用产生的堆积物。

【禁忌 1.11】 对土的主要物理指标及在工程中的应用不清楚

一般建筑工程中，常用的土的物理指标包括基本物理指标、黏性土的可塑性指标、颗粒组成和砂土的密度指标、透水性指标、土的击实性指标，各指标的概念及在工程中的应用简单汇总如下。

1. 基本物理指标

土的基本物理指标分直接测定和计算求得两类。

1）直接测定的指标

直接测定的指标包括含水量ω、相对密度d_s、质量密度ρ。

（1）含水量ω

土中水的质量与土粒质量之比，用百分比表示。含水量在工程中一般用于计算孔隙比等其他物理力学性质指标；评价土的承载力；评价土的冻胀性。砂土、粉土的天然平均含水量一般在$15\%\sim25\%$；粉质黏土的含水量$15\%\sim40\%$；黏土的含水量$26\%\sim40\%$；淤泥质土含水量$36\%\sim70\%$。

（2）相对密度d_s

相对密度d_s是土粒质量与同体积4℃时水的质量之比。在实际应用中用于计算孔隙比等其他物理力学指标。

（3）密度ρ

密度ρ是土的总质量与其体积之比，即单位体积的质量。在实际应用中，一般密度ρ越大，土的各项指标越好。

2）计算出来的指标

由直接测定指标计算出来的指标包括重度γ、有效重度γ'（水下浮重度）、加权平均重度γ_m、干密度ρ_d、孔隙比e、孔隙率n、饱和度s_r。

（1）重度γ、有效重度γ'（水下浮重度）、加权平均重度γ_m

重度γ为土所受的重力与土的体积之比（kN/m^3）。有效重度γ'（水下浮重度）计算时一般取重度γ减去水的重度。加权平均重度γ_m是在一定深度范围内每层土重度γ和厚度的加权平均。

实际工程中，密度ρ、重度γ、有效重度γ'（水下浮重度）、加权平均重度γ_m用于计算土的自重压力、地基的稳定性和承载力、边坡稳定性、挡土墙的土压力。

（2）干密度ρ_d

干密度ρ_d是土粒质量和土的总体积的比。在实际应用中，主要用于控制填土地基的质量、评价土的密度、计算土的孔隙比等其他物理指标。

（3）孔隙比e、孔隙率n

孔隙比e是土中孔隙体积和土粒体积的比。孔隙率是土中孔隙体积和土的总体积的比。在实际工程中，孔隙比e、孔隙率n用于评价土的密实度、计算压缩系数和压缩模量、评价土的承载力。一般淤泥和淤泥质土的孔隙比e较大，范围在$1.0\sim2.0$之间。黏性土$0.7\sim1.1$，粉质黏土$0.4\sim1.0$，砂土$0.4\sim0.8$。

（4）饱和度s_r

饱和度s_r是土中水的体积和土中孔隙体积的比。饱和状态下土的孔隙全部为水所充满，饱和度 $s_r = 100\%$。在实际工程中，饱和度 s_r 用来划分砂土的湿度、评价土的承载力。

2. 黏性土的可塑性指标

黏性土的可塑性指标分直接测定的和计算求得的。

1) 液限 w_L 和塑限 w_p

液限 w_L 是土由可塑状态过渡到流动状态的界限含水量。塑限 w_p 是土由可塑状态过渡到半固体状态的界限含水量。液限 w_L 和塑限 w_p 是土工试验直接测定的。

2) 塑性指数 I_p 和液性指数 I_L

塑性指数 I_p 指土呈可塑状态时含水量变化范围，代表土的可塑程度，计算公式

$$I_p = w_L - w_p$$

液性指数 I_L 用来描述土抵抗外力的量度，其值越大，抵抗外力的能力越低。计算公式

$$I_L = \frac{w - w_p}{I_p}$$

3) 工程意义

以上 4 项指标用于黏性土的分类、划分黏性土的状态、评价土的承载力、估计土的最优含水量、估算土的力学性质。

3. 颗粒组成和砂土的密度指标

1) 直接测定的颗粒组成和砂土密度指标

直接测定的颗粒组成包括颗粒组成，即土颗粒按粒径大小分组所占的质量百分数。直接测定的砂土密度指标包括最大干密度 ρ_{dmax}，土在最紧密状态下的干密度；最小干密度，ρ_{dmin} 即土在最松散状态下的干密度。

2) 计算求得的颗粒组成指标

（1）颗粒组成指标

颗粒组成指标根据根据颗粒级配曲线上求得计算求得，包括：

界限粒径 d_{60}，即小于该粒径的颗粒占总质量的 60%；

平均粒径 d_{50}，即小于该粒径的颗粒占总质量的 50%；

中间粒径 d_{30}，即小于该粒径的颗粒占总质量的 30%；

有效粒径 d_{10}，即小于该粒径的颗粒占总质量的 10%；

不均匀系数 c_u，计算公式：$c_u = \dfrac{d_{60}}{d_{10}}$，土的不均匀系数愈大，表明土的颗粒组成愈分散；

级配系数 c_c，计算公式：$c_c = \dfrac{d_{30}}{d_{10} \times d_{60}}$，表示某种中间粒径的粒组是否缺失

的情况。

颗粒组成指标在实际工程中，可用于砂土的分类和级配情况、大致估计土的渗透性、计算过滤器孔径或计算反滤层、评价砂土或粉土液化的可能性。

（2）砂土的密实度

计算求得砂土密实度常用相对密实度 D_r，计算公式：

$$D_r = \frac{e_{max} - e}{e_{max} - e_{min}} = \frac{\rho_{dmax}(\rho_d - \rho_{dmin})}{\rho_d(\rho_{dmax} - \rho_{dmin})}$$

最大孔隙比 e_{max}，计算公式：

$$e_{max} = \frac{d_s \rho_w}{\rho_{dmin}} - 1$$

最小孔隙比 e_{min}，计算公式：

$$e_{min} = \frac{d_s \rho_w}{\rho_{dmax}} - 1$$

在实际工程中，上面指标主要评价砂土密度、体积变化和液化的可能性。

4. 透水性指标

1）物理意义

土的透水性指标以土的渗透系数 k 表示，其物理意义为当水力梯度等于 1 时的渗透速度。计算公式如下：

$$k = \frac{Q}{FI} = \frac{\upsilon}{I}$$

式中　k——渗透系数（cm/s，m/d）；

　　　Q——渗透通过的水量（cm³/s，m³/d）；

　　　F——通过水量的总横断面积（cm²，m²）；

　　　υ——渗透速度（cm/s，m/d）；

　　　I——水力梯度。

2）工程中的应用

在工程中渗透系数 k 用于计算基坑涌水量、设计排水构筑物、计算沉降所需时间、人工降低水位的计算等。

5. 土击实性指标

土的击实性指标一般用最优含水量描述，所谓最优含水量定义：在一定的击实功能作用，能使填筑土达到最大密度所需的含水量，也就是达到最优击实效果时的含水量。

土的最优含水量和以下因素有关：

1）土的可塑性增大，最优含水量增大；

2）夯击能增大，最优含水量降低。

最优含水量的工程意义是用来控制填土地基的质量和夯实效果。

【禁忌 1.12】 对土的抗剪强度指标的测试方法及在工程中的应用原则模糊

1. 土的剪切强度

土在外力作用下，在剪切面单位面积上所承受的最大剪应力称为土的抗剪强度。土的抗剪强度是由颗粒间的内摩擦力以及由胶结物和水膜的分子引力所产生的黏聚力共同组成。一般在法向应力变化范围不大时，土的抗剪强度可用库仑定律表示：

$$S = c + \sigma \tan\varphi$$

式中　　S——土的抗剪强度（kPa）

　　　　c——土的黏聚力（kPa）

　　　　σ——作用于剪切面上的法向应力（kPa）

　　　　φ——土的内摩擦角（°）

2. 抗剪强度的试验方法

抗剪强度试验是为测定具体工程需要的土的黏聚力 c 和内摩擦角 φ。

1）试验仪器分类及优缺点

按试验仪器划分为直接剪切试验和三轴剪切试验。

直接剪切试验就是将土试样直接置入剪切盒中进行剪切，通过不同压力下的剪切试验所获得的抗剪强度，求取土的黏聚力和内摩擦角。

直接剪切试验的优点是结构简单，操作方便。

其缺点如下：

（1）剪切面不一定是试样抗剪能力最弱的面；

（2）剪切面上的应力分布不均匀，而且受剪面的面积越来越小；

（3）不能严格控制排水条件，测不出剪切过程中孔隙水压力的变化。

三轴剪切试验的原理是在圆柱形试样上施加最大主应力 σ_1（轴向应力）和最小主应力 σ_3（周围围压）。一般保持最小主应力 σ_3 不变，改变另一主应力 σ_1，使试样中的剪应力逐渐增大，直至达到极限平衡而剪切，由此求得土的抗剪强度。

三轴剪切试验的优点如下：

（1）试验中能严格控制试样排水条件及测定孔隙水压力的变化；

（2）剪切面不固定；

（3）应力状态比较明确。

主要缺点是：主应力方向固定不变，而且是在令 $\sigma_1 = \sigma_3$ 的轴对称情况下进行的，与实际情况尚不能完全符合。

2）按排水条件分

按排水条件分快剪，即对土样进行不排水快速剪切试验剪）、固结快剪（固结不排水剪）、慢剪（排水剪）。

（1）快剪（不固结不排水剪）

直接剪切试验做法是试样在垂直压力施加后，立即以剪切速度进行剪切，直至试验结束。一般使试样在 3～5min 内剪损。

三轴剪切试验，一般简称 UU，试样在完全不排水条件下施加周围压力后，快速增大轴向压力到试样破坏。

（2）固结快剪（固结不排水剪）

直接剪切试验，试件在垂直压力施加后，每小时测度垂直变形一次，直至试样固结变形稳定（每小时变形不大于 0.005mm）后，再按快剪方法进行剪切。

三轴试验，一般简称 CU。试样先在周围压力下进行固结，然后在不排水条件下，快速增大轴向压力到试样破坏。

（3）慢剪（排水剪）

直接剪切试验，试件在垂直压力施加后，按固结快剪的要求使试样固结，然后以小于 0.02mm/min 的剪切速度进行剪切至试验结束。

三轴剪切试验，一般称为 CD，试样在周围压力作用下进行固结，然后继续在排水条件，缓慢增大轴向压力到试样破坏。

3. 抗剪强度指标的应用

在实际工程中，土的黏聚力 c 和内摩擦角 φ 主要应用在以下几方面：

1）评级地基稳定性、计算承载力；

2）计算斜坡的稳定性；

3）计算挡土墙的土压力。

不同的试验方法、不同的排水条件，得出不同土的黏聚力 c 和内摩擦角 φ。在实际工程中，选择的原则是：根据试验方法和土实际受力情况的接近程度，选择对应的试验参数。

如斜坡的稳定，其实际受力条件和快剪试验情况接近，设计中采用快剪参数。

建筑物地基的稳定，由于施工期间具有一定的固结作用，和固结快剪条件类似，设计可选用固结快剪的试验参数。

【禁忌 1.13】 对土的压缩试验及测试结果在工程中的应用不清楚

土的压缩性，是指土体在荷载作用下产生变形的特性，就室内试验而言，是土在荷载作用下，孔隙体积逐渐减小的特性。土的压缩性是影响地基变形和基础总沉降量的主要因素之一。目前的压缩试验分有侧限固结压缩试验和三轴压缩试验。

1. 有侧限固结压缩试验方法及试验结果在工程上的应用

1）有侧限固结压缩试验仪器、条件和试验成果

有侧限固结压缩试验为常用的压缩试验，一般工程采用的参数，包括规范采用的压缩参数大部分来自有侧限固结压缩试验。试验仪器为常规固结仪，试验条件是有侧限和两面排水。通过各级垂直荷载 p_i 下土的变形测量，来计算对应的孔隙比 e_i，计算公式如下：

$$e_i = e - (1+e) \frac{h - h_1}{h}$$

式中　e——土的天然孔隙比；

　　　h——试样的初始高度（等于环刀高度）（cm）；

　　　h_1——某一压力下试样压缩稳定后的高度（cm）。

以 e_i 为纵坐标，以压力 p_i 或 $\lg p_i$ 为横坐标，可绘制孔隙比与压力的关系曲线，即压缩曲线，也称 e-p 曲线或 e-$\lg p$ 曲线。如图 1.13.1 所示。在 e-$\lg p$ 曲线中，由于卸荷作用孔隙比相应增大的曲线 bd 称为回弹曲线或膨胀曲线，卸荷后再加荷的曲线 de 称为再压缩曲线。回弹曲线与再压缩曲线所圈闭的部分称为滞回圈。

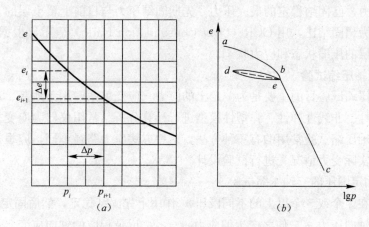

图 1.13.1　e-p 曲线和 e-$\lg p$ 曲线图

2）主要压缩性指标的物理意义和计算方法

根据有侧限固结压缩试验，可得到土的压缩性指标，常用的土的压缩性指标包括压缩系数、压缩模量、固结系数、先期固结压力。

（1）压缩系数 a

e-p 曲线某一压力区段的割线斜率，称为压缩系数 a，$a = 1000 \times \dfrac{\Delta e}{\Delta p}$，见图

25

1.13.1 (a)。通常采用压力由 $p_i = 100\text{kPa}$ 增加到 $p_{i+1} = 200\text{kPa}$ 时所得的压缩系数 a_{1-2} 来判断土的压缩性，压缩系数越大，土的压缩性越高。

（2）压缩模量 E_s

在无侧向膨胀条件下，压缩时垂直压力增量与垂直应变增量的比值，称为压缩模量，一般用 E_s 表示。通常采用压力由 $p_i = 100\text{kPa}$ 增加到 $p_{i+1} = 200\text{kPa}$ 时所得的压缩系数来判断土的压缩性，压缩模量越大，表明土在同一压力变化范围内土的压缩变形越小，则土的压缩性越低。压缩模量 E_s 和土的孔隙比 e、压缩系数 a 的关系可用公式 $E_s = \dfrac{1+e}{a}$ 表示。

（3）固结系数 c_v

固结系数 c_v 是表示土的固结速度的一个特性指标，固结系数越大，表明土的固结速度越快。固结系数取决于土在某一压力范围内的渗透系数 k、孔隙比 e 和压缩系数 a，用公式 $c_v = \dfrac{k(1+e)}{a\rho_w}$ 表示。在实际工程中，固结系数用于计算沉降时间及固结度。

（4）先期固结压力 p_c

先期固结压力 p_c 是指该土层在地质历史上所曾受过的上覆土层自重压力或其他作用力，已固结稳定的最大压力。先期固结压力与目前上覆土层的自重压力的比值称为超固结比，用 OCR（Over Consolidation Ratio）表示。根据 OCR 可判断该土层的压缩状态和应力状态。

2. 三轴压缩试验

三轴压缩试验目的主要是为测定土的应力—应变关系，用于地基、边坡和土压力的弹性、非线性弹性、弹塑性模型进行计算分析。常用仪器为应变控制式三轴仪。三轴压缩试验常用的有三种方法，三种方法应力路径不同，应根据工程要求和土的实际受力情况先进行试验设计。

1）固定围压的三轴压缩试验

分别在 3 个或 3 个以上的不同围压 σ_3 作用下先固结稳定，然后固定 σ_3 不变，逐渐增加轴向压力 σ_1，使之产生偏应力 $\sigma_1 - \sigma_3$，记录相应的轴向应变 ε_1，绘制偏应力 $\sigma_1 - \sigma_3$ 和轴向应变的关系曲线。

2）等向固结试验

使围压于与轴向压力相等 $\sigma_1 = \sigma_3$，逐级加荷，取得球应力 p 与体应变 ε_v 的关系。

3）k_0 三轴压缩试验

在增加轴向压力 σ_1 时，使其和围压 σ_3 保持 k_0 关系，即 $\sigma_3 = k_0\sigma_1$。取得 σ_1 与轴向应变 ε_1 的关系曲线。

1. 地基基础工程质量对建筑物安全至关重要

地基基础对建筑物安全至关重要，地基基础出现质量问题可能造成如下工程事故。

1）建筑物基础沉降不均造成建筑物墙体或结构开裂

当基础出现不均匀沉降过大时，建筑物结构或墙体可能开裂，影响建筑物安全和正常使用。图 1.14.1 为某工程由于沉降不均造成的墙体开裂图片，该工程建在回填土地基上，最大回填土厚度 18m。由于回填土质量问题，出现不均匀沉降，造成墙体开裂。

图 1.14.1 某填土地基不均匀沉降造成墙体开裂图片

2）建筑物出现整体倾斜

对于刚度较大的建筑物，如高层剪力墙结构，当地基出现不均匀时、或地基处理质量问题时，可能出现倾斜。图 1.14.2 为某 18 层住宅楼不同点沉降曲线，该工程剪力墙结构，筏板基础天然地基，从图中可看出，建筑物上侧 J_1、J_4、J_5 点沉降量明显大于下侧 J_2、J_3、J_6，建筑出现明显的倾斜现象。分析施工存在一定的原因，如不及时进行基坑回填，造成雨水灌入，地基土软化，沉降增大。

3）地基失稳造成建筑物倒塌或被迫拆除

当地基基础沉降过大或失稳时，建筑物可能倒塌或被迫拆除。如广东省深圳市龙岗区腾龙酒店为 11 层框架剪力墙结构，总高 37.65m，建筑面积 3500m²。

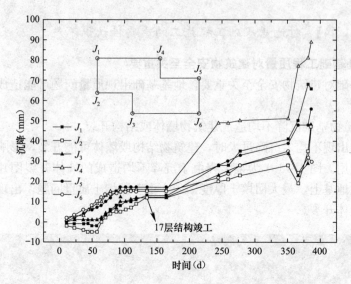

图 1.14.2　某建筑物不同点沉降曲线

因桩基质量低劣，1996 年 5 月 22 日建筑物最大倾斜量已达 420mm，且不均匀沉降速率在加大，又错误的进行纠倾施工，使倾斜量进一步加大，1996 年 5 月 24 日被迫拆除。

当然，造成地基基础事故的原因是多方面的，如设计失误、勘察不准确、使用荷载大大超出设计要求等，都可能造成地基基础的工程事故。

2. 影响地基基础施工质量的因素众多

影响地基基础工程质量的因素众多，如地质条件的复杂性，地下水的影响、回填土的性质差异、隐蔽工程施工质量控制、施工管理、施工顺序、设计因素等，都对地基基础的质量产生影响。

3. 抓住施工关键控制点

对于地基基础施工，关键是抓住关键控制点，在图纸中明确说明，提醒施工和监理单位重视。如对于泥浆护壁钻孔灌注桩施工关键点是桩底沉渣厚度、桩侧泥皮情况和混凝土水下灌注的控制；对于 CFG 桩复合地基，关键点是孔底的虚土和提钻速度不当造成的缩颈断桩；对于挤土桩，关键点是挤土效应对已成桩的不利影响，如预制桩的上涌；对于强夯，其关键点是如何保证地基的均匀性。这样可减少施工的质量问题。

【禁忌 1.15】　对地基基础检测重视不够

地基检测是基础工程非常重要的一个环节，目的是检测地基基础是否达设计要求。如合格视为基础安全，可进行主体结构施工。但检测合格是否能保证基础安全？我们很多工程施工过程、或正常使用阶段，由于地基基础问题，造成结构开裂或建筑物不能正常使用，这样的例子每年都在发生。造成事故的原因是多方面的，但地基基础检测不能正确的评价实际情况，应是一些工程事故发生的原因之一。因此对于地基基础检测应高度重视，不能为检测而检测，检测是为了评价地基基础施工是否达到设计要求。为使地基基础检测能真实反映实际情况，应注意以下几点：

1. 检测样本应是随机的而不是指定

很多设计图纸在图纸上标注检测位置、指定试桩，这样的检测结果不一定能真实反映实际工程质量。如在图纸中指定试桩位置，则施工单位可能对检测的桩特别重视，质量容易保证，而检验合格不能代表其他桩质量没有问题。国内很多地基基础工程事故，在责任判断时，常由于地基基础有检测合格报告，责任无法判定，常常不了了之。

2. 承载力检测应注意的一些问题

1）地表试桩结果代表工程桩承载力

对于设计等级为甲级桩基础，常常要先进行试桩，来确定成桩工艺和承载力。工程在此阶段，由于基坑没有开挖，常常在地表试桩，如图 1.15.1 所示。

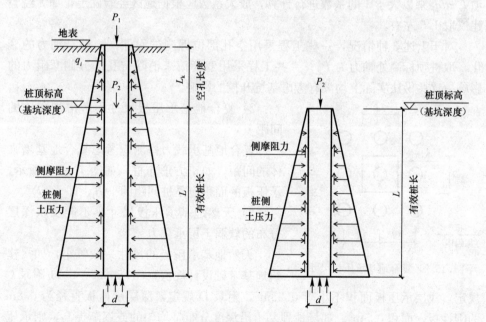

图 1.15.1　地表试桩和基坑底试桩受力示意图

根据地表试桩承载力 P_1，利用下式计算 P_2：

$$P_2 = P_1 - l_k \pi d q_i \tag{1.15-1}$$

式中　q_i——为空孔段侧摩阻力；

d——空孔部分桩径。

此种方法最大的问题是对基坑开挖对桩的侧摩阻力的影响没有考虑。具体应根据实际情况判断，注意以下几种情况：

（1）对于端承桩，如嵌岩桩，承载力主要靠端阻力，桩上部侧摩阻力的降低，对总承载力影响较小，可忽略。因此，在地表进行承载力检测，按式（1.15-1）计算 P_2。

（2）对于足够长度摩擦桩，有效桩长 $l/l_k \geqslant 3$ 时，桩上部侧摩阻力的降低，对总的承载力影响较小，按式 1.15-1 计算 P_2。

（3）对于 $l/l_k < 3$ 时的摩擦桩，按式 1.15-1 计算 P_2 存在着一定的风险性。产生误差的原因主要是有效桩长较短，基坑开挖土的回弹、桩周围土压力的降低造成的侧摩阻力的削弱，对桩的总侧摩阻力的影响大。是如山东德州某工程，$l_k = 10$m，$l = 19$m，桩径 600mm。在地表试桩承载力 P_1，满足设计要求，基坑开挖后，进行静载检测，检测的桩承载力 P_2 均不满足要求，不得不进行补桩处理。不仅增加造价，还严重影响工期。

此种情况如必须用地表试桩结果 P_1 来计算 P_2，应将式（1.15-1）中，后一项 $l_k \pi d q_i$ 乘以大于 1 的系数进行计算，放大系数应根据地区经验确定，如无经验建议取 1.5 左右。

对于上述 3 种情况，一些工程采用空孔部位埋测试元件，测桩身轴力的变化，取桩顶标高处轴力为 P_2；一些工程采用双套筒来消除空孔部分侧摩阻力的影响。这些做法实际上均没有考虑基坑开挖的影响。

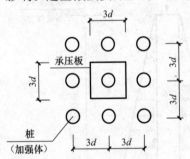

图 1.15.2 复合地基承压板尺寸

2）复合地基承压板尺寸不考虑加强体的间距

复合地基承载力检测应考虑复合地基增强体的间距，如正方形布桩，如图 1.15.2 所示，承压板的面积应是桩间距的平方，即（$3d$）^{2}。

3）天然地基承压板尺寸小不能反映深层分布的软弱土层承载力

天然地基承压板的尺寸一般较小，如《建筑地基基础设计规范》GB 50007—2011 附录 C 规定，浅层承压板面积不小于 0.25m^2，附录 D 规定，深层承压板直径为 0.8m 的刚性板，面积 0.5m^2。如场地地基土沿深度分布是均匀的或逐渐提高，则承压板检测结果可反映实际情况。如承压板加在硬壳层上，即上硬下软地基，受承压板面积限制，没有影响到软弱土层，如图 1.15.3 所示。此承载力检测结果不能真正反映地基的实际承载力。因为，实际基础的尺寸一般远大于承压板尺寸，影响深度远大于承压板影响深度。

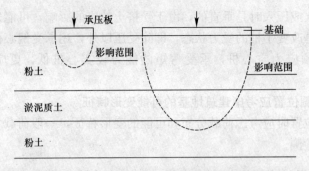

图 1.15.3　承压板和基础影响深度示意图

4）挤土桩不考虑挤土效应

对于挤土桩，由于挤土效应，使土的状态发生改变，造成桩的承载力的改变。如对于大范围打入预制桩，由于挤土造成桩间土的隆起，使桩上涌，桩端与持力层脱离，承载力降低。对于挤扩支盘桩，支盘过程可能对周围尚未凝固的盘产生不利影响，影响承载力。因此，对于挤土桩，应在施工完成后，随机抽取桩进行检测。

3. 地基土加固效果检测

除进行承载力检测外，一些地基处理在施工过程和验收时，应进行加固效果检测。

1）对于换填垫层，施工过程质量检验必须分层进行，并应在每层的压实系数符合设计要求后铺填上层。

2）对于预压的地基土，应进行原位试验和室内土工试验，原位试验可采用十字板剪切试验或静触探，检验深度不应低于设计处理深度。

3）对于强夯地基，应进行均匀性检验，可采用动力触探试验或标准贯入试验、静力触探试验等原位测试，以及室内土工试验。

4. 桩或复合地基加强体材料强度的检测

桩或复合地基增强体自身的材料强度受多方面因素影响，如混凝土灌注桩桩身质量受地质条件的影响、受混凝土灌注过程的影响、受地下水流动的影响、受一些腐蚀介质的影响；水泥土搅拌桩桩身材料强度受土中有机质的影响。当存在可能影响材料强度的因素时，应进行材料强度的检验。一般材料强度检验采用现场随机钻芯取样，然后进行材料强度试验。

5. 桩或增强体完整性的检测

桩或 CFG 桩的长度是否达到设计要求、是否存在缩颈或断桩的情况，需进行完整性检测，常用方法是小应变检测，根据反射波判断桩的完整性。

6. 桩的倾斜的检测

对于灌注桩，可通过对孔的垂直度的检测，来保证桩体的垂直度。对于预制桩，虽然桩打入或压入时是垂直的，由于受挤土效应的影响，可能发生倾斜。倾斜最大的问题是改变了桩的受力状态，即除受压以外，还承受偏心荷载产生的弯矩。特别对于预应力空心桩，承受弯矩的能力较实心桩低，更应注意倾斜的检测。

7. 确定检测位置应考虑建筑地基的可能变形特征

确定检测位置时应考虑荷载分布和可能的变形特征，一般荷载大、沉降大的部位，应重点检测。

【禁忌 1. 16】 对桩基或其他地基处理方法的质量问题处理教条

在对桩或其他地基处理方法进行验收时，常常出现一些不符合验收规范的质量问题。对于这些问题的处理，由于没有相应的规范，一些技术人员在处理时常常出现抓不住重点、盲目、教条的现象，甚至一些小的质量问题处理成大问题。一些处理方法还可能对工程安全埋下隐患。

在处理这些质量问题时，应遵循以下原则：

1. 分析造成质量问题的原因

对于出现的质量问题，分析造成事故的原因，只有分析出事故原因，才能采取正确的方法处理，避免事故再次发生。切忌没查清原因就盲目处理。

2. 分析是否扩大检测范围

针对存在的质量问题，在分析造成问题的原因后，应确定是否扩大检测范围。

3. 分析质量问题对基础安全的影响

对于出现的质量问题，应分析质量问题产生的危害，针对产生的危害，有针对性的处理。如桩筏基础中桩的偏位超出规范要求，是否进行处理？如何处理？首先应分析桩偏位产生的危害，桩偏位的危害是影响荷载重心和桩基础形心的偏心距。可根据实际桩位重新进行校核计算，如重心和形心关系满足规范要求，可不进行处理。如不满足要求，可采用补桩、加大筏板面积等方法处理。

4. 挤土效应引起的质量问题慎用挤土方案处理

当地基基础质量问题是由于挤土效应造成的，如夯扩桩产生的缩颈断桩现象，则加固方案应慎重采用挤土施工工艺。如继续采用挤土效应的施工方法进行处理，会加大挤土效应，处理不好可能产生更大的工程质量问题。

5. 对于长短桩问题应考虑对地基变形的影响

对于同一基础下，长度差异较大的预制桩，短桩除承载力满足要求外，尚应分析是否会产生不均匀沉降。

施工过程中，若部分桩长未达到预定深度或持力层，会造成桩长不一，形成长短桩。如地基调查不充分，忽略了地面到持力层层间的弧块石、回填土层中的障碍物及中间硬夹层的存在，造成沉桩困难；预制桩沉桩过程中，在以密实状态的粉土、砂土作为桩端持力层时，沉桩时使四周的土体结构受到扰动，改变了土体的应力状态，产生挤土效应，导致相邻桩穿不透持力层上部密实粉土、砂土夹层等。对于长短桩问题，除短桩承载力需满足设计要求外，还应考虑可能出现的变形问题。如图 1.16.1、图 1.16.2 所示情况，对于图 1.16.1 所示长短桩情况，应分析是否出现沉降不均，引起承台扭转。图 1.16.2 所示情况应考虑相邻承台长短桩可能出现差异沉降。

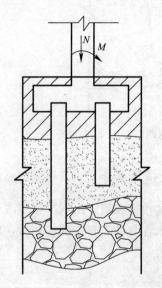
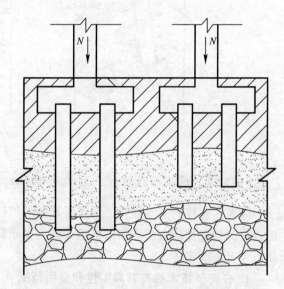

图 1.16.1　同一承台下长短桩示意图　　　　　图 1.16.2　相邻承台下长短桩示意图

6. 对于倾斜桩应分析其实际受力模式的改变

对于预制桩由于挤土效应或其他施工因素造成的桩垂直度超过规范要求时，应分析桩受力模式的改变造成的危害。

场地不平、桩机本身倾斜、稳桩时桩不垂直、送桩器及桩不在同一直线上、挤土效应等情况均有可能造成桩身倾斜，形成斜桩，如图 1.16.3 所示。和垂直桩相比，斜桩桩身需承受荷载偏心增加的弯矩，并计算桩身承载力能否满足要求。还应考虑桩侧土的情况，如桩侧土层性质较好，对其产生一定的约束作用，这是有利的；若上部土层较差，如淤泥等饱和软土时，土层对桩约束作用很小，桩的承载力降低，倾斜会逐渐增大。所以，当存在斜桩问题时，应分析可能造成的危害，采取措施妥善处理。

7. 质量问题处理应考虑耐久性

地基质量问题处理，应注意耐久性问题。如该质量问题是否影响耐久性、加固方法是否能满足耐久性的要求等。

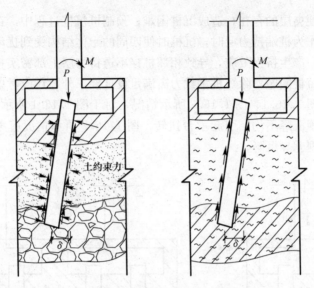

图 1.16.3　斜桩受力改变示意图

【禁忌 1.17】　不能综合判断地基基础新技术适用条件

随着大规模的基本建设，促进了地基基础行业的快速发展。出现了很多改进的或新的地基处理方法和新的桩型，如何判断新技术在具体工程中的应用性，应从以下几方面考虑。

1. 任何新技术都有其局限性和适用范围

由于地质条件的差异大、建筑物高度的不同、荷载的不同、结构形式的不同、对地基变形的适应能力不同，决定了任何一种地基处理技术或桩型都不是万能的，都有其适用的地质条件和建筑物。

2. 新施工工艺应操作简单

操作简单是保证工程质量的重要前提之一，任何工艺，如操作复杂，则容易出现质量问题。

3. 新技术的加固原理应与地基基础基本理论一致

新技术的加固原理应符合地基基础的基本理论和概念，如有关承载力的理论、土体固结理论、地基变形的理论等。如与基本理论相违背，则该技术肯定没有应用前景。

4. 新技术应适应环保要求

目前，世界范围内对环保的要求越来越严，因此，一项地基基础新技术必须满足环保要求。如噪声问题、对周围环境的影响问题、施工伴生的垃圾问题、节电节水等。不环保的地基基础技术将逐渐被淘汰。

5. 新技术应能降低造价

新技术的应用一般能降低工程造价，需特别注意，这个造价应是地基基础工程综合造价，不是简单的地基处理造价。有关地基基础综合造价见禁忌 3.19。

6. 新工艺应对地基土有加固效果

新技术应对地基土有加固效果，如桩的新工艺判断，新桩型除满足建筑要求的承载力和变形要求外，应考虑对地基土的影响。如桩的施工工艺可使对应的地质条件下，桩侧、桩端土的性质指标提高，或改善桩土结合状态，则为好的施工工艺。如施工工艺造成土的承载力降低，则为不好的施工工艺。

【禁忌 1.18】 对地基基础耐久性设计考虑不全面

1. 地基基础耐久性的重要性

1）地基基础埋在地面以下，出现耐久性问题不容易发现。只有当耐久性引起的问题，影响到上部结构安全或建筑使用功能时，才可能被发现，但已造成较大的损失；

2）桩基或复合地基加强体直接与土接触，环境条件差，特别是干湿交替环境，容易出现耐久性问题；

3）地基基础一旦出现耐久性问题，则加固困难，甚至无法加固。

因此，对地基基础的耐久性问题应高度重视，预防为主。

2. 考虑耐久性容易忽略的问题

在考虑地基基础的耐久性问题时，我们常常关注桩和基础筏板、承台的耐久性问题。如土中是否含对钢筋混凝土耐久性影响的成分，如氯离子，并依据相应的规范进行处理。实际上，应对整个地基基础的耐久性问题进行全面考虑，任何部位出现问题都会造成地基基础不同程度的破坏。在实际工程中，以下几方面是容易被忽略的。

1）基础垫层的耐久性问题

基础垫层上部为基础，下部为地基，位置很重要。一般垫层混凝土标号低，容易出现耐久性问题。可以设想，一旦基础底板下混凝土垫层耐久性出现问题，强度大幅度降低可能会出现的问题。如可能增大沉降、可能出现不均匀沉降等。因此，在地基基础设计中，应考虑基础垫层的耐久性，按相应的混凝土耐久性处理。

2）复合地基加强体耐久性问题

复合地基加强体承受远大于地基土的荷载，需要足够的强度，如耐久性出现问题，则加强体的刚度会慢慢降低，复合地基承载力会随之降低，引起复合地基变形增大，或出现不均匀沉降。如水泥土复合地基中，水泥土的耐久性问题；CFG 桩复合地基混凝土加强体的耐久性问题。

【禁忌 1.19】 对岩土工程的复杂性及不确定性认识不足

任何建筑物都是建造在一定的地层（岩层或土层）上，而我们在岩土施工中接触最多的是土层，因而我们将土层作为探讨的重点。土虽然是岩石风化后的产物，但具有一种区别于岩石的特性——散粒性，它一般是碎散的、不连续或部分连续的介质。性质十分复杂，具有极大的时空变异性。在岩土施工中其土层环境几乎不可能完全探知，边界条件和操作过程也对岩土工程有很大的影响，因而岩土工程问题具有很大的不确定性。这种不确定性包括互补率的破缺，即非此非彼的情况，是属于模糊判断的课题。另一种是因果率的破缺，亦即因果关系的不确定性，一因多果。是属于概率、数理统计和混沌学的范畴。所以对于这样一个复杂的对象和众多的影响因素，依靠纯理论和技术技巧预测往往不成功，而经验的判断是不可缺少的。

概括起来，岩土工程的复杂性及不确定性体现在如下几个方面。

1. 岩土材料性质的复杂性

岩土是自然地质历史的产物，具有其独特性和变异性，岩土由三相组成，三相间的不同比例关系及其相互作用，使岩土形成了极其复杂的物理力学性质，它的变异性、不连续性和多相性造成岩土的强度、变形和渗透三大工程问题。由于岩土材料表现出极大离散性和不可知性，使岩土工程充满了风险和挑战。

1）岩土材料的非线性性质

岩土材料表现出明显的非线性性质，不仅体现为材料非线性，而且还表现为几何非线性（大变形和大应变）及边界非线性。

2）岩土材料的流变时效特征（特别对高地应力情况下的软黏土和软岩）

岩土材料应视为时变黏弹塑性介质，其变形是随时间而增长变化和发展的。

施工过程中土体要经受反复扰动，土性和土力学参数都要发生变化。譬如说，施工降水会造成土体固结，它的抗剪强度有所提高；而施工中如遇暴雨径流，土体孔隙水压力升高而其有效应力则降低。盾构机在推进中土体内产生超孔隙水压力和积聚；而盾构推过以后，孔隙水压力又逐渐消散，也即土体施工期间的主固结，随时间增长发展的流变位移；其他如注浆和回填、夯压等工程措施也都使土性和土工参数起变化。这项研究整体上可称为受施工扰动影响的土力学问题。工程施工力学问题，在工程施工过程中岩土体和地下结构物的应力与变形状态随着不同施工阶段、各个不同工况，土体和结构各自力学性状的历时变化。

3）岩石的裂隙性

岩石的裂隙性和土的孔隙性是岩石和土区别于混凝土、钢材等人工材料的主要特点。

岩石总是或稀或密、或宽或窄、或长或短地存在着各种裂隙，这是岩石区别于混凝土的主要特点。这些裂隙有的粗糙，有的光滑；有的平直，有的弯曲；有的充填，有的不充填；有的产状规则，有的规律性很差。裂隙的成因多种多样，有岩浆凝固收缩形成的原生节理，有沉积间断形成的层理，有构造应力形成的构造节理，有表生作用形成的卸荷裂隙和风化裂隙，还有变质作用形成的片理、劈理等，在岩石中构成极为多样非常复杂的裂隙系统。人们将岩石和裂隙视为一个整体称为"岩体"，将裂隙概化为"结构面"。显然，结构面是岩体中最薄弱的环节。就力学性质而言，岩石的力学参数、结构面的力学参数和岩体的力学参数有很大区别。搞清结构面的产状、参数和分布，是岩土工程勘察设计的重点，也是难点。

岩体中的地下水是沿着岩体中的裂隙和洞穴流动的，随着裂隙和洞穴的形态和分布的不同，有脉状裂隙水、网状裂隙水、层状裂隙水、洞穴水等不同的地下水类型。

4）土的孔隙性

土是一种散体材料，存在孔隙。对于饱和土是固、液两相；对于非饱和土，是固、液、气三相。于是产生了有效压力和孔隙压力；孔隙压力又有孔隙水压力和孔隙气压力。有效应力原理成了土力学区别于一般材料力学的主要标志，在土工计算中产生了总应力法和有效应力法两种原理和方法。在饱和土中，由于孔隙水压力的增长和消散，不同的加荷速率下地基承载力不同；是否及时支撑，对软土基坑稳定有不同的表现；渗透系数和地层组合的差别，导致基础沉降速率的差别等。饱和土中的超静水压力可导致挤土效应，使桩被挤断、挤歪和上浮；地震时的超静水压力导致砂土和粉土液化。非饱和土的孔隙气压力形成基质吸力，基质吸力随着土中含水量的增加而降低，因而是不稳定的。膨胀土和黄土随湿度的增加而强度显著降低，非饱和土基坑雨季容易发生事故，花岗岩残积土边坡暴雨容易发生浅层滑坡，都和基质吸力降低有关。总之，把握好孔隙压力是岩土工程的关键。

2. 对自然条件的依赖性和条件的不确知性

岩土工程作为土木工程的分支，是以传统力学为基础发展起来的。但很快发现，单纯的力学计算不能解决实际问题。原因主要在于对自然条件的依赖性和计算条件的不确知性。试与结构设计比较，结构工程师面临的材料是混凝土、钢材等人工制造的材料，材质相对均匀，材料和结构都是由工程师在设计时选定，是可控的，计算条件十分明确，因而建立在力学基础上的计算是可信的。而岩土，无论材料还是结构，都是自然形成，不能由工程师选定和控制，只能通过勘察查明而又不可能完全查明。因而存在条件的不确知性和参数的不确定性，不同程度地存在计算条件的模糊性和信息的不完全性。因而虽然岩土工程计算方法取得了长足进步，发挥了重要作用，但由于计算假定、计算模式、计算参数与实际之间存在很多差别，计算结果与工程实际之间总存在或多或少的差别，需要岩土工程师综合判断。"不求计算精确，只求判断正确"，强调概念设计，已是岩土工程界的共识。

3. 参数的不确定性和测试方法的多样性

同一岩土体测试数据的离散性有两方面的原因，一是由于取样、运输、样品制备，试验操作等环节的扰动，试验、计算等产生的误差，使测试数据呈随机分布，这方面产生的不确定性与混凝土、钢材等测试数据的随机性质基本相同，只是变异性更大。二是岩土测试数据还和样品的位置有关，

这是其他工程材料不具备的特性。自然界的岩土，即使是同一层，其性质也是有差别的。既有规律性的水平相变和竖向相变，也有无规律的指标离散。因此，个别样品测试的指标一般缺乏代表性，必须有一定数量的测试指标，经统计分析，才能得到代表值。结构设计注重截面计算，而岩土工程分析没有截面计算，注重系统分析。被分析的岩土体的尺寸与试验样品的尺寸比较，要大许多倍，因而考虑的是岩土体参数值的综合水平，所以标准值的计算方法与混凝土、钢材等是不同的。结构截面可靠度的分析已基本成熟，并已列入规范；而岩土工程的可靠度分析尚处在研究阶段，由于问题复杂，积累不足，尚难在工程中普遍应用。

岩土工程的测试可以分为室内试验、原位测试和原型监测三大类，还有各种模型试验，极为多样，各有各的特点和用途。同一种参数，又因测试方法不同而得出不同的成果数据。选用合理的测试方法成为岩土工程计算能否达到预期效果的重要环节。例如土的模量有压缩模量、变形模量、旁压模量、反演模量。土的抗剪强度室内试验有直剪和三轴剪；直剪又有快剪、固结快剪和慢剪；三轴剪又有不固结不排水剪、固结不排水剪、固结排水剪和固结不排水剪测孔隙水压力；原位测试有十字板剪切试验和野外大型剪切试验。由于试验条件不同，试验结果各异。用哪种试验方法合理，由岩土工程师根据具体条件确定。这种测试方法的多样性，也是岩土工程区别于其他工程技术一个重要特点。岩土工程分析计算时注意计算模式、计算参数和安全度的配套，而其中计算参数的正确选定最为重要。

4. 岩土工程的不严密性、不完善性和不成熟性

地质学和力学是岩土工程的两大理论支柱，两者互助补充，互相渗透，互相嫁接。力学是以基本理论为出发点，结合具体条件，构建模型求解。特点是从一般到特殊，严密，是一种演绎推理的思维方法。地质学是在调查研究取得大量数据的基础上，分析、综合、对比，找出科学规律，从特殊到一般，是一种归纳推

理的思维方法，侧重于分析成因演化，宏观把握，综合判断。

由于条件的不确定性和参数的不确定性，导致信息的不完全性，使单纯的计算不仅不精确，也不一定可靠。因而强调定性分析与定量分析相结合，强调综合判断。综合判断就得依靠工程师的理论基础和丰富的工程经验。就像一位良医，既要深刻理解医药理论，又要有丰富的临床经验。忽视经验当然是错误的，没有经验的人肯定解决不了复杂的工程问题。忽视理论也是错误的，极易将局部经验误为普遍真理，犯概念性错误。"经验之果只有结在理论之树上才有生命力。"

由上可知，岩土工程迄今还是一门不严密、不完善、不够成熟，处在"发展中"的科学技术，因而存在相当大的风险性。沈珠江院士说：土力学发展到现在，是"从学步走向自立"，岩石力学发展更晚，成熟程度还要低一些。

无论何种工程特性指标的试验成果，都有一定的离散性，是随机变量，故应通过统计分析，确定其代表值。利用代表值评定其该层土的性状或作为设计参数。根据多年经验，土的强度指标应取标准值，土的压缩性指标应取平均值，载荷试验承载力应取特征值。此外，评价土的性状用的各种物理性指标应取平均值，触探试验、标准贯入试验等用以评价承载力的指标可取标准值。

土的工程特性的代表值，允许根据地方经验作适当调整。勘察报告应对建议的代表值作必要的说明。

对于同一层土（同一工程地质单元的土），取出若干试样进行试验，或进行若干点的原位测试，得到的实测值通常是不同的，其原因有二：一是地层的不均匀性，即使是同一层土，其性质还是有差别的，包括垂直方向的差别、水平方向的差别、有规律的差别、无规律的差别，这是地基岩土的天然属性。二是钻探、取样、运输、试件制备工程中不同程度的扰动和试验操作中的误差，是随机性误差，因此个别数据不能代表该岩土的真正性质，故规范规定每层土的试验数量不少于 6 组，并采用数理统计方法对指标进行数据处理。

岩土的工程特性指标是地基设计计算的基础，其重要性是不言而喻的。地基计算与实际结果的符合程度，虽然决定于计算模式、计算参数和安全度三大因素，但其中最关键、最不易把握的是计算参数。这一特点和建筑物上部结构的设计计算有十分明显的差别。岩土工程特性参数的不易把握有以下几个原因：

（1）虽然进行了详细的岩土工程勘察，但总不可能把岩土的空间分布搞得十分清楚，况且，还有地下水位的变动，土的含水量的变化等不确定因素。

（2）即使是同一层土，它的工程特性指标是离散的，有的离散性还很大，其中，有由于岩土空间位置差异造成的自然形成的离散；也有取样测试过程中人为操作造成的随机性离散。

（3）有些测试方法在理论上似乎是完备的，如三轴剪切试验、固结试验，但由于取样测试技术上的原因，测试结果与实际情况可能有很大出入。测试参数取值标准的不确定性，有的取峰值，有的取残余值，也是个复杂问题。有些测试方法，如静力触探，动力触探，标准贯入试验，成果指标与计算参数之间没有理论关系，只有统计关系，经验是否充分成了关键。

因此，在进行地基设计时，决不能盲目相信计算。工程师的理论基础和工程经验十分重要，必须注意理论与实践的结合，计算分析与工程经验的结合，尤其要注意对岩土工程指标的综合分析，慎重选用计算参数。在进行综合分析评价时，以下几点可供参考：

（1）用多种方法测试，进行对比，互相印证；

（2）借鉴类似地基和类似工程的经验；

（3）利用原型工程实测数据反算岩土参数。

【禁忌 1.20】 对地下水位改变对地基基础的影响重视不够

地下水是指由渗透和凝结作用而形成的，存在于岩石和土的孔隙、裂隙或空洞中的气态，有液态和固态的水。根据对地基基础的影响，在建筑工程中一般分为上层滞水、潜水和承压水。地下水对地基基础工程的影响非常大，但常常不被重视。我们的很多工程问题和水有直接关系，表现在以下几方面。

1. 地下水位改变对地基基础安全的影响

1）当地下水位的变化是在基础底面以上时，水位变化对地基基础的影响很小。图 1.20.1 为舟曲泥石流造成的白龙江水位上升，建筑物局部被淹没，但因大部分基础原在地下水位以下，实测水位升高对基础的影响很小。

（a）　　　　　　　　　　　（b）

图 1.20.1　舟曲泥石流造成的建筑物被水浸泡图片

2）地下水位在基础底面以下的压缩层范围内变化时，可能直接影响建筑物的安全。具体分两种情况：

（1）当地下水位在压缩层范围升高时，可引起浅基础地基承载力降低，特别是对非饱和土、遇水软化的岩石、湿陷性土、膨胀土影响更大。当水位升高时，地基土的强度降低，压缩性增大，建筑物随之产生较大的沉降，甚至出现严重变形和破坏。

（2）当地下水位在压缩层范围内降低时，则能增加土的自重压力，引起基础的附加沉降。如果土质本身不均匀，地下水位下降还将造成地面的不均匀沉降，导致建筑物的倾斜和破坏。遇到地下水位的下降不是在建筑物下均匀而缓慢地进行时，这种情况也将出现不均匀沉降，从而引起上部结构的变形。

3）在有地下结构物的建筑工程中，地下水位的上升必将对结构产生浮力，严重时引起建筑物整体上浮或底板开裂。水位上升还对地下室的防潮有不利影响。

2. 地下水造成的其他危害

1）地下水的腐蚀性

地下水的腐蚀性主要指一些地下水中所含的对混凝土和钢筋的腐蚀成分，从而影响混凝土的耐久性。

2）地下水的潜蚀性

这种不良地质作用通常分为机械潜蚀和化学潜蚀。机械潜蚀是指地下水的动力压力作用，而化学潜蚀是指地下水溶解土中的易溶盐分。这两种作用在土中同时存在，会引起土颗粒间的结合力和土的结构破坏，带走土粒形成土洞。使地基土的强度受到破坏，土下形成土洞，致使地表塌陷，影响建筑场地的稳定。

3）承压水引起的基坑突涌现象

建筑物基坑下存在承压水，当基坑开挖减小承压水上部隔水层的厚度减小过多（如电梯井部位），会出现承压水的突然涌出现象，承压水的突涌会冲毁基坑，破坏地基，给工程造成很大损失。

4）对于一些地形地貌，如河谷阶地、岸坡，地下水位变化会影响边坡岩土体的稳定。当地下水位升高时，岩土被软化而抗剪强度降低；当水位下降时，水沿斜坡岩土层渗流，产生动水利，引起潜蚀和溶蚀，破坏岩土结构，成为岩土不稳定因素，严重的会形成滑坡。

5）在高寒地区，当建筑物地基内水位上升时，地下水位会因冻结作用在土中形成冰夹层，致使地基土出现冻胀、融陷现象，危及建筑物的安全和正常使用。

【禁忌 1.21】 在设计中不能巧妙合理地利用概念

在设计中巧妙合理的利用概念是非常重要的，如桩的承载力一般取决于桩侧、桩端土的性质和桩土结合状态，巧妙利用以上承载力的概念，可提高桩的承载力。下面通过一些实例，介绍在实际工程中，如何巧妙利用概念。

1. 改善桩侧土性质提高桩的承载力

近年来国内一些单位如中国建筑科学研究院地基所研究的水下干作业复合灌注桩、天津大学研发的劲芯搅拌桩，均采用改善桩侧土来提高承载力，即将桩周一定范围内的土进行改善。实测数据显示相同地质条件下、相同的桩径（水泥土桩的直径和普通钢筋混凝土直径相等）、相同桩长的情况下，承载可提高40%左右。图1.21.1为组合桩示意图，图1.21.2为组合桩和普通灌注桩承载力对比曲线。

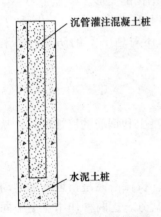

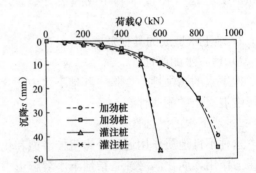

图1.21.1　组合桩示意图　　　　图1.21.2　组合桩和普通灌注桩承载力对比曲线

2. 改善桩土结合状态提高桩的承载力

在其他条件相同的情况下，桩土结合状态对桩的承载力有很大影响。一些情况下，由于施工的原因造成桩土结合状态差，如由于泥浆的相对密度过大造成桩侧泥皮过厚，使桩身和桩侧土之间存在类似润滑剂介质的泥皮，桩身荷载不能有效的传递到桩侧土中，桩的承载力降幅较大，图1.21.3为山东某工程（菏泽）同一场地试桩曲线，桩径、桩长、地质条件相同，从图中看出，由于泥皮的影响程度不同，桩的承载力差异很大。

图1.21.4为人工挖孔桩的两种护壁形式，从桩土结合状态来讲，第一种外锯齿形较第二种外光滑形好。因此，从概念设计上为提高承载力，当桩侧为正常固结土时，应采用外锯齿（a）形护壁，提高承载力；当桩侧为欠固结土时，采用（b）形护壁，可减小负摩阻力的影响。

改善桩土结合状态的还有将桩的表面积做成螺杆状、竹节状，楔形桩、采用灌注桩后注浆等。

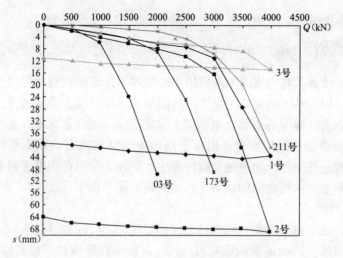

图 1.21.3　桩土结合状态对承载力的影响

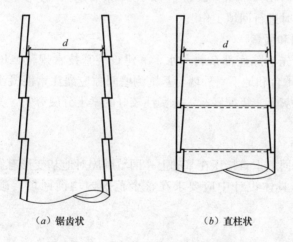

（a）锯齿状　　　　　　　　（b）直柱状

图 1.21.4　人工挖孔桩不同的护壁形式

3. 合理的利用挤土效应

对于常用的螺旋钻成孔、泵送混凝土的 CFG 桩复合地基，当地基土存在液化土时，采用长螺旋钻机的施工工艺不能消除液化，必须先进行液化处理。但改变成桩工艺可消除液化，如采用沉管灌注桩，施工过程的挤土效应能一定程度或全部消除液化。或采用预应力管桩作为加强体，利用管桩压入的挤土效应，来达到消除液化或降低液化程度的目的。

4. 增加桩长可有效减少桩基础的沉降量

桩基变形的本质是桩侧、桩端土的变形，特别是桩端土的变形，也就是上部结构荷载借助于桩基传递到所影响范围内土所发生的变形，这是桩基变形最基本的概念。利用这个基本概念，可利用增加桩长减小建筑物的沉降，因为桩越长，荷载传递的范围越大，桩侧、桩端土受荷水平越低，变形越小。

【禁忌 1.22】 对地下室外墙和基坑内壁之间的回填土不重视

地下室外墙和基坑内壁之间的回填土质量对于保证建筑物的稳定性和正常使用非常重要，即使基础满足规范埋置深度的要求，如回填土质量达不到规范的规定，也起不到设计埋深的效果。如回填土质量不好，还会造成室外地面下沉，影响正常使用和设备管线的安全。但由于回填土非结构内容，施工单位常常不重视，容易出现一些问题。为避免事故的发生，设计人员应在图纸上明确说明有关地下室外墙和基坑内壁之间的回填土相关问题，注意以下几点。

1. 回填时间

一般说，地下室外墙和基坑内壁之间的空隙回填时间越早越有利。一方面可避免地面水或降水影响地基的承载力；另一方面确保建筑物的稳定性。《建筑地基基础设计规范》GB 50007—2011 在 8.4.24 条规定："筏形基础地下室外墙施工完毕后，应及时进行回填工作"。

2. 回填材料和质量

回填前应首先清除底部杂物和水，《建筑桩基技术规范》JGJ 94—2008 在 4.2.7 条规定"承台和地下室外墙与基坑侧壁间隙应灌注素混凝土或搅拌流动性水泥土，或采用灰土、级配砂石、压实性较好的素土分层夯实，其压实系数不宜小于 0.94"。

3. 回填顺序

由于一部分回填土直接压在基础上，回填顺序对地基变形有影响，特别是回填深度较大时。具体设计中应要求在整个范围内均衡回填，避免出现较大的高差。

第2章 地基相关规范的理解与应用

目前，有关地基基础工程的规范众多，有国家标准、行业标准、产品标准、地方标准，不完全统计，全国有关地基基础的规范超过 100 本，且每年还在增加。如此多的规范，给工程技术人员提供了方便。如不能正确理解和使用，则可能带来一定的负担，更可能出现应用错误。本章介绍规范应用中的一些注意事项。

【禁忌2.1】 不能整体把握相关的地基基础规范

地基基础相关规范是进行勘察、设计、施工、检测的依据，一定要正确地理解和掌握，而不是简单、教条地抠表面文字。应从以下几方面对规范进行理解。

1. 编制的目的

毋庸置疑，规范编制的最终目的是确保拟建工程的安全，不同的规范从不同的角度去实现。如各种勘察规范，通过具体规定来达到准确地描述拟建场地的水文地质情况、场地的均匀性等，为后续设计、施工提供准确的资料，即从勘察的角度保证拟建建筑物安全的目的；各种地基基础的设计规范通过对具体设计的规定、参数选取、具体计算规定等，从设计的角度来保证拟建建筑物的安全；施工规范是通过对每种施工工艺的适用条件、施工控制要点等规定，使施工质量满足设计要求，来保证拟建建筑物的安全；检测规范通过相应的规定，如检测数量、检测要求、检测标准等，使检测尽可能体现整体的安全情况，确保拟建建筑物的安全。

确保拟建建筑物的安全和正常使用是规范编制的最终目的，规范的其他内容都是为实现此目的服务的。切记不能为满足规范而满足规范，而应为工程的安全合理利用规范。

2. 编制的原则和指导思想

编制原则和指导思想是规范的精髓，如《建筑地基基础设计规范》GB 50007—2011 在 1.0.3 条对编制原则和指导思想规定为"地基基础设计，应坚持因地制宜、就地取材、保护环境和节约资源的原则；根据岩土工程勘察资料，综合考虑结构类型、材料情况与施工条件等因素，精心设计"。《建筑桩基技术规范》JGJ 94—2008 在 1.0.3 条也对编制原则和指导思想进行了类似的规定。

如将规范的原则和指导思想合理应用到实际工程中，则是对规范最好的理解和应用。

3. 适用范围

每一本规范都有其适用范围，如《建筑地基基础设计规范》GB 50007—2011 在 1.0.2 条规定，"本规范适用于工业与民用建筑（包括构筑物）的地基基础设计"。《建筑基桩检测技术规范》JGJ 106—2003 的 1.0.2 条规定"本规范适用于建筑工程基桩的承载力和桩身完整性的检测与评价"。因此，我们在选择规范时，一定要了解其适用范围。

一些产品标准做了更详细的规定，如《先张法预应力混凝土管桩》GB 13476—2009 规定了预应力混凝土管桩在高地震设防烈度、三、四级场地的应用条件。

4. 和其他规范的关系

随着专业分工的细化，一本规范不可能解决所在专业的所有问题，需要其他规范配合。如《建筑地基基础设计规范》GB 50007—2011 在 1.0.4 条规定"建筑地基基础的设计除应符合本规范的规定外，尚应符合国家现行有关标准的规定"。如荷载、混凝土、抗震、耐久性等规范。

【禁忌2.2】 不注重理解规范条文规定的目的和要解决的问题

规范的每条规定都是有一定目的和要解决的相关问题，在使用规范时，应注意分析判断。只有了解了条文规定的目的，才能正确合理地应用各种方法来实现规范的目的，避免出现规范规定了的就能设计，规范没规定的就茫然无知、无从下手的情况。下面通过几个例子分析。

1. 沉降后浇带的设置

如《建筑地基基础设计规范》GB 50007—2011 的 8.4.20 条第 2 款规定，"当高层建筑与相连的裙房之间不设沉降缝时，宜在裙房一侧设置用于控制沉降差的后浇带，……"，此规定目的是解决主裙楼差异沉降过大，避免造成裙楼部分基础底板开裂。理解了设沉降后浇带的目的，在具体工程中才能正确处理有关沉降后浇带问题。一般可从以下几方面考虑：

1）主裙楼连体不是必设沉降后浇带

从沉降后浇带设置目的可看出，主裙楼连体不一定设置沉降后浇带。如在主裙楼之间差异沉降很小，如主楼采用嵌岩桩、基础埋深大附加压力很小等情况，则没有必要设沉降后浇带。规范对应地用了"宜"字也说明了这一点。目前，主裙楼之间不设沉降后浇带的工程案例很多，只要设计很好的处理好主裙楼之间的地基变形协调，就能考虑取消沉降后浇带。对于施工来说，取消沉降后浇带将给施工带来很大的便利。本书禁忌 3.7 将介绍一些设计方法。

2）沉降后浇带不一定是解决差异沉降的最佳方法

如设计不合理或错误造成主楼沉降量大且稳定时间很长，则后浇带也不一定解决问题，有可能造成后浇带钢筋的受拉屈服，也可能后浇带不能按期浇筑，影响建筑物的正常交付使用。

3）后浇带的浇筑条件是主楼沉降基本稳定或后期沉降很小

沉降后浇带浇筑时，一般需沉降稳定，或经计算后期沉降不足以造成基础底板或上部结构的开裂。一些设计人员常常在图纸上写"结构完工或建筑物竣工后浇筑沉降后浇带"，这是典型的没有正确理解后浇带设置目的和作用，可能出现工程问题。

2. 坡地岸边桩基设计原则

《建筑桩基技术规范》JGJ 94—2008 在 3.4.5 条规定如下：

"3.4.5　坡地、岸边桩基的设计原则应符合下列规定：

1　对建于坡地、岸边的桩基，不得将桩支承于边坡潜在的滑动体上。桩端进入潜在滑裂面以下稳定岩土层内的深度，应能保证桩基的稳定；

2　建筑桩基与边坡应保持一定的水平距离；建筑场地内的边坡必须是安全稳定的边坡，当有崩塌、滑坡等不良地质现象存在时，应按现行国家标准《建筑边坡工程技术规范》GB 50330 的规定进行整治，确保其稳定性；

3　新建坡地、岸边桩基工程应与建筑边坡工程统一规划，同步设计，合理确定施工顺序；

4　不宜采用挤土桩。"

规范的以上规定，目的就是要避免建筑在坡地、岸边的桩基，由于滑坡或崩塌而破坏，进而造成整个建筑物的破坏。规范从桩进入稳定岩层的深度、建筑物距坡边保持一定距离、坡应是稳定的、施工顺序、成桩工艺等方面规定，实现坡稳定的目的。

在实际工程中，影响边坡稳定的因素很多，对于规范没有规定的，但是会影响边坡稳定的因素，如地震、洪水、泥石流等，我们在具体设计中，也应给予考虑。

认真阅读规范条文，我们会发现其规定都是有目的的。如《建筑桩基技术规范》JGJ 94—2008 的 3.4.4 条第 3 款规定"当基岩面起伏很大且埋深较大时，宜采用摩擦型灌注桩。"此条的目的，是避免出现差异沉降。

3. 框筒结构基础筏板的规定

《建筑地基基础设计规范》GB 50007—2011 第 8.4.1 条有关高层建筑筏形基础规定如下：

"8.4.1　筏形基础分为梁板式和平板式两种类型，其选型应根据地基土质、上部结构体系、柱距、荷载大小、使用要求以及施工条件等因素确定。框架-核心筒结构和筒中筒结构宜采用平板式筏形基础。"

地基规范对于框架-核心筒结构和筒中筒结构，规定宜采用平板式筏形基础。主要考虑框架-核心筒结构和筒中筒结构一般层数高、荷载大、荷载分布不均，基础筏板容易出现整体挠曲。而平板式筏形基础相对于梁板式'筏'形基础、承台基础，抵抗整体挠曲的能力强，且由于截面均匀，不会出现应力分布不均的情况，避免基础刚度变化处，如梁板交界、承台和板交界处，出现裂缝。规范规定的目的是增强整体性，避免由于整体挠曲和基础刚度变化出现局部开裂情况。

4. 桩的分类的规定

《建筑桩基技术规范》JGJ 94—2008 的 3.3.1 条，对于基桩的分类如下：

"1　按承载性状分类

1）摩擦型桩：

摩擦桩：在承载能力极限状态下，桩顶竖向荷载由桩侧阻力承受，桩端阻力小到可忽略不计；

端承摩擦桩：在承载能力极限状态下，桩顶竖向荷载主要由桩侧阻力承受。

2）端承型桩：

端承桩：在承载能力极限状态下，桩顶竖向荷载由桩端阻力承受，桩侧阻力小到可忽略不计；

摩擦端承桩：在承载能力极限状态下，桩顶竖向荷载主要由桩端阻力承受。"

桩基规范按承载力性状分类的目的，是在规范后面桩的构造配筋、桩基竖向承载力计算中复合桩基的应用条件、桩负摩阻力计算的有关规定，根据承载力性状分类不同而不同。

5. 灌注桩钢筋笼加劲箍的规定

《建筑桩基技术规范》JGJ 94—2008 中 4.1.1 条第 4 款规定："当钢筋笼长度超过 4m 时，应每隔 2m 设一道直径不小于 12mm 的焊接加劲箍筋"。

对于规范的规定，应首先理解规范规定设加劲箍的目的。在工程中，加劲箍的作用主要有两点：

1）钢筋笼加工时，起到固定主筋的作用，对提高钢筋笼的质量和加工速度有很大作用；

2）对钢筋笼的抗弯刚度有很大影响，间距越小，抗弯刚度越大。加劲箍的作用类似于连续梁的支座，在相同截面情况下，支座间距越小，梁的抗弯刚度越大。当钢筋笼较长、纵向钢筋配置较低时，钢筋笼在起吊过程中，由于钢筋笼抗弯刚度低，常出现挠曲。挠曲严重时，影响钢筋笼的垂直度，造成向孔内置入困难，影响桩的质量。

【禁忌2.3】　不注重理解具体规定所含的基本概念

规范条文具体应用时应理解条文所包含的基本概念，在规范条文没有作具体规定时，可根据基本概念进行判断，以下举例说明。

1. 大直径桩的尺寸效应

如《建筑桩基技术规范》JGJ 94—2008 中 5.3.6 条对大直径桩承载力计算时，规定应考虑尺寸效应，即大直径桩（桩径不小于 800mm）和中小直径桩相比，最大的区别是其极限侧阻力标准值、极限端阻力标准值随桩径的增大而降低。但规范表 5.3.6-1 没有给出桩端为岩石时，桩的端阻力是否折减，相关条文也没有说明。很多设计人员对此不知如何处理。如能理解基本概念，则能帮助解决这样的问题。桩侧摩阻力和端阻力折减的基本概念是，桩成孔使桩侧和桩端土受力状态发生改变，造成孔壁土出现松弛变形，导致侧阻力有所降低，成孔卸载造成孔底土的回弹，类似于深基坑的回弹，造成端阻力的降低。这些不利影响都和桩径有关，桩径越大，不利影响越大。如了解此基本原理，技术人员就能很好地理解规范的具体规定，即使规范没做规定的情况下也知道如何处理工程实际问题。以下就基本概念的应用做一些解释。

1）承载力折减系数随桩径增大而增大

从概念上讲，桩径越大，桩侧土和桩端土的松弛效应越大，承载力折减的越多。《建筑桩基技术规范》JGJ 94—2008 表 5.3.6-2 规定，对于黏性土和粉土桩侧摩阻力、端阻力的折减系数为 $(0.8/d)^{1/5}$ 和 $(0.8/D)^{1/4}$。可看出，随桩径 d 和桩端直径 D 的增大，承载力折减得越多。

2）土颗粒越大，折减系数越大

从概念分析，土颗粒越大，松弛效应越明显，因此对于黏性土和粉土桩侧摩阻力、端阻力的折减系数，应小于砂土和碎石土。《建筑桩基技术规范》JGJ 94—2008 规定黏性土和粉土侧阻力和端阻力的折减系数分别为 $(0.8/d)^{1/5}$ 和 $(0.8/D)^{1/4}$，砂土和碎石土，桩侧摩阻力、端阻力的折减系数为 $(0.8/d)^{1/3}$、$(0.8/D)^{1/3}$。

3）当桩端为基岩时承载力计算不需折减

一般岩石强度很高，桩成孔过程中不会出现回弹而影响承载力，因此不需要折减。

2. 天然地基承载力的深度修正

《建筑地基基础设计规范》GB 50007—2011 有关承载力计算部分，5.2.4 条规定：

"5.2.4 当基础宽度大于 3m 或埋置深度大于 0.5m 时，从载荷试验或其他原位测试、经验值等方法确定的地基承载力特征值，尚应按下式修正：

$$f_a = f_{ak} + \eta_b \gamma (b - 3) + \eta_d \gamma_m (d - 0.5)"$$

式中，f_{ak} 为地基承载力特征值，$\eta_b \gamma (b-3)$ 为宽度修正部分，$\eta_d \gamma_m (d-0.5)$ 为深度修正部分。

这里应首先理解深、宽度修正的基本概念，地基承载力特征值 f_{ak} 的深、宽修正概念，是根据弹性半无限体地基承载力理论得出的。从图 2.3.1 可看出，地基达到极限承载力产生的滑动面和土的黏聚力、基础两侧边载、滑动土体的重量有关。滑动土体的重量和基础宽度与地基土的重度有关，基础宽度增加，滑动面增大，地基承载力设计取值可以提高；基础埋深增加，基础两侧边载增加，地基承载力设计取值增加。这就是承载力进行深宽修正的基本原理。计算公式反映了基本原理，如深度修正部分 $\eta_{\mathrm{d}} \gamma_{\mathrm{m}}(d-0.5)$，式中 γ_{m} 为基底上土的加权平均重度，d 为基础的埋深。

对于目前应用很多的主裙楼连体建筑的深度修正问题，规范条文没有直接规定。在条文说明中解释如下：

"目前建筑工程大量存在着主裙楼一体的结构，对于主体结构地基承载力的深度修正，宜将基础底面以上范围内的荷载，按基础两侧的超载考虑，当超载宽度大于基础宽度两倍时，可将超载折算成土层厚度作为基础埋深，基础两侧超载不等时，取小值。"

这里采用荷载折算成土的深度进行深度修正，从基本概念上讲是正确的。但规范没有明确说是什么荷载组合。从基本概念上讲，应是建筑物自重及压土重量，不能考虑活荷载。

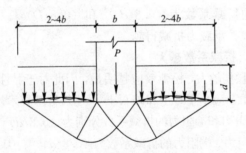

图 2.3.1　天然地基承载力深度修正示意图

【禁忌 2.4】　对公式计算假设可能产生的误差不能正确判断

由于土的特性，相关地基基础设计规范在计算公式中都给出一定的假设。在应用公式时，应能正确理解假设和实际情况的差异，并根据基本理论和概念分析对计算结果的影响，判断计算值和实际值的大小关系。根据分析结果，在具体设计中进一步完善。以下通过几个实例分析。

1. 地基变形计算中"各向同性均质线性变形体"的假设

目前我们国家相应的地基基础设计规范，如《建筑地基基础设计规范》、《建筑桩基技术规范》、《建筑地基处理技术规范》，在计算地基变形时均做如下假设："计算地基变形时，地基内的应力分布，可采用各向同性均质线性变形体理论"。作此假设的原因是在计算地基土中的附加应力时，采用了布辛奈斯克（Boussinesq）解。而布辛奈斯克（Boussinesq）解的应用条件就是此假设。只有用此假设才能得到附加应力值，有了附加应力值，才能进行变形计算。对此假设进行分析，我们可得出如下结论：

（1）此假设和土的实际情况有较大的出入。一般地基土既不是均质的也不是线性的，绝大部分是成层的，层与层之间土的性质有时差别很大。对于复合地基来说，由于加固范围一般在基础范围内，同层土在水平方向性质也存在很大差异。因此，地基变形准确计算难度很大，提高计算的准确性主要依赖于经验系数。对此，相应的规范均给出了根据统计得出的经验系数。

（2）对于上硬下软的成层土分布，如图 2.4.1 所示，计算误差较均匀土要大，这主要是软土层向外传递荷载的能力差，造成软土中按此假设计算的附加应力值小于实际值。从而在实际工程中，出现图 2.4.1 所示的土层分布时，建筑物实际沉降量比计算值偏大的原因，类似情况在工程中应给予重视。图 2.4.2 为天津开发区某建筑平面图，右侧为原建筑，1 层，框架结构，钢筋混凝土筏板基础，地质条件类似于图 2.4.1 所示。该建筑物建成使用 3 年后，扩建左侧部分，新建筑物层数 1 层，新旧建筑连接在一起使用。设计师考虑到原建筑物已建成 3 年，沉降应已经稳定，因此，新扩建部分采用桩基础，柱下承台，来减小新建筑物的沉降。新建筑物建成 1 年后，新旧建筑连接处，由于沉降不均出现开裂，图 2.4.3 为地面和墙体开裂图片。调查发现，沉降大的是原建筑物，原建筑物受软弱土层影响，类似于图 2.4.1 中的淤泥质土，沉降时间很长，沉降量大。

（3）土越软，计算结果误差越大。这主要是土越软，假设条件和实际差别越大。

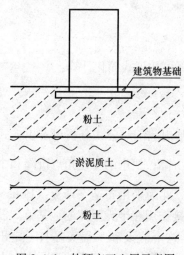

图 2.4.1 软硬交互土层示意图

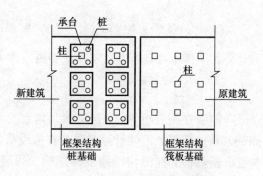

图 2.4.2 新旧建筑平面关系图

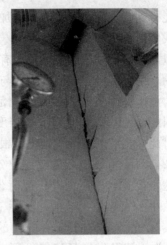

图 2.4.3　新旧建筑基础连接处和墙体开裂图片

（4）据此假设的计算结果，只能反映线弹性状态下地基的变形特征，计算的结果是地基变形是连续变化的，没有明显的差异，而不能反映弹塑性或塑性状态下，土的变形特征。但在实际工程中，一些情况下，局部地基是可能出现弹塑性或塑性变形的。对于整体刚度较差的基础形式，如独立基础、条形基础，当局部荷载较大时，如堆载影响，地基可能出现塑性变形，引起相邻基础间的差异沉降。在软土地区尤其应高度重视，一些工程事故分析也证明这一点。

（5）按此假设，附加应力在地基土中的影响范围很大。实际上，附加应力的影响范围是有限的。中国建筑科学研究院地基所的试验研究显示，主裙楼连体建筑，主楼的影响范围一般在裙楼三跨范围左右。

2. 矩形基础中点沉降计算的假定

《建筑桩基技术规范》JGJ 94—2008 中 5.5.7 条规定：

"5.5.7　计算矩形桩基中点沉降时，桩基沉降可按下式简化计算：

$$s = \psi \cdot \psi_e \cdot s' = 4 \cdot \psi \cdot \psi_e \cdot p_0 \sum_{i=1}^{n} \frac{z_i \bar{a}_i - z_{i-1} \bar{a}_{i-1}}{E_{si}}"$$

公式中具体符号的意义不在此介绍，详见桩基规范。对公式分析可看出，式中 $\psi \cdot \psi_e \cdot p_0 \sum_{i=1}^{n} \dfrac{z_i \bar{a}_i - z_{i-1} \bar{a}_{i-1}}{E_{si}}$ 是矩形基础角点的沉降；式中的 4 是角点沉降和中点沉降的倍数关系，即中点沉降量是角点的 4 倍。此为采用布辛奈斯克（Boussinesq）解的结果。上述计算公式是在假设荷载直接作用在半无限体的地基上，没有考虑基础和上部结构的刚度的影响。很显然，这个假设和工程实际有一定出入，由于上部结构和基础的刚度的影响，按此公式计算的中点沉降较实际大，上部结构和基础的刚度越大，计算结果的误差越大。

3. 桩基沉降计算"等效作用分层总和法"的假设

《建筑桩基技术规范》JGJ 94—2008 中 5.5.6 条，在计算群桩基础沉降时进行如下假设：

"对于桩中心距不大于 6 倍桩径的桩基，其最终沉降量计算可采用等效作用分层总和法。等效作用面位于桩端平面，等效作用面积为桩承台投影面积，等效作用附加压力近似取承台底平均附加压力"。

对此假设分析可看出与实际情况有一定的出入：

（1）如桩短，桩侧土性质差，则假设和实际接近。

（2）如桩长、桩侧土好，则假设和实际出入就大，桩越长、桩侧土越好，计算结果和实际差异就大，即计算结果大于实际结果。

（3）假设"等效作用附加压力近似取承台底平均附加压力"没有考虑不同结构体系的荷载分布特征。易造成差异沉降计算的误差。

【禁忌 2.5】 盲目地套用规范中的公式进行计算

地基基础相关规范的公式大部分是半理论半经验公式，理论包含基本概念，经验一般体现在公式中的经验系数。每个公式的经验系数都有其适用范围，不能盲目地套用。以下通过一些实例说明。

1. 支盘桩后注浆

如《建筑桩基技术规范》JGJ 94—2008 中 5.3.10 条给出了灌注桩后注浆的承载力计算公式，如式 2.5-1：

$$Q_{uk} = Q_{sk} + Q_{gsk} + Q_{gpk}$$
$$= u\sum q_{sjk}l_j + u\sum \beta_{si}q_{sik}l_{gi} + \beta_p q_{pk}A_p$$

$$(2.5\text{-}1)$$

式中 β_{si}、β_p——后注浆侧阻力、端阻力增强系数。

一些规范给出了挤扩多支盘桩（图 2.5.1）承载力计算公式，如《挤扩灌注桩技术规程》DB 29—65—2004 规定，初步设计时，单桩竖向承载力特征值可按下式估算：

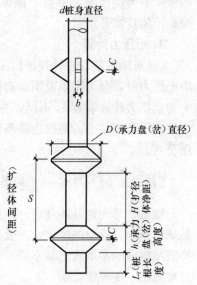

图 2.5.1 挤扩支盘桩示意图

$$R_a = \mu_p \sum q_{sia}l_i + \eta \sum q_{pja}A_{pD} + q_{pa}A$$

$$(2.5\text{-}2)$$

式中 q_{sia}——第 i 层土的桩侧阻力特征值，按灌注桩侧阻力参数取值；

q_{pja}——承力盘（岔）所在第 j 层土的端阻力特征值，按灌注桩端阻力参数取值；

q_{pa}——桩端阻力特征值，按灌注桩端阻力参数取值；

A_{pD}——除桩身截面面积的承力盘（岔）投影面积；

A——桩身截面面积；

μ_p——桩身周长；

l_i——折减后桩周第 i 层土厚度；

η——当承力盘（岔）总数大于等于 3 时取 0.9，当承力盘（岔）总数小于 3 时取 1.0。

一些工程师将挤扩多支盘桩和灌注桩后注浆施工工艺结合，对支盘桩进行桩底和桩侧后注浆。承载力计算时，将式（2.5-1）、式（2.5-2）合并，即将式（2.5-1）中的侧阻增强系数 β_{si} 和端阻增强系数 β_p 分别乘入式（2.5-2）中各项，得挤扩支盘桩后注浆承载力计算公式如下：

$$R_a = u_p \sum \beta_{si} q_{sia} l_i + \eta \sum \beta_{pj} q_{pja} A_{pD} + \beta_p q_{pa} A \qquad (2.5-3)$$

将支盘桩进行后注浆处理的方法没有什么问题，但计算中对支盘桩的侧摩阻力和端阻力分别乘以注浆增强系数，则存在一定的问题。因为桩基规范中的注浆增强系数为经验值，取自等截面桩，而支盘桩压浆以后的相互影响，则没有经验，不能盲目套用。

2. 土压力计算

《建筑地基基础设计规范》GB 50007—2011 中 6.7.3 条，在计算重力式挡土墙土压力时，分为无限范围和有限范围填土边界条件分别计算。边界条件不同，主动土压力计算系数 k_a 不同，在计算时应首先确定边界条件，是无限范围填土还是有限范围填土，根据边界条件，再选用主动土压力计算系数 k_a，不能盲目套用公式。

【禁忌 2.6】 忽略条文的基本规定只看后面的具体内容

规范常常先做具体规定，如规定本节的应用范围、如何确定具体数值等，这是基本规定。后面的规定，一般是对基本规定的补充完善或参考值，后面的内容要满足前面的基本规定，不能不考虑基本规定，仅按后面要求进行设计。下面通过规范的一些规定说明。

《建筑地基基础设计规范》GB 50007—2011 在 8.5.1 规定："本节包括混凝土预制桩和混凝土灌注桩低桩承台基础。"这里一个"低"字，规定了本节的应用范围，即只适合低承台桩基础，不适合高承台桩基础。因此，如工程中为高承台桩，本节的内容是不包括的。

又如《建筑桩基技术规范》JGJ 94—2008 中 4.2.1 条规定："桩基承台的构造，除应满足抗冲切、抗剪切、抗弯承载力和上部结构要求外，尚应符合下列要求"。条文中满足抗冲切、抗剪切、抗弯承载力和上部结构要求是承台设计的核心，即承台作为将上部结构的荷载传给基桩必须满足的条件，后面具体规定如承台的最小高度、宽度、筏板的最小厚度等，必须在满足以上受力要求的前提下，才可考虑用规定的值。

《建筑地基基础设计规范》GB 50007—2011 在 5.1.3、5.1.4 条规定：

"5.1.3　高层建筑基础的埋置深度应满足承载力、变形和稳定性的要求。位于岩石地基上的高层建筑，其基础埋深应满足抗滑稳定性的要求。

5.1.4　在抗震设防区，除岩石地基外，天然地基上的箱形和筏形基础其埋置深度不宜小于建筑物高度的 1/15；桩箱或桩筏基础的埋置深度（不计桩长）不宜小于建筑物高度的 1/18。"

从地基规范以上两条可看出，5.1.3 条是基本规定，即建筑物的埋深要满足稳定性要求。5.1.4 条是建议和参考值，一些情况如埋深范围存在液化土、淤泥等，满足 5.1.4 条，不一定就能满足 5.1.3 条要求。因此，在确定基础埋深时，切忌仅满足 5.1.4 条，而忽略 5.1.3 条的基本规定。

【禁忌 2.7】　忽略规范条文的"轻"、"重"次序

规范中的一些规定是有"轻"、"重"次序的，使用时一定注意"轻"、"重"关系。

如《建筑地基基础设计规范》GB 50007—2011 的 5.3.5 条有关地基变形计算的公式中，对于沉降计算经验系数 ψ_s 的规定如下："ψ_s——沉降计算经验系数，根据地区沉降观测资料及经验确定，无地区经验时可根据变形计算深度范围内压缩模量的当量值（$\overline{E}_s$）、基底附加压力按表 5.3.5 取值"。对于此条规定，所谓"重"是 ψ_s 应首先根据地区观测资料及经验确定，"轻"是无地区经验时按规范选取。因为规范提供的经验系数是从各个地方收集整理的结果，很难做到面面俱到。

《建筑桩基技术规范》JGJ 94—2008 中 5.5.11 条也做了类似的规定：

"5.5.11　当无当地可靠经验时，桩基沉降计算经验系数 ψ 可按表 5.5.11 选用。"

相关地基规范在和土特性有关的参数规定时，大部分有类似的规定。如《建筑桩基技术规范》JGJ 94—2008 中，表 5.3.5-1、表 5.3.5-2 有关桩的极限侧摩阻力和极限端阻力取值、《建筑地基处理技术规范》等，均有按地方经验选取，无地方经验按本规范选取的类似规定。

再如《建筑地基基础设计规范》GB 50007—2011 有关桩的配筋规定，在 8.5.3 条 7 款规定：

"7　桩的主筋配置应由计算确定。预制桩的最小配筋率不宜小于 0.8%（锤击沉桩）、0.6%（静压桩），预应力桩不宜小于 0.5%；灌注桩最小配筋率不宜小于 0.2%～0.65%（小直径桩取大值）。"

这里的"重"是"桩的主筋配置应由计算确定",后面规定的最小配筋率是计算配筋低于最小配筋率时,按最小配筋率确定。切忌不进行计算,直接按最小配筋率或稍大于最小配筋率配筋。

【禁忌 2.8】 将地基基础相关规范条文"圣旨"化

规范具体条文是基本理论、概念、工程经验对工程具体问题的一些规定,是不断发展完善提高的,不能将规范视为"圣旨",原因如下所述。

1. 地基基础的大部分计算公式具有半理论半经验的特点

由于地基基础的复杂性,地基基础的大部分计算具有半理论半经验的特点。如《建筑地基基础设计规范》GB 50007—2011 在 8.5.6 条 4 款中,有关桩的承载力特征值计算规定:

"4 初步设计时单桩竖向承载力特征值可按下式估算:$R_a = q_{pa}A_p + u_p \sum q_{sia}l_i$"。

这里规范明确指出,按此公式计算,只能是估算,可能会和实际有较大的出入。

再如,作为地基基础工程安全核心之一的变形控制,由于地基土具有不均匀性、成分和成因的多样性、变形的时效性,并且受水、不同施工工艺、上部结构形式等复杂因素的综合影响,大部分有关地基基础工程的计算方法具有半理论半经验的特点,并在不断改进提高。

2. 根据工程经验的积累逐步完善

随着工程经验逐渐积累,常会发现以前的经验存在片面性和局限性。例如《建筑桩基技术规范》JGJ 94—94 和 JGJ 94—2008 就同一结构单元桩的规定就存在很大不同,JGJ 94—94 中 3.2.3.4 条规定"同一结构单元宜避免采用不同类型的桩。同一基础相邻桩的桩底标高差,对于非嵌岩端承型桩,不宜超过相邻桩的中心距;对于摩擦型桩,在相同土层中不宜超过桩长的 1/10。"而 JGJ 94—2008 则取消了上述规定,建议在一定条件下采用变刚度调平设计,同一基础下,可根据荷载和上部结构情况,采用非等长布桩。

3. 应正确理解应用规范

理解和应用时应注意规范条文的基本原理、基本原则、需考虑的因素、要点及注意事项等,不要"神"化规范。

【禁忌 2.9】 不注意规范所给范围值的合理选用

由于地基基础的复杂性,相关的规范中常给出一些范围值。如《建筑桩基技术规范》JGJ 94—2008 在 4.1.1 条灌注桩配筋率、表 5.2.5 承台效应系数、表 5.3.5-1 中桩的极限侧摩阻力标准值、表 5.3.5-2 桩的极限端阻力标准值等;《建筑地基基础设计规范》GB 50007—2011 在 7.3.2 条房屋沉降缝宽度、7.3.3 条相邻建筑物基础间的净距、8.3.1条条形基础梁的高度、附录C有关浅层板载荷试验承载力特征值的判断等，均给出范围值。

对于这些范围值的选取，注意几点：

1. 规范有明确说明的应理解意义后选用

对于规范给出的范围值，一些规范给出了应用说明，应理解规范规定的含义，正确分析后选取。

如《建筑桩基技术规范》JGJ 94—2008 在 5.5.11 条对桩基沉降计算经验系数 φ 规定："饱和土中采用预制桩（不含复打、复压、引孔沉桩）时，应根据桩距、土质、沉桩速率和顺序等因素，乘以 1.3～1.8 挤土效应系数，土的渗透性低，桩距小，桩数多，沉降速率快时取大值。"

规范给出了 φ 的范围值 1.3～1.8，并给出了取大值的条件。从规范给出的条件可看出，挤土效应越严重，土二次固结产生的沉降越大，φ 取大值，即 φ 和挤土效应成正比。

《建筑桩基技术规范》JGJ 94—2008 在表 5.2.5 有关承台效应系数 η_c 的取值时，在表注 4、5 中规定如下：

"4　对于采用后注浆灌注桩的承台，η_c 宜取低值。

5　对于饱和黏性土中的挤土桩基、软土地基上的桩基承台，η_c 宜取低值的 0.8 倍。"

对于规范表 5.2.5 注 4 的规定，其含义是注浆可提高桩的抗压刚度，桩的抗压刚度高，承台土分担荷载必然少，因此 η_c 取低值。理解规范规定的含义后，在实际工程中，其他条件都一样的情况下，桩长短不一致时，长桩刚度大，η_c 宜取低值。对于表 5.2.5 注 5，其含义是土软，刚度低，应取低值；挤土桩可能发生固结沉降，取低值。

2. 规范没有说明的或说明不全面的应综合分析

一些范围值规范没有明确说明如何选用，在实际采用中应综合分析，从基本概念出发，选用。

1）条形基础梁的高度

《建筑地基基础设计规范》GB 50007—2011 中 8.3.1 条 1 款规定："柱下条形基础梁的高度宜为柱间距的 1/4～1/8"。对于此范围值的选取，应分析增大基础梁高度的作用，基础梁高度增大，基础整体刚度增大，抵抗不均匀沉降的能力增强。因此，因根据荷载大小、分布，地基梁受力、地基的情况确定基础梁的高度，如荷载大、分布不均、地质条件差，则取高值。反之，取低值。

2）浅层载荷板试验

《建筑地基基础设计规范》GB 50007—2011 附录 C 中，C.0.7 条有关承载力特征值的确定，3 款规定："当不能按上述二款要求确定时，当压板面积为 0.25m² ～

$0.5m^2$，可取 $s/b=0.01\sim0.015$ 所对应的荷载，但其值不应大于最大加载量的一半。"

公式中的 s 为沉降量，b 为载荷板的宽度或直径。对于此范围值的选取，当地基土层分布均匀或从上到下逐渐变好，可取高值，如存在软夹层，取低值。这里包含的基本概念是：由于载荷板的尺寸小，影响范围有限，如从基底以下，土的性质均匀，或逐渐提高，则载荷结果能反映实际情况，利用此结果是安全的。如土层分布类似禁忌 1.15 中图 1.15.3 所示，存在软土夹层时，载荷板尺寸小，不一定能反映软土层的承载力情况，为保证安全，应取低值确定承载力。

当载荷板尺寸大时取低值，载荷板尺寸小时取高值。这里包含的基本概念是，在相同基底压力下，载荷板尺寸越大，沉降越大。

3）灌注桩的配筋率

《建筑桩基技术规范》JGJ 94—2008 在 4.1.1 条规定：

"4.1.1　灌注桩应按下列规定配筋：

1　配筋率：当桩身直径为 300～2000mm 时，正截面配筋率可取 0.65％～0.2％（小直径取高值）；"

规范给出了不同直径配筋率的选取规定，即小直径取高值。对于相同直径的桩，规范没有说明，这在具体设计中应进行对比分析。《混凝土结构设计规范》GB 50010—2010 在柱子配筋中规定，柱的最小配筋率不小于 0.6％，和桩的配筋率比明显提高。分析柱子和桩的受力情况，如图 2.9.1 所示，可看出其受力存在以下不同：

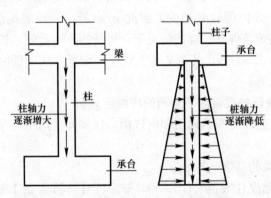

图 2.9.1　柱和桩受力模式差异示意图

（1）柱子的轴力从上到下逐渐增大，桩的轴力从上到下逐渐减小，当然应排除桩承受负摩阻力情况；

（2）桩侧土对桩有侧向支撑作用，这是桩和柱子比，在受力上有利的一方面。

以上受力模式的不同均是桩侧土引起的，桩侧土性质越好，柱和桩的受力模式差别越大，桩的配筋率可取范围值的低值，反之取高值。如桩侧为淤泥或淤泥质土，土对桩的约束作用有限，桩身轴力递减速率慢，桩的受力性质和柱子接近，桩的配筋率应取高值。

4）桩极限侧摩阻力和极限端阻力的取值

《建筑桩基技术规范》JGJ 94—2008 表 5.3.5-1、表 5.3.5-2 给出了桩的极限侧摩阻力和极限端阻力参考范围值，但如何选取没有说明。在具体工程中，桩的极限侧摩阻力和极限端阻力的选取应分析影响其发挥的因素，根据主要影响因素选择范围值。

（1）土的状态

桩的极限侧摩阻力、极限端阻力和土的状态有关，土状态越好发挥值越高。"土的状态"规范给出了范围值，应对土的状态差异，选取桩极限侧摩阻力和极限端阻力的高低值。

（2）深度

在土状态接近的情况下，土层埋置越深，桩的极限侧摩阻力和极限端阻力发挥值越高，计算时取范围值的高值。

【禁忌 2.10】 不能正确理解规范之间的不一致

目前的规范在一些计算方法和规定上存在差异，对于这些差异，应正确看待。一些技术人员热衷于讨论哪个计算方法正确，哪个计算方法错误，一些人抱怨为什么不统一，这些都是没有必要的。应看到，规范之间的不一致的内容，都非强制性条文，对于规范之间的不一致，应正确判断分析，以下举例说明。

1. 桩的承载力计算

关于桩的承载力计算，在《建筑桩基技术规范》JGJ 94—2008 和《建筑地基基础设计规范》GB 50007—2011 分别有规定，如《建筑桩基技术规范》JGJ 94—2008 在 5.3.5 条规定：

"5.3.5 当根据土的物理指标与承载力参数之间的经验关系确定单桩竖向极限承载力标准值时，宜按下式估算：

$$Q_{uk} = Q_{sk} + Q_{pk} = u \sum q_{sik} l_i + q_{pk} A_p \qquad (5.3.5)$$

式中 q_{sik}——桩侧第 i 层土的极限侧摩阻力标准值，如无当地经验时，可按表 5.3.5-1 取值；

q_{pk}——极限端阻力标准值，如无当地经验时，可按表 5.3.5-2 取值。"

《建筑桩基技术规范》JGJ 94—2008 的 5.3.9 条，关于嵌岩桩承载力计算，规定如下：

"5.3.9 桩端置于完整、较完整基岩的嵌岩桩单桩竖向极限承载力，由桩周土总极限侧阻力和嵌岩段总极限阻力组成。当根据岩石单轴抗压强度确定单桩竖向极限承载力标准值时，可按下列公式计算：

$$Q_{uk} = Q_{sk} + Q_{rk} \qquad (5.3.9-1)$$

$$Q_{sk} = u \sum q_{sik} l_i \qquad (5.3.9\text{-}2)$$

$$Q_{rk} = \xi_r f_{rk} A_p \qquad (5.3.9\text{-}3)$$

式中 Q_{sk}、Q_{rk}——分别为土的总极限侧阻力标准值、嵌岩段总极限阻力标准值；

q_{sik}——桩周第 i 层土的极限侧阻力，无当地经验时，可根据成桩工艺按本规范表 5.3.5-1 取值；

f_{rk}——岩石饱和单轴抗压强度标准值，黏土岩取天然湿度单轴抗压强度标准值；……"

《建筑地基基础设计规范》GB 50007—2011 在 8.5.6 条对桩的承载力计算分别规定如下：

"4 初步设计时单桩竖向承载力特征值可按下式估算：

$$R_a = q_{pa} A_p + u_p \sum q_{sia} l_i \qquad (8.5.6\text{-}1)$$

式中 A_p——桩底端横截面面积（m^2）；

q_{pa}、q_{sia}——桩端阻力特征值、桩侧阻力特征值（kPa），由当地静载荷试验结果统计分析算得；

u_p——桩身周边长度（m）；

l_i——第 i 层岩土厚度（m）。

5 桩端嵌入完整及较完整的硬质岩中，当桩长较短且入岩较浅时，可按下式估算单桩竖向承载力特征值：

$$R_a = q_{pa} A_p \qquad (8.5.6\text{-}2)$$

式中 q_{pa}——桩端岩石承载力特征值（kPa）。"

从表面上看，两本规范有关桩的承载力计算，从表达方式到计算公式均存在一定的差异。但均强调计算公式只是估算，说明计算结果不代表最终承载力，桩的承载力应由载荷试验最终确定，这才是问题的核心，即桩的承载力需由检测确定而不是计算确定。由于影响地基承载力的因素很多，一般地基承载力的计算都是估算，不同的公式只是站在不同的角度估算而已，而验证标准只有一个，那就是静载试验。

2. 桩基沉降计算

有关桩基沉降计算，《建筑桩基技术规范》JGJ 94—2008 和《建筑地基基础设计规范》GB 50007—2011 分别有规定，计算方法也不同。《建筑桩基技术规范》JGJ 94—2008 的 5.5.6 条规定："对于桩中心距不大于 6 倍桩径的桩基，其最终沉降量计算可采用等效作用分层总和法"。《建筑地基基础设计规范》GB 50007—2011 的 8.5.15 条规定："计算桩基沉降时，最终沉降量宜按单向压缩分层总和法计算。地基内的应力分布宜采用各向同性均质线性变形体理论，按实体深基础方法或明德林应力公式方法计算，……"

1）计算的不同之处

分析两种计算方法，可看出存在较大的差异，如桩基规范的等效作用分层总和法，计算面积为承台投影面积。地基基础设计规范计算面积为扩大的承台面积，扩大值和土的内摩擦角 φ、桩长有关；附加应力的取值也不一样；经验系数也不一样。

2）相同之处

两种计算方法的基本假设是一致的，均假设地基内的应力分布宜采用各向同性均质线性变形体理论计算。

从两本规范计算方法的异同分析，虽然计算公式不一致，但在相同的基本假设前提下，实际上都不可能计算准确。哪种方法计算准确关键看其经验系数的代表性，即计算最终结果的准确程度取决于经验系数。

3. 灌注桩的配筋长度

关于灌注桩的配筋长度，《建筑地基基础设计规范》GB 50007—2011 在8.5.3 条桩基构造中 8 款 3）小款规定："坡地岸边桩、8 度及 8 度以上地震区的桩、抗拔桩、嵌岩端承桩应通长配筋"。

《建筑桩基技术规范》JGJ 94—2008 在 4.1.1 条 2 款有如下规定：

"1）端承型桩和位于坡地、岸边的基桩应沿桩身等截面或变截面通长配筋；

……

3）对于受地震作用的基桩，桩身配筋长度应穿过可液化土层和软弱土层，进入稳定土层的深度不应小于本规范第 3.4.6 条的规定；

……

5）抗拔桩及因地震作用、冻胀或膨胀力作用而受拔力的桩，应等截面或变截面通长配筋。"

从两本规范的规定可看出，《建筑地基基础设计规范》GB 50007—2011 明确规定 8 度及 8 度以上地震区的桩基应通长配筋；而《建筑桩基技术规范》JGJ 94—2008 则没有明确，只针对地震对基桩产生的效应，如地震引起桩承受上拔力，应通长配筋；钢筋笼长度应穿过液化土层或软弱土层，避免在地震荷载作用下破坏。从安全角度上讲，通长配筋要好一些，从经济角度上讲，通长配筋可能增加造价。因此，具体设计中优先考虑安全，在满足安全的前提下，也应考虑经济因素。

【禁忌 2.11】 对地基基础工程应遵循的国内规范、规程了解不全面

目前我国规范分为：国家标准，一般以符号 GB 标示；行业标准，一般以符号 JGJ 标示；产品标准，一般用 JG 标示；地方标准，一般以 DB 标示。对于各种规范、标准的划分和相互关系从以下几方面理解：

1) 国家标准是最高标准，行业标准、产品标准、地方标准均应在国家标准总原则下进行编制。

2) 行业标准和产品标准是本行业在全国的应用标准，是对国家标准的补充完善。如《建筑地基基础设计规范》对桩基础、基坑支护、基础等均作了原则性的规定，行业标准《建筑桩基技术规范》、《建筑基坑支护技术规程》、《高层建筑箱形与筏形基础技术规范》等根据自身的特点对《建筑地基基础设计规范》进行补充和完善。

3) 地方标准是对国家标准和行业标准的补充完善

我国地域辽阔，各省市和地区的自然地理条件不同，分布的岩土种类多种多样，其工程力学性质存在很大差异，反映的地基基础问题也迥然不同。由于地区的特殊性，有关国家标准和行业标准还不能完全覆盖和包括，我国许多省市和地区，在国家规范总原则的指导下，针对本地地基土类的特点、地质情况，总结多年的工程实践经验，编制出反映地方特点、适用于本地区的建筑地基基础设计、施工规范。这些规范、规程对合理进行地基勘察、设计、施工和促进新技术的应用、降低基础的工程造价、保证上部结构安全均有重要作用。如《北京地区建筑地基基础勘察设计规范》DBJ 11—501—2009、上海市《地基基础设计规范》DBJ 08—11—2010、天津地方标准《沉降控制桩基础技术规程》DB 29—105—2004、《锤击式预应力混凝土管桩基础技术规程》DBJ/T 15—22—2008 等。

【禁忌 2.12】 对涉外工程规范的选用及国内外规范的异同缺乏了解

1. 涉外工程规范的选用

对于涉外工程，需要结合工程所在地区或国家的有关规定及建设单位的要求选用适用的规范。如果当地没有自己的国家规范、也没有明文规定采用何种规范，经与建设单位协商，采用中国规范也是可能的。对于国际通用的规范，在欧洲系列规范推出之前，英国规范及美国规范应用得最广，欧洲规范的问世取代了原英国规范的地位，但在非欧盟国家和地区仍有很多国家继续使用英国规范。

2. 国内外规范体制的不同

国际上的规范有两种体制，一种是推荐性的，另一种是强制性的。发达国家的规范多是推荐性的，对设计人员只起帮助指导作用，工程千变万化，规范不可能取代设计人员所必需的理论知识、经验和判断，设计人员必须自己承担设计的全部责任，可以不受推荐性规范的约束。最为典型的是欧洲规范，涉及具体计算公式、具体计算方法的内容越来越少，代之以基本原理、基本原则、需考虑的因素、要点及注意事项等，公式、方法等则完全由设计者凭借自身的理论与经验去参阅各类教科书、参考书、设计手册等选用。我国的设计规范则是强制性的，是设计人员必须遵守的法律，如有违反，一切责任由设计人自负，而出了事故，设计人员也可凭规范推卸责任。几十年来，这种做法已在工程设计界深入人心，因而对规范的制订工作也就提出了很高的要求。强制性规范的不足之处是，不能灵活适应设计中遇到的各种情况，难以照顾到设计者可能遇到的各种特殊问题，而且客观上不利于发挥、调动设计人员的创造性，甚至是限制。强制性规范的利弊值得仔细探讨。

【禁忌2.13】 对和地基基础设计相关的国外规范不了解

为了能使设计人员在处理涉外工程时"有法可依"，现将主要的外国规范介绍如下。

1. 欧洲规范

在建筑行业，欧洲规范家族（European Standards Family）是一个系统而全面的体系，以结构设计规范为龙头，也包括材料与产品规范、施行规范（相当于我国的施工规范）及检测试验规范等并与ISO体系有效衔接。我们常见的"The Eurocodes"实际是特指欧洲结构设计规范，也是欧洲规范体系的核心，由以下各部分构成：

EN 1990 Eurocode 0：Basis of Structural Design（《结构设计基础》）；

EN 1991 Eurocode 1：Actions on Structures（《结构上的作用》）；

EN 1992 Eurocode 2：Design of Concrete Structures（《混凝土结构设计》）；

EN 1993 Eurocode 3：Design of Steel Structures（《钢结构设计》）；

EN 1994 Eurocode 4：Design of Composite Steel and Concrete Structures（《钢与混凝土混合结构设计》）；

EN 1995 Eurocode 5：Design of Timber Structure（《木结构设计》）；

EN 1996 Eurocode 6：Design of Masonry Structure（《砌体结构设计》）；

EN 1997 Eurocode 7：Geotechnical Design（《岩土工程设计》）；

EN 1998 Eurocode 8：Design of Structures for Earthquake Resistance（《结构抗震设计》）；

EN 1999 Eurocode 9：Design of Aluminium Structures（《铝结构设计》）。

与欧洲结构设计规范（The Eurocodes）密切相关的，是Execution Standards（施行标准，类似于我国的施工规范），也是建筑行业欧洲规范家族的重要成员，其中与地基基础相关的常用规范有：

EN 13670：2009 Execution of Concrete Structures（《混凝土施工》）；

EN 1536：2000 Execution of Special Geotechnical Work-Bored Piles（《特殊岩土工程施工-钻孔灌注桩》）；

EN 1537：2000 Execution of Special Geotechnical Works-Ground Anchors（《特殊岩土工程施工-锚杆》）；

EN 1538：2000 Execution of Special Geotechnical Works-Diaphragm Walls
（《特殊岩土工程施工-地下连续墙》）；

EN 12699：2001 Execution of Special Geotechnical Work-Displacement Piles
（《特殊岩土工程施工-挤土桩》）；

EN 14199：2005 Execution of Special Geotechnical Works-Micropiles （《特
殊岩土工程施工-微型桩》）；

EN 12063：1999 Execution of Special Geotechnical Work-Sheet-Pile Walls.
（《特殊岩土工程施工-钢板桩》）；

EN 12794：2005，Precast Concrete Products-Foundation Piles （《预制混凝
土产品-基础用桩》）。

欧洲规范家族的另一成员是"Material and Product Standard"（材料与产品
标准）也是建筑行业欧洲规范家族的一员，最常用的有：

EN 206 Concrete：Specification，Performance，Production and Conformity
（《混凝土：技术规格、性能、生产与一致性》）；

EN 10080 Steel for the Reinforcement of Concrete （《钢筋混凝土用的钢筋》）；

其他从略。

Test Standards（试验标准）也是欧洲规范家族成员之一，主要是建筑材料
与产品的检测、试验方面的执行标准，在此略过。

2. 美国规范

ICC（International Code Council 国际规范理事会）主编的通用设计规范系
列，主要成员有 IBC－06 International Building Code（国际建筑物规范）及
IRC－06 International Residential Code（国际住宅规范），其他从略。

其中，IBC 规范是美国原区域性规范 National Building Code（简称 NBC）、
Standard Building Code（简称 SBC）及 Uniform Building Code（简称 UBC）的
统一，结束了三部区域性规范在美国三分天下的局面。IBC 规范是一本综合规
范，涉及建筑行业所有相关领域与环节，如建筑、结构、水、暖、电、装修、施
工安全与节能、环保、消防等，其中第 14 章至第 26 章为结构相关部分，第 18
章专讲岩土与地基基础，深基础（含桩基）是其中一节。

除了上述通用规范外，美国其他结构规范多为各行业协会主编，如美国混凝
土协会（American Concrete Institute，简称 ACI）主编的混凝土系列规范，美国
钢结构协会（American Institute of Steel Construction，简称 AISC）主编的钢结
构系列规范，美国土木工程师协会（American Society of Civil Engineer，简称
ASCE）主编的一些规范、美国材料与试验协会（American Society for Testing
and Materials，简称 ASTM）主编的有关材料及试验方面的系列规范及美国国家
公路与运输协会（American Association of State Highway and Transportation

Officials，简称 AASHTO）主编的系列规范（多与路桥有关）等。

ACI 系列规范中与地基基础有关的规范如下：

ACI 318-08 Building Code Requirements for Structural Concrete（《混凝土结构规范》）；

ACI 336.3R-93 Design and Construction of Drilled Piers（《钻孔墩基础的设计与施工》）；

ACI 360R-06 Design of Slabs-on Ground（《地面上板的设计》）；

ACI 543R-00 Design，Manufacture，and Installation of Concrete Piles（《混凝土桩的设计、制作与安装》）。

ASCE 系列规范中，与岩土和地基基础相关的规范有：

ASCE 7-05 Minimum Design Loads for Buildings and other Structures（《建筑物与其他结构物上的最小荷载》），相当于美国的荷载规范；

ASCE 20-96 Standard Guidelines for the Design and Installation of Pile Foundations（《桩基础设计与施工准则》），相当于简本的桩基规范。

在美国的规范体系中，ICC（国际规范理事会）虽然以 IBC 统一并取代了 NBC、SBC 与 UBC 三部区域性规范，并将目标瞄准国际市场以应对欧洲规范的挑战与冲击，但 ICC 没能如欧洲规范一样推出一部比较系统、全面从而具有权威性与通用性的地基基础规范或桩基规范，而是将有关内容融入结构规范之中，且内容过于简短，如前文所述 IBC 规范的第 18 章，与岩土基础相关的内容只有 30 页，难以担当地基基础规范与桩基规范的大任。

ACI 虽以混凝土系列规范为主，但对地基基础中涉及混凝土材料的构部件编制了相应规范，如 ACI336.3R（钻孔墩基础）及 ACI543R（混凝土桩），仅相当于一本完整桩基规范的部分内容。

ASCE 20-96 虽然独立成册且以"桩基础设计与施工准则"命名，但其正文部分仅有 17 页，没有公式，也几乎没有图表，仅仅提供了一些指导原则与注意事项。似乎也不符合我们对桩基规范的期望与定义。

此外，Structural Design Guideline for LRFD（《荷载抗力安全系数法结构设计导则》，美国佛罗里达州运输部主编），AASHTO LRFD Bridge Design Specifications（《桥梁设计导则》，美国国家公路与运输协会主编）第 10、11 章等都有地基基础方面的内容。Soils and Foundation Handbook（《岩土与基础工程手册》，美国佛罗里达州运输部主编）也有地基基础的内容，但同样比较简短，而岩土工程勘察则占了较大篇幅。

UFC 3-220-01N，Geotechnical Engineering Procedures for Foundation Design of Buildings and Structures（《建筑结构基础设计的岩土工程方法》，美国国防部主编），虽然貌似全面系统，涉及岩土、浅基础、深基础、边坡挡墙、开挖

降水、桩基设备与施工等地基基础规范全部内容，但有关地基基础部分并没有提出自己的内容，而只是列出了其他相关规范或参考书的名称供读者去参考，是比较典型的"标题党"。

相比之下，EM 1110-2-2906 Design of Pile Foundation（by US Army Corps of Engineers《桩基础设计》，美国工程师兵团主编），从名称和篇幅来看，似乎更像一本桩基规范，全文共113页，对桩基础的设计与施工进行了比较系统的介绍，但该规范是美国军队系统编制的规范，且自1991年后再未修订过，也较少被其他规范或参考书引用，故引用时要慎重。

由上可见，美国的地基基础规范目前还未能如欧洲规范一样统一为系统全面、权威通用的国家级规范，尚有较大的整合空间，我们在引用美国规范时一定要加以区分，不要笼统地引用。就时效性与权威性而言，IBC、ACI及ASCE的有关内容可优先参考，上述规范没有的内容可参考其他规范或参考书。而且，美国规范也不像我国规范这样具有强制性，只是作为设计者的参考，是指导性规范。设计者要具有独立判断的能力，并对自己的能力负责。

3. 英国规范

英国规范与地基基础设计与施工相关的规范如下：

BS 6399 Loading for Buildings（《建筑荷载规范》）；

BS 8110 Structural Use of Concrete（《混凝土结构规范》）；

BS 8004：1986 Code of Practice for Foundations（《地基基础规范》）；

BS 8002：1994 Earth Retaining Structures（《挡土结构》）；

BS 8007：1987 Design of Concrete Structures for Retaining Aqueous Liquid（《挡水混凝土结构设计》）。

4. 其他国家地区规范

1）新加坡规范：

大部分采用英国规范，局部或有修改。其中CP4：2003的前身是BS 8004：1986，但对原规范改动较大，且增添不少新的内容。

Singapore Standard CP4：2003 Code of Practice for Foundations（《地基基础规范》）。

2）香港部分规范：

BD（2004a）. Code of Practice for Foundations（《地基基础规范》）；

BD（2004d）. Code of Practice for Structural Use of Concrete（《结构混凝土规范》）。

【禁忌2.14】 对承载能力极限状态和正常使用极限状态设计概念模糊

承载力能力极限状态和正常使用极限状态，是相关地基规范里的两个重要概念，如《建筑桩基技术规范》JGJ 94—2008 规定：

"3.1.1 桩基础应按下列两类极限状态设计：

1 承载能力极限状态：桩基达到最大承载能力、整体失稳或发生不适于继续承载的变形；

2 正常使用极限状态：桩基达到建筑物正常使用所规定的变形限值或达到耐久性要求的某项限值。"

1. 极限状态的定义

所谓极限状态指整个工程或工程的一部分，超过某一特定的状态就不能满足设计规定的功能要求，这一特定状态称为该功能的极限状态，各种极限状态都有明确的标志或限值。

地基基础工程设计极限状态分为承载能力极限状态和正常使用极限状态两种。

2. 承载能力极限状态

这种极限状态对应于结构或结构的一部分达到最大承载能力或不适于继续承载的变形。对于地基基础设计中，如下部分按承载能力极限状态设计：

1）基础的高度、剪力、冲切计算，荷载组合采用基本组合；

2）桩身结构计算、桩身压曲；

3）地基的整体滑移、挡土结构倾覆、边坡失稳计算，荷载效应采用标准组合；

4）流砂、管涌、潜蚀、塌陷、液化等。

3. 正常使用极限状态

这种极限状态对应于工程达到正常使用或耐久性能的某种规定限值。出现下列情况之一时，可认为超过了正常使用极限状态：

1）影响正常使用的地基基础变形；

2）影响正常使用或耐久性的局部破坏，如基础梁裂缝；

3）影响正常使用的振动；

4）因地下水渗漏而影响工程的正常使用；

5）影响正常使用的其他特定状态。

【禁忌 2.15】 对规范中地基基础设计等级理解教条

地基基础相关规范中的设计等级是表明地基基础重要性的，常分为甲级、乙级和丙级，一般依据基础出现的问题对工程的影响程度来划分。地基基础设计等级是设计者首先需确定的内容。对应着设计等级的划分，规范后续条文中规定具体设计要求。如《建筑桩基技术规范》JGJ 94—2008 在 5.3.1 条规定：

"5.3.1 设计采用的单桩竖向极限承载力标准值应符合下列规定：

1 设计等级为甲级的建筑桩基，应通过单桩静载试验确定；

2 设计等级为乙级的建筑桩基，当地质条件简单时，可参照地质条件相同的试桩资料，结合静力触探等原位测试和经验参数综合确定；其余均应通过单桩静载试验确定；……"

按桩基规范的规定，对于设计等级为甲级的桩基，必须先做试桩，得出单桩的竖向承载力，设计人按试验得出的承载力进行设计。这样会增加工期和增加工程造价。

《建筑地基基础设计规范》GB 50007—2011 在 3.0.2 条规定：

"2 设计等级为甲级、乙级的建筑，均应按地基变形设计；"

《建筑地基基础设计规范》GB 50007—2011 的 10.3.8 条规定：

"10.3.8 下列建筑物应在施工期间及使用期间进行沉降变形观测：

1 地基基础设计等级为甲级建筑物；

2 软弱地基上的地基基础设计等级为乙级建筑物；……"

从《建筑地基基础设计规范》GB 50007—2011 的以上规定可看出，地基基础设计等级为甲乙级的建筑物，不仅计算工作量大（均应按地基变形设计），且增加工程造价（进行长期的沉降观测）。

一些业主从经济或工期角度考虑，要求设计人员尽可能降低地基基础设计等级。一些设计人员在具体应用时，常为满足业主的不当要求，玩文字游戏。如《建筑桩基技术规范》JGJ 94—2008 规定 "30 层以上或高度超过 100m 的高层建筑" 地基基础设计等级为甲级，设计人员为满足业主要求，常常设计成 29 层半，或高度 99.9m。

《建筑桩基技术规范》JGJ 94—2008 规定 "体型复杂且层数相差超过 10 层的高低层（含纯地下室）连体建筑"，设计等级为甲级，具体设计中层数相差 9 层，来达到降低设计等级的目的。笔者个人认为，在工程中有意地玩这种数字游戏，甚至弄虚作假是危险的。

实际上，相应的规范为避免出现上述漏洞，均在不同程度上作了补充规定，如《建筑桩基技术规范》JGJ 94—2008 规定 20 层以上框架-核心筒结构及其他对差异沉降有特殊要求的建筑" 设计等级为甲级，这里 "及其他对差异沉降有特殊要求的建筑" 的规定；《建筑地基基础设计规范》GB 50007—2011 规定 "对地基变形有特殊要求的建筑物" 设计等级为甲级等，就是为了避免一些人钻具体数字的空子，而把等级划分的意义体现出来。即地基基础设计等级应根据地基复杂程度、建筑物规模和功能特征以及由于地基问题可能造成的建筑物破坏或影响正常使用的程度来划分。

【禁忌 2.16】 应用规范时不结合工程实际，仅简单满足规范要求

应用规范时应注意在满足规范要求的情况下，如何做才能对工程的安全最

好。如《建筑地基基础设计规范》GB 50007—2011 对天然地基、地基处理和桩基的检测数量、检测控制标准均作了规定，如10.2.2条规定：

"10.2.2 地基处理的效果检验应符合下列规定：

1 地基处理后载荷试验的数量，应根据场地复杂程度和建筑物重要性确定。对于简单场地上的一般建筑物，每个单体工程载荷试验点数不宜少于3处；对复杂场地或重要建筑物应增加试验点数。

2 处理地基的均匀性检验深度不应小于设计处理深度。"

《建筑基桩检测规范》对桩的检测要求、数量和控制标准作了相应的具体规定。对于具体地基基础工程的检测，应在满足相关规范要求的情况下，结合具体情况确定。注意以下几种情况。

1. 检测位置不能真实反映实际情况

如在进行浅层平板载荷试验时，选择图2.16.1的位置进行检测是不合理的。图2.16.1左侧承压板位置选在基坑边缘，边载效应使测出的承载力偏大；图2.16.1右侧承压板位置靠近电梯井，由于土的侧限条件不一致，承载力检测的结果偏小。

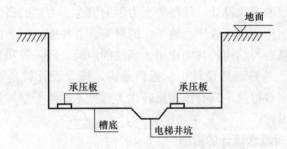

图2.16.1 不正确的承压板试验位置

2. 选择检测位置不考虑基础的沉降特征

检测是对地基基础的安全进行评价，因此应根据可能的基础沉降特征确定检测位置。如框架-核心筒结构，其沉降特征是核心筒部位沉降大，应在核心筒部位设置检测点；对于高层剪力墙结构，其沉降特征一般是整体倾斜，应在可能发生倾斜的方向设置检测点。

第3章 地基基础方案的选择确定

对于建筑工程来讲，地基基础方案的选择确定是一个非常重要的问题，其对于建筑物的安全、基础的造价、基础的施工周期都有决定性的影响，应充分重视地基基础方案的选取。本章介绍地基基础方案选择需考虑的因素及需特别注意的问题。

【禁忌3.1】 考虑地基基础时对概念设计重视不够

1. 概念设计的必要性

地基基础工程受诸多不确定因素影响，虽然岩土力学理论取得长足进步，计算方法和设计软件不断创新，但具体设计仍处于半理论半经验状态，因此概念设计对于确保地基基础的安全非常重要。

所谓地基基础的概念设计，就是将土力学的概念、力学的概念、岩土性质的基本概念、地质演化的科学规律、地下水的影响、各种施工工艺的特点、各种结构体系的特点、基础与结构的共同作用、当地的经验、经济等和地基基础相关的因素综合应用到地基基础的设计中。通俗地讲，概念设计就是知识和智慧的关系，有知识不一定有智慧，只有把知识转化为智慧才达到了学知识的目的，才能更好地进行工程设计。

2. 古人建塔对概念设计的启迪

我国古代有很多成功的应用概念进行工程建造的实例。如古代建塔，一些塔的高度达到几十米，如唐朝的西安大雁塔64.5m，宋朝的定州开元寺塔高84.2m，苏州虎丘塔47.5m。如此高的建筑如何修建？是否进行过地质勘察？如何进行地基处理？如何搭建脚手架？建筑材料如何向上运输？对于工程中的这些问题，古人巧妙地利用简单的概念解决。

一些资料显示，古人采用堆土的方式建塔，塔修建多高，土堆多高，塔建成后，土再从上到下逐渐清除。看似简单的堆土，实际解决了建造工程的关键问题，具体有以下几方面：

1）相当于现代建筑的脚手架；堆土可随建筑物的增高而增高，工匠可站在上面操作，代替脚手架，且比脚手架安全；

2）建筑材料运输坡道；利用堆土形成的坡作为建筑材料的运输通道，解决了建筑材料垂直运输的问题；

3）对地基进行预压处理，解决了地基承载力和塔的沉降问题；对于塔基来说，堆土相当于我们现在用的堆载预压法，堆土的荷载和范围远大于塔重，土清除后，经过预压，地基的承载力和变形一般能满足要求。

古人看似简单的方法，实际上反映了很高的智慧，既解决了地基处理问题，同时解决了上部结构施工存在的问题。

古人在地基基础方面的智慧还很多。如图 3.1.1 所示大雁塔，1996 年实测大雁塔顶水平位移 1010.5mm，出现了倾斜，分析原因，主要是当时地下水的过度抽取。大雁塔的倾斜问题引起了当地政府部门的高度重视，对大雁塔周边单位的 400 多口自备井实施封井措施，并加大了地下水回灌力度，将地表水注入地下含水层以增加地下水储量，使大雁塔的倾斜问题得到有效遏制。大雁塔在 2003 年年底、2004 年年初开始缓慢"改斜归正"，目前塔顶水平位移降到 990mm 以内。为什么已倾斜的

图 3.1.1　西安大雁塔

塔会自己"归正"呢？据当地老人介绍，大雁塔的基础采用半圆形式基础方案，类似于"不倒翁"的底座，此类基础方案有自动纠偏的功能，就像不倒翁最后保持垂直原理一样，且抗震稳定性好。此基础实际形式虽有待考证，但显然和平板基础比较，半圆形基础具备一定的纠偏能力。这也可能是其一千多年不倒的原因之一，也证明了地基基础方案的重要性。

3. 怎样做好概念设计

1）确定好的方案

概念设计首先要确定好方案，这是最重要的，方案选择不好，后面的具体设计再好也只是补充完善，不能使其成为优秀的设计。

图 3.1.2 为古希腊雅典的六个石柱，首先在方案上进行了巧妙的构思，将柱子的形状雕成亭亭玉立的少女。在总体方案上将美学和力学结合起来，从中我们可看出古人是如何巧妙地将美学和力学概念结合在一起的。

2）具体设计中利用概念完善方案

以图 3.1.2 古希腊六少女石柱分析，看古人如何在具体设计中巧妙利用概念。

（1）古代没有钢筋混凝土，为减小梁的跨度，在柱顶部设柱帽，具体设计柱帽采用花篮，由少女头顶花篮。花篮既起到柱帽的作用，也起到美化作用。

（2）为避免在水平荷载作用下，柱子在截面小的部位也就是人体的颈部出现破坏，采用披肩发将荷载传递到身体的躯干，既增加了美感又避免了刚度突变。

（3）为增加稳定性，少女着长裙，且腿部弯曲使裙外撑，增大柱下部截面积，也增加了美感。

从上面分析看出，具体设计的每一步都将美学和力学很好地结合，完善设计

图 3.1.2　古希腊六少女石柱

方案。正是由于古人巧妙地利用概念设计，使建筑屹立几千年，我们至今仍有机会欣赏。

4. 概念在设计各阶段的作用

概念设计贯穿基础设计全过程，在各阶段的作用如下所述。

1）判断基础工程关键控制点

概念设计首先要从总体上从本质上把握，判断工程相应部位的关键控制点。不是单纯某一经验的应用，不是单纯的截面设计、承载力计算、变形计算之类，更不是简单的直观判断。概念设计必须对基本原理有深刻的理解，有丰富经验的总结，有将基本理论灵活运用的能力，从主导理念上总揽全局，掌握影响工程成败的关键，并对实施效果有基本准确的估计，不犯概念性的错误。有关地基基础关键控制点的把握，参看禁忌 3.6。

2）利用基本概念指导地基基础的具体计算

将复杂的客观条件，准确归纳为便于分析的模型，是地基基础工程计算的重要步骤。在具体计算阶段，需根据勘察报告提供的参数、上部结构荷载和刚度、基础设计参数等，利用归纳的数学模型采用手算或计算程序对地基基础的具体问题进行计算。设计者在应用软件和具体公式时，应对软件的数学模型和适用条件有正确的理解，了解这些假定条件与工程实际的符合程度，了解计算方法的局限性和可能产生的偏差。

3）利用基本概念和经验对计算结果进行分析判断

对计算结果进行合理的分析和判断对工程的安全至关重要，以建筑沉降计算为例，对于复杂的地基基础工程，影响建筑物沉降的因素非常多，至少有十几项，一些因素计算能相对准确考虑，如荷载、上部结构刚度；一些因素考虑不准确如地基刚度、土的性质；有些因素计算不能考虑，如施工周期、施工工艺、施工顺序的影响。如何判断计算结果的合理性和准确程度？这需依靠综合概念和经验。利用概念判断沉降分布形态、沉降差的大小是否合理，利用已有的工程经验判断计算数值的准确程度。

地基是基础和上部结构的载体，进行基础设计应了解和掌握常见地基类型及设计要点。常见的地基类型分均匀型地基、坡地型地基、岩土交错型地基、岩溶型地基。

1. 均匀型地基和非均匀型地基

均匀型地基是指地基土层可能是单一的，如为多层土组成时，则各土层的坡度一般小于 10%，软土层小于 5%，如图 3.2.1（a）所示，均匀型地基中可能夹有薄层透镜体。由于土层比较均匀，设计时主要考虑土的力学性质和建筑物的特性。由于勘察布点不可能太密，有些地基在浅层可能会含有局部软土、墓穴、沟浜、树根、旧有建筑物的堆积物等情况，采用天然地基、复合地基或其他地基处理时，应特别注意验槽，而钎探是验槽所采用的必要手段。非均匀型地基如图 3.2.1（b）所示，各土层的坡度大于 10%，软土大于 5%。非均匀地基设计时应注意倾斜，特别是采用天然地基，主要受力层存在不均匀的软土时，更应特别注意。图 3.2.2 为虎丘塔和对应的地质剖面图。苏州虎丘塔塔基下土层划分为 5 层，

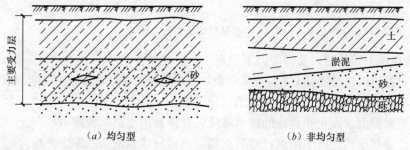

（a）均匀型　　　　　　　　　　（b）非均匀型

图 3.2.1　均匀地基和非均匀地基示意图

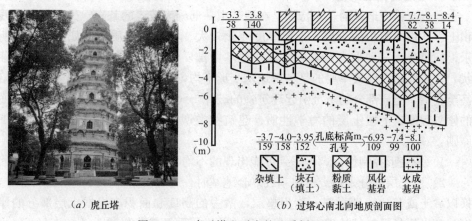

（a）虎丘塔　　　　　　　　（b）过塔心南北向地质剖面图

图 3.2.2　虎丘塔和对应的地质剖面图

每层的厚度不同，因而导致塔身向东北方向倾斜。

2. 坡地型地基

坡地型地基为常见的山区地基类型，坡地土层有残积或坡积黏性土，也可能由块石、圆砾、砂土、黏性土、淤泥等厚度不同、分布不均的土层组成。地形起伏与土质不均是这种地基类型的两个基本特点。超过10°以上的坡度，坡地稳定性是地基设计中的首要问题。大规模平整场地带来的大挖、大填、自然排水系统破坏、自然条件稳定等一系列问题。轻者造价高昂，重者出现人为滑坡。图3.2.3为某地在山坡修建建筑物开挖图，基坑深度近40m，自然排水系统被改变。

(a)　　　　　　　　　　　　　　　(b)

图3.2.3　某坡地基坑开挖图片

在坡地上建筑时，要遵守以下原则：

1）查明拟建场地有无不良地质现象，应尽量避开古滑坡体或有可能滑坡地带；

2）计算场地稳定性及各建筑地基稳定性；

3）根据汇水面积布置新的排水系统，开辟新的引洪截流渠道；

4）必须按照先排水治坡，然后支挡，再进行建筑施工的顺序进行。

3. 岩土交错型地基

岩土交错型地基的基本特征是在地基中一部分为较浅的基岩，另一部分为残积土、坡积或沉积的土层，土层厚度变化较大。典型的地质剖面如图3.2.4所示，它可分为三种形态：岩石出露在地基中部、岩石出露在端部、岩石呈石芽状。这类地基设计最主要的是考虑地基变形不均匀，即岩石与土的模量相差百倍甚至千倍，土质部分的下沉引起建筑物的破坏。对此类地基设计时考虑岩层表面的倾斜程度、上覆土层的力学性质、建筑物类型与荷载大小，设计时遵守以下原则：

1）按变形控制设计，考虑到可能出现的不均匀沉降。

2）当土层部分采用天然地基或复合地基时，岩石出露部分必须凿去一部分，换以砂土或其他柔性材料，称为垫层，凿去的高度和面积应根据土层部分的厚度、变形模量、地基处理方法进行确定，并进行平板载荷测试。

图 3.2.4　岩土交错型地基示意图

3）平板载荷检测时，岩石出露部分和土层、复合地基部分在相当于基底压力荷载情况下，沉降量应接近，否则应增加土、复合地基的刚度或增加岩石上垫层厚度。

4）当坡度较大、建筑对变形要求严格时，土层部分应采用桩基处理，桩端应进入稳定的岩石。

4. 岩溶型地基

岩溶型地基主要出现在碳酸盐类岩石地区，其基本特征是：地基主要受力层范围内有溶洞、溶沟、溶槽、落水洞以及土洞等，如图 3.2.5 所示。我国广东、广西、云南、贵州、河北等地都有溶洞存在。

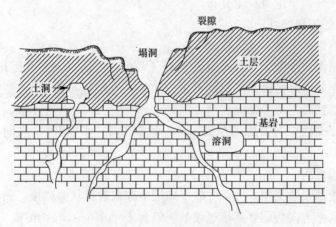

图 3.2.5　岩溶型地基示意图

溶洞是以岩溶水的溶蚀作用为主，由潜蚀和机械塌陷作用而造成的。溶洞大小不一，有的溶洞已干枯或被泥砂填实，有的有经常性水流。

土洞存在于溶沟发育，地下水在地下频繁活动的岩溶地区，一般呈倒竖缶状，直径 1～4m 不等。有的土洞已停止发育，但在地下水丰富地区，土洞还可能扩展。大量抽取地下水时会加速土洞的发育，严重时可能引起地面大量塌陷。

溶洞地区地基基础设计时遵循以下原则：

1）根据洞顶部的埋深、岩石强度、厚度、形状、洞跨估算它可能承受的荷载考虑基础方案，当岩石强度较高、顶板厚度接近或大于洞跨时，这类溶洞一般是稳定的。当上覆土层性质较好、厚度较大时，根据荷载情况可采用天然地基或复合地基。

2）当上部荷载大且分布不均时，如框筒结构，且溶洞较浅时，为安全起见，采用大直径桩穿过溶洞，进入稳定岩石。

【禁忌3.3】 对特殊地基土的特性及变形特征了解不全面

在土木工程建设中经常遇到的特殊土型主要包括：软土、湿陷性黄土、人工填土地基、膨胀土、多年冻土、盐渍土、液化土等。

1. 软土地基

软土主要指淤泥、淤泥质土、泥炭、泥炭质土等。淤泥是指在静水或缓慢的流水环境中沉积，并经生物化学作用形成，其天然含水量大于液限，天然孔隙比大于或等于1.5的黏性土。当天然孔隙比小于1.5但大于1.0或等于1.0的土为淤泥质土。泥炭是指在潮湿或缺氧环境中由未充分分解的植物遗体堆积而形成的黏性土，其有机质含量大于60%，当有机质含量为30%～60%时为泥炭质土。

我国软土广泛分布于沿海地区和内陆江河湖泊的周围，山间谷地、冲沟、河滩阶地和各种洼地里也有少量分布。

1）软土的工程特性

（1）天然含水量高、孔隙比大

淤泥及淤泥质土的天然含水量大于40%，最高可达90%，孔隙比可达2；泥炭及泥炭质土的含水量极高，最高可达2000%，孔隙比可达15。

（2）压缩性高

软土的压缩性很高，压缩系数 α_{1-2} 一般在 $0.5\sim2.0\text{MPa}^{-1}$ 之间，最大可达 4.5MPa^{-1}。

（3）渗透性弱

软土的渗透系数很小，大部分软土地层中存在着片状夹砂层，所以竖直方向的渗透性较水平方向为弱，其渗透系数一般为 $k=10^{-6}\sim10^{-9}\text{cm/s}$。

（4）抗剪强度低

软土抗剪强度很低，在不排水条件下进行三轴快剪试验时，其内摩擦角接近于零，黏聚力一般小于20kPa。

（5）触变性强

软土具有结构性，一旦结构受到扰动，土的强度显著降低，甚至呈流动状态，我国软土的灵敏度一般为3～9。

（6）流变性强

软土具有较强的流变性，在剪应力作用下，土体产生缓慢的剪切变形，导致抗剪强度的衰减，在固结变形完成后还可能继续产生可观的次固结变形。

2）软土地基的变形特征

由于软土具有强度低、压缩性高、渗透性弱等特点，故建造在这种地基上的建筑，其变形特征是沉降大、不均匀沉降大、沉降速率大和沉降延续时间长。

（1）沉降大

由于软土地基的高压缩性，故在其上建造的建筑物的沉降量是较大的，据调查，软土地基上三层砌体承重结构房屋，其沉降量一般为 15～20cm，四层至六层一般为 20～60cm，个别的甚至超过 100cm；带有吊车的单层排架结构工业厂房，其沉降量约为 20～30cm，具有大面积地面荷载的工业厂房，其沉降量较大，甚至超过 50cm；料仓、油罐、储气柜、水池等大型构筑物，其沉降量一般都大于 50cm，甚至超过 100cm。过大的沉降会影响构筑物的正常使用；如对民用建筑也会造成室内地面标高低于室外地面标高而使雨水倒灌，管道断裂，污水不易排出等问题。

（2）不均匀沉降大

软土地基上建筑物各部位荷载的差异或荷载虽相同但平面形式复杂都会引起较大的差异沉降或倾斜。即使上部结构荷载分布均匀，其差异沉降也有可能达到平均沉降的 50％以上，过大的不均匀沉降是造成建筑物裂缝或损坏的根本原因，亦会造成工业厂房吊车卡轨和滑车丧失使用功能的事例。

（3）沉降速率大

软土地基上建筑物的沉降速率是较大的。沉降速率是随着荷载的增加而逐步增大的，一般在加荷终止时为最大，并持续一段时间后，逐渐衰弱，一般建筑物的沉降速率均小于 1mm/d，但也有超过 2mm/d 的，个别大型构筑物甚至达到每天沉降数厘米。如果作用在地基上的荷载过大，则可能出现等速沉降的情况。长期的等速沉降就有导致地基稳定性丧失的危险。

（4）沉降延续时间长

由于软土的渗透性弱，在外荷载作用下，地基排水固结时间较长，一般建筑物都要经过数年的沉降才能稳定。在深厚软土地基上的建筑物沉降延续时间常超过 10 年。

2. 湿陷性黄土

湿陷性黄土是指在土自重压力或土自重压力和附加压力作用下，受水浸湿后结构迅速破坏而发生显著附加下沉的黄土。我国湿陷性黄土广泛分布在甘肃、陕西、山西、宁夏、河南、河北、山东、内蒙古、辽宁、新疆等地。

1）湿陷性黄土的工程特性

湿陷性黄土的主要特性是湿陷性，当它未受水浸湿时，一般强度较高，压缩性较小，一旦受水浸湿，土的结构迅速破坏，并产生显著的附加沉降，其强度也随着迅速降低，引起建筑物不均匀沉降而开裂损坏。

2）湿陷性黄土地基的变形特征

（1）湿陷变形量大

湿陷变形与压缩变形不同，对于大多数湿陷性黄土地基，施工期间就能完成大部分压缩变形，竣工后 3～6 月即可基本趋于稳定，总变形量一般不超过 5～10cm，但湿陷变形量较大，常超过压缩变形几倍甚至十几倍。

（2）湿陷变形发展快、速率高

湿陷变形较压缩变形发展快、速率高，浸水 1～3h，即能产生显著变形，每小时变形量可达 1～3cm，1～2d 内就可能产生 20～30cm 湿陷变形量。

（3）湿陷变形发生在局部

湿陷变形主要由湿陷性黄土受水浸湿而产生的，因此湿陷变形只出现在受水浸湿的部位，就建筑来说，往往呈现局部损坏。

（4）湿陷变形发生时间无规律

压缩变形一般发生在加荷过程及加荷结束后一定时间内；而湿陷变形发生的时间就无规律可循，完全取决于受水浸湿的时间，有的建筑物在施工期间即产生湿陷变形，有的则在正常使用几年甚至几十年后才出现湿陷变形。

综上所述，由于湿陷性黄土地基的湿陷变形具有变形量大、发展快、速率高，发生在局部等特点，往往造成建筑物局部过大的不均匀沉降而开裂损坏。

3. 人工填土地基

人工填土是指由于人类活动而堆填的土。根据其组成和成因，可分为素填土、杂填土和冲填土。素填土是由碎石土、砂土、粉土、黏性土等组成的填土，一般不含杂物或杂物很少。近年来，由于用地紧张，素填土地基大量应用，特别是丘陵和山区地基，如新建的昆明机场进行了大量的土方开挖和回填，最大厚度几十米。杂填土是由建筑垃圾、工业废料、生活垃圾等杂物组成的填土。杂填土分布较广，在城市和工矿区经常能遇到。冲填土是由水力冲填泥沙形成的填土，冲填土分布在沿海和沿江地区，在长江、上海黄浦江和广州珠江两岸以及天津沿海等地区有分布。

1）人工填土地基的工程特性

（1）不均匀性

人工填土由于其组成成分复杂，回填方法的随意性，其厚度差别又较大，所以人工填土一般都不均匀，其中尤以杂填土因组成物质复杂，不均匀性最为严重。图 3.3.1 为河北某填土上的建筑，由于不均沉降产生的裂缝。

（2）湿陷性

人工填土由于天然结构被破坏，土质疏松，孔隙率较高，特别是气候较干燥和地下水位较低的地区，土在搬运和回填过程中因蒸发量大，土中含水量大为降

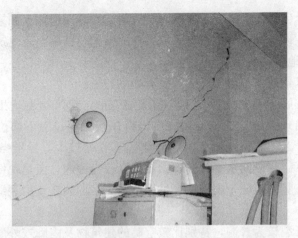

图 3.3.1　某填土地基不均匀沉降使墙体产生的裂缝

低，在自重作用下得不到压实，一旦浸水，即具有强湿陷性，这在厚度较大的含黏性土的素填土中尤为突出。

（3）抗剪强度低、压缩性高

人工填土由于土质疏松，密度差、抗剪强度小、承载力低。其压缩性与相同干密度的天然土相比要高得多，尤其是随着土中含水量的增加，压缩性会急剧增大，这在含黏性土的素填土中更为明显。冲填土由于含水量高，透水性差，常呈软塑和流塑状态，承载力很低，压缩性很高。

（4）自重压密性

人工填土属于欠压密土，在自重和雨水下渗的长期作用下有自行压密的特点，但自重压密所需时间常与其颗粒组成和物质成分有关，颗粒越细，自重压密所需时间越长。一般常需几年至十几年。

2）人工填土地基的变形特征

人工填土地基的变形特征与湿陷性黄土地基和软土地基的变形特征相似。由于人工填土具有不均匀性、湿陷性、强度低、压缩性高和自身压密性等特点，因而建造在这类地基上的既有建筑常因过大的不均匀沉降而开裂损坏。

4. 膨胀土地基

膨胀土是指土中黏粒成分主要由亲水性矿物组成，同时具有显著的吸水膨胀和失水收缩两种变形特性的黏性土。我国膨胀土主要分布在广西、云南、四川、湖北、河南、陕西、河北、安徽、贵州、山东、广东和江苏等地，此外，吉林、黑龙江、新疆、江西、海南、北京和内蒙古等地也有少量分布。

1）膨胀土的工程特性

膨胀土一般压缩性低、强度高，容易被误认为是良好的地基土。但由于膨胀土吸水膨胀和失水收缩的变形特性是可逆的，随着季节气候变化，反复吸水失水,使地基产生反复的升降变形,从而导致建筑物开裂损坏。如果对膨胀土特性缺乏了解,或在设计和施工中没有采取必要的措施,结果会给建筑物造成危害。

2) 膨胀土地基的变形特征

膨胀土地基建筑物变形破坏大致具有如下特征:

(1) 由于膨胀土地基的反复不均匀胀缩变形,建筑物也就相应地作升降运动,导致墙体出现裂缝。外纵墙裂缝多出现在门窗洞口上下部位,以斜裂缝为主,也有出现"X"形裂缝,有时因外侧地基收缩较大,导致条形基础下沉转动,造成窗台下出现纵向水平裂缝;山墙裂缝较为普遍,多呈现倒"八"字形裂缝,有时也形成竖向裂缝;内横墙多呈倒"八"字形裂缝或斜裂缝;内纵墙一般开裂较轻。

(2) 地坪开裂较为普遍,特别比较空旷的建筑物及内廊或外廊式房屋,地坪常出现纵向长裂缝。

(3) 建于坡地上的建筑物,由于坡地临空面大而失水条件好,除了有竖向变形外,有时还有水平位移,因此坡地上的建筑物较平坦场地损坏严重而普遍。

(4) 当地质条件大致相同的条件下,建筑物开裂破坏一般以低层砖混结构最为严重,多层较轻,这是由于建筑物的变形随荷重的增加而减小,随基础埋深的增加而减小。

(5) 膨胀土地基上的建筑物,一般在建成三五年才出现裂缝,也有十几年才开裂的。这是因为地基土含水量的变化是受场地的地形地貌、工程地质和水文地质条件、气候以及人为活动等诸因素综合影响的结果,变化过程较为缓慢。

5. 液化土

液化并不是一种罕见的现象,当在海边沙滩上漫步行走时,往往感到沙滩比较坚实。但是,如果站在一处原地踏步或颤动,就会发现水向外渗,砂土迅速变软并流动,脚向下沉陷,这就是砂土液化现象。地震、机器的振动、打桩、爆破以及海洋的波浪,都可能引起砂土液化。从理论上讲,砂土液化就是处于饱和状态的砂土(特别是粉、细砂)在动力的作用下有被振密的趋势。这种快速的密实趋势,使砂土孔隙中的水压力逐渐上升而来不及消散,致使原来由砂粒通过接触点所传递的应力(称为有效应力)减小。当有效应力完全消失时,土的抗剪强度为零,承载力丧失。这时,土颗粒随水漂流。这种在动荷载作用下,因孔隙水压力上升使砂土或粉土完全丧失抗剪强度,成为流动状态的现象,称为砂土的液化。

1) 影响液化土的主要因素

在一定的地震荷载作用下,饱和砂土或粉土是否发生液化和发生液化的程度,主要由土自身的特性和环境条件决定,经过大量研究发现:颗粒的粒径、密度、黏粒成分含量、土层形成的地质年代、地震历史、饱和程度及现场条件,如土层厚度、地下水位条件、渗透能力等都会影响砂土液化。研究表明，砂土颗粒尺寸越小，越容易发生液化；砾石、粗砂难以液化。一般易于液化的颗粒粒径为0.08mm左右。密度是影响液化的一个重要因素，一般用相对密度来研究。当相对密度小于或等于50%时，液化应力比与相对密度之间呈线形关系。饱和度也是影响砂土液化的一个不可忽视的因素，饱和度越大，越易液化。土中黏粒含量对液化的影响也不可忽视，理论分析和实践表明，当粉土内黏粒含量超过某一限值时，粉土就不会液化。这是由于随着土中黏粒的增加，土的黏聚力增大，从而抵抗液化能力增加的缘故。另外，荷载的形式和幅度大小也能影响砂土液化。

2）液化土地基的变形特征

（1）地面下沉

饱和疏松砂土因振动而趋于密实，地面随之下沉，结果可使低平的滨海地带居民生计受到影响，甚至无法生活。唐山地震时，距离几十公里的天津汉沽区富庄大范围下沉，原来平坦的地面整体下沉达 1.6～2.9mm。

（2）地表塌陷

地震时砂土中孔隙水压力剧增，当砂土出露地表或其上覆土层较薄时，即发生喷砂冒水，造成地下淘空，地表塌陷。我国海城和唐山两次大地震，均导致了附近滨海冲积平原上大面积喷砂冒水。喷出的砂水混合物高达 3～5mm，形成了许多圆形、椭圆形陷坑，坑口直径 3～8m。

（3）地基土承载力丧失

持续的地震会使砂土中孔隙水压力上升，导致土粒中有效应力下降。当有效应力趋于零时，砂粒即处于悬浮状态，丧失承载能力，引起地基整体失效。唐山地震时，唐山和天津地区许多房屋、桥梁和铁路路段都因地基失效而破坏。

（4）地面流滑

斜坡上若有液化土层分布时，地震会导致液化流滑而使斜坡失稳。有时场地地面极缓，甚至近于水平也发生滑移。如：1971 年美国圣费尔德地震滑移地段，地面坡度仅为 2°；而唐山地震时，天津市河东区柳林一带的严重滑移，则为水平场地。

6. 多年冻土

多年冻土是指温度连续 3 年或 3 年以上保持在 0℃ 或 0℃ 以下，并含有冰的土层。多年冻土的强度和变形有许多特殊性。例如，冻土中因有冰和未冻结水的存在，故在长期荷载作用下有强烈的流变性。多年冻土作为建筑物地基需慎重考虑，需要采取处理措施。

7. 盐渍土

常将易溶盐含量超过 0.3% 的土称为盐渍土。盐渍土中的盐遇水溶解后，物理和力学性质均会发生变化，常出现强度降低和地基溶陷现象。某些盐渍土（如含 Na_2SO_4 的土）在温度或湿度变化时，会发生体积膨胀。盐渍土中的盐还会导致地下设施材料腐蚀。我国盐渍土主要分布在西北干旱地区的新疆、青海、甘肃、宁夏、内蒙古等地势低平的盆地和平原中。在华北平原、松辽平原、大同盆地以及青藏高原一些湖盆洼地中也有分布，在滨海地区也有存在。

【禁忌 3.4】 确定地基基础方案时，考虑不全面

确定地基基础方案与其说是一门技术，不如说是一门艺术。由于建筑的类型不同及地基条件的复杂性，因而可组合成多种地基处理方法和基础方案，需考虑的因素很多，归纳为如下几点。

1. 场地周围环境

确定地基基础方案时，首先应了解场地周围环境，特别注意山区、丘陵和坡地。判断周围场地是否存在危害建筑场安全的地质灾害、洪水等。图 3.4.1 为 2010 年舟曲泥石流发生后现场图片，图片中被泥石流覆盖的部位原有很多建筑，泥石流爆发时，均被冲走或掩埋，造成重大人员伤亡和财产损失。这是典型的没有考虑场地周围环境进行建筑的案例。

图 3.4.1 舟曲泥石流后现场照片

2. 场地的稳定

建筑场地必须满足稳定性要求，包括现状的稳定、在建筑荷载作用下的稳定、在地震荷载作用下的稳定、水的冲刷的稳定、分析地基基础施工对稳定的影响等。场地一旦出现稳定问题，对建筑物的破坏将是灾难性的。

3. 建筑物的结构特点和使用要求

地基基础是为上部建筑服务的，地基基础设计要满足上部建筑对承载力和变形的要求。因此，应分析上部结构的形式、规模、用途、荷载大小与性质、整体刚度以及对不均匀沉降的敏感性等。使拟选用的地基基础方案满足结构和使用功能的要求。不同结构形式的特点见禁忌3.5。

4. 地基土的分布和工程特性

地基土是基础和上部建筑的载体。应掌握场地类型、了解场地土层分布、各土层的物理力学性质、地基承载力等。具体见禁忌3.2、禁忌3.3和禁忌1.10、禁忌1.11。

5. 分析地下水的情况

地下水和基础工程联系紧密，具体参看禁忌3.11。当在勘察报告中有明确的地下水的描述和对工程的影响分析时，设计人员会重视并采取措施。有些情况下地下水是瞬时或季节性的，设计人员往往重视不够。如图3.4.2所示，某4层框架结构建筑建在山坡上，场地地质条件很好，采用柱下承台基础。由勘察报告结论，在勘察深度范围内没有地下水，设计人没有采取任何防水措施。该建筑物还没有建成，雨季时地面常常冒水。分析原因是雨季山上的水，通过岩石裂隙向山下流。该建筑基础施工切断部分岩石裂隙，水流至基础下时，由于山上水存在一定压力，从建筑物地面冒出。

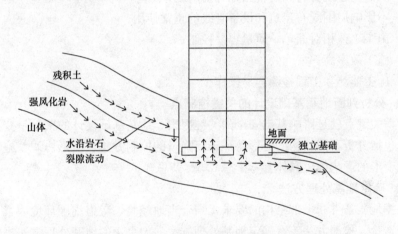

图3.4.2　山坡上建筑裂隙水从地面冒出示意图

6. 调研场地周围既有建筑和设备管线情况

新建筑物的地基处理方法、基础施工、基坑支护、基坑降水、新建筑物荷载在地基中的扩散等，都可能对既有建筑和设备管线造成影响。因此确定地基基础方案时，需考虑周围既有建筑和设备管线情况，避免采用可能对周围既有建筑和管线造成危害的方案。具体调查包括以下内容：

1）既有建筑的目前使用情况，特别是沉降是否稳定，变形是否超出规范要求。这一点常被忽略。一些既有建筑沉降还没有稳定或地基变形已超出规范要求，周围地基基础施工时，上述情形可能加剧，甚至造成既有建筑的破坏。

2）既有建筑的结构形式、基础类型和埋深、地基处理方法。此调查目的是为分析周围既有建筑承受新建筑地基基础施工、基坑支护、降水、荷载扩散的影响程度。

3）周围市政管线情况。

7. 调研当地类似工程资料

了解当地类似工程的情况，对确定地基基础方案有很大帮助。可调查类似工程的地基处理方法、基础形式、地基基础施工中出现的问题、沉降是否稳定、稳定后的沉降量等。根据调查结果进行分析，在确定地基基础方案时，借鉴这些经验，避免发生已出现的错误。

8. 考虑地震因素

确定地基基础方案时，应考虑地震因素。地震对地基基础的影响有很多方面，如液化造成的整体失稳、软土地基的震陷等，具体参照禁忌 3.14。

9. 考虑施工因素

好的地基基础方案应充分考虑地基基础施工因素，具体考虑以下几点：

1）所需的建筑材料和设备当地容易解决；

2）不影响周围既有建筑和设备管线的正常使用；

3）施工工艺相对简单，质量容易控制；

4）施工效率高；

5）施工监测和工程检测容易操作。

10. 分析判断地基基础设计的关键控制点

所谓关键点就是影响基础安全的关键因素。地基基础设计的核心是变形控制设计，包括分析不同结构的变形特征、沉降量的控制方法、变形协调、施工工艺对地基变形的影响等，具体参考禁忌 3.5、禁忌 3.7。

11. 确定地基处理方法

根据地质条件和上部结构的要求，结合当地经验，考虑周围环境因素、施工工艺、造价、检测方法等，确定地基处理方法。如采用的地基处理方法当地没有经验或经验较少时，应先进行现场试验，根据试验结果完善地基处理方法。地基处理方法的确定参照禁忌 3.9。

12. 确定基础形式

基础的作用是将上部结构的荷载传递到地基土中，因此，确定基础形式时，应根据常用的基础形式，考虑上部结构荷载、地下空间的使用要求、地基变形特征、施工因素等综合确定。

13. 综合经济比较

考虑地基基础方案时，经济指标也是一个重要的因素，在满足安全的情况下，尽可能选择造价低的地基基础方案。地基基础工程中，影响造价的因素很多，一些设计人员常常考虑不全，为此，禁忌 3.18 就地基基础的经济指标问题专门做了介绍。

【禁忌 3.5】 考虑地基基础方案时，忽略上部结构特点和变形特征

地基基础是整个上部结构的载体，是为上部结构服务的，因此地基基础方案的确定应考虑上部结构的形式、荷载特征、刚度特点等。常用的结构形式分为框架结构、剪力墙结构、框架剪力墙结构、筒体结构、砌体结构、排架结构等。

1. 框架结构

1）结构特点

框架结构是由梁和柱为主要构件组成的承受竖向和水平作用的结构，框架柱的截面通常为矩形、方形、正多边形、圆形等形状，梁截面多为矩形，楼板多为现浇钢筋混凝土。框架结构具有布置灵活、可形成大的使用空间、抗侧刚度和整体刚度小等特点。图 3.5.1 为某框架结构轴测图和平面图。

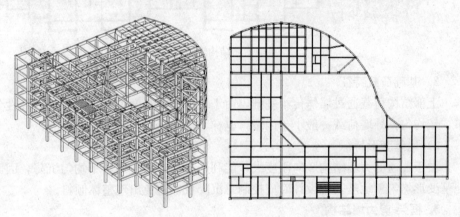

图 3.5.1　某框架结构轴测图和平面图

2）基础荷载特征

框架结构荷载一般通过柱传给基础，传给基础的荷载特征是在柱网均匀的条件下，角柱、边柱的荷载小于内柱。

3）地基变形特征

框架结构整体刚度小，地基变性一般呈内大外小的特征，对不均匀沉降敏感，设计时应控制相邻柱基的沉降差、总沉降量、在地质条件不均匀且采用天然地基条件下可能出现整体倾斜。

2. 剪力墙结构

1）结构特点

所谓剪力墙结构就是用钢筋混凝土墙来承受竖向和水平荷载的结构体系，其结构特点是，抗水平力能力强，能抵抗很大的风荷载和地震荷载，结构水平位移

小。竖向整体刚度大，能调整不均匀沉降。其缺点是，结构自重大，建筑平面布置局限性大，难获得很大的建筑空间，一般适用于住宅、旅馆等。图3.5.2为某剪力墙结构轴测图和平面图。

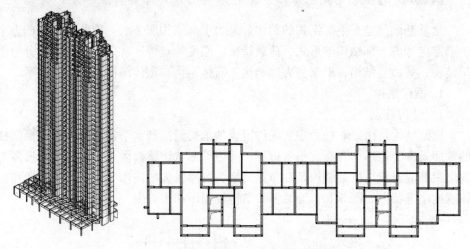

图3.5.2　某剪力墙结构轴测图和平面图

2）基础荷载特征

上部结构荷载通过墙体传给基础，由于墙体竖向刚度大，基础荷载呈线性分布，较均匀，外墙荷载一般小于内墙，电梯、楼梯间荷载集度约大一倍。

3）地基变形特征

由于普通剪力墙结构竖向刚度大，能利用自身的刚度调整不均匀沉降，因此地基变形均匀。地基基础设计时应控制总沉降量，避免出现整体倾斜。

3. 框架-剪力墙结构

1）结构特点

框架-剪力墙结构是由框架和剪力墙组成的结构体系，其中剪力墙将承担大部分水平荷载，而框架只承担较小部分水平荷载。它具有两种结构体系的优点，既能形成较大的使用空间，又具有较好的抵抗水平荷载的能力。图3.5.3为某框架剪力墙结构平面和轴测图。

2）基础荷载特征

上部结构荷载通过柱和剪力墙传给基础，由于墙体自重的影响，基础荷载分布不均匀，墙下荷载较柱下荷载大，特别是电梯井和楼梯间剪力墙相对集中区域。墙体竖向刚度大，墙下荷载呈线性分布，较均匀。

3）地基变形特征

框架-剪力墙结构地基变形特征和剪力墙布置位置有关，由于剪力墙部位基础荷载较大，对应部位一般沉降量较大，特别是电梯井和楼梯间部位。设计时应

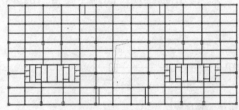

图 3.5.3　某框架剪力墙结构平面和轴测图

控制剪力墙与相邻柱基的沉降差、总沉降量，在地质条件不均匀或荷载分布严重不均且采用天然地基条件下可能出现整体倾斜。

4. 筒体结构

1) 结构特点

筒体结构的种类很多，常用的有框架-核心筒结构和筒中筒结构。框架核心筒结构是由钢筋混凝土核心筒和周边框架组成，主要抗侧力结构为核心筒，如图 3.5.4 所示。筒中筒结构的内筒一般是由钢筋混凝土剪力墙和连梁组成的薄壁

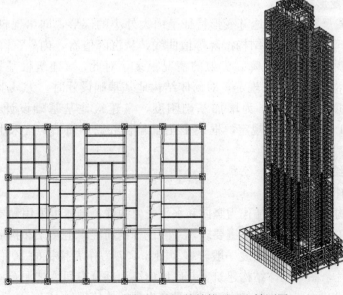

图 3.5.4　某框架-核心筒结构平面和轴测图

筒，外筒为密柱和裙梁组成的框筒，和框架-核心筒结构相比，筒中筒结构的外筒柱距较密。

2）基础荷载特征

对于框架-核心筒结构和筒中筒结构，其基础荷载分布最大的特征是核心筒和内筒的荷载集度为外围的 2 倍以上，荷载分布严重不均。如图 3.5.5 所示，某工程核心筒区均压 $p_{k核}=314.67\text{kPa}$，外围框架区均压为 $p_{k框}=136.97\text{kPa}$，$p_{k核}/p_{k框}\approx$ 2.30。特别是对于内部采用钢筋混凝土筒，外部采用钢结构框的高层建筑，内外传至基础底板的荷载差异更大。

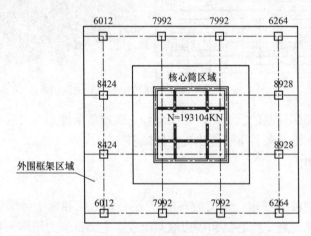

图 3.5.5　某工程核心筒和外框荷载分布图

3）地基变形特征

由于荷载严重不均，地基变形特征呈内大外小的碟形，即出现较大的差异沉降。图 3.5.6 为某筒体结构沉降等值曲线，从沉降值看，内外沉降相差 4 倍左右，出现明显的碟形沉降。类似的情况很多，对此，《建筑桩基技术规范》JGJ 94—2008 中 3.1.8 条规定，对筒体结构地基基础设计时，为减小差异沉降应采用变刚度调平设计。为增加基础刚度，《建筑地基基础设计规范》GB 50007—2011 中 8.4.1 条规定，框架-核心筒结构和筒中筒结构宜采用平板式筏形基础。

5. 砌体结构

1）结构特点

砌体结构一般是由砌体作为竖向和水平受力构件，砌体可采用黏土砖或其他建筑材料加工成的砖。考虑抗震要求，一般设置钢筋混凝土圈梁和构造柱。由于圈梁构造柱的设置，整体刚度一般较好。图 3.5.7 为作者拍摄的 2010 年舟曲泥石流灾害照片，图中砌体结构建筑，其底层山墙和部分窗间墙被泥石流冲垮，但由于采用圈梁和构造柱，整体刚度好，没有出现整体垮塌。

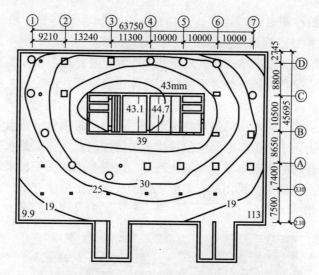

图 3.5.6　北京某框筒结构沉降等值线图

图 3.5.7　舟曲某砌体结构建筑被泥石流破坏图片

2）基础荷载特征

砌体结构一般层数较低，荷载较小，一般沿墙下线性分布。墙下荷载的大小和上部楼板的布置方式有很大关系。

3）地基变形特征

砌体结构可能出现的变形特征为整体倾斜、局部倾斜，当荷载或地质条件不均时，也可能出现差异沉降。

【禁忌 3.6】　考虑地基基础方案时，抓不住关键控制点

一般而言，地基基础的变形是地基基础设计的关键控制点，变形在允许的范围内，建筑物基础的安全就有了保障。实际设计中，应根据具体情况，判断影响

基础变形的关键控制点。

1. 根据结构特点确定地基基础变形控制关键点

禁忌 3.5 给出了不同结构形式地基基础变形控制要点，实际工程中，由于结构的复杂性，应综合分析，如对于主裙楼连体建筑，其变形控制关键点应是主裙楼之间的差异沉降。

图 3.6.1 为山东某汽车站拱形结构效果图，由于结构自身特点，该结构基础承受很大水平力，水平位移和竖向位移均为关键控制点，特别是水平位移。应采取能控制水平位移的基础方案，如加大埋深、增大基础底面积、采用桩基础、承台与基坑侧壁之间的空隙采用具有微膨胀性的三七灰土分层夯实、加固基础埋深范围土等综合措施。

图 3.6.1　某汽车站拱形结构效果图

图 3.6.2 为天津某医院，该建筑主裙楼连体，地下通过地下室连接成整体，上部结构通过连廊连接，见图 3.6.3。其变形关键控制点是两个高层之间不能出现相反方向的倾斜，造成连廊承受拉力，如图 3.6.4 所示。对图 3.6.4 分析可看出，由于两个高层之间地下室相连，且地下室存在上浮问题，处理不当是容易出现相反方向倾斜。因此在考虑具体方案时，注意以下几点：

1）控制主楼的总沉降量，如主楼沉降量大，受裙楼影响，建筑物易出现沿长度方向的倾斜；

2）弱化裙楼部分地基刚度，如采用抗拔桩，桩长宜短。

图 3.6.2　天津某医院效果图

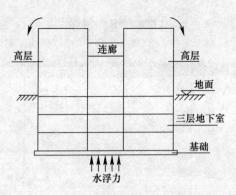

图 3.6.3 天津某医院可能产生的地基变形示意图

2. 从影响地基基础变形的诸因素确定关键控制点

影响地基基础变形的因素很多，如地质条件，包括地形地貌特点、土的性质、土层分布、各层土的厚度。举例如下：

1）坡地、岸边建筑

应确保其稳定，即坡地的稳定为具体关键控制点，包括采取的地基处理措施（不能采用挤土类地基处理方法）、沉降量的控制（沉降量尽可能小），都应围绕坡地稳定这个关键控制点。

2）不均匀地基

如岩土交错型地基，不均匀沉降为其关键控制点，应采取措施，如调整地基基础的刚度、增大上部结构刚度都能减小地基基础的不均匀沉降。

3）施工因素

地基处理方法包括不同的地基加固方法和桩施工工艺都可能影响地基基础的变形。如泥浆护壁钻孔灌注桩，桩底沉渣和桩侧泥皮控制应为变形控制设计的关键点之一，特别是嵌岩桩。如某人工挖孔嵌岩桩，该建筑建成后，出现倾斜。调查发现，该场地岩石界面倾斜，属于不均匀地基，如图 3.6.4（b）所示。采用人

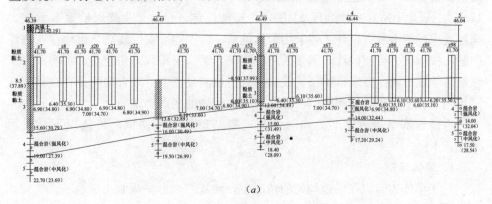

（a）

图 3.6.4 某工程地质剖面和桩长关系图（一）

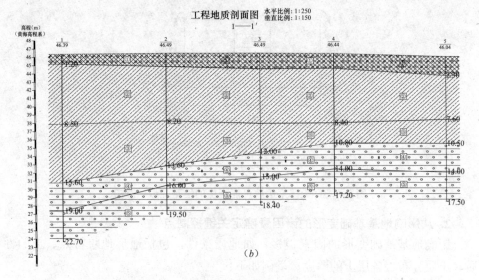

工程地质剖面图　水平比例：1:250
垂直比例：1:150
1——1'

图 3.6.4　某工程地质剖面和桩长关系图（二）

工挖孔桩，由于地下水位影响，施工中一部分桩没有嵌入岩石，桩长和岩石关系图如图 3.6.4（a）所示，结果造成沉降不均，建筑物出现倾斜。

【禁忌 3.7】 考虑地基基础方案时，仅重视承载力，忽略变形协调

所谓变形协调指设计要控制的地基变形分布形态能满足以下要求：其一，地基变形所引起的建筑结构内力是其自身所能承受，并满足耐久性要求；其二，地基的变形能满足建筑正常使用的各种功能要求。

考虑地基基础方案时，除地基承载力满足要求外，更应考虑变形协调问题，特别是目前广泛应用的主裙楼连体建筑。调查证明，既有建筑的地基基础工程事故，多是变形不协调造成的。如图 3.7.1 所示即为典型案例，该工程基础埋深 17m，三层地下室，主楼高度 21 层，主裙楼连体。经计算主楼天然地基承载力满足要求，按承载力设计主楼采用天然地基。由于地下水位较高，裙楼存在抗浮问题，按承载力控制设计，裙楼采用抗浮桩方案。从承载力角度看，主楼采用天然地基承载力满足要求，裙楼抗拔桩承载力也满足要求。该方案明显存在基础沉降不均的安全隐患，即裙楼的抗浮桩约束主裙楼的变形协调。

考虑地基基础方案时，如何做到地基基础的变形协调，可从以下几方面考虑。

1. 单体建筑

对于单体建筑，在场地均匀的情况下，地基的变形协调取决于地基、基础和上部结构的共同作用，参照禁忌 3.5 中有关不同结构的变形特点。采用广义的地

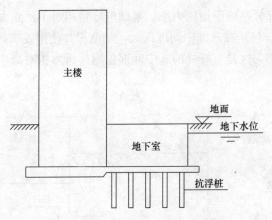

图 3.7.1 主楼采用天然地基裙楼采用抗浮桩示意图

基基础变刚度调平设计，能达到变形协调的设计目的。广义的地基基础变刚平设计方法可参照禁忌 3.15。对于不均匀场地，应结合场地特点，考虑场地不均匀因素，可能引起变形不协调的不利因素确定方案。

2. 主裙楼连体建筑

相对于单体建筑，主裙楼连体建筑进行地基变形协调的难度要大，可从以下几方面考虑：

1）主楼自身首先需满足变形协调，这一点首先应做到；

2）减小主楼最终沉降量是实现主裙楼变形协调的最好方法，如采用长桩、利用裙房扩大基础面积等，但可能增加工程造价；

3）减小裙楼的地基刚度，如在裙楼下虚铺一定厚度的砂石垫层；

4）禁止增大裙楼地基刚度的方案，如裙楼采用桩基或复合地基，主楼采用天然地基方案；

5）如裙楼抗浮不满足要求，优先采用配重方案，其次采用配重加抗浮锚杆方案，如采用抗拔桩，尽可能采用短桩方案；

6）主裙楼之间设置沉降后浇带；

7）先施工主楼，后施工裙楼。《建筑地基基础设计规范》GB 50007—2011 中 7.1.4 条规定，"荷载差异大的建筑，宜先建重、高部分，后建轻、低部分"，其目的就是实现主裙楼之间的变形协调。

【禁忌 3.8】 对同一建筑基础埋深不一致可能产生的问题不能客观分析

在进行基础设计时，常常为满足建筑功能要求，同一基础下的埋置深度不一致。一些设计人员不注意分析基础埋深不一致可能出现的问题，结果造成了工程事故。图 3.8.1 为基础埋深不一致示意图，图 3.8.1（a）基础一侧埋深大，一侧埋深小。此方案存在的问题是，埋深小的部分，基础附加压力大，基础沉降量相对大；埋深大的部分基础附加压力小，基础沉降量相对小。此方案容易造成建筑物倾斜。图3.8.1（b）在基础中间埋深大，如电梯井使用要求，此基础埋深差异对建筑物沉降的均匀性是有好处的。中间部位附件压力相对减小，有利于减小中间部位沉降。

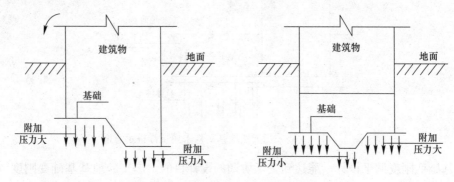

图3.8.1　不同基础埋深示意图

【禁忌3.9】　对常用地基处理方法原理及适用范围了解不全面

常用的地基处理方法有：换填垫层法、强夯法、砂石桩法、振冲法、水泥土搅拌法、高压喷射注浆法、预压法、夯实水泥土桩法、水泥粉煤灰碎石桩法、石灰桩法、灰土挤密桩法和土挤密桩法、柱锤冲扩桩法、单液硅化法和碱液法等。

以下是常用地基处理方法的加固原理和适用范围。

1. 换填垫层法

换填垫层法就是当紧邻基础下存在软弱土层或不均匀土层时，为满足承载力和变形要求，将软弱土层或不均匀土层挖出，分层回填坚硬、较粗粒材料，如砂石、矿渣、粉煤灰、粉质黏土等，碾压夯实形成垫层。其提高地基承载力，减小沉降量原理如下：

1）用承载力、压缩模量高的垫层替换了基础下直接承受荷载的软弱土层；

2）荷载通过垫层的应力扩散使垫层下地基土的附加应力降低。

该方法适合范围及注意要点：

1）用于浅层软弱地基和不均匀地基的处理，处理深度不宜大于3.0m；

2）用于地下水位低于换填开挖的深度的情况，当地下水位高于开挖深度时，应有可靠的降水措施；

3）用于地基局部范围内存在松填土、古井、古墓、暗沟、暗塘或拆旧基础的洞穴等，应注意建筑地基整体变形均匀。

2. 强夯法

强夯法又名动力固结法或动力压实法。其加固原理是反复将一定重量的夯锤

（一般为 10～40t）提到一定高度（10～40m），使其自由落下，给地基以冲击和振动能量，从而提高地基的承载能力，降低其压缩。图 3.9.1 所示为常用的强夯设备。

图 3.9.1　常用的强夯设备图片

强夯置换法是采用在夯坑内回填块石、碎石等粗颗粒材料，用夯锤夯击形成连续的强夯置换墩。

强夯法和强夯置换法的应用范围及注意要点如下：

1）强夯法和强夯置换法一般用于多层或对变形要求不严格的建筑物，如用于高层建筑或对变形要求严格的建筑时，应有可靠的地方经验。

2）强夯法适用于处理碎石土、砂土、低饱和度的粉土与黏性土、湿陷性黄土、杂填土和素填土等地基。但须注意处理土厚度、组成的均匀性，否则会出现后期的差异沉降，造成建筑物开裂。

3）强夯置换法适用于高饱和度的粉土，软-流塑的黏性土等地基上对变形控制不严的工程，目前用于公路、机场、油罐等工程。

4）采用强夯法施工前，应在施工现场有代表性的场地进行试夯或试验性施工，通过现场试验确定其适用性和处理效果，成功后方可进行正式施工。

5）强夯法和强夯置换法可用于改善土体抵抗液化能力和消除土的湿陷性。

6）应全面评估强夯施工对周围已有建筑物及设备管线的影响及施工扰民的因素，在某些城市的某些地方，强夯法可能会被禁止。

7）强夯法和强夯置换法的检验包括施工过程中的质量监测及夯后地基的质量检验。切忌仅仅重视承载力的检验，应采用包括动力触探等有效手段，检查地基土的均匀性和密度延深度的变化，来保证建筑物沉降的均匀性。

3. 砂石桩法

砂石桩法是采用振动、冲击或水冲等方式在地基中成孔后，再将碎石、砂或砂石挤压入已成的孔中，形成砂石所构成的密实桩体，并和原桩周土组成复合地基的地基处理方法。其加固原理主要靠密实桩体、桩的挤密和施工中的振动作用使桩周围的土密度增大，从而使地基承载力提高，压缩性降低。

砂石桩法的应用范围及注意要点如下：

1) 由于加固体为散体材料，一般用于厚度、组成较均匀的地基土，并注意其后期沉降可能偏大，当建筑物对变形要求严格时，慎重采用。

2) 砂石桩法适用于挤密松散砂土、粉土、黏性土、素填土、杂填土等地基。

3) 可用于处理可液化地基。

4) 对饱和黏土地基上变形控制不严的工程也可采用砂石桩置换处理，使砂石桩与软黏土构成复合地基，加速软土的排水固结，提高地基承载力。

5) 验收时，承载力检测采用复合地基载荷试验。对桩体可采用动力触探检测，对桩间土可采用标准贯入、静力触探、动力触探或其他原位测试方法进行检测，目的是检测处理效果和评估处理后地基的均匀性，以保证沉降量的减小和变形的均匀。

4. 振冲法

振冲法是在振冲器水平振动和高压水的共同作用下，使松砂土层振密，或在软弱土层中成孔，然后回填碎石等粗粒料形成加固柱体，并和原地基土组成复合地基的处理方法。

振冲法分为振冲置换法和振冲密实法两类。前者是在地基土中借振冲器成孔，振密填料置换，形成以碎石、砂砾等散粒材料组成的桩体，与原地基土一起构成复合地基，使地基承载力提高，减少地基变形，此方法又称为振冲置换碎石桩法；后者主要是利用振动和压力水使砂层液化，砂颗粒相互挤密，重新排列，孔隙减少，从而提高砂层的承载力和抗液化能力，它又名振冲挤密砂桩法，这种桩根据砂土性质的不同，又有加填料和不加填料两种。

振冲法加固地基的基本原理是对原地基土进行挤密和置换，在砂性土中，振冲起挤密作用，称振冲挤密。在黏性土中，振冲主要起置换作用，称振冲置换。

振冲法的应用范围及注意要点如下：

1) 不加填料的振冲挤密仅适用于处理黏粒含量小于10%的中、粗砂地基。

2) 适用于处理不排水抗剪强度不小于20kPa的黏性土、粉土、饱和黄土和人工填土等地基。

3) 对于处理不排水抗剪强度不小于20kPa的饱和黏性土和饱和黄土地基，应在施工前通过现场试验确定其适用性。

4) 对于大型的、重要的或者场地地质条件复杂的工程，在正式施工前应通过现场试验确定其处理效果。

5) 注意其后期沉降可能偏大，当建筑物对变形要求严格时，慎重采用。

5. 水泥土搅拌法和高压喷射注浆法

水泥搅拌法是以水泥作为固化剂的主剂，通过特制的深层搅拌机械，将固化剂和地基土强制搅拌，使软土硬结成具有整体性、水稳定性和一定强度的桩体的地基处理方法。水泥土搅拌法分为深层搅拌法（使用水泥浆作为固化剂）和粉体喷搅法（使用干水泥粉作为固化剂）。

高压喷射注浆法就是将高压水泥浆通过钻杆由水平向的喷浆口喷出，形成喷射流，以切割土体并与土拌合形成水泥土加固体的地基处理方法。和水泥土搅拌法相比，其成桩直径大（可达到 1.8m），成桩深度可达 30m。

水泥与土搅拌形成的水泥土，经物理化学作用后，其强度和模量比天然土体提高几十倍至数百倍，水泥土桩和桩间土形成复合地基，可有效地提高地基承载力和减小建筑物的沉降。这就是水泥土搅拌法加固的基本原理。

水泥搅拌法和高压喷射注浆法的应用范围及注意要点如下：

1）一般用于多层建筑，当用于高层建筑时，应注意其沉降量，且有足够的地方经验。

2）水泥土搅拌法适用于处理正常固结的淤泥与淤泥质土、黏性土、粉土、饱和黄土、素填土以及无流动地下水（防止固化剂尚未硬结而遭地下水冲洗掉）的饱和松散砂土等地基。须注意淤泥与淤泥质土中的有机质含量，有机质含量高会阻碍水泥水化反应。对于填土应注意其组成，特别是大块物质，如石块、树根等对施工的影响。

3）水泥土搅拌法不宜用于处理泥炭土、塑性指数大于 25 的黏土（容易在搅拌头叶片上形成泥团，无法完成搅拌均匀）、地下水具有腐蚀性（如地下水中含有硫酸盐，因为硫酸盐与水泥发生反应时，对水泥土具有结晶性侵蚀，会出现开裂、崩解而丧失强度），若需采用时必须通过试验确定其适用性。

4）当地基的天然含水量小于 30%（黄土含水量小于 25%）、大于 70% 或地下水的 pH 值小于 4 时不宜采用粉体喷搅法。

5）连续搭接的水泥搅拌桩或高压喷射注浆桩可作为基坑的止水帷幕，由于水泥土的渗透系数比天然土的渗透系数小几个数量级。如某黏土加固前为 10^{-4} cm/s，加固后为 10^{-8} cm/s，具有很好的防渗水能力。

6）在饱和软黏土地区，采用格栅状布桩形式可有效降低沉降量。饱和软黏土在竖向荷载作用下产生的竖向变形是由固结沉降和侧向挤出变形构成的，采用格栅状布桩形式，就是将深层搅拌法形成的水泥土桩首尾相连成壁状，再纵横交错成格栅状，将未被加固的软土

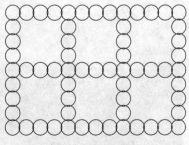

图 3.9.2 水泥土桩格栅布置示意图

分而治之，包围在一个个格栅里，这就限制了格栅中软土的固结沉降和侧向变形，也就大大减小了其垂直沉降。图 3.9.2 为格栅布置示意图。

7）搅拌水泥土桩和旋喷水泥土桩，应注意桩身强度密切与原土相关的特点，如地基土分层，则桩身沿轴线为变强度；土的孔隙比、含水量、塑性指数越大，桩身强度越低。对不均匀地基需采取相应措施，防止产生过大的不均匀变形。

6. 预压法

预压地基按处理工艺可分为堆载预压、真空预压、真空和堆载联合预压。

堆载预压是传统的地基处理方法，也是最可靠的方法。当堆载大于拟建建筑物荷载，且堆载有足够的时间使地基变形稳定时，则建筑物的基础肯定是安全的，不需任何勘察、设计、检测等工作。目前国外仍有一些工程采用堆载预压法进行处理。

真空预压是在软土地基一定深度内制作一系列竖向排水体，地面铺设砂垫层，再用不透气的薄膜覆盖在砂垫层上，使之成为一个封闭区，然后通过抽气系统抽排封闭区的气水流体，使密封膜内外产生一定压力差，此压力差即为施加于地基表面的外荷载。土体随压力差的增加和预压时间的延续而固结，从而使地基强度增加，压缩性减小。真空预压能达到的预压荷载一般在 $70\sim80kPa$，因其受力内敛特性，预压力可一次性加上也不致产生地基失稳破坏，可有效加快施工进度。在真空预压土体基本稳定后，再利用土方联合进行堆载预压，以逐步达到设计要求。其施工步骤如下：

1）水平排水系统（排水板、集水井、沟、砂垫层）。

2）真空预压（三布两膜）。

3）堆载联合预压。

图 3.9.3～图 3.9.5 为某工程真空预压联合堆载预压的图片。

图 3.9.3　插塑料排水板

图 3.9.4　铺设真空膜

图 3.9.5　人工堆载预压

预压法的应用范围及注意要点如下：

1) 预压法适用于处理淤泥、淤泥质土、冲填土等饱和黏性土地基。

2) 当软土层厚度小于 4m 时，可采用天然地基堆载预压法。对于堆载预压工程，当荷载较大时，应严格控制加载速度。防止地基发生剪切破坏或产生过大的塑性变形。

7. 夯实水泥土桩法

夯实水泥土桩是指利用机械成孔（挤土、不挤土）或人工挖孔，然后将土与不同比例的水泥拌合，将它们夯入孔内而形成加固体，加固体与桩间土组成复合地基的地基处理方法。其加固地基的原理由于夯实中形成的高密度及水泥土本身的强度，在机械挤土成孔与夯实的同时可将桩周土挤密，提高桩间土的密度和承载力。

和搅拌水泥土桩及旋喷水泥土桩相比，夯实水泥土桩在成孔时可逐层检查土层情况是否与勘察报告相符，不符合时可及时调整设计，保证地基处理的质量。

夯实水泥土桩法应用范围及注意要点如下：

1) 夯实水泥土桩法适用于处理地下水位以上的粉土、素填土、杂填土、黏性土等地基。

2) 处理深度不宜超过 10m。

3) 雨期施工时，应采取防雨及排水措施，刚夯实完的水泥土，如受水浸泡，应将积水及松软的土挖除，再进行补夯，受浸泡的混合料不得使用。

4) 当用于高层建筑时，应注意当地经验。

8. 水泥粉煤灰碎石（CFG）桩

水泥粉煤灰碎石桩（CFG 桩）法适用于处理黏性土、粉土、砂土和已自重固结的素填土等地基。对淤泥质土应根据地区经验或现场试验确定其适用性。基础和桩顶之间需设置一定厚度的褥垫层，保证桩、土共同承担荷载形成复合地基。该法适用于条基、独立基础、箱基、筏基，可用来提高地基承载力和减少变形。对可液化地基，可采用碎石桩和水泥粉煤灰碎石桩多桩型复合地基，达到消除地基土的液化和提高承载力的目的。

应用范围和注意事项如下：

1) 当地质条件较均匀且有好的持力层时可用于高层建筑

对一般黏性土、粉土或砂土，桩端具有好的持力层，经水泥粉煤灰碎石桩处理后可作为高层建筑地基，如北京华亭嘉园 35 层住宅楼，天然地基承载力特征值为 $f_{ak}=200\text{kPa}$，采用水泥粉煤灰碎石桩处理后建筑物沉降在 50mm 以内。成都某建筑 40 层、41 层，高度为 119.90m，强风化泥岩的承载力特征值 $f_{ak}=320\text{kPa}$，采用水泥粉煤灰碎石桩处理后，承载力和变形均满足设计和规范要求。

2）当地质条件严重不均匀应考虑抗震影响

震害调查发现，当桩置于分层土体中，且相邻土层刚度相差较大时，土层水平位移差导致软硬土层界面处桩身弯矩与剪力加大，使得基桩破坏。如图3.9.6所示为日本新潟地震后开挖调查的基桩破坏之一。该承台埋深1.7m，桩长约11m，桩侧上部土层以松散细砂为主，下部以稍密细砂为主，桩端持力层为中密细砂，在距承台下2.5～3.5m左右夹杂一层稍密细砂，距承台下7～10m左右夹着一层松散细砂，在这些N值突变的地方，基桩发生了弯剪破坏。

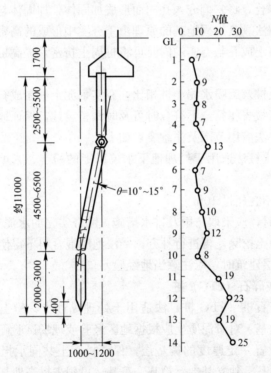

图3.9.6　日本地震桩在软硬土层交界处破坏图（单位：mm）

桩基的震害对CFG桩复合地基是有一定启示的，当CFG桩穿过软硬差异大的土层时，地震引起的土层间的位移是可能造成破坏的，因为其抗水平荷载的能力远低于桩。国内一些高校进行的CFG桩振动台的试验也得出了类似结论。因此，在桩身范围存在软硬差异大的土层时，考虑地震影响应慎重采用CFG桩复合地基，如必须采用，可采用在桩体配筋的方案。

9. 石灰桩法

石灰桩和水泥土桩比最大的优点是其遇水时体积会有一定的膨胀，这对周围的土体有一定的挤密效果。石灰桩法适用于处理饱和黏性土、淤泥、淤泥质土、杂填土和素填土等地基。用于地下水位以上的土层时，可采取减少生石灰用量和增加掺合料含水量的办法提高桩身强度。该法不适用于地下水下的砂类土。

10. 灰土挤密桩法和土挤密桩法

灰土挤密桩法或土挤密桩法通过成孔过程的横向挤压作用，桩孔内的土被挤向周围，使桩间土得以密实，然后将准备好的灰土或素土（黏土）分层填入桩孔内，并分层捣实至设计标高，用灰土分层夯实的桩体，称为灰土挤密桩；用素土夯实的桩体称为土挤密桩。

灰土挤密桩法和土挤密桩法适用于处理地下水位以上的湿陷性黄土、素填土和杂填土等地基，可处理地基的深度为 5～15m。当以消除地基土的湿陷性为主要目的时，宜选用土挤密桩法。当以提高地基土的承载力或增强其水稳定性为主要目的时，宜选用灰土挤密桩法。当地基土的含水量大于 24%、饱和度大于 65% 时，不宜选用灰土挤密桩法或土挤密桩法。

灰土挤密桩法和土挤密桩法在消除土的湿陷性和减少渗透性方面效果基本相同，土挤密桩法地基的承载力和水稳定性不及灰土挤密桩法。

11. 柱锤冲扩桩法

柱锤冲扩桩法适用于处理杂填土、粉土、黏性土、素填土和黄土等地基，对地下水位以下的饱和松软土层，应通过现场试验确定其适用性。地基处理深度不宜超过 10m。

【禁忌 3.10】 对常用桩的应用条件和注意问题了解不全面

在具体结构工程设计中，桩型及成桩工艺对大多数设计者而言都是既有所了解但又了解不深、不全，认为是很专业的一个问题。我国《建筑桩基技术规范》JGJ 94—2008 在附录 A 以表格的形式给出了桩型及成桩工艺选择方面的宜忌，设计者可以参考。为避免设计者误选错误或不适当的桩型及成桩工艺，本禁忌在此结合规范及工程经验总结整理一下，方便读者参考。

桩是混凝土构件和土的组合体，因此混凝土构件在置（灌）入过程中，对桩侧和桩端土的影响，对于桩的质量、承载力和沉降都有很大的影响。根据对土的影响程度，目前分为挤土桩、部分挤土桩和非挤土桩。

1. 挤土桩

常见的挤土桩包括预制实心桩、预应力管桩、预应力空心方桩、沉管灌注桩、夯扩桩、螺杆桩等。近年来，由于一些挤土桩选择或施工的不慎，造成一些工程事故，使很多工程技术人员谈挤土桩"色变"。常出现的预制桩的倾斜、上浮，沉管桩的断桩、缩颈等，加剧了技术人员的顾虑。最有名的是武汉市汉口区桥苑新村 18 层商品住宅楼，因挤扩桩质量事故，造成建筑物倾斜，楼顶端水平位移达 2884mm，1995 年 12 月 26 日被爆破拆除。

在确定挤土桩方案时，注意以下几点：

1）挤土桩一般桩径较小，桩长较短，桩径一般不超过 600mm，桩长不超过 40m。一般适用于 100m 以下建筑。

2）采用挤土桩应注意成桩顺序和每日成桩数量，使挤土效应不致对已成桩产生不利影响。

3）对于湿陷性黄土、液化土、松散土、回填土，采用挤土桩是合理的方案。可消除或部分消除土的不良工程特性，改善土的性质，减小建筑物沉降。

4）沉管灌注桩用于淤泥及淤泥质土层时，应局限于多层住宅桩基，不可应用于高层建筑。

5）在饱和黏性土中采用挤土桩时，应考虑挤土效应对于环境和质量的影响。必要时采取预钻孔，设置消散超孔隙水压力的砂井、塑料插板、隔离沟等措施。

6）坡地、岸边桩基不宜采用挤土桩。

7）抗震设防烈度为 8 度及以上地区，采用预应力混凝土管桩和预应力混凝土空心方桩时，应考虑场地条件。

8）夯扩桩宜用于桩端持力层为埋深不超过 25m 的中、低压缩性黏性土、粉土、砂土和碎石类土。

2. 部分挤土桩

部分挤土桩包括长螺旋钻孔压灌桩、钢管桩、挤扩支盘桩。

1）长螺旋钻孔压灌桩

长螺旋钻孔压灌桩桩是目前应用较广泛的桩型，其具有施工速度快、桩身质量稳定的特点。桩径一般不超过 800mm，采用此桩型注意以下几点：

（1）合理桩长

目前桩长理论上可大于 30m，但实际工程中，多选用 30m 以下。如桩长过长，钻杆的刚度不够，在钻进过程产生摆动，可能对桩的质量产生影响，应注意当地的经验。

（2）钢筋笼子长度

长螺旋钻孔压灌桩桩是在混凝土灌注完成后，利用插筋器和振动装置后插入，目前长度可超过 20m，如桩长 30m 左右，一般插入困难，特别是桩径较小时。

（3）特殊地质地质条件

一些工程实例显示，当桩身范围存在饱和粉土时，桩基设备的振动可能造成液化，桩出现缩颈和扩径现象，一些工程桩充盈系数超过 1.7。

2）挤扩支盘桩

挤扩支盘桩是在钻孔完成后，在孔内放入液压设备，在桩的不同部位挤扩形成盘。其优点是能较大幅度提高桩的承载力。缺点是支盘所用时间使施工工效降低，有时承载力不稳定。目前国内已有切削成盘的技术，其稳定性高于挤压成盘。

3. 非挤土桩

包括人工挖孔桩、泥浆护壁钻（冲）孔灌注桩。

1）人工挖孔桩

人工挖孔桩是一种传统的施工方法，人工挖孔桩适用于地下水位较深，或能采用井点降水的地下水位较浅而持力层较浅且持力层以上无流动性淤泥质土情况。成孔过程可能出现流沙、涌水、涌泥的地层不宜采用。

2）泥浆护壁钻（冲）孔灌注桩

泥浆护壁钻（冲）孔灌注桩可应用于各种地质条件，适用于任何工程，且桩径桩长可调性大。如宁波铁路枢纽北环线甬江左线特大桥 P6 号主墩钻孔灌注桩，桩径 3.0m，有效桩长 132m，实际钻孔深度 140m。采用泥浆护壁钻（冲）孔灌注桩注意以下几点：

（1）桩底沉渣的控制。

（2）桩侧泥皮的控制。

（3）灌注时桩身质量的控制。

（4）最好采用后注浆进行处理。

【禁忌 3.11】 考虑基础方案时，对地下水重视不够

地下水对地基基础的影响非常大，几乎涉及地基基础的各个方面，具体如下：

1）黏性土的物理力学指标和含水量有很大关系；

2）基础的抗浮和地下水位的高度有直接关系；

3）砂土或粉土的液化和含水量有关；

4）湿陷性土和膨胀土的不良变形特性和水有关；

5）地基土的冻胀和水有关；

6）地基处理方法或成桩工艺的选择和地下水有关；

7）耐久性和地下水位的变化有关；

8）地面或建筑物沉降和地下水位变化有关；

9）地质灾害如泥石流、滑坡等和水有关；

10）基坑破坏很多是地下处理不妥造成的；

11）承压水影响基坑的开挖深度。

每年由于地下水问题造成的地基基础事故很多，对于地下水的以上影响，在考虑地基基础方案时，应高度重视。

【禁忌 3.12】 考虑地基基础方案时，忽略对相邻建筑的影响

对于新建筑物紧邻既有建筑时，考虑地基基础方案时，应考虑新建筑基础对既有建筑基础的影响，包括以下几方面。

1. 周围既有建筑的基本情况

查明既有建筑的结构形式、结构状态、建成年代和使用情况等，根据邻近工程的结构类型、荷载大小、基础形式、间隔距离以及土质情况等因素，分析可能产生的影响程度，并提出相应的预防措施。

2. 施工的影响

1）当软土地基上采用有挤土效应的桩基对邻近既有建筑有影响时，可在邻近既有建筑一侧设砂井、塑料排水带、应力释放孔或开挖隔离沟，减小沉桩引起的孔隙水压力和挤土效应。对重要建筑可设地下挡土墙。

2）遇有振动效应的桩基施工时，可采用开挖隔振沟，以减少振动波传递。

3）当邻近建筑开挖基槽、人工降低地下水或迫降纠倾施工等，可能造成土体侧向变形或产生附加应力时，可采用对既有建筑进行地基基础局部加固、减小该侧地基附加应力、控制基础沉降等措施。

4）在既有建筑邻近进行人工挖孔桩或钻孔灌注桩时，应注意地下水的流失及土的侧向变形，可采用回灌、截水措施或跳挖、套管护壁等施工方法等，并进行沉降观测，防止既有建筑出现不均匀沉降而造成裂损。

3. 新建筑物荷载扩散的影响

当新旧建筑较近时，新建筑物的荷载会扩散到既有建筑地基内，使其变形增大，如处理不当可能造成既有建筑的破坏。

存在紧邻建筑物时，建筑物荷载不仅使自身基础下地基土产生压缩变形，而且由于基底压力扩散的影响，紧邻建筑荷载产生附加应力叠加，如图 3.12.1 所示，引起地基的附加沉降，如沉降过大，建筑物可能发生倾斜。

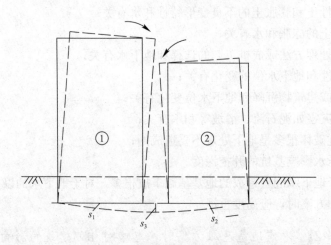

图 3.12.1　相邻建筑相互影响示意图

【禁忌 3.13】 采用天然地基时，忽略原有旧基础对变形的影响

对于采用天然地基的建筑物，在考虑地基基础方案时不能忽略原有旧建筑物的影响，特别是局部存在旧基础影响的情况。旧基础的影响主要是对其影响范围内的地基土进行了先期压缩，压缩模量一定程度提高。由于旧建筑物荷载的影响，新建筑物不同部位的附加压力不同，易出现差异沉降或整体倾斜。山东某地一六层框架结构住宅，采用天然地基，条形基础，如图 3.13.1 所示，由于一侧曾存在三层砖混结构旧建筑，新建筑物施工前拆除。该新建筑主体封顶后就出现了明显的倾斜，超出规范要求，不得不进行加固处理。分析原因，新、旧建筑重合部分，其条形基础下的附加压力明显低于另一侧，不到另一侧的 50%，而地基土的压缩模量又有一定的提高，地基变形明显不均，出现整体倾斜。

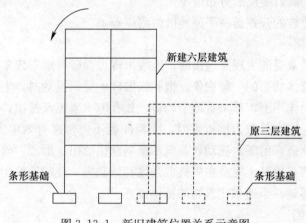

图 3.13.1 新旧建筑位置关系示意图

【禁忌 3.14】 考虑地基基础方案时，对地震的影响重视不够

1. 地震对地基基础的危害

地震对地基基础的震害表现在以下几个方面。

1）地表断裂对建筑物的破坏

地表断裂又称地裂缝，分为构造地裂缝和重力地裂缝。构造地裂缝是地震中断层错动在地表形成的痕迹，是极震区高烈度的标志。震级越高，断层破裂长度越大，错距就越大，出露于地表的裂缝越长。1976 年唐山地震时，唐山市区出现了一系列走向大致相同的构造性地裂缝，总长 8～10km，地面水平错动达 0.7～1.3m，竖向错动 0.1～0.4m，给位于这上面及附近的房屋、道路造成严重破坏。

重力地裂缝是在地震作用下，由于斜坡滑动或上覆土层沿倾斜下卧层层面滑动而引起的地面张裂。这种张裂在河岸或古河道旁边以及人工整平的半挖半填场地最容易出现。天津市有一座大厦位于海河古河道原河岸上，1976年地震时，由于古河道填充土体向河心滑移30cm，在大厦底下出现一条地裂缝，穿过整个建筑物，将大厦拉开成两半。

2）滑坡对地基基础的破坏

滑坡是山区和丘陵地区震害的典型特点，地震引起的滑坡来得突然、规模大、往往对建筑物造成毁灭性的破坏。河岸边坡或水库坡发生大规模滑坡、崩塌时，会引起次生灾害。大量土石方突然倾入河中，可能堵塞河流，形成堰塞湖，而堆积物一旦溃决，湖水迅猛下泻，往往造成下游水灾。上述灾害汶川地震中都曾经出现。地震时滑坡的发生与如下因素有关：

（1）地貌形态、特征、边坡稳定性；

（2）岩石风化剥落程度，是否有雨水冲刷及渗入裂隙面情况，是否有老滑坡体，易于滑移的软岩夹层的分布情况；

（3）人工边坡的开挖面、平原地区的河岸等。

3）砂土液化

砂土液化最常见的表现是地震时，地表出现"喷砂冒水"现象。液化是土由固体状态变成液体状态的一种现象，饱和松散砂土受到振动时，土颗粒处于运动状态，在惯性力作用下，砂土有增密趋势，如孔隙水来不及排出，孔压升高，使有效应力减小。当有效应力接近零时，土粒间就不再传递有效应力，包括重力，土粒处于失重状态，可随水流动，甚至从薄弱部位喷出，形成"喷砂冒水"。

液化的危害是地基土完全丧失抗剪强度和承载力，使建筑物出现倾斜、沉降不均、沉降大等，甚至造成建筑物的整体破坏。

4）软土震陷

软土主要是指水下沉积的饱和黏性土，由于含水量大、压缩性高、强度低的特点，在往复应力作用下，其刚度降低，导致建筑物过大和不均匀的沉陷。如唐山地震时，天津汉沽某建筑物震陷沉降超过600mm。

2. 选择地基基础方案时注意事项

1）场地选择

场地条件（包括地形、地貌、局部地质构造、地下水位、覆盖层厚度、土质、土层分布等）对地震时的地面运动特性有很大影响，场地条件是决定地震时是否出现地基失稳（震陷、液化、滑坡）的关键性因素。尽可能选择对建筑物抗震有利地段，避开不利的、特别是危险地段。

2）地基基础类型选择

应结合建筑种类、结构体系和场地具体条件选择有利于抗震的地基基础方案，应遵守以下原则：

（1）同一结构单元不宜采用2种或2种以上的地基基础形式；

（2）同一结构单元不要跨在性质不同的两种土上，尤其放在半挖半填的地基上；

（3）同一结构单元的基础，不要采用不同的基础埋置深度；

（4）深基础通常比浅基础抗震有利，因为传给基础底面的地震加速度会小些，四周土对基础的振动起阻抗作用，有利于将更多的震动能量耗散到周围土层中；

（5）纵横内墙较密的地下室、箱形基础和片筏基础的抗震性能较好；

（6）上部结构应尽量避免偏心，并加强整体刚度；

（7）独立基础最好采用地基梁联系成整体；

（8）桩基础经实践证明对抗震有利。

【禁忌 3.15】 考虑地基基础方案时，不能广义地应用变刚度调平

1. 变刚度调平设计的概念、本质、应用条件

1）概念

《建筑桩基技术规范》JGJ 94—2008 引入了变刚度调平的设计理念，定义如下："考虑上部结构形式、荷载和地层分布及相互作用效应，通过调整桩径、桩长、桩距等改变基桩支承刚度分布，以使建筑物沉降趋于均匀，承台内力降低的设计方法"。

2）本质

变刚度调平设计的本质是借助于不同的布桩方式、不同的桩长，使桩端土的受荷水平趋于均匀，从而使桩基础沉降均匀的设计方法，因为桩基础的变形的本质是其影响范围内土的变形。

3）应用条件

当根据计算和经验判断地基基础可能出现不均匀沉降，影响建筑物正常使用时，应进行变刚度调平设计。

2. 桩基变刚度调平设计的应用

1）影响基桩刚度的因素

影响基桩刚度地因素如下：

（1）桩截面、长度、材料强度，一般情况下，桩截面越大、桩越长、材料强度越高，基桩刚度越大；

（2）桩侧、桩端土性质，桩侧、桩端土性质越好，基桩刚度越大；

（3）桩土结合状态，桩土结合状态越好，基桩刚度越大；

（4）桩的相互影响，桩的数量越多、间距越小，桩的相互影响越大，基桩刚度降低。

2）桩基变刚度调平设计的应用

《建筑桩基技术规范》JGJ 94—2008 中 3.1.8 条对桩基础的变刚度调平设计

有如下规定：

（1）对于主裙楼连体建筑，当高层主体采用桩基时，裙房（含纯地下室）的地基或桩基刚度宜相对弱化，可采用天然地基、复合地基、疏桩或短桩基础。

（2）对于框架－核心筒结构高层建筑桩基，应强化核心筒区域桩基刚度（如适当增加桩长、桩径、桩数、采用后注浆等措施），相对弱化核心筒外围桩基刚度（采用复合桩基，视地层条件减小桩长）。

（3）对于框架－核心筒结构高层建筑天然地基承载力满足要求的情况下，宜于核心筒区域局部设置增强刚度、减小沉降的摩擦型桩。

（4）对于大体量筒仓、储罐的摩擦型桩基，宜按内强外弱原则布桩。

（5）对上述按变刚度调平设计的桩基，宜进行上部结构-承台-桩-土共同工作分析。

3）桩基变刚度调平设计最有效布桩方法

从理论上讲，变刚度调平设计有局部增强、变桩距、变桩径、局部增加桩长四种模式，如图 3.15.1 所示。

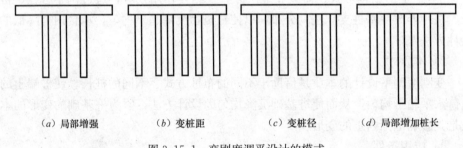

　（a）局部增强　　　　（b）变桩距　　　　（c）变桩径　　　（d）局部增加桩长

图 3.15.1　变刚度调平设计的模式

以上四种模式中，以（d）模式最有效。原因是桩基础的沉降，特别是群桩基础沉降，主要是桩基影响范围内土的变形。为使沉降趋于均匀，应使桩基影响范围内的土、特别是桩端土的受荷水平接近，这样才能使沉降趋于均匀。而在荷载集度高的部位将桩局部加长，可使荷载扩散范围加大，降低桩端土受荷水平，这和天然地基增大基础底面积减小沉降的原理是一致的。因此变刚度调平设计最有效的方法就是增加桩长，特别是摩擦型桩。

3. 广义的变刚度调平设计

除桩基变刚度调平设计外，在具体设计中还可采用其他方法来控制不均匀沉降，举例如下：

1）局部采用地基处理或复合地基

如图 3.15.2 为天然地基和局部采用复合地基沉降曲线图，从图中可明显看出局部采用复合地基后，沉降明显较天然均匀。

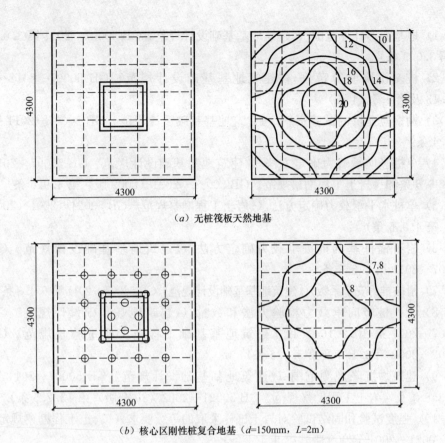

（a）无桩筏板天然地基

（b）核心区刚性桩复合地基（d=150mm，L=2m）

图 3.15.2 天然地基和局部采用复合地基沉降曲线对比图

2）增加上部结构和基础刚度

上部结构刚度能有效地调整不均匀沉降，最明显的是高层剪力墙结构，由于其竖向刚度大，调整不均沉降能力强，很少出现差异沉降。因此，在可能的情况下，增大基础高度、采用刚度较大的基础形式，如箱形基础、增加基础筏板的配筋等，均可有效调整不均匀沉降。

3）人为的降低基底压力

如采用桩基或 CFG 桩复合地基时，在沉降可能大的部位，可适当降低桩顶或复合地基压力。如桩的承载力特征值 8000kN，沉降小的部位，如框架核心筒结构的框架部分可充分利用桩的承载力，采用 8000kN 布桩；沉降大的部位如核心筒部分，桩的承载力可降低使用，如采用 6500kN 布桩。

【禁忌 3.16】 对规范中与地基基础设计等级有关的事项了解不全面

现行规范中与地基基础设计等级有关的事项如下：

1）地基变形计算范围（《建筑地基基础设计规范》GB 50007—2011 第 3.0.2 及第 3.0.3 条）

2）桩基沉降验算范围（《建筑地基基础设计规范》GB 50007—2011 第 8.5.13 及第 8.5.14 条）

3）勘察应提供的试验资料（《建筑地基基础设计规范》GB 50007—2011 第 3.0.4 条）

4）单桩竖向承载力确定方法（《建筑地基基础设计规范》GB 50007—2011 第 8.5.6 条和《岩土工程勘察规范》GB 50021—2001（2009 版）第 4.9.6 条）

5）单桩水平承载力确定方法（《岩土工程勘察规范》GB 50021—2001（2009 版）第 4.9.6 条）

6）岩石锚杆基础抗拔承载力确定方法（《建筑地基基础设计规范》GB 50007—2011 第 8.6.3 条）

7）滑坡推力安全系数（《建筑地基基础设计规范》GB 50007—2011 第 6.4.3 条）

8）工程桩竖向承载力检验方法和数量（《建筑地基基础设计规范》GB 50007—2011 第 10.2.16 条和《建筑地基基础工程施工质量验收规范》GB 50202—2002 第 5.1.5 及第 5.1.6 条）

9）建筑物沉降观测范围（《建筑地基基础设计规范》GB 50007—2011 第 10.3.8 条及《岩土工程勘察规范》GB 50021—2001（2009 版）第 13.2.5 条）

10）强度试验和固结试验对岩土试样采取的等级要求（《岩土工程勘察规范》GB 50021—2001（2009 版）第 9.4.1 条）

11）花岗岩类残积土的地基承载力和变形模量的确定（《岩土工程勘察规范》GB 50021—2001（2009 版）第 6.9.5 条）

以上 11 项内容均涉及地基基础设计等级，故确定地基基础设计等级是处理相关事项的前提，因此必须明确地基基础设计等级。

【禁忌 3.17】 确定基础埋深时，忽略埋深的目的，仅按高度的 1/15 或 1/18 考虑

基础埋深是考虑基础方案时的一个重要问题，规定基础最小埋深的根本目的是确保建筑物的抗倾覆与抗滑移稳定性。对此，《建筑地基基础设计规范》GB 50007—2011 以强制性条文的方式做出了规定：

"5.1.3 高层建筑基础的埋置深度应满足地基承载力、变形和稳定性要求。位于岩石地基上的高层建筑，其基础埋深应满足抗滑稳定性要求。"

为了实现以上目的。该规范又给出了具体的指导性建议：

"5.1.4 在抗震设防区，除岩石地基外，天然地基上的箱形和和筏形基础其埋置深度不宜小于建筑物高度的 1/15；桩箱或桩筏基础的埋置深度（不计桩长）

不宜小于建筑物高度的 1/18。"

上述 5.1.4 条是建议基础埋深，即一般情况下满足 5.1.4 条的规定可满足稳定的要求。需注意，不是任何情况下埋深满足 5.1.4 条规定都能满足稳定要求，如基础埋深范围内为液化土、淤泥或淤泥质土，在这些地质条件下，即使埋深满足 5.1.4 条的规定，可能也不能满足稳定性要求，应采取措施如消除液化、加固淤泥质土或把基础埋深加大。对于岩石地基，可不受限于该条文的最小埋置深度，只需基础埋深满足抗滑稳定性要求即可。故在实际工程设计实践中，勿将规范 5.1.4 条的要求绝对化。比如欧美等国家的规范就不曾规定基础最小埋置深度要求，而是以满足建筑物抗倾覆与抗滑移稳定性为原则。笔者曾审阅过重庆地区某工程的施工图，发现在已实施的非岩质地基工程中，很多高层建筑的基础埋深并不满足 5.1.4 条的要求，但考虑到基础主要持力层范围内土质较好且采用大直径的人工挖孔桩，故设计单位与审图单位很容易达成默契，将基础最小埋置深度要求适当降低，但必须以建筑物能满足抗倾覆与抗滑移稳定性要求为前提。

【禁忌 3.18】 对地基基础方案的经济性考虑不全面

经济指标是地基基础方案选择需考虑的一个重要因素，一些费用是直接的，一些费用是间接的，对于经济指标应全面考虑。考虑方案时，应考虑以下几方面因素。

1. 直接费用

直接费用一般不容易忽略，常见的直接费用包括以下几项：

1）桩基或地基处理施工所需费用；

2）桩基或地基处理检测费用；

3）桩基或地基处理方法所对应的基础、承台的费用；

4）主裙楼连体设沉降后浇带的费用；

5）降水的费用；

6）基坑支护的费用，包括基坑监测、基坑拆除的费用；

7）土方开挖运输的费用；

8）土方回填的费用。

2. 间接费用

间接费用常被忽略，一般间接费用包括以下几项：

1）桩基或地基处理对周围环境影响可能产生的费用；

2）地基基础施工工期对费用的影响；

3）后浇带给上部结构施工造成不便增加的费用；

4）由于设置沉降后浇带，降水延长增加的费用。

3. 某桩基工程方案优化实例

本方案优化只是调整了桩的施工工艺，可看到简单的优化，能产生很大的效益，包括造价、工期、工程质量的可靠性。

图 3.18.1、图 3.18.2 所示为东北某城市综合体项目 1 号、3 号主楼桩基布置图，其中 1 号楼与 3 号楼上部结构几乎完全相同。在原设计与优化设计中，1 号楼与 3 号楼也均采用了相同布桩。但由于工期原因，1 号楼按原设计施工，3 号楼则按优化设计施工。

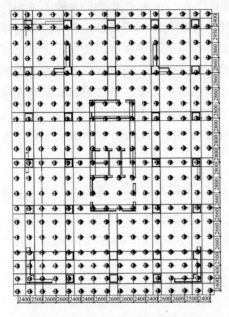

图 3.18.1　1 号主楼桩基布置图　　　　图 3.18.2　3 号主楼桩基布置图

1）方案优化比较

1 号楼采用桩筏基础，桩长 30m，桩径 800mm，采用泥浆护壁钻孔灌注桩，总桩数 320 根。为提高承载力，采用桩端注浆处理。3 号楼同样采用桩筏基础，桩长 29.5m，桩径 600mm，采用长螺旋钻孔压灌桩，总桩数 457 根。

3 号楼和 1 号楼相比，主要优化了施工工艺、缩小了桩径、增加了桩数，两个方案的基础筏板厚度一致。

2）优化效果比较

（1）降低工程造价

从经济角度，1 号楼桩混凝土理论用量（超灌 1m，不考虑充盈系数）为 4986m³，钢筋用量（主筋三级、箍筋一级）为 181t，扣除主材的综合单价为 600 元/m³；3 号楼桩混凝土理论用量（超灌 1m，不考虑充盈系数）为 3941m³，钢筋用量（主筋二级、箍筋一级）为 118t，扣除主材的综合单价为 390 元/m³，比 1 号楼分别减少了 1045m³ 混凝土、63t 钢筋及 210 元/m³ 不含主材综合单价。仅此三项，按当地当时的市场材料价格计算，总计可节约成本 200 多万元，经济效

112

益相当显著。而且从桩基施工记录可以看出，1号楼桩的充盈系数高达1.4左右，（主要是堵管等因素造成混凝土浪费较多），而3号楼桩的充盈系数为1.25左右。故1号楼的实际混凝土用量差比理论用量差要大得多，可能达到1250m³左右。

（2）保护环境且质量可靠

原方案采用泥浆护壁钻孔灌注桩，泥浆污染环境。由于采用水下灌注，桩的质量相对长螺旋钻孔压灌桩难保证。实际工程中，1号楼的2根试桩承载力没有达到设计要求。

（3）施工速度快

从进度方面，1号楼虽然先开工但却最后完工，桩基施工时间超过一个月，而3号楼桩基施工仅用15d，施工速度差异明显。

第4章 天然地基承载力与变形

【禁忌 4.1】 对天然地基承载力的基本特点和深度修正的原理了解不全面

1. 天然地基承载力的特点

地基承载力和一般建筑材料如钢筋、混凝土的强度的概念有很大不同，具体如下：

1）影响地基承载力的因素很多

对于钢筋或混凝土，相应于某一强度等级就有一个确定的标准值和设计值。而地基土的承载力并非土的工程特性指标，各种指标均相同的地基土，承载力可能有很大的差异，它不仅与土质、土层埋藏顺序有关，而且与基础底面的形状、大小、埋深、上部结构对变形的适应程度、地下水位的升降、地区经验的差别等有关。

2）地基承载力的发挥在基础的不同部位存在差异

实测数据显示，基础不同部位地基承载力发挥值是不同的，它和上部结构以及基础的刚度有关，一般越靠近基础中心部位，地基承载力发挥值越低。

3）天然地基的承载力可以提高

地基土是一种大变形材料，当荷载增加时，随着地基变形的相应增长，地基土的密实度提高，当变形稳定后，地基土内摩擦角、黏聚力、重度等影响承载力的指标都有不同程度的提高，承载力相应提高。这也是《建筑地基基础设计规范》GB 50007—2011 中 5.2.8 条规定“对于沉降已经稳定的建筑或经过预压的地基，可适当提高地基承载力”的原因。

4）天然地基的承载力要综合判定

勘察报告所提供的地基承载力特征值 f_{ak} 是由载荷试验或其他原位测试、公式计算或由其与原位试验的相关关系间接推定及由此而累积的经验值。它相应于载荷试验时地基土压力-变形曲线（p-s 曲线）上线性变形段内某一规定变形所对应的压力值，其最大值不应超过该压力-变形曲线上的比例界限值。

因此，地基承载力特征值 f_{ak} 乃是一个对应于基本条件下的值，它的准确性与勘察人员所依据资料的多寡、本身的技术水平及当地的经验有关，而将它用于地基基础设计时至少还有一个深、宽修正的问题要考虑。

2. 天然地基承载力修正的基本原理

地基承载力特征值 f_{ak} 的深、宽修正概念，是根据弹性半无限体地基承载力理论得出的。从图 4.1.1 可看出，地基达到极限承载力产生的滑动面和土的黏聚力、基础两侧边载、滑动土体的重量有关。滑动土体的重量和基础宽度与地基土的重度有关，基础宽度增加，滑动面增大，地基承载力设计取值可以提高；基础埋深增加，基础两侧边载增加，地基承载力设计取值增加。这就是承载力进行深宽修正的基本原理。

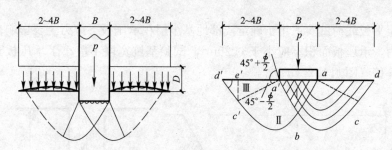

图 4.1.1 基础埋深形成的超载与地基破坏简化的滑动面

3. 具体工程应用

具体计算时，岩土工程勘察报告所提供的承载力特征值是通过载荷试验、标准贯入试验及静力触探试验并结合当地工程经验确定的，在地基基础设计中需对其进行深宽修正。

这里需要强调的是，上述载荷试验是专指"浅层平板载荷试验"，当勘察报告各土层的承载力特征值是由深层平板载荷试验确定的时，该承载力特征值不应再进行深度修正。

由于《建筑地基基础设计规范》GB 50007—2002 也将深层平板载荷试验列入其中，故必须从原理上和应用上与浅层平板载荷试验进行区分。浅层平板载荷试验局部荷载作用于半无限空间的表面，载荷板周围一定没有任何地面超载或其他荷载，而深层平板试验位于半无限空间的内部，载荷板周围的土层作用有上覆土层的自重压力。前者应力分布服从布西奈斯克（Boussinesq），后者近似于Mindlin 原理。前者因未考虑基础宽度与基础埋深的影响而必须对试验测定的承载力进行深宽修正，而后者载荷试验中的比例界限荷载 p_1 和极限荷载 p_u 均已包含了上覆土自重压力的影响，故采用 p_1 及 p_u 确定地基土的承载力时，不必再进行深度修正。但试验条件下载荷板的尺寸效应还在，故仍应考虑基础的实际尺寸进行宽度修正。

平板载荷试验（此处特指浅层平板载荷试验）原理，一般是按布西奈斯克（Boussinesq）应力分布，配合土的材料常数（变形模量 E_0 和泊松比）建立半无限体表面局部荷载作用下地基土的沉降量 s 计算公式。故为了模拟半无限体表面局部荷载作用，试坑宽度应大于载荷板宽度的3倍。同时平板载荷试验的影响深度是有限的，故要求承压板下的土层为均质土，其厚度应大于载荷板直径的2倍。

静力触探、标准贯入试验和十字板剪切试验等其他原位测试方法虽不能直接测定地基承载力，但可以采用与浅层平板载荷试验结果对比分析的方法选择有代表性的土层同时进行载荷试验和原位测试，分别求得地基承载力和原位测试指标，积累一定的数据组，用回归统计的方法建立回归方程，间接地确定地基承载力。

浅层平板载荷试验适用于确定浅部地基土层在承压板下应力主要影响范围内的承载力，承压板面积不应小于 0.25m²，试验基坑宽度不应小于承压板宽度或直径的3倍（图4.1.2（a））。

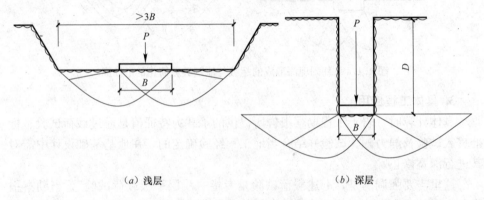

（a）浅层　　　　　　　　　　　（b）深层

图 4.1.2　平板载荷试验

深层平板载荷试验适用于确定深部地基土层及大直径桩桩端土层在承压板下应力主要影响范围内的承载力，承压板采用直径为 0.8m 的刚性板，紧靠承压板周围外侧的土层高度应不少于 80cm（图 4.1.2（b））。

由图 4.1.2 可见，浅层平板载荷试验时，其承压板面两侧无地面超载，由试验给出的承载力特征值应根据实际的基础埋深进行深度修正；而深层平板载荷试验时，其承压板面两侧已经有地面超载，由试验给出的承载力特征值已反映出地面超载的影响，所以在设计时，不应再进行地基承载力深度修正。

同理，当采用理论计算公式确定地基承载力特征值时，因理论计算公式已经包含基础宽度与埋深的影响，故在地基基础设计中也不需要再进行深宽修正。

如《建筑地基基础设计规范》GB 50007—2011 第 5.2.5 条的理论计算公式，就不需对其结果进行深宽修正。

"5.2.5　当偏心距 e 小于或等于 0.033 倍基础底面宽度时，根据土的抗剪强度指标确定地基承载力特征值可按下式计算，并应满足变形要求：

$$f_a = M_b \gamma b + M_d \gamma_m d + M_c c_k \tag{5.2.5}$$

式中： f_a——由土的抗剪强度指标确定的地基承载力特征值（kPa）；

M_b、M_d、M_c——承载力系数，按《建筑地基基础设计规范》GB 50007—2011 表 5.2.5 确定；

b——基础底面宽度（m），大于 6m 时按 6m 取值，对于砂土小于 3m 时按 3m 取值；

c_k——基底下一倍短边宽度的深度范围内土的黏聚力标准值（kPa）。"

从上式可以看出，公式右端第一项为基础宽度的影响，第二项即为基础埋深的影响，该承载力计算公式已经考虑了基础宽度及埋深的影响因素，如果再行修正，将会得出错误的结果，将会使设计偏于不安全。

【禁忌 4.2】 对地基基础各类验算所用的荷载组合不对

《建筑地基基础设计规范》GB 50007—2011 中 3.0.5 条规定：

"3.0.5 地基基础设计时，所采用的作用效应与相应的抗力限值应按下列规定：

1 按地基承载力确定基础底面积及埋深或按单桩承载力确定桩数时，传至基础或承台底面上的作用效应应按正常使用极限状态下作用的标准组合；相应的抗力应采用地基承载力特征值或单桩承载力特征值；

2 计算地基变形时，传至基础底面上的作用效应应按正常使用极限状态下作用的准永久组合，不应计入风荷载和地震作用。相应的限值应为地基变形允许值；

3 计算挡土墙土、地基或滑坡稳定以及基础抗浮稳定时，作用效应应按承载能力极限状态下作用的基本组合，但其分项系数均为 1.0；

4 在确定基础或桩基承台高度、支挡结构截面、计算基础或支挡结构内力、确定配筋和验算材料强度时，上部结构传来的作用效应和相应的基底反力、挡土墙压力以及滑坡推力，应按承载能力极限状态下作用的基本组合，采用相应的分项系数；当需要验算基础裂缝宽度时，应按正常使用极限状态下作用的标准组合；

5 基础设计安全等级、结构设计使用年限、结构重要性系数应按有关规范的规定采用，但结构重要性系数 γ_0 不应小于 1.0。"

验算地基承载力及确定基础平面尺寸时，应采用荷载的标准组合，即基底总压力的标准值，此时不要遗漏基底以上基础及其上覆土的重量；地基变形计算应采用荷载的准永久组合，采用的是基底附加压力，故应用准永久组合下的基底总压力减去基底处土的自重应力；计算结构强度配筋时用荷载的基本组合，此时活荷载可按规范折减，同时应减去基础及其上覆土自重的设计值，也就是采用考虑活荷载折减的基底净反力的设计值。

按地基承载力确定基础底面积及埋深，传至基础底面上的荷载应按正常使用极限状态下荷载效应的标准组合。承载力采用特征值。

$$S_k = S_{Gk} + S_{Q1k} + \sum_{i=1}^{n} \psi_{ci} S_{Qik}$$

式中　ψ_{ci}——组合值系数。

计算地基变形时，传至基础底面上的荷载效应应按正常使用极限状态下的荷载效应的准永久组合，不应计入风荷载和地震荷载。相应的限值应为地基变形的允许值。

$$S = S_{Gk} + \sum_{i=1}^{n} \psi_{qi} S_{Qik}$$

式中　ψ_{qi}——准永久值系数。

在确定基础或承台高度、支挡结构高度，计算它们的内力，确定配筋和验算材料强度时，上部结构传来的荷载效应组合和相应的基底反力，采用承载能力极限状态下荷载效应的基本组合，采用相应的分项系数。

由可变荷载控制时：　　$S = \gamma_G S_{Gk} + \gamma_{Q1} S_{Q1k} + \sum_{i=2}^{n} \gamma_{Qi} \psi_{ci} S_{Qik}$

由永久荷载控制时：　　$S = \gamma_G S_{Gk} + \sum_{i=1}^{n} \gamma_{Qi} \psi_{ci} S_{Qik}$

对于由永久荷载控制的基本组合，也可采用简化规则：

$$S = \gamma_G S_{Gk} + \sum_{i=1}^{n} \gamma_{Qi} \psi_{ci} S_{Qik}$$

$$S = 1.35 S_k$$

式中　S_k——荷载效应的标准组合值。

计算挡土墙、地基或斜坡稳定及基础抗浮稳定时，荷载效应按承载能力极限状态下荷载效应的基本组合，但其分项系数均为1：

$$S = \gamma_G S_{Gk} + \gamma_{Q1} S_{Q1k} + \sum_{i=2}^{n} \gamma_{Qi} \psi_{ci} S_{Qik}$$

$$S = \gamma_G S_{Gk} + \sum_{i=1}^{n} \gamma_{Qi} \psi_{ci} S_{Qik}$$

$$\gamma_G = \gamma_{Qi} = 1$$

概括起来，几种荷载组合的应用如下：

1）地基（单桩）承载力——标准组合；

2）稳定分析——基本组合，分项系数=1，（单一安全系数法）；

3）基础设计——基本组合；

4）沉降计算——准永久组合。

此外，在进行地基承载力与变形计算时，还需要区分以下两个概念：

基底压力：建筑物荷载通过基础传递给地基，在基础底面与地基之间必然产生接触应力。基底压力分布与基础的大小和刚度、作用于基础上荷载的大小和分布、地基土的力学性质以及基础的埋深等因素有关。故验算地基承载力时应采用荷载效应标准组合下的基底压力。

基底附加压力：建筑物建造后的基底压力与基底标高处原有的自重应力之差。附加应力造成了地基土的变形（处于欠固结状态的土，自重应力也是变形产生的因素之一），从而导致了地基中各点的竖向和侧向位移。建筑物建造之前，地基土中已存在自重应力。一般天然土层在自重作用下的变形早已结束，因此只有基底附加压力才能引起地基的附加应力和变形。故验算地基变形时应采用荷载效应准永久组合下的基底附加压力。

【禁忌 4.3】 将基底压力作为基础计算的设计值

《建筑地基基础设计规范》GB 50007—2011 中 3.0.5 条规定：

"3.0.5 地基基础设计时，所采用的作用效应与相应的抗力限值应按下列规定：

4 在确定基础或桩基承台高度、支挡结构截面、计算基础或支挡结构内力、确定配筋和验算材料强度时，上部结构传来的作用效应和相应的基底反力、挡土墙土压力以及滑坡推力，应按承载能力极限状态下作用的基本组合，采用相应的分项系数。"

有关公式见禁忌 4.2。

根据规范的规定，基础设计时用荷载的基本组合，此时活荷载可按规范折减，同时应减去基础及其上覆土自重的设计值，也就是采用考虑活荷载折减的基底净反力的设计值；而验算地基承载力的基底压力是与荷载的标准组合对应的，相当于荷载的标准值而不是设计值，误把验算地基承载力的基底反力作为设计值去进行基础计算，将会使设计结果偏于不安全。

此处需要注意的是，基础设计中所采用的荷载是基本组合下的基底净反力，是由基础顶面标高以上部分传下的荷载所产生的地基反力，以 p_j 表示。而基础自重及其上覆土重所引起的基底反力与其自重相抵，对基础本身不产生内力，故应从基底总反力 p 中扣除，用扣除后的净反力 p_j 去计算基础的强度和配筋。

另外需注意，《建筑地基基础设计规范》GB 50007—2011 在验算基础冲切时采用的是基底净反力设计值 p_j：

$$F_l = p_j A_l$$

但在计算基础底板任意截面弯矩时，公式里出现的是 p、p_{min} 与 p_{max}，此三者均为基底总反力设计值，而不是扣除基础及其上覆土重的净反力设计值，但这并不意味着公式本身没有考虑或忽略了基础自重项的扣除，只不过公式形式不同，将基础及其上覆土自重考虑在 $-\dfrac{2G}{A}$ 项罢了，如下所示：

$$M_{\mathrm{I}} = \frac{1}{12}a_1^2\left[(2l+a')\left(p_{\max}+p-\frac{2G}{A}\right)+(p_{\max}-p)l\right]$$

$$M_{\mathrm{II}} = \frac{1}{48}(l-a')^2(2b+b')\left(p_{\max}+p_{\min}-\frac{2G}{A}\right)$$

此时公式中的 G 为考虑作用分项系数的基础自重及其上的土自重，当组合值由永久作用控制时，作用分项系数可取 1.35。

有些设计者认为，既然基底总反力 p 比基底净反力大，用 p 去计算基础结构的内力及配筋岂不更安全？但笔者认为，计算结果固然偏于安全，但也意味着设计得保守。更重要的是，用基底总反力 p 而不是净反力 p_{j} 去计算基础结构的强度和配筋，是对规范的不理解，是概念上的错误。

【禁忌 4.4】 独立基础设计模型及荷载不当

钢筋混凝土多层框架房屋多采用柱下独立基础，《建筑抗震设计规范》GB 50011—2010 第 4.2.1 条指出，当地基主要受力层范围内不存在软弱黏性土层时，不超过 8 层且高度在 24m 以下的一般民用框架和框架-抗震墙房屋或荷载相当的多层框架厂房，可不必进行地基和基础的抗震承载力验算。这就是说，在 8 度地震区，大多数钢筋混凝土多层框架房屋可不必进行地基和基础的抗震承载力验算。但这些房屋在基础设计时应考虑风荷载的影响。因此，在钢筋混凝土多层框架房屋的整体计算分析中，必须输入风荷载，不能因为在地震区高层建筑以外的一般建筑风荷载对上部结构不起控制作用就不输入。否则将会在地基基础设计中遗漏风荷载的组合。

另一种情况是，在设计独立基础时，作用在基础顶面上的外荷载（柱脚内力设计值）只取轴力设计值和弯矩设计值，而忽略剪力设计值，甚至弯矩剪力一并忽略。

以上两种情况都会导致基础设计尺寸偏小，配筋偏少，影响基础本身和上部结构的安全。

须知有关基础的一切计算（地基承载力、基础沉降、内力配筋等）均以简化到基础底面的力系为准，不能直接用作用于基础顶面的荷载进行计算，柱脚偏心轴力、柱脚剪力、柱脚弯矩及砌体墙或基础梁传来的荷载均需向基础底面简化，即作用于基底中心的轴力、弯矩及剪力（基底剪力由基底摩擦力及基础周围回填土来平衡，一般情况设计不予考虑）。而柱脚剪力向基底中心的简化需要剪力作用点到基础底面的竖向距离，故必须明确上部结构的柱脚内力到底取自哪里，这就需要与上部结构的计算模型相对应。一般而言，柱脚内力取上部结构柱脚嵌固部位的内力，但也要具体情况具体分析。

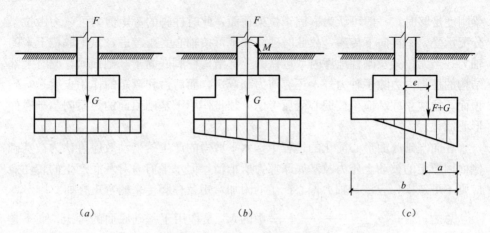

(a) (b) (c)

图 4.4.1　基底压力简化计算图

当采用 JCCAD 程序计算独立柱基及桩基承台时，程序界面"基本参数"中"一层上部结构荷载作用点标高"即为上部结构的柱脚嵌固部位（见图 4.4.2），程序会认为该标高即为上部结构传给基础的荷载作用点，然后据此求出基底剪力对基础底面产生的附加弯矩作用。需注意的是，该参数只对柱下独立基础和桩承台基础有影响，对其他基础形式没有影响。

图 4.4.2　上部结构荷载作用点标高

关于上部结构柱脚嵌固部位，对于无地下室的独立柱基，当有基础拉梁且拉梁刚度足够时，一般可认为嵌固于拉梁顶面，此时柱脚的弯矩剪力可认为由拉梁分配承受，不再向下传递，故此时独立柱基可按轴心受压考虑，只记取传下来的轴力；当无拉梁及刚性地坪时，可认为上部结构柱脚嵌固于基础顶面，此时上部结构的柱脚内力除了轴力外，还有剪力和弯矩，而剪力和弯矩的作用点就是基础顶面，故独立柱基应该按偏心受压考虑，须将作用于基础顶面的力系向基础底面形心简化。

在向基础底面形心简化的过程中，水平剪力的产生的平动效应可认为被基础侧面回填土的被动土压力及基底摩擦力所抵消，但水平剪力对基底产生的转动效应则不可忽视，应该与轴力偏心产生的附加弯矩及柱脚传来的弯矩叠加。

总之，公式 $p_{k\,max} = \dfrac{F_k + G_k}{A} + \dfrac{M_k}{W}$ 中的 M_k 是作用于基础底面的弯矩，而不是直接取自上部结构计算得到的柱脚内力，设计者必须加以注意。

【禁忌 4.5】 基础底面边缘最大压力值计算忽略了 $e > b/6$ 的情况

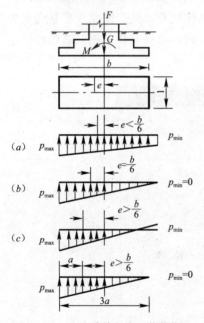

图 4.5.1 基础受单向偏心荷载作用

基础底面压力如图 4.5.1 所示，具体计算可按下列公式确定：

$$p_k = \frac{F_k + G_k}{A}$$

式中 F_k——相应于荷载效应标准组合时，上部结构传至基础顶面的竖向力值；

G_k——基础自重和基础上的土重；

A——基础底面面积。

当偏心荷载作用时除了应满足上式外，还应满足

$$p_{k\,max} \leqslant 1.2 f_a$$

式中 $p_{k\,max}$——相应于荷载效应标准组合时，基础底面边缘处的最大压力值；

f_a——修正后的地基承载力特征值。

$$p_{k\,max} = \frac{F_k + G_k}{A} + \frac{M_k}{W}$$

$$p_{k\,min} = \frac{F_k + G_k}{A} - \frac{M_k}{W}$$

式中 M_k——相应于荷载效应标准组合时，作用于基础底面的力矩值；

W——基础底面的抵抗力矩。

上述计算基础底面边缘最大压力公式的适用条件是基底不能出现零应力区，当用上式计算的 $p_{k\,min}<0$ 时，就表明偏心距 e 过大（$e>b/6$），基底出现零应力区了，如图 4.5.2 所示。此时这组公式已不再适用，故 $p_{k\,max}$ 的计算应改用如下公式，同时 $p_{k\,min}$ 应取零。

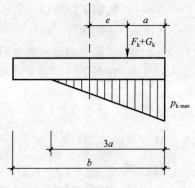

$$p_{k\,max} = \frac{2 \cdot (F_k + G_k)}{3 \cdot l \cdot a}$$

式中　l——垂直于力矩作用方向的基础底面边长；

图 4.5.2　偏心荷载（$e>b/6$）下基底压力计算示意

　　　　a——合力作用点至基础底面最大压力边缘的距离，当基底为矩形对称截面时，$a = \dfrac{b}{2} - e$。

设计者也可以按下式先计算偏心距 e，若 $e \leqslant b/6$，可直接将 e 代入下式计算 $p_{k\,max}$，否则应代入上式求 $p_{k\,max}$：

$$e = M_k/(F_k + G_k) \leqslant b/6$$

$$p_{k\,max} = p_k \left(1 + \frac{6e}{b}\right) \leqslant 1.2 f_a$$

【禁忌 4.6】　忽略对天然地基软弱下卧层承载力的验算

集成化结构分析设计软件的发展，在给结构设计提供极大便利的同时，也使结构工程师对结构软件产生了过度依赖，甚至丧失了手算能力。而软弱下卧层验算一般软件无法进行，即便有的软件能够计算，也需要输入地质参数，故大多情况需进行手算，很多工程师就有意或无意地忽略了软弱下卧层的验算，给结构设计带来安全隐患。

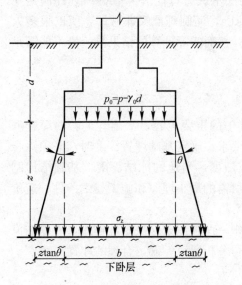

如图 4.6.1 所示，当地基受力层范围内有软弱下卧层时，应按下式验算：

$$p_z + p_{cz} \leqslant f_{az}$$

式中　p_z——相应于荷载效应标准组合时，软弱下卧层顶面处的附加应力值，按下文公式计算；

图 4.6.1　验算软弱下卧层计算图

　　　　p_{cz}——软弱下卧层顶面处土的自重应力值，$p_{cz} = \gamma(d+z)$

γ——软弱下卧层以上各土层的加权平均重度（kN/m³）；

d——基础埋深（m）；

z——基础底面至软弱下卧层顶面处的距离（m）；

f_{az}——软弱下卧层顶面处经深度修正后的地基承载力特征值（kPa）。

条形基础 $\qquad p_z = \dfrac{bp_0}{b+2z\tan\theta}$

独立基础 $\qquad p_z = \dfrac{lbp_0}{(b+2z\tan\theta)(l+2z\tan\theta)}$

其中 $\qquad p_0 = (p-\gamma_0 d)$

式中 p_0——基底附加压力（kPa）；

$\quad p$——基底压力（kPa）；

$\quad b$——矩形基础和条形基础底的宽度（m）；

$\quad l$——矩形基础的长度（m）；

$\quad \gamma_0$——基底以上土的加权平均重度（kN/m³）；

$\quad \theta$——地基压力扩散线与竖直线的夹角（°）。

遗漏软弱下卧层验算一般分两种情况，一种是工程师没有经验，没想到软弱下卧层验算的问题；另一种是，工程师虽有经验，但"想当然"地认为下卧层承载力不会有问题。其实"想当然"是工程设计的大忌，许多事故就是在"想当然"的情况下发生的。

比如西安有一项工程，持力层为第三层圆砾层，承载力高达 350kPa，厚度达 7~8m，第四层下卧层为粉质黏土，承载力 240kPa，当筏板不外扩时的基底压力标准值为 650kPa，经计算修正后持力层承载力特征值为 730kPa，能满足要求。由于第四层承载力仅比第三层低 110kPa，而圆砾层又非常厚，所以很多人想当然地认为下卧层承载力能够满足要求，然而实际计算的结果是恰恰不能满足要求。

【禁忌 4.7】 基础埋置深度不当

确定基础的埋置深度是地基基础设计中的重要内容，基础有足够的埋置深度，以满足地基承载力、变形和稳定性的要求。确定基础埋置深度时，必须综合考虑地基的地质、地形、水文条件，地震烈度，当地的冻结深度，基础结构刚度，上部结构形式，以及保证持力层稳定所需的最小埋深和施工技术条件、造价等因素。

对于某一个具体工程来说，往往是其中一两种因素起决定性作用，所以在设计时，必须从实际出发，抓住主要因素进行分析研究，确定合理的埋置深度。

1. 基础埋深考虑的因素

1) 与建筑物有关的条件，包括建筑物的用途，有无地下室、设备基础和地下设施，基础的形式和构造等。

2）作用在地基上的荷载大小和性质。

3）工程地质条件和水文地质条件，合理选择地基持力层。土质坚硬则埋深可较浅。另外，选择基础埋深时应注意地下水的埋藏条件和动态。

当上层土的承载力高于下层土的承载力时宜取上层土作为持力层，特别是当上层土为"硬壳层"时，宜宽基浅埋。对于上层土较软的地基土，视上层土厚度确定地基基础方案，基础深埋、挖出换填或采用人工地基都是可供选择的方案。

有潜水存在时，底面应尽量埋置在潜水位以上，若基础底面必须埋置在水位以下时，除应考虑施工时的基坑排水、坑壁维护等问题，还应考虑地下水对混凝土的腐蚀性、地下室防渗及基础底板的抗浮。对埋藏有承压含水层的地基，应防止基底因挖土减荷而隆起开裂（见图 4.7.1）。必须控制基坑开挖深度，总覆盖压力与承压含水层顶部的静水压力宜满足下式：

$$K(\gamma_1 z_1 + \gamma_2 z_2) > \gamma_w h$$

式中，K 为系数，一般取 1，对于宽基坑宜取 0.7；γ 分别为各层土重度，地下水位以下取饱和重度。不满足要求时应采取相应措施，以确保基坑安全。

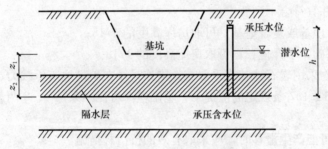

图 4.7.1　基坑下有承压含水层

4）相邻建筑物的基础埋深。

当存在相邻建筑物时，为保证在施工期间新建建筑与其相邻原有建筑的安全和正常使用，新建建筑物的基础埋深不宜深于相邻原有建筑物的埋置深度。

当埋深大于原有建筑物的基础埋深时，两基础之间应保持一定净距，其数值应根据原有建筑物荷载大小、基础形式和土质情况而定。一般来说应使相邻两基础底面的标高差 d 与其净距 s 之比 $d/s \leqslant 1/2$。

如上述要求不能满足时，则必须采取有效措施（分段施工、设临时加固支撑、打板桩、地下连续墙等施工措施，或加固原有建筑物的地基等），并应考虑新旧基础之间的相互影响。

5）地基土冻胀和融陷的影响，应符合《冻土地区建筑地基基础设计规范》的有关规定；我国规范允许基底残留冻土层，但美国规范则不允许。笔者认为，标准冻深线 100cm 以下地区，可不必考虑基底残留冻土层；标准冻深线 200cm

以上地区，天然地基浅基础宜适当考虑基底残留冻土层；标准冻深线为 100～200cm 之间地区，视建筑物、荷载、地质情况酌情考虑。

6）膨胀土地区，建筑物基础的埋深尚应符合《膨胀土地区建筑技术规范》的有关规定。

7）地震烈度，较高的烈度要求较深的基础。

基础埋深一般应从室外地面标高算起。在填土整平地区，可自填土地面标高算起，但填土在上部结构施工后完成或当地下室周围无可靠侧限时，应从天然地面标高或有可靠侧限的位置算起。

2. 规范的一些规定

高层建筑筏形和箱形基础的埋置深度尚应符合《高层建筑混凝土结构技术规程》JGJ 3—2010 的有关规定，并应满足地基承载力、变形和稳定性要求。位于岩石地基上的高层建筑，其埋深尚应满足抗滑要求。

"12.1.1　高层建筑宜设地下室。"

"12.1.8　基础应有一定的埋置深度。在确定埋置深度时，应综合考虑建筑物的高度、体型、地基土质、抗震设防烈度等因素。埋置深度可从室外地坪算至基础底面，并宜符合下列要求：

1　天然地基或复合地基，可取房屋高度的 1/15；

2　桩基础，不计桩长，可取房屋高度的 1/18。

当建筑物采用岩石地基或采取有效措施时，在满足地基承载力、稳定性要求及本规程第 12.1.7 条规定的前提下，基础埋深可比本条第 1、2 两款的规定适当放松。

当地基可能产生滑移时，应采取有效的抗滑移措施。"

关于高层建筑的基础埋深，尽管抗震规范与高规都有明确要求，但围绕该问题的争论从未停止，其一是国外规范很难找到类似规定，其二是该项规定没有与基础嵌固条件及地下室周围土质情况联系起来。但需注意的是，规范此处用词为"宜"，所以并非强制要求，可以根据基础嵌固条件与地下室周围土质情况做适当变通。笔者认为，在满足建筑物的整体稳定、倾覆、抗滑移的条件下，建筑物基础宜尽量浅埋。当然在高烈度区，建筑物基础尽可能深埋对抗震非常有利，这一点也是很重要的考虑因素。

关于基础最小埋置深度，笔者未能在英、美、欧等规范中找到类似规定。虽然美国规范 IBC 2006 在其 1805.2 Depth of Footing（基础埋深）中规定了天然地基浅基础上的最小埋深，但这个最小埋深只是一个绝对数字，没有与建筑物的总高联系起来，而且最小埋深的数值很小，仅为 12in（305mm）。

关于季节性冻土区基础最小埋深的问题，许多初学者误以为基础应埋在冬季冰冻线以下，实则不一定。《建筑地基基础设计规范》GB 50007—2011 是允许基础底面残留一定厚度的冻土层的。5.1.8 条规定，当建筑基础底面之下允许有一定厚度的冻土层，可用下式计算基础的最小埋深：

$$d_{min} = z_d - h_{max}$$

式中　z_d——设计冻深，$z_d = z_0 \cdot \psi_{zs} \cdot \psi_{zw} \cdot \psi_{ze}$，其中 z_0 为标准冻深；

　　　h_{max}——基础底面下允许残留冻土层的最大厚度，根据基底平均压力、采暖情况、基础形式及土的冻胀性按 GB 50007—2011 附录表 G.0.2 查取。当有充分依据时，基底下允许残留冻土层厚度也可根据当地经验确定。

对基底是否允许残留冻土层的问题，美国 IBC 2006 要求的更严格些：除非基底冻土处于永久冰冻状态，否则基础埋深应在冰冻线以下，即不允许基底以下残留冻土层。

【禁忌 4.8】 确定新建建筑物基础埋深时未考虑对原有建筑物的影响

当拟建建筑物附近有既有建筑物时，设计者应首先收集原有建筑物的基础数据，如基础形式、埋深、地基处理方式、沉降情况等。当确定新建建筑物的基础埋深时，应优先考虑新建建筑物基础不深于原有基础的方案，当新基础必须深于原有基础时，应确保两基础埋深的高差间与基础净距之比满足规范要求，否则应采取措施，如设临时加固支撑，打板桩，地下连续墙等施工措施，或加固原有建筑物的地基，以防止原有建筑物地基土侧向位移威胁新老建筑物的安全。

《建筑地基基础设计规范》GB 50007—2011 中表 7.3.3 为："

相邻建筑物基础间的净距（m）　　　　　　　　　　表 7.3.3

影响建筑的预估 平均沉降量 s（mm）	被影响建筑的长高比	
	$2.0 \leqslant \dfrac{L}{H_f} < 3.0$	$3.0 \leqslant \dfrac{L}{H_f} < 5.0$
70～150	2～3	3～6
160～250	3～6	6～9
260～400	6～9	9～12
＞400	9～12	≥12

注：1　表中 L 为建筑物长度或沉降缝分隔的单元长度（m）；
　　　　H_f 为自基础底面标高算起的建筑物高度（m）；

　　2　当被影响建筑的长高比为 $1.5 < \dfrac{L}{H_f} < 2.0$ 时，其间净距可适当缩小。"

根据地下建筑物与原有建筑物的平面关系和基础埋深，设计人员要考虑地下结构在建造期间和使用期间对原有建筑物地基基础设计的影响。当地下建筑物与原有建筑物基础间的关系满足规范表 7.3.3 的规定时，可以不考虑其影响，否则必须采取措施。地下建筑物在建造期间和使用期间，由于破坏了原有建筑物地基承载力验算的深宽修正条件和整体稳定性，考虑其影响的验算应包括整体稳定性验算及地基承载力验算，某些情况还应考虑施工期间基坑侧向变形的影响。原有建筑物的地基基础形式不同，其影响也不相同，对于天然地基和复合地基的建筑物影响较大，桩基础影响较小。不满足原有建筑物整体稳定和地基承载力验算条件时，应采取相应措施。首先应考虑调整相邻建筑物基础间的距离，满足规范表7.3.3的要求；必须按原位置建造时，应结合建造期间的基坑结构支护采取措施，一般情况下，按照土力学的极限状态理论，控制基坑侧壁最大水平位移（例如控制在基础高差的1/1000）可满足施工期间和使用期间对地基承载力验算的要求。

对新老建筑物相邻基础埋深的关系，美国IBC 2006则有如下规定：当相邻基础坐落在非黏性土层上时，除非埋深较浅的基础采用了可靠的支挡结构，否则相邻基础底部边缘的连线与水平面的夹角不应超过30°，如图4.8.1所示。(IBC 2006 1805.2.2 Isolated Footings. Footings on granular soil shall be so located that the line drawn between the lower edges of adjoining footings shall not have a slope steeper than 30 degrees (0.52 rad) with the horizontal, unless the material supporting the higher footing is braced or retained or otherwise laterally supported in an approved manner or a greater slope has been properly established by engineering analysis.)

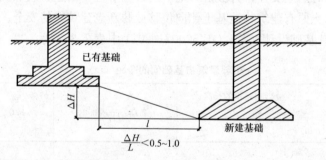

图4.8.1 相邻基础埋深

【禁忌4.9】 建筑物增层时，未考虑原地基承载力的提高

房屋加层的结构形式根据地基和结构状况可分为两大类。一类是在既有建筑物上加高层数。对这一类加层结构的加层部分的荷载要通过既有建筑物传到基础和地基土上。这既要检验上部结构能否承担加层荷载的可能性，又要检验基础和地基土质条件。当然，在土质条件较好的情况下，不论天然地基或桩基，经荷载长期作用下可提高承载力，用这类增层形式是较为简单和节约的。另一类是加外套框架的加层形式。

对既有建筑物地基承载力的评价可采用现场测试法、理论公式计算等方法，为便于估算，经国内大量实际工程经验总结，给出表 4.9.1 经验估算值。

增层时地基承载力估算   表 4.9.1

建筑物修建时间（年）	地基承载力估算值（kPa）
10～20	$f' = [1+(0.1～0.15)]R$
20～30	$f' = [1+(0.15～0.25)]R$
30～50	$f' = [1+(0.25～0.35)]R$

注：1. f'——既有建筑物增层改建时地基承载力；
　　2. R——既有建筑物原设计时采用的地基承载力。

【禁忌 4.10】 承载力深宽修正时，关键参数选取错误

关于天然地基承载力深宽修正计算，《建筑地基基础设计规范》GB 50007—2011 中 5.2.4 条规定：

"5.2.4　当基础宽度大于 3m 或埋置深度大于 0.5m 时，从载荷试验或其他原位测试、经验值等方法确定的地基承载力特征值，尚应按下式修正：

$$f_a = f_{ak} + \eta_b \gamma (b-3) + \eta_d \gamma_m (d-0.5) \tag{5.2.4}$$

式中　f_a——修正后的地基承载力特征值（kPa）；

　　　f_{ak}——地基承载力特征值（kPa），按本规范第 5.2.3 条的原则确定；

　　η_b、η_d——基础宽度和埋深的地基承载力修正系数，按基底下土的类别查表 5.2.4 取值；

　　　b——基础底面宽度（m），当基宽小于 3m 按 3m 取值，大于 6m 按 6m 取值；

　　　γ_m——基础底面以上土的加权平均重度（kN/m³），位于地下水位以下的土层取有效重度；

　　　d——基础埋置深度（m），宜自室外地面标高算起。……"

承载力修正系数   表 5.2.4

土的类别		η_b	η_d
淤泥和淤泥质土		0	1.0
人工填土		0	1.0
e 或 I_L 大于等于 0.85 的黏性土			
红黏土	含水比 $\alpha_w > 0.8$	0	1.2
	含水比 $\alpha_w \leqslant 0.8$	0.15	1.4
大面积压实填土	压实系数大于 0.95、黏粒含量 $\rho_c \geqslant 10\%$ 的粉土	0	1.5
	最大干密度大于 2100kg/m³ 的级配砂石	0	2.0
粉土	黏粒含量 $\rho_c \geqslant 10\%$ 的粉土	0.3	1.5
	黏粒含量 $\rho_c < 10\%$ 的粉土	0.5	2.0

土的类别	η_b	η_d
e 及 I_L 均小于 0.85 的黏性土	0.3	1.6
粉砂、细砂（不包括很湿与饱和时的稍密状态）	2.0	3.0
中砂、粗砂、砾砂和碎石土	3.0	4.4

按上述公式计算时注意以下几点：

（1）η_b、η_d 是根据基底以下土的类别进行选取的；

（2）γ 为基础底面以下土的重度，地下水位以下取浮重度；

（3）γ_m 为基础底面以上土的加权平均重度，地下水位以下取浮重度；

（4）很湿与饱和时的稍密状态的粉砂、细砂 η_b、η_d 分别取 0 和 1；

（5）经处理后的地基，$\eta_b=0$，$\eta_d=1$。

【禁忌 4.11】 天然地基承载力深度修正的深度取值有误

对于深度修正的深度取值问题，即便是一些有经验的工程师也经常出错。经常犯的典型错误有两类：其一，当主楼四周有裙房或地下车库、且基础又是连在一起的筏形基础时，没有采用裙房或地下车库荷载的折算厚度而仍采用自地面算起的埋深；另一类错误是，当有地下室但基础形式为独基或条基却无满堂防水板（仅有房心土时），埋深没有从室内地面算起而从室外地面算起。

图 4.11.1（a）：基础两侧一边埋深大，一边埋深小。地基破坏的滑动面会先到达浅的一边，所以用于深度修正的基础埋深应取埋深小的计算。

图 4.11.1（b）：基础一侧在 $2B\sim4B$ 范围内有两种埋深 $D_1>D_2$。偏于安全考虑，用于深度修正的埋深可取 D_2 进行计算。

图 4.11.1（c）：主裙楼连为一体，主楼采用筏形基础，裙楼采用独立基础或条形基础。用于主楼筏板下地基承载力的深度修正，应自裙楼室内地面算至主楼筏板底；用于裙楼独立基础或条形基础下地基承载力的深度修正，应自裙楼室内地面算至独立基础或条形基础的底面。

图 4.11.1（d）：主楼与裙楼采用连为一体的筏形基础。主楼地基承载力的深度修正，宜将基础底面以上范围内的荷载，按基础两侧的超载考虑，当超载宽度大于基础宽度 2 倍时，可将超载折算成土层厚度作为基础埋深，基础两侧超载不等时，取小值。即取裙房基础底面以上所有竖向荷载（不计活载）标准值（仅有地下车库时应包括顶板以上填土及地面重）$F(kN/m^2)$ 与土的重度 $\gamma(kN/m^3)$ 之比，即折算深度 $d=F/\gamma(m)$ 去进行深度修正。

图 4.11.1（e）：主裙楼为一体，主体采用筏形基础，裙楼采用独立基础加防水底板。防水底板虽在一定程度上可约束土体上移，但因防水板弯曲刚度有限，如果设计中允许防水板承担基底反力，则防水板定会产生较大的完全变形，从而不能有效约束土体向上的位移，如果设计中不允许防水板承担基底反力，则防水板与地基

土之间必须铺设聚苯板等可压缩性材料，防水板下的地基土就更不能得到有效约束，故此种情况介于图 4.11.1 （c）、（d）情况之间，简便、安全的方法是按图（c）情况计算。仅当柱距较小、而防水板较厚、土质也较好时，方可以考虑防水底板的作用，理论上应按防水底板的地基反力，计算出折算深度后，再用于深度修正。但由于这方面的资料较少，具有很大的经验性，在工程中要谨慎对待。

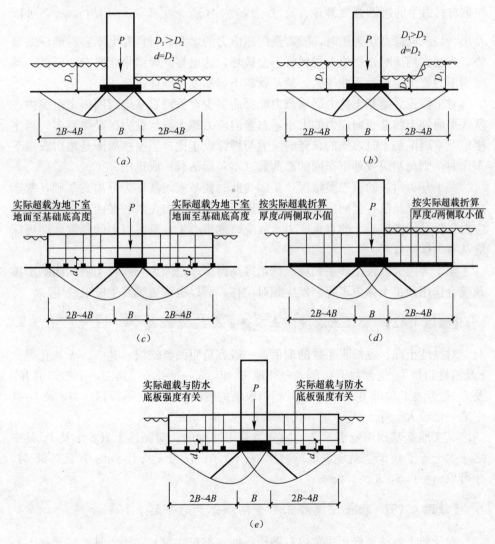

图 4.11.1　不同情况承载力深度修正

其实，只要掌握深度修正的原理，在遇到具体问题时稍加分析就不难正确取值。从土力学角度出发，地基破坏形式有整体剪切破坏、局部剪切破坏及冲剪破坏三种形式，除了高压缩性土且加载速率较大时会发生冲剪破坏外，一般破坏均属整体剪切破坏及局部剪切破坏。当基础周围有覆土或超载时，覆土或超载作用在基底平面处的压力在一定程度上阻止了基底土的侧向位移，因此就减少了基底地基土沿剪切面滑移的趋势，公式 $f_{vu}=cN_c+qN_q+\dfrac{1}{2}\gamma bN_r$ 中的第二项反映的即是基础两侧覆土与超载的贡献。同时，覆土及超载也相当于给基底受压土层施加了侧向压力，根据材料力学的第四强度理论 $\sqrt{\dfrac{1}{2}\left[(\sigma_1-\sigma_2)^2+(\sigma_2-\sigma_3)^2+(\sigma_3-\sigma_1)^2\right]}\leqslant[\sigma]$，可以看出，当三向应力均为压时，随着侧向压应力的增大，材料有更不容易破坏的趋势，当三向均压时，理论上材料将不会破坏，这也与试验结果相吻合。因此，基础周围的覆土越厚、超载越大，地基就越不容易发生破坏。

对于修正后地基土持力层承载力能提高多少，关键看基础周围一定范围内在基底平面处土的总竖向应力的大小，总竖向应力越大，承载力提高得越多。当主楼地下室周围是土时，土的总竖向应力与埋深成正比；当主楼周围是裙房或地下车库时，则与裙房或地下车库的总荷载（不包括活载）成正比。

关于开头所述的第二类错误，是因为此时独基或条基作为分离式基础，基础之间的房心土是没有竖向约束的，基础周围一定范围内在基底平面处土的总竖向应力仅仅是周围房心土的自重应力，故应该取房心土自基底以上的厚度，即埋深应从室内标高算起。

至于为何大颗粒土较小颗粒土修正提高得多，是因为大颗粒土颗粒间的摩擦及咬合作用使得土体更不容易发生相对位移，所以也就更难发生极限破坏。

【禁忌 4.12】 黏性土深度修正不查 e 及 I_L 是否大于 0.85

对黏性土深、宽修正系数的取值，一般容易犯两类错误：其一，无视孔隙比 e 及液性指数 I_L 是否大于 0.85，一律取 $\eta_b=0.3$，$\eta_d=1.6$；其二，虽然知道有 e 及 I_L 是否大于 0.85 的分界，但对归档取值的判断条件理解不深刻，当 e 及 I_L 其中之一已经大于等于 0.85 时，仍然取 $\eta_b=0.3$，$\eta_d=1.6$。

其实地基基础规范表 5.2.4 的分类是很明确的，对黏性土只要 e 及 I_L 其中之一大于等于 0.85，就应该取 $\eta_b=0$，$\eta_d=1.0$；仅当 e 及 I_L 同时小于 0.85 时，才可取 $\eta_b=0.3$，$\eta_d=1.6$。

【禁忌 4.13】 粉土深度修正不查粘粒含量是否大于 10％

对于粉土，深宽修正系数也有两档，即：黏粒含量 $\rho_c\geqslant10\%$ 时，取 $\eta_b=0.3$，$\eta_d=1.5$；黏粒含量 $\rho_c<10\%$ 时，取 $\eta_b=0.5$，$\eta_d=2.0$。许多设计者因为无知或者偷懒而不去看勘察报告中粉土的黏粒含量，一看到持力层是粉土，就一律取 $\eta_b=0.3$，$\eta_d=1.5$，这样的设计是省事、安全，但不够经济。

比如一独立高层带一层地下室，埋深 5.5m，基底上下均为粉土，假定 $\gamma_m=$

$18kN/m^3$，现仅考虑深度修正项，当取 $\eta_d=1.5$ 时，深度修正项为 135kPa，而当取 $\eta_d=2.0$ 时，则深度修正项为 180kPa，足足高出 45kPa，经济效益明显。相反，本该取低值时却取了高值，就会使基础设计变得不安全。所以设计者必须仔细阅读勘察报告，严格按粉土的黏粒含量查取深宽修正系数。

从《建筑地基基础设计规范》GB 50007—2011 表 5.2.4 不难发现一个规律，即承载力修正系数随土颗粒的增大而增大。这是因为大颗粒土颗粒间的摩擦及咬合作用使得土体更不容易发生相对位移，所以也就更难发生极限破坏。根据定义，粉土为介于砂土与黏性土之间，塑性指数 $I_p \leqslant 10$ 且粒径大于 0.075mm 的颗粒含量不超过全重 50% 的土。粉土的颗粒较黏性土粗而较砂土细，粉土中黏粒含量的大小就决定了粉土的细腻程度，黏粒含量越多，越接近黏性土，颗粒就越细腻。因此黏粒含量少于 10% 的粉土要比同样条件下黏粒含量大于等于 10% 的粉土修正系数大。

【禁忌 4.14】　计算地基变形时，未考虑相邻荷载的影响

由于地基中附加应力的扩散现象，相邻荷载将引起地基产生附加沉降。许多建筑物因没有充分估计相邻荷载的影响，而导致不均匀沉降，致使建筑物墙面开裂和结构破坏。相邻荷载对地基变形的影响在软土地基中尤为严重。影响附加沉降的因素包括有两基础间的距离、荷载大小、地基土性质以及施工时间的先后等，而以两基础间的距离为主要因素。一般距离越近，荷载越大，地基土越软弱，其影响越大。根据建筑经验，在估算建筑物的相邻荷载影响时，以下几点实践经验可供参考：

（1）独立基础，当基础间净距大于相邻基础宽度时，相邻荷载可按集中荷载计算；

（2）条形基础，当基础间净距大于四倍相邻基础宽度时，相邻荷载可按线荷载计算；

（3）一般情况下，相邻基础间净距大于 10m 时，可略去相邻荷载影响；

（4）大面积地面荷载（如填土、生产堆料等）引起仓库或厂房的柱子倾斜，影响厂房和吊车的正常使用工程事例很多，必须引起足够注意；

（5）由沉降缝分开的相邻基础。考虑相邻基础互相影响时，不必按沉降缝分块再应力叠加的方法，按整体基础计算更方便，也更符合实际。如温州华侨饭店（四层砖混），由沉降缝分成 3 单元。该工程按整体计算沉降，可得计算沉降为 1298mm，与实测平均沉降量 1131mm（不是实测推算最终沉降）很接近。若按三单元单独计算同时考虑彼此影响，计算过程复杂得多，且建筑物两端的计算沉降应明显小于中间沉降；而实际端部的实测沉降（1104mm）已达到中部最大沉降（1285mm）的 85.4%，差距并不大。

一般情况下，考虑相邻荷载影响的地基变形具体计算，还是按应力叠加原理，采用角点法计算。

【禁忌 4.15】 计算地基变形时，沉降计算深度取值不当

地基土的压缩性随着深度的增大而降低，局部荷载引起的附加应力又随深度的增大而减少，所以一般情况下，超过一定深度的土，其变形对沉降量的贡献小到可忽略不计。沉降时应考虑其土体变形的深度范围内的土层称为地基压缩层，该深度称为地基沉降计算深度（地基压缩层厚度）。

《建筑地基基础设计规范》GB 50007—2011 中 5.3.7 条及 5.3.8 条规定如下：

地基变形计算深度 z_n，应符合下式要求：

$$\Delta s'_n \leqslant 0.025 \sum_{i=1}^{n} \Delta s'_i$$

式中　$\Delta s'_i$——在计算深度范围内，第 i 层土的计算变形值（mm）；

　　　$\Delta s'_n$——在由计算深度向上取厚度为 Δz（表 4.15.1）的土层计算变形值（mm）。

如确定的计算深度下部仍有较软土层时，应继续计算确定。

Δz

表 4.15.1

b (m)	$b \leqslant 2$	$2 < b \leqslant 4$	$4 < b \leqslant 8$	$8 < b$
Δz (m)	0.3	0.6	0.8	1.0

当无相邻荷载影响，基础宽度在 1m～30m 范围内时，基础中点的地基变形计算深度也可按简化公式计算。

$$z_n = b(2.5 - 0.4 \ln b)$$

式中　b——基础宽度（m）。

在计算深度范围内存在基岩时，z_n 可取至基岩表面；当存在较厚的坚硬黏性土层，其孔隙比小于 0.5、压缩模量大于 50MPa，或存在较厚的密实砂卵石层，其压缩模量大于 80MPa 时，z_n 可取至该层土表面。

如果说沉降计算存在一个理论上的真实解的话，那么随着沉降计算深度的增加，计算值将会无限趋近于此真实解。从纯数学角度而言，可能是沉降计算深度取得越深越好，但从工程实际出发，就存在一个合理性的问题，并非越深越好。

如西安某高层住宅，剪力墙结构、筏形基础，筏基长 53m，宽 20m，准永久组合下基底附加压力为 488kPa。基础沉降计算过程及结果见下列表格。

1）表 4.15.2：其他条件相同，当沉降计算深度取至第 8 层底时，计算沉降量 $s' = 699$mm，沉降计算经验系数 $\psi_s = 0.326$，最终沉降量 $s = 228.2$mm。

2）表 4.15.3：其他条件相同，当沉降计算深度取至第 9 层底时，计算沉降量 $s' = 760$mm，沉降计算经验系数 $\psi_s = 0.282$，最终沉降量 $s = 214.5$mm。

3）表 4.15.4：其他条件相同，当沉降计算深度取至第 10 层底时，计算沉降量 $s' = 821.9$mm，沉降计算经验系数 $\psi_s = 0.270$，最终沉降量 $s = 221.7$mm。

表 4.15.2

沉降计算深度取至第 8 层底

层号	层名	层底标高 (m)	z(m)	l/b	z/b	$\bar{\alpha}_i$	$\bar{\alpha}_i z_i$ (m)	$\bar{\alpha}_i z_i - \bar{\alpha}_{i-1} z_{i-1}$ (m)	E_{si} (MPa)	A_i/E_{si}	$\Delta s'_i = 4p_0 (\bar{\alpha}_i z_i - \bar{\alpha}_{i-1} z_{i-1})/E_{si}$ (mm)	$s' = \Sigma\Delta s'_i$ (mm)
基底	基底	392.3	0		0.000	0.25000	0.0000					
3	圆砾	385.09	7.21		0.361	0.24876	1.7935	1.79354	40	0.04484	87.5	87.5
4	粉质黏土	384.09	8.21		0.411	0.24834	2.0388	0.24531	7.2	0.03407	66.5	154.0
5	圆砾	380.79	11.51	2.65	0.576	0.24578	2.8289	0.79008	40	0.01975	38.6	192.6
6	粉质黏土	374.49	17.81		0.891	0.23806	4.2398	1.41090	8.7	0.16217	316.6	509.1
7	中粗砂	372.59	19.71		0.986	0.23761	4.6833	0.44348	30	0.01478	28.9	538.0
8	粉质黏土	366.19	26.11		1.306	0.22425	5.8550	1.17174	15	0.07812	152.5	690.5
$\Delta s'_n =$	粉质黏土	365.19	27.11		1.356	0.22244	6.0304	0.17536	40	0.00438	8.6	699.0
							$\Sigma A_i = 6.03040262$			$\Sigma A_i/E_{si} = 0.3581168$	$\bar{E}_s = 16.8392$ $\psi_s = 0.32643$	

最终沉降量 $s = \psi_s s' = 228.2$

$z_n = b(2.5 - 0.4\ln b) = 26.03$m

$\Delta s'_n = 8.6$mm $\leqslant 0.025\Sigma\Delta s'_i = 17.5$mm

沉降计算深度满足规范要求

135

沉降计算深度取至第 9 层底

表 4.15.3

层号	层名	层底标高 (m)	z (m)	l/b	z/b	$\bar{\alpha}_i$	$\bar{\alpha}_i z_i$ (m)	$\bar{\alpha}_i z_i - \bar{\alpha}_{i-1} z_{i-1}$ (m)	E_{si} (MPa)	A_i/E_{si}	$\Delta s'_i = 4p_0 (\bar{\alpha}_i z_i - \bar{\alpha}_{i-1} z_{i-1})/E_{si}$ (mm)	$s' = \Sigma \Delta s'_i$ (mm)
7	中粗砂	372.59	19.71		0.986	0.23761	4.6833	0.44348	30	0.01478	28.9	538.0
8	粉质黏土	365.19	27.11	2.65	1.356	0.22244	6.0304	1.34710	15	0.08981	175.3	713.3
9	粗砂	360.29	32.01		1.601	0.21346	6.8330	0.80255	40	0.02006	39.2	752.5
$\Delta s'_n =$	粗砂	359.29	33.01		1.651	0.21165	6.9867	0.15372	40	0.00384	7.5	760.0
							$\Sigma A_i = 6.986685138$		$\Sigma A_i/E_{si} = 0.3893306$	$\bar{E}_s = 17.9454$ $\psi_s = 0.28218$		

$z_n = b(2.5 - 0.4\ln b) = 26.03\text{m}$
$\Delta s'_n = 7.5\text{mm} \leqslant 0.025\Sigma\Delta s'_i = 19.0\text{mm}$
沉降计算深度满足规范要求

最终沉降量 $s = \psi_s s' = 214.5$

沉降计算深度取至第 10 层底

表 4.15.4

层号	层名	层底标高 (m)	z (m)	l/b	z/b	$\bar{\alpha}_i$	$\bar{\alpha}_i z_i$ (m)	$\bar{\alpha}_i z_i - \bar{\alpha}_{i-1} z_{i-1}$ (m)	E_{si} (MPa)	A_i/E_{si}	$\Delta s'_i = 4p_0 (\bar{\alpha}_i z_i - \bar{\alpha}_{i-1} z_{i-1})/E_{si}$ (mm)	$s' = \Sigma \Delta s'_i$ (mm)
8	粉质黏土	365.19	27.11		1.356	0.22244	6.0304	1.34710	15	0.08981	175.3	713.3
9	粗砂	360.29	32.01	2.65	1.601	0.21346	6.8330	0.80255	40	0.02006	39.2	752.5
10	粉质黏土	355.39	36.91		1.846	0.20455	7.5499	0.71700	24	0.02987399	58.3	810.8
$\Delta s'_n =$	粉质黏土	354.39	37.91		1.896	0.20277	7.6870	0.13707	24	0.00571	11.1	821.9
							$\Sigma A_i = 7.6870107$		$\Sigma A_i/E_{si} = 0.42107285$	$\bar{E}_s = 18.2558$ $\psi_s = 0.26977$		

$z_n = b(2.5 - 0.4\ln b) = 26.03\text{m}$
$\Delta s'_n = 11.1\text{mm} \leqslant 0.025\Sigma\Delta s'_i = 20.5\text{mm}$
沉降计算深度满足规范要求

最终沉降量 $s = \psi_s s' = 221.7$

由此可以看出，表4.15.2～表4.15.4都满足规范规定的沉降计算深度要求（分别为27.11m、33.01m及37.91m），但表4.15.3、表4.15.4的沉降计算深度取得更深，然而从计算结果来看，虽然表4.15.3、表4.15.4的计算变形量s'比表4.15.2的值大，但由于表4.15.3、表4.15.4的沉降计算经验系数（分别为0.282及0.270）变小，故最终沉降量反而较表4.15.2小。由此可见，在按规范方法计算基础沉降时，沉降计算深度满足规范要求即可，并非越深越好。但按规范给定的变形计算深度去计算地基变形是非常必要的。

【禁忌4.16】 当按规范推荐公式计算基础中心点的沉降时，误以基础长和宽作为l及b从GB 50007—2011表K.0.1-2中查取平均附加应力系数$\bar{\alpha}_i$

土中附加应力的计算方法有两种：一种是弹性理论方法；另一种是应力扩散角法。前者多用于地基变形计算，后者主要用于软弱下卧层验算。前者是假定地基为半无限均质弹性体，用弹性力学公式求解。地基变形计算多用基于弹性理论方法的"角点法"，现简述中心受压矩形基础作用下的"角点法"，利用角点应力表达式，可以求算平面上任意点M（可以在矩形面积之外）下任意深度处的竖向应力，现简介如下：角点法求任意点应力的做法，是通过点M作一些辅助线，使M成为几个矩形的公共角点，M点以下z深度的应力σ_z就等于这几个矩形在该深度引起的应力之和。

根据M点位置不同，可分为下列几种情况。

（1）M点在矩形均布荷载面以内时（图4.16.1（a））：

$$\sigma_{z(M)} = (\alpha_1 + \alpha_2 + \alpha_3 + \alpha_4) p_0$$

式中　　　　p_0——基础底面的平均附加压力，kPa；

α_1，α_2，α_3，α_4——小矩形Ⅰ、Ⅱ、Ⅲ、Ⅳ的角点附加应力系数，分别根据l_i/b_i、z/b_i（l_i、b_i为每个小矩形的长边和短边）查 GB 50007—2011 附录表 K.0.1-1。

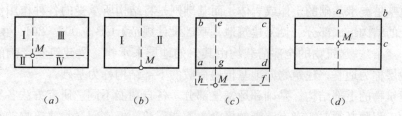

图4.16.1　M点位置的四种情况

对于图4.16.1（b）的情况，则有：

$$\sigma_{z(M)} = (\alpha_1 + \alpha_2) p_0$$

（2）M 点在矩形均布荷载面以外时（图 4.16.1（c））：

$$\sigma_{z(M)} = [\alpha_{(Mb)} + \alpha_{(Mc)} - \alpha_{(Ma)} - \alpha_{(Md)}]p_0$$

式中 $\alpha_{(M)}$ 表示矩形 $Mhbe$、$Mecf$、$Mhag$、$Mgdf$ 的角点附加应力系数，查表 K.0.1-1。

（3）M 点为矩形均布荷载面的中点时，只需将荷载面划成 4 等分（图 4.16.1（d）），M 点下的 σ_z 是小矩形 $Mabc$ 的 4 倍。

具体工程实践中，对于整体箱筏基础，基础底板外边缘所围成的面积大多数情况可等效为长为 L、宽为 B 的矩形底板，然后按上述规则计算任意点在任意深度处的附加应力。需特别注意的是，按地基基础规范附录 K.0.1-2 查得的 $\bar{\alpha}_i$ 是长为 l、宽为 b 的基础角点处的平均附加应力系数。当计算基础内部某处的沉降时，应将基础以沉降计算点为界将整个基础分成 4 个部分分别计算其角点的沉降，然后将分别计算的结果累加。如果基础是双轴对称的矩形（长为 L、宽为 B），则以中心点为界分成的 4 个矩形完全相同，故可只计算长为 $L/2$、宽为 $B/2$ 的小矩形的角点沉降，再将结果乘以 4 即可。此时需特别注意的是：在按 GB 50007—2011 附表 K.0.1-2 查 $\bar{\alpha}_i$ 时，l 及 b 应以 $L/2$ 及 $B/2$ 代入。若以 L 及 B 代入，得到的是错误的结果，如此算出的沉降实质是整个基础角点的沉降，其值要小于基础中心点的沉降。

【禁忌 4.17】 地基承载力及变形验算误用活荷载折减后的数值

《建筑结构荷载规范》GB 50009—2012 第 5.1.2 条规定，设计楼面梁、墙、柱及基础时，楼面活荷载标准值应乘以规定的折减系数。

许多人对规范的这条进行了错误地解读，认为验算地基承载力也应采用活荷载折减后的标准组合，甚至验算地基变形也采用活荷载折减后的准永久组合。其实荷载规范讲的基础设计，是指作为结构构件的基础的承载力极限状态设计，也即在计算基础内力及配筋时，才可以考虑活荷载标准值的折减。之所以误读规范，可能是某些设计人员混淆了"地基"与"基础"的概念，将仅适用于"基础"设计的规范条文套用到"地基"承载力与变形计算当中。

地基是支承基础的土体或岩体，而基础则是将结构所承受的各种作用传递到地基上的结构组成部分（见《建筑地基基础设计规范》GB 50007—2011 第 2.1.1 及 2.1.2 条）。建筑物的全部荷载均由其下的地层来承担。受建筑物影响的那一部分地层称为地基；建筑物向地基传递荷载的下部结构称为基础。

建筑物的上部结构、基础和地基三部分，各自功能不同，研究方法各异，所以作为工程师必须对三者有清晰的概念，不能混淆。但它们又是建筑物的有机组成部分，缺一不可，既彼此联系、又相互制约。所以，科学的、理想的方法是将三部分统一起来进行设计计算。依目前的理论水平，还很难做到这一点。尽管如此，我们在处理地基基础问题时，头脑里一定要既能明确区分三者的功能定位，又要有地基-基础-上部结构相互作用的整体概念，尽可能全面地加以考虑。在岩土工程设计中，无论是地基承载力还是地基变形，其所面对的对象都是地基而非基础，这一点一定要清楚。错误解读规范的原意，将规范所说的"基础"理解为"地基"，将犯本条所述概念性、原则性的错误。

【禁忌 4.18】 当地下室基础埋置较深时，未考虑回弹再压缩的变形

高层建筑由于基础埋置较深，地基回弹再压缩变形往往在总沉降中占重要地位，基础的总沉降量应由地基土的回弹再压缩量与附加压力引起的沉降量两部分组成。甚至某些高层建筑设置 4~5 层地下室时，总荷载有可能等于或小于该深度土层的自重压力，这时高层建筑的地基沉降变形将由地基回弹再压缩变形决定。

《建筑地基基础设计规范》GB 50007—2002 没有给出回弹再压缩变形量的计算方法，仅给出回弹变形量的计算方法作为参考，但《建筑地基基础设计规范》GB 50007—2011 则提供了回弹再压缩变形量的计算方法，如下：

"5.3.11 回弹再压缩变形量计算可采用再加荷的压力小于卸荷土的自重压力段内再压缩变形线性分布的假定按下式进行计算：

$$s'_c = \begin{cases} r'_0 s_c \dfrac{p}{p_c R'_0} & p < R'_0 p_c \\ s_c \left[r'_0 + \dfrac{r'_{R'=1.0} - r'_0}{1 - R'_0} \left(\dfrac{p}{p_c} - R'_0 \right) \right] & R'_0 p_c \leqslant p \leqslant p_c \end{cases} \qquad (5.3.11)$$

式中 s'_c——地基土回弹再压缩变形量（mm）；

s_c——地基的回弹变形量（mm）；

r'_0——临界再压缩比率，由土的固结回弹再压缩试验确定；

R'_0——临界再加荷比，由土的固结回弹再压缩试验确定；

$r'_{R'=1.0}$——对应于再加荷比 $R'=1.0$ 时的再压缩比率，由土的固结回弹再压缩试验确定，其值等于回弹再压缩变形增大系数；

p——再加荷的基底压力（kPa）；

p_c——总卸荷量，实际工程计算中相当于开挖前基底处土的自重应力（kPa）。"

因此，当地下室层数多、埋深较大时，需要考虑回弹再压缩变形的影响。在利用 2011 年版规范计算回弹再压缩变形量时，必须事先通过固结回弹再压缩试验取得回弹再压缩计算土层的计算参数（或通过平板载荷试验取得卸荷再加荷试验数据），然后方可按上述公式计算回弹再压缩变形量。这就对勘察工作提出了新的要求，在勘察招投标阶段就需要把上述工作量考虑进去以免遗漏，否则将会给勘察设计工作带来被动。

按 2011 年版规范计算回弹再压缩变形量的基本步骤如下：

1）进行地基土的固结回弹再压缩试验，得到需要进行回弹再压缩计算土层

的计算参数。

2) 按《建筑地基基础设计规范》GB 50007—2011 第 5.3.10 条计算地基土回弹变形量：

"5.3.10 当建筑物地下室基础埋置较深时，地基土的回弹变形量可按下式计算：

$$s_c = \psi_c \sum_{i=1}^{n} \frac{p_c}{E_{ci}} (z_i \bar{\alpha}_i - z_{i-1} \bar{\alpha}_{i-1}) \tag{5.3.10}$$

式中　s_c——地基的回弹变形量（mm）；

ψ_c——回弹量计算的经验系数，无地区经验时可取 1.0；

p_c——基坑底面以上土的自重压力（kPa），地下水位以下应扣除浮力；

E_{ci}——土的回弹模量，按现行国家标准《土工试验方法标准》GB/T 50123 中土的固结实验回弹曲线的不同应力段计算。"

3) 绘制再压缩比率与再加荷比关系曲线，确定 r_0' 和 R_0'。

4) 按规范式（5.3.11）计算回弹再压缩变形量。

《建筑地基基础设计规范》GB 50007—2002 虽未给出回弹再压缩变形的计算公式及回弹再压缩模量的确定方法，但在《建筑地基基础设计规范理解与应用》一书中提到：当荷载较大时，地基土的回弹量与回弹再压缩量虽然在意义上并不相同，但在数值上却由于相近而可采用。因此，2002 年版规范是因回弹再压缩量与回弹变形量数值相近而借用了回弹变形量的计算方法及计算结果，并非是什么概念性错误。

图 4.18.1 为土的回弹和再压缩曲线。从土的回弹和再压缩曲线可以看出：

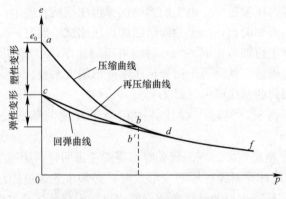

图 4.18.1　土的回弹与再压缩曲线

（1）土的卸荷回弹曲线不与原压缩曲线重合，说明土不是完全弹性体，其中有一部分为不能恢复的塑性变形。

（2）土的再压缩曲线比原压缩曲线斜率要小得多，说明土经过压缩后，卸荷再压缩时，其压缩性明显降低。

【禁忌 4.19】 变形验算没采用合适压力区间的压缩模量

土体的应力—应变关系十分复杂，常呈弹、黏、塑性，并且呈非线性、各向异性，还受应力历史的影响。

经典的沉降计算方法对上述两个问题是这样处理的：在荷载作用下地基中附加应力场是根据半无限空间各向同性、均质、线弹性体理论计算的，土体压缩性是根据一维压缩试验测定的，并采用分层总和法来计算沉降。显然，沉降计算模型与地基沉降的真实性状存在不少差距。但地基土中附加应力的正确计算和地基土体性状的正确描述是提高沉降计算精度的两个关键问题。而对地基土体性状描述的一个非常重要的参数就是土的压缩模量 E_s。

现行《建筑地基基础设计规范》的重要原则是按变形控制设计，故准确确定土的变形指标（压缩性指标）是变形控制设计的前提。土的压缩模量不是常数，随压力的增大而增大，但增长率逐渐减小。由于地基变形具有非线性性质，采用固定压力段下的 E_s 值必然会引起沉降计算的误差，故在计算地基变形时，某一土层的压缩模量应按实际工作状态时的应力状态取值，即取对应于该层土自重压力与附加压力之和的压力段的压缩模量。

对工程设计人员而言，岩土工程勘察报告是地基基础设计的重要依据，一系列物理力学指标都应以勘察报告中提供的值为准，包括土的压缩性指标。但各勘察单位在其成果报告中对压缩性指标的整理结果却不尽相同，理想的勘察报告应该是提供各层土在其最大可能压力值范围内各压力区间的压缩模量，以列表的形式给出。表 4.19.1 即为西安某工程勘察报告提供的压缩模量列表。

某工程压缩模量列表　　　　　　　　　　　表 4.19.1

地　层	地基土各压力段下的压缩模量 E_s（MPa）						
	0.1～0.2	0.2～0.3	0.3～0.4	0.4～0.5	0.5～0.6	0.6～0.7	砂类土
②黄土状粉质黏土	8.7						
③圆砾							40.0
④粉质黏土	7.2						
⑤圆砾							40.0
⑥粉质黏土	8.5	8.7					
⑦中粗砂							30.0
⑧粉质黏土	8.3	8.5	13.2	15.0			
⑨粗砂							40.0
⑩粉质黏土	9.9	10.5	13.0	19.0	20.0		
⑪圆砾							45.0
⑫粉质黏土	8.6	9.0	13.1	14.2	15.5	18.0	
⑬砾砂							40.0

能提供这样的成果固然好，但在笔者实际所遇的工程中，能够在勘察报告中将各压力段下的压缩模量整理成文字表格形式的并不多，大多是仅在物理力学性

质统计表中提供 0.1～0.2MPa 压力区间的压缩模量（$E_{s0.1-0.2}$）及综合固结试验（压缩试验）成果 e-p 曲线，有的勘察报告甚至连 e-p 曲线都不提供，这时设计者应该理直气壮地索要相应压力段的压缩模量或索要各层土的 e-p 曲线，再从中查取各压力段的压缩模量，不可一概采用 $E_{s0.1-0.2}$ 去进行地基变形计算。虽然物理力学性质统计表中也提供了压缩模量值，但该值仅是 0.1～0.2MPa 压力区间的压缩模量 $E_{s0.1-0.2}$，在工程实践中，$E_{s0.1-0.2}$ 仅作为土的一项物理力学指标用来判断土的压缩性类别。若直接将 $E_{s0.1-0.2}$ 用于地基变形验算，将使计算结果严重偏大。

地基土的压缩性可按 p_1 为 100kPa，p_2 为 200kPa 时相对应的压缩系数值 a_{1-2} 划分为低、中、高压缩性，并应按以下规定进行评价：① 当 $a_{1-2} <$ 0.1MPa^{-1} 时（$E_s > 15$MPa），为低压缩性土；② 当 0.1MPa$^{-1} \leqslant a_{1-2} < 0.5$MPa^{-1} 时（4MPa$< E_s \leqslant 15$MPa），为中压缩性土；③ 当 $a_{1-2} \geqslant 0.5$MPa^{-1} 时（$E_s \leqslant$ 4MPa），为高压缩性土。

表 4.19.1、图 4.19.1～图 4.19.2 来自无锡某工程的勘察报告，对照图中的

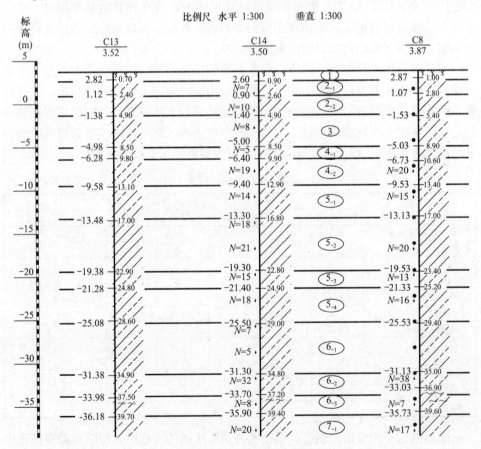

图 4.19.1　无锡某工程地质剖面图

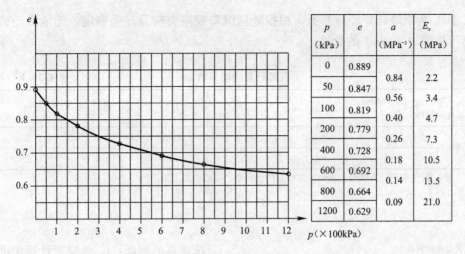

图 4.19.2　无锡某工程第 6-1 层土 e-p 曲线

地质剖面，可见 6_{-1} 层顶的自重应力约为 570kPa，6_{-1} 层底的自重应力约为 700kPa，故 6_{-1} 层的平均自重应力超过 600kPa。假如建筑物采用桩基，桩端持力层为 6_{-1} 层，则验算桩基沉降时第 6_{-1} 层土应采用 600～800kPa 压力段的压缩模量，从图 4.19.2 中 e-p 曲线查得，6_{-1} 层土 $E_{s0.6-0.8}=13.5$MPa，该值约为 $E_{s0.1-0.2}=4.7$MPa 的 3 倍，若此时仍然采用 $E_{s0.1-0.2}$ 值去计算桩基沉降，将使计算结果产生严重偏差。

故变形计算必须采用合适压力区间的压缩模量，若勘察报告没有提供所需压力段的压缩模量，则应向勘察单位索要，不可一概采用 $E_{s0.1-0.2}$，也不宜主观臆测，应以勘察单位提供的数据为准。若勘察报告提供了 e-p 曲线，则可从 e-p 曲线中查得。

哈尔滨皇冠假日酒店工程，主楼 168m，桩长 32m，桩端持力层为粗砂层，下卧层为强风化泥岩，层顶埋深约为 55m。勘查报告仅给出强风化泥岩在 0.1～0.2MPa 区间的压缩模量（6MPa），据此算得的主楼沉降达 150mm，后向勘察单位索要强风化泥岩层对应于其所受压力区间的压缩模量（31MPa），据此算得的主楼沉降约 70mm，差异明显，设计者不可不慎。

【禁忌 4.20】　在确定沉降计算经验系数时，对压缩模量的当量值及附加应力系数沿土层厚度的积分值的概念及计算方法不了解

《建筑地基基础设计规范》GB 50007—2011 中 5.3.5 条、5.3.6 条规定：

计算地基变形时，地基内的应力分布，可采用各向同性均质线性变形体理论。其最终变形量可按下式计算：

$$s = \psi_s s' = \psi_s \sum_{i=1}^{n} p_0 / E_{si}(z_i \bar{\alpha}_i - z_{i-1} \bar{\alpha}_{i-1})$$

其中 ψ_s 为沉降计算经验系数,根据地区沉降观测资料及经验确定,无地区经验时可采用表 4.20.1 的数值。

沉降计算经验系数 ψ_s 表 4.20.1

$\overline{E}_s$ (MPa) 基底附加压力	2.5	4.0	7.0	15.0	20.0
$p_0 \geqslant f_{ak}$	1.4	1.3	1.0	0.4	0.2
$p_0 \leqslant 0.75 f_{ak}$	1.1	1.0	0.7	0.4	0.2

注:$\overline{E}_s$ 为变形计算深度范围内压缩模量的当量值,应按下式计算:

$$\overline{E}_s = \frac{\sum A_i}{\sum \dfrac{A_i}{E_{si}}}$$

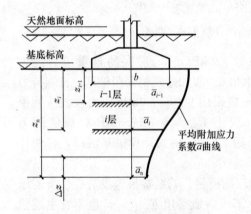

图 4.20.1　平均附加应力系数 $(\overline{a})$
曲线与 A_i 的计算

按规范的解释:$\overline{E}_s$ 为变形计算深度范围内压缩模量的当量值,A_i 为第 i 层土附加应力系数沿土层厚度的积分值。很多人对"当量值"及"积分值"的概念感到很抽象甚至困惑。其实,这里的"当量值"就是加权平均值,而 A_i 就是压缩层内第 i 层土的平均附加应力系数曲线曲边梯形的面积,即 i 层土上、下界面与附加应力系数曲线及竖坐标轴之间所围成的曲边梯形的面积。若用平均附加应力系数 $\overline{a}_i$ 来表示,则 $A_i = \overline{a}_i z_i - \overline{a}_{i-1} z_{i-1}$,其中 $\overline{a}_i$ 为基础底面计算点至第 i 层土底面范围内的平均附加应力系数(图 4.20.1)。需强调的是,此处计算 A_i 所用的曲线是平均附加应力系数 $(\overline{a}_i)$ 曲线,而不是平均附加应力 $(\overline{a}_i p_0)$ 曲线,前者乘以 p_0 即为后者。

【禁忌 4.21】　当按规范推荐公式计算基础沉降时,误将附加应力系数
　　　　　　　　当做平均附加应力系数

按《建筑地基基础设计规范》GB 50007—2011 推荐方法计算地基沉降时,所用的 $\overline{a}_i$ 是规范附表 K.0.1-2 的平均附加应力系数而不是表 K.0.1-1 的附加应力系数 α,$\overline{a}_i$ 的含意是基础底面计算点至第 i 层土底面范围内的平均附加应力系数,可查规范附表 K.0.1-2,而 a 是基础底面计算点处基底附加应力沿深度扩散后逐渐衰减,至某深度处的附加应力与基础底面计算点处基底附加应力的比值,其值可查规范附表 K.0.1-1。

图 4.21.1 中的 σ_z 曲线为附加应力曲线，$\bar{\sigma}_{zi}$ 为第 i 层土自身的平均附加应力，$\bar{\sigma}_{zi}h_i = A_{cdef} = A_{abfe} - A_{abdc}$ 即为第 i 层土的附加应力图形面积（$\bar{\sigma}_{zi}h_i/p_0$ 即为下文确定沉降计算经验系数 ψ_s 时用于计算 $\bar{E}_s$ 的 A_i，A_i 用平均附加应力系数表示则为 $A_i = \bar{\alpha}_i z_i - \bar{\alpha}_i p_0$，参见禁忌 4.20）。其中 A_{abfe} 为第 i 层土底至基底深度范围内的附加应力图形面积，用 $\bar{\alpha}_i p_0 z_i$ 代替，$\bar{\alpha}_i p_0$ 即为第 i 层土底至基底深度范围内的平均附加应力，$\bar{\alpha}_i$ 即为基础底面计算点至第 i 层土底面范围内平均附加应力系数；A_{abdc} 为第 $i-1$ 层土底至基底深度范围内的附

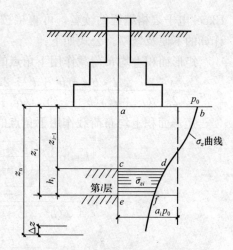

图 4.21.1　平均附加应力系数的意义

加应力图形面积，用 $\bar{\alpha}_{i-1} p_0 z_{i-1}$ 代替，$\bar{\alpha}_{i-1} p_0$ 即为第 $i-1$ 层土底至基底深度范围内的平均附加应力，$\bar{\alpha}_{i-1}$ 即为基础底面计算点至第 $i-1$ 层土底面范围内平均附加应力系数。故 $\bar{\sigma}_{zi}h_i = A_{cdef} = A_{abfe} - A_{abdc} = \bar{\alpha}_i p_0 z_i - \bar{\alpha}_{i-1} p_0 z_{i-1} = p_0 (\bar{\alpha}_i z_i - \bar{\alpha}_{i-1} z_{i-1})$。同为平均附加应力，$\bar{\sigma}_{zi}$ 与 $\bar{\alpha}_i p_0$ 的意义不同，前者为 i 层土厚度范围内的平均附加应力，后者为 i 层土底至基底深度范围内的平均附加应力。将基础中心底面以下每个点的平均附加应力值连接起来，即得图 4.21.2 中的平均附加应力曲线。《建筑地基基础设计规范》已将 $\bar{\alpha}_i$ 制成表格，即规范附表 K.0.1-2。

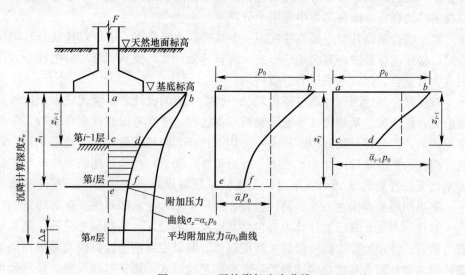

图 4.21.2　平均附加应力曲线

因查规范附表不方便编程，本书在此给出 α 及 $\bar{\alpha}$ 的解析解公式，习惯使用

Excel 电子表格编程的读者，可直接按此公式求解，省去了人工查表再进行插值计算的不便及繁琐。公式如下：

矩形面积上均布荷载作用下角点的附加应力系数：

$$\alpha = \frac{1}{2\pi}\left[\frac{l \cdot b \cdot z(b^2 + l^2 + 2z^2)}{(l^2 + z^2)(b^2 + z^2)\sqrt{(b^2 + l^2 + z^2)}} + \arctan\frac{l \cdot b}{z\sqrt{(b^2 + l^2 + z^2)}}\right]$$

矩形面积上均布荷载作用下角点的平均附加应力系数：

$$\bar{\alpha} = \frac{1}{2\pi \cdot z}\left[l \cdot \ln\frac{\left(\sqrt{(b^2 + l^2 + z^2)} - b\right)\left(\sqrt{(b^2 + l^2)} + b\right)}{\left(\sqrt{(b^2 + l^2 + z^2)} + b\right)\left(\sqrt{(b^2 + l^2)} - b\right)}\right.$$

$$+ b \cdot \ln\frac{\left(\sqrt{(b^2 + l^2 + z^2)} - l\right)\left(\sqrt{(b^2 + l^2)} + l\right)}{\left(\sqrt{(b^2 + l^2 + z^2)} + l\right)\left(\sqrt{(b^2 + l^2)} - l\right)}$$

$$\left. + z \cdot \arctan\frac{l \cdot b}{z\sqrt{(b^2 + l^2 + z^2)}}\right]$$

公式中，l 为矩形面积的长边，b 为矩形面积的短边，z 为基底至应力计算点的竖向距离。

关于这两个公式，笔者也用 Excel 编程并将计算结果与规范表格进行了比较，结果完全一致，故大家可以放心使用。

【禁忌 4.22】 设计双柱或多柱联合基础时，未考虑荷载偏心的影响

在钢筋混凝土多、高层建筑结构中，因受柱间距、上部结构荷载、地基土特性等多因素的影响，常常需要将双柱、甚至多柱的基础设计成一个整体，这种双柱或多柱的联合基础在工程中应用十分普遍。

双柱联合基础其要点是两柱共用一个基础联合起作用，进行双柱联合基础设计时，必须选择经济合理的基础形式，调整基础尺寸，使基础形心与两柱合力作用点大致重合，保证基底压力近似均匀。

双柱联合基础因为计算过程稍复杂一些，一般的设计者不会优先采用这种基础形式，仅当独立基础受到场地限制而不得已时，才会考虑双柱联合基础，常见情况如下：①两柱基础间净距较小，互相干扰；②两柱荷载较大或地基承载力较低，两柱的扩展基础尺寸相互搭上、碰撞重叠；③某一柱靠近建筑界限，单柱扩展基础无法置放或基础面积不足，无法使扩展基础承受偏心荷载。在这些情况下，解决问题的办法之一是将两柱设置在同一个基础上，即双柱联合基础。

双柱（多柱）基础的计算内容包括基础尺寸的设计、基础偏心验算、地基承载力验算、冲切验算、局压验算、剪切验算、基础底部钢筋计算以及基础顶部钢筋计算。多柱联合基础必须选择经济合理的基础形式，调整基础尺寸，使基础形心与柱子合力作用点大致重合，保证基底压力近似均匀，其设计过程是一个复杂而繁琐的计算过程。

现简单介绍一下矩形联合基础的设计步骤，并结合例题阐述其计算过程。

1）计算柱荷载的合力作用点（荷载重心）位置；

2）确定基础长度，使基础底面形心尽可能与柱荷载重心重合；

3）按地基承载力确定基础底面宽度；

4）按反力线性分布假定计算基底净反力设计值，并用静定分析法计算基础内力，画出弯矩图和剪力图；

5）根据受冲切和受剪承载力确定基础高度。一般可先假设基础高度，再进行验算。

（1）受冲切承载力验算；验算公式为：

$$F_t \leqslant 0.7\beta_{h\varphi}f_t u_m h_0$$

（2）受剪承载力验算。由于基础高度较大，无需配置受剪钢筋。验算公式为：

$$V \leqslant 0.7\beta_{h\varphi}f_t b h_0$$

6）按弯矩图中的最大正负弯矩进行纵向配筋计算；

7）按等效梁概念进行横向配筋计算。

【例4.22.1】确定联合基础的尺寸和内力

条件：如图4.22.1所示，柱下联合基础的 A 端，因受相邻建筑限制，不能伸出柱边之外。两柱作用于基础顶面上相应于荷载效应基本组合的荷载分别为 $F_1 = 1000\text{kN}$，$F_2 = 1500\text{kN}$。

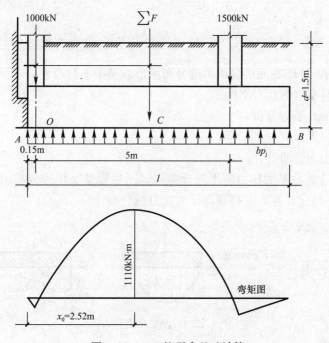

图4.22.1　双柱联合基础计算

147

要求：确定基础的长度，并以静定分析法计算柱间基础截面的最大负弯矩。

解题过程：

（1）求基础长度

总竖向外荷载 $\sum F = 1000 + 1500 = 2500\text{kN}$，设其作用点 C 与边柱中点 O 的距离为 x，对 O 点取矩，则

$$2500x = 1500 \times 5，解\ x = 3\text{m}$$

如果求 $\sum F$ 通过矩形基底中点，以便使基底反力均匀分布，则基础长度 l 应为（边柱一半宽为 0.15m）：

$$L = 2 \times (0.15 + x) = 2 \times 3.15 = 6.3\text{m}$$

（2）求两柱间最大弯矩值

基础纵向每米长度的总净反力（单位面积上的净反力 p_{j} 与基础宽度 b 的乘积）为：

$$b \cdot p_{\text{j}} = \frac{F}{l} = \frac{2500}{6.3} = 396.8\text{kN/m}$$

最大负弯矩截面与基础左端 A 的距离 x_0，可按该截面的剪力为零的条件求得。由 $396.8x_0 - 1000 = 0$，解得 $x_0 = 2.52\text{m}$。

最大负弯矩为：

$$M_{\text{max}} = \frac{396.8 \times 2.52^2}{2} - 1000 \times (2.52 - 0.15) = -1110\text{kN} \cdot \text{m}$$

【禁忌 4.23】 任何情况下基础梁均按地基反力为直线分布计算

试验表明，基础底面接触压力的分布图形取决于下列因素：

① 地基与基础的相对刚度；

② 荷载的大小与分布；

③ 基础埋置深度；

④ 地基土的性质等。

图 4.23.1 表示基底压力的不同分布形式。尽管基底压力分布沿基底为曲线变化，但为了简化计算，常将基底压力按直线分布计算。

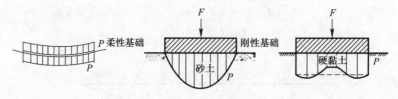

图 4.23.1 基底压力分布

倒梁法是将柱下条形基础假设为以柱脚作为固定铰支座的倒置连续梁，以线

性分布的基底净反力（基底反力扣除基础自重）作为荷载，用弯矩分配法或数值方法求解内力的简化计算方法。

由于假设中忽略了各支座的竖向位移差，且基底净反力为线性分布，因此在应用该法时，限制相邻柱荷载不超过 20%、柱间距不宜过大，并应尽量等间距。如基础与地基相对刚度较小，则荷载作用点下反力过于集中，则线性反力假设与实际反力分布的偏差越大（图 4.23.2（a））；相反，如软弱地基上基础的刚度较大，由于地基塑性变形，反力重分布趋于均匀（图 4.23.2（b））。因此当柱距与荷载分布均匀且基础与上部结构刚度较大时，采用倒梁法计算的内力才会比较接近实际（图 4.23.2（c））。当不满足倒梁法模型简化条件时，应采用弹性地基梁法或其他数值方法。

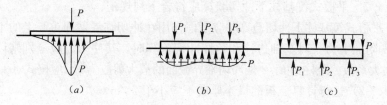

图 4.23.2　倒梁法

我国现行规范对倒梁法的应用有较为明确的限制，《建筑地基基础设计规范》GB 50007—2011 规定：

"8.3.2　柱下条形基础的计算，除应符合本规范 8.2.6 条的要求外，尚应符合下列规定：

1　在比较均匀的地基上，上部结构刚度较好，荷载分布较均匀，且条形基础梁的高度不小于 1/6 柱距时，地基反力可按直线分布，条形基础梁的内力可按连续梁计算，此时边跨跨中弯矩及第一内支座的弯矩值宜乘以 1.2 的系数。

2　当不满足本条第 1 款的要求时，宜按弹性地基梁计算。

3　对交叉条形基础，交点上的柱荷载，可按交叉梁的刚度或变形协调的要求，进行分配。其内力可按本条上述规定，分别进行计算。

4　验算柱边缘处基础梁的受剪承载力。

5　当存在扭矩时，尚应作抗扭计算。

6　当条形基础的混凝土强度等级小于柱的混凝土强度等级时，尚应验算柱下条形基础梁顶面的局部受压承载力。"

因此，只有满足《建筑地基基础设计规范》GB 50007—2011 第 8.3.2 条第 1 款的要求时，柱下条形基础才可以简化为倒梁模型，否则应该按弹性地基梁来计算。当基础刚度达不到规范规定的刚度时，应进行弹性地基梁板分析，且应考虑地基变形对基础内力分析的影响。大量的模型试验和工程实测结果表明，在地基特征相同时，柔性大的基础在集中荷载作用下，其基底反力的分布是不均匀的，扩散范围约为 2～3 倍基础高度。在相同的承载力取值和基底面积下，柔度大的基础对变形的适应能力较弱，基础和上部结构产生裂缝的可能性增大。故基础应该具备一定的刚度。

【禁忌 4.24】 在计算柱下基础筏板抗冲切承载力时，忽略不平衡弯矩的影响

当计算柱对筏板的冲切时，很多人习惯性忽略作用在冲切临界面重心上的不平衡弯矩产生的附加剪力，仅验算柱轴力作用下筏板的抗冲切承载力，使结构设计偏于不安全。

《建筑地基基础设计规范》GB 50007—2011 中 8.4.7 条规定：

"8.4.7 平板式筏基柱下冲切验算应符合下列规定：

1 平板式筏基柱下冲切验算时应考虑作用在冲切临界截面重心上的不平衡弯矩产生的附加剪力。对基础边柱和角柱冲切验算时，其冲切力应分别乘以 1.1 和 1.2 的增大系数。距柱边 $h_0/2$ 处冲切临界截面的最大剪应力 τ_{max} 应按式（8.4.7-1）、式（8.4.7-2）进行计算。板的最小厚度不应小于 500mm。

$$\tau_{max} = \frac{F_l}{u_m h_0} + \alpha_s \frac{M_{unb} c_{AB}}{I_s} \tag{8.4.7-1}$$

$$\tau_{max} \leqslant 0.7(0.4 + 1.2/\beta_s)\beta_{hp} f_t \tag{8.4.7-2}$$

$$\alpha_s = 1 - \frac{1}{1 + \dfrac{2}{3}\sqrt{(c_1/c_2)}} \tag{8.4.7-3}$$

式中 F_l ——相应于作用的基本组合时的冲切力（kN），对内柱取轴力设计值减去筏板冲切破坏锥体内的基底净反力设计值；对边柱和角柱，取轴力设计值减去筏板冲切临界截面范围内的基底净反力设计值；

     u_m ——距柱边边缘不小于 $h_0/2$ 处冲切临界截面的最小周长（m），按本规范附录 P 计算；

     h_0 ——筏板的有效高度（m）；

     M_{unb} ——作用在冲切临界截面重心上的不平衡弯矩设计值（kN·m）；

     c_{AB} ——沿弯矩作用方向，冲切临界截面重心至冲切临界截面最大剪应力点的距离（m），按附录 P 计算；

     I_s ——冲切临界截面对其重心的极惯性矩（m⁴），按本规范附录 P 计算；

     β_s ——柱截面长边与短边的比值，当 β_s＜2 时，β_s 取 2，当 β_s＞4 时，β_s 取 4；

     c_1 ——与弯矩作用方向一致的冲切临界截面的边长（m），按本规范附录 P 计算；

     c_2 ——垂直于 c_1 的冲切临界截面的边长（m），按本规范附录 P 计算；

     α_s ——不平衡弯矩通过冲切临界截面上的偏心剪力来传递的分配系数。

2 当柱荷载较大，等厚度筏板的受冲切承载力不能满足要求时，可在筏板上面增设柱墩或在筏板下局部增加板厚或采用抗冲切钢筋等措施来提高受冲切承载能力要求。"

【禁忌 4.25】 墙下条基在墙下设地梁，地梁按承担全部竖向荷载的普通受弯构件进行承载力计算

对于墙高、墙厚与墙上荷载均相同且无开洞的墙下条基，其力学模型是典型的平面应变问题，沿墙长方向没有内力与位移，内力与位移只发生在横截面内。因此结构配筋计算也仅限于横截面内，沿墙长方向仅配构造钢筋，更无需加设地梁。如图 4.25.1 所示，如果在墙下设地梁（适用于墙上开洞的情况），且地梁按承担全部竖向荷载的普通受弯构件进行承载力计算，则计算所需截面尺寸与配筋将会大幅增加，势必造成较大的浪费，是不必要的。

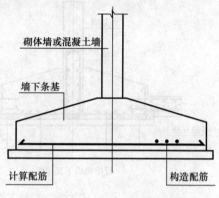

图 4.25.1 墙下条基构造示意

对于墙下布桩的基础形式，如果墙是普通的砌体墙，墙下应设地梁，地梁设计时，如果按地梁承担砌体墙传来的全部荷载计算，则地梁截面与配筋过大，很不经济。此时宜将地梁与砌体墙结合起来，并结合构造柱与顶梁共同形成墙梁，按《砌体结构设计规范》GB 50003—2011 中的墙梁进行设计，此处的地梁就相当于墙梁中的托梁，可大幅降低托梁的配筋。

如果墙下布桩基础形式中的墙是钢筋混凝土墙，是否设地梁（承台梁）需谨慎对待、酌情处理，如果钢筋混凝土墙连续不开洞且桩距较密，可不设地梁（承台梁），如图 4.25.2 所示。

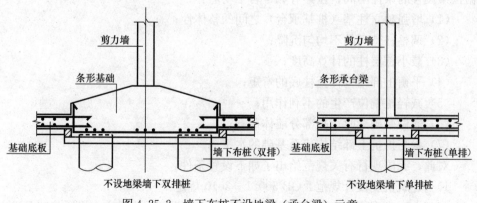

图 4.25.2 墙下布桩不设地梁（承台梁）示意

当必须设地梁（承台梁）时，宜设与墙等厚的暗梁，或将钢筋混凝土墙按连续深梁（或深受弯构件）进行设计，见图 4.25.3。由于连续深梁需在支座处加密拉筋及附加水平钢筋，且计算稍嫌复杂，故一般的设计者偏好暗梁的方式，通过加大截面高度来减小计算配筋（由于梁宽与墙厚相同，故梁高可在一定范围内灵活调整）。但一般而言，这种简化方式计算的配筋仍然偏大，但因为可通过PKPM 系列软件直接计算出配筋，故不失为一种简单适用的折中方法。

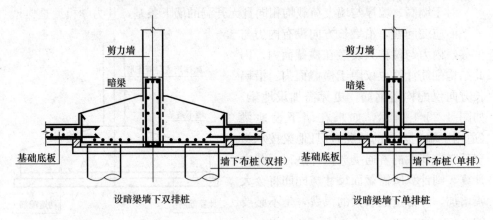

图 4.25.3　墙下布桩暗地梁（承台梁）示意

李国胜老师在其《混凝土结构设计禁忌及实例》一书中也认为："各类结构地下室所有内外墙下在基础底板部位均没有必要设置构造地梁。地下室外墙及柱间仅有较小洞口的内墙，墙下可不设置基础梁。当柱间内墙仅地下室底层有墙而上部无墙时，此墙可按深梁计算配筋。"

【禁忌 4.26】　未按要求设置基础拉梁

与其他结构构件相比，拉梁的结构功能更加多元、受力特征也比较复杂，根据拉梁设置的条件不同，拉梁有如下若干功能：

（1）增强独立柱基（桩基承台）之间的整体性；

（2）调整柱基间的不均匀沉降；

（3）减小首层柱的计算高度；

（4）平衡上部结构传至柱底的弯矩；

（5）减轻桩偏位产生的不利作用；

（6）兼做基础梁时承担部分墙体荷载；

（7）参与抵抗上部结构传至基础的水平力。

对此，我国现行有关规范给出了如下设置条件：

1)《建筑抗震设计规范》GB 50011—2010 规定：

"6.1.11　框架单独柱基有下列情况之一时，宜沿两个主轴方向设置基础系梁：

1　一级框架和 IV 类场地的二级框架；

2　各柱基础底面在重力荷载代表值作用下的压应力差别较大；

3　基础埋置较深，或各基础埋置深度差别较大；

4　地基主要受力层范围内存在软弱黏性土层、液化土层和严重不均匀土层；

5　桩基承台之间。"

2）《建筑桩基技术规范》JGJ 94—2008 规定：

"4.2.6　承台与承台之间的连接构造应符合下列规定：

1　一柱一桩时，应在桩顶两个主轴方向上设置连系梁。当桩与柱的截面直径之比大于 2 时，可不设连系梁。

2　两桩桩基的承台，应在其短向设置连系梁。

3　有抗震设防要求的柱下桩基承台，宜沿两个主轴方向设置连系梁。

4　连系梁顶面宜与承台顶面位于同一标高。连系梁宽度不宜小于 250mm，其高度可取承台中心距的 1/10～1/15，且不宜小于 400mm。

5　连系梁配筋应按计算确定，梁上下部配筋不宜小于 2 根直径 12mm 钢筋；位于同一轴线上的相邻跨连系梁纵筋应连通。"

一柱一桩时，在桩顶两个相互垂直方向上设置连系梁，是为保证桩基的整体刚度以及平衡因桩偏位而产生的附加弯矩。

两桩桩基承台短向抗弯刚度较小，因此应设置承台连系梁，同时也可平衡桩沿短向偏位引起的附加弯矩。

有抗震设防要求的柱下桩基承台，由于地震作用下，建筑物的各桩基承台所受的地震剪力和弯矩是不确定的，因此在纵、横两方向设置连系梁，有利于桩基的受力性能。

连系梁顶面与承台顶面位于同一标高，有利于直接将柱底剪力、弯矩传递至承台。

连系梁配筋除按计算确定外，从施工和受力要求，其最小配筋量为上下配置不小于 $2\phi12$ 钢筋。

【禁忌 4.27】　基础拉梁内力配筋计算错误

拉梁因设置条件不同、功能各异，故结构计算方法也不尽相同，一定要具体情况具体分析，不可机械地照搬任何一种计算方法。

具体设计中根据拉梁的实际工作状态，从具体工程中抽象出符合实际的结构力学模型，确保几何模型、边界条件、荷载都最大程度地符合结构、构件的实际工作状态。只要模型正确，就可以采用解析法、数值法或其他简化方法求解，所差的仅是精度问题，不会产生原则错误。

也正因如此，分析拉梁各种可能的受力状态要比提供具体的计算方法更有意义，因为计算方法取决于力学模型和受力状态，而拉梁的受力状态很可能是各种可能功能的任意组合，组合方式不同，计算方法也不同。因此本文在此主要分析一下拉梁各种可能的功能及相应的受力状态。

1）名义荷载，也是拉梁承受的最小荷载，是由于拉梁受力的复杂性及不确定性、为避免拉梁在实际工作状态中因截面或配筋不足发生破坏而引入的一种概念力。但这种名义荷载又不能涵盖所有可能作用于拉梁上的荷载，当拉梁尚且承受其他较为明确的荷载时，尚应考虑与该种荷载效应的组合。

根据《建筑桩基技术规范》JGJ 94—2008 第 4.2.6 条的条文解释，桩基承台间的拉梁（独立柱基间拉梁类同）的截面尺寸及配筋一般按下述方法确定：以柱剪力作用于梁端，按轴心受压构件确定其截面尺寸，配筋则取与轴心受压相同的轴力（绝对值），按轴心受拉构件确定。在抗震设防区也可取柱轴力的 1/10 为梁端拉压力的粗略方法确定截面尺寸及配筋。连系梁最小宽度和高度尺寸的规定，是为了确保其平面外有足够的刚度。当拉梁上没有其他荷载或作用时，按此名义荷载确定截面及配筋，当拉梁上尚作用有其他荷载时，也应考虑与其他荷载效应的组合。

2）以拉梁减小底层柱的计算高度。无地下室的钢筋混凝土多层框架房屋，当独立基础埋置较深时，为了减小底层柱的计算长度和底层的位移，应在 ±0.000 以下适当位置设置基础拉梁，此时应将基础拉梁当做一层框架梁参与整体计算，故拉梁内力应包括整体分析的框架梁内力。此种情况需要注意的是：基础拉梁层无楼板，用 TAT 或 SATWE 等电算程序进行框架整体计算时，楼板厚度应取零，并定义弹性节点，用总刚分析方法进行分析计算。有时虽然楼板厚度取零，也定义弹性节点，但未采用总刚分析，程序分析时自动按刚性楼面假定进行计算，与实际情况不符。房屋平面不规则，要特别注意这一点。此时拉梁不宜按构造要求设置，宜按框架梁进行设计，并按规范规定设置箍筋加密区。（根据抗震规范，整体计算所得到的内力，对一、二、三级框架结构，底层柱底截面（即拉梁顶面）的弯矩设计值应乘以增大系数。）当拉梁还承受其他荷载或作用时，尚应考虑与名义荷载及其他荷载效应的叠加。

3）以拉梁平衡柱下端弯矩。当独立柱基按中心受压考虑或桩基独立承台不考虑桩及承台受弯时，整体计算结果的柱下端弯矩需由拉梁分配承受。由于柱底弯矩主要为水平荷载产生，而水平荷载具有方向性，所以分配的拉梁弯矩也具有方向性，有可能反号，所以拉梁的配筋应该正弯矩钢筋全部拉通，支座负弯矩钢筋应有 1/2 拉通，而且支座截面宜对称配筋。当拉梁上尚作用有其他荷载或作用时，也应考虑与名义荷载及其他荷载效应的组合。

4）承担隔墙或其他竖向荷载。此时的拉梁应按竖向受弯构件考虑，当拉梁还承受其他荷载或作用时，尚应考虑与名义荷载与其他荷载效应的叠加。

5）调整柱基间的不均匀沉降。拉梁也应按竖向受弯构件考虑，但拉梁所受的作用则为支座位移。支座位移值可取地基变形计算所得相邻基础的沉降差，当单独基础沉降量较小时，也可取规范允许沉降差的上限。一般认为，拉梁受力的不确定性主要来自独立柱基（或桩基承台）间的不均匀沉降，故当拉梁计算考虑不均匀沉降时，可不必考虑与名义荷载作用效应的组合，但当拉梁还承受其他荷载或作用时，应考虑与其他荷载效应的叠加。

6）对于一柱一桩正交方向的拉梁及双桩承台短向的拉梁，一方面是为加强桩基的整体性及刚度，另一方面也是为平衡因桩偏位而引起的附加弯矩。实际工程中，桩偏位可以说是一种常态，而且相比上部结构构件而言，桩偏位的绝对数值比较大，有时甚至能高出两个数量级。既然桩偏位是一种常态而且数值较大，那么这种偏位就不应该被视为普通的结构构件的公差，而应该作为一种永久作用在设计阶段就考虑进去。英国规范 BS8004：1986 [7.4.2.5.4] 及欧洲规范 EN 1997—1：2004 [7.8（3）] 就是这样处理的（注：中括号内为相关内容所在的章节）。由于实际的桩偏位无法在设计阶段预知，但规范提供了桩基的允许偏位限值，故在设计时可取规范允许桩偏位的上限值，与柱轴力的乘积便是桩偏位产生的附加弯矩，当桩自身不考虑受弯时，该附加弯矩只能在拉梁与柱之间分配承受。具体后续计算方法同 3），但也不要忘记与同时作用的其他荷载效应的叠加。

7）在某些情况，当上部结构传至基础的水平力无法被有效抵抗时，靠拉梁本身的侧向抗弯能力及拉梁一侧的被动土压力也可以抵抗部分水平力。笔者在过去的结构设计生涯中曾遇到过这样一个工程，是德国专家主张的一个国外项目，因承台及桩都不足以抵抗水平力，最后便采用增设拉梁、并加宽加高的方法来处理。因为此种做法比较少见，笔者在此不再详述。需要注意的是，此时的拉梁应按侧向受弯构件考虑，当拉梁还承受其他荷载或作用时，尚应考虑与名义荷载及其他荷载效应的叠加。这种情况拉梁的受力比较复杂，是拉（压）与双向受弯的组合，当拉梁截面较高时，拉梁侧面土压力不均所产生的扭转效应也不可忽视，所以还需考虑与扭转效应的组合。

【禁忌 4.28】 认为高层建筑与相连的裙房之间设置沉降缝是解决差异沉降的最好方式

带裙房的大底盘高层建筑，现在全国各地应用较普遍。沉降缝的目的是解决差异沉降，对一个建筑来讲是否设沉降缝，应根据具体条件综合考虑，不能一概而论。通常，建筑物各部分沉降差大体上有三种处理方法。

1）设沉降缝

可称为"放"，即放任沉降，一般是在可能产生差异沉降的各结构单元间设沉降缝，让各部分自由沉降，避免差异沉降所产生的附加内力。这种"放"的方法，似乎比较简单易行，而实际上并非如此，设缝后，由于上部结构须在缝的两侧均设独立的抗侧力结构，形成双墙、梁、柱等，会对建筑、结构带来较多问题。我国从20世纪80年代初以来，对多栋带有裙房的高层建筑沉降观测表明：地基沉降曲线在高低层连接处是连续的，不会出现突变。高层主楼地基下沉，由于土的剪切传递，高层主楼以外的地基随之下沉，其影响范围随土质而异。因此，裙房与主楼连接处不会发生突变的差异沉降，而是在裙房若干跨内产生连续性的差异沉降。

2）不设沉降缝和沉降后浇带

也就是"抗"，顾名思义为"硬抗"，即在可能产生差异沉降的各结构单元间不设沉降缝，而是均采用竖向刚度很大的桩，如嵌岩桩、超长桩等，或做成刚度很大的基础去共同抵抗差异沉降的趋势。前者可将沉降量控制得很小，减小差异沉降；后者则利用基础本身的刚度来抵抗沉降差，如将主楼和裙房基础由同一地下室箱基（或桩基）承担，且使基础底面形心与基底以上竖向荷载长期效应组合的合力作用点基本一致，或者当裙房面积不大、荷载较轻时，可直接令裙房基础从刚度较大的主楼基础上挑出。这种"抗"的方法，虽然在一些情况下能"抗"住，但基础材料用量大，不经济。

上述与高层建筑相连的裙房基础，若采用"抗"的方式将箱基墙或基础梁外挑，则外挑部分的基底应采取有效措施（如填土不夯实、挖除原土改填一定厚度的松散材料或其他能保证挑梁自由下沉的措施等），使其有适应差异沉降变形的能力。挑出长度不宜大于0.15倍的箱基宽度，并应考虑挑梁对箱形基础产生的偏心荷载的影响。

以上两种方法都是较为极端的情况。目前较为常用的方法是介于"放"与"抗"之间的方法——即所谓的"调"。

3）变刚度调平设计

"调"，即调匀沉降，是一种中庸的手段。常用的方法就是《建筑桩基技术规范》JGJ 94—2008中介绍的变刚度调平设计方法，即在可能产生差异沉降的各结构单元间不设永久性沉降缝，而是在设计与施工中采取措施，调整各部分沉降，减少其差异，降低由于差异沉降产生的附加内力。如在施工中设置后浇带作为临时沉降缝，等到沉降基本稳定后再连为整体等。除变刚度调平设计外，还可采用以下方法：

（1）调两者的压力差。主楼部分因荷载大，采用整体的箱基或筏基，降低其土压力，并加大埋深，减少附加压力；裙房部分采用较浅的独立柱基、十字交叉梁基础，增大土压力，使高低层沉降接近。

（2）调时间差。先施工主楼，主楼工期长，沉降大，待主楼基本建成，沉降基本稳定，再施工裙房，使后期沉降基本相近；或预估主楼的沉降量并在主楼施工过程中密切观测主楼沉降，待主楼沉降基本稳定且预估的后期沉降与裙房沉降相匹配时，再施工裙房，目的也是使二者的后期沉降基本接近，但可缩短裙房施工的等待时间，有利节省工期。

（3）调标高差。当沉降值计算较为可靠，主楼标高定得稍高，裙房标高定得稍低，预留两者沉降差。

4）规范的有关规定

我国现行规范的有关规定如下。

（1）《建筑地基基础设计规范》GB 50007—2011 规定：

"5.3.12　在同一整体大面积基础上建有多栋高层和低层建筑，宜考虑上部结构、基础与地基的共同作用进行变形计算。"

"8.4.20　带裙房的高层建筑筏形基础应符合下列规定：

1　当高层建筑与相连的裙房之间设置沉降缝时，高层建筑的基础埋深应大于裙房基础的埋深至少 2m。地面以下沉降缝的缝隙应用粗砂填实。

2　当高层建筑与相连的裙房之间不设置沉降缝时，宜在裙房一侧设置用于控制沉降差的后浇带，当沉降实测值和计算确定的后期沉降差满足设计要求后，方可进行后浇带混凝土浇筑。当高层建筑基础面积满足地基承载力和变形要求时，后浇带宜设在与高层建筑相邻裙房的第一跨内。当需要满足高层建筑地基承载力、降低高层建筑沉降量、减少高层建筑与裙房间的沉降差而增大高层建筑基础面积时，后浇带可设在距主楼边柱的第二跨内，此时应满足以下条件：

1）地基土质均匀；

2）裙房结构刚度较好且基础以上的地下室和裙房结构层数不少于两层；

3）后浇带一侧与主楼连接的裙房基础底板厚度与高层建筑的基础底板厚度相同。

3　当高层建筑与相连的裙房之间不设沉降缝和后浇带时，高层建筑及与其紧邻一跨裙房的筏板应采用相同厚度，裙房筏板的厚度宜从第二跨裙房开始逐渐变化，应同时满足主、裙楼基础整体性和基础板的变形要求；应进行地基变形和基础内力的验算，验算时应分析地基与结构变形的相互影响，并采取有效措施防止产生有不利影响的差异沉降。"

（2）《高层建筑混凝土结构技术规程》JGJ 3—2010 规定：

"12.1.9　高层建筑的基础和与其相连的裙房的基础，设置沉降缝时，应考虑高层主楼基础有可靠的侧向约束及有效埋深；不设沉降缝时，应采取有效措施减少差异沉降及其影响。"

【禁忌 4.29】　高层建筑与相连的裙房之间设置沉降缝后未对地下部分作任何处理

《全国民用建筑工程设计技术措施》结构篇（2009）对主裙楼间设缝问题有

如下规定：

"2.2.6　高层建筑与裙房的基础埋置深度相同或差别较小时，为保证主楼基础的埋置深度、整体稳定，加强主楼与裙房的侧向约束，不宜在高低层之间设置沉降缝（防震缝），（见图 4.29.1（a））。

如高层与裙房间必须设缝，则高层建筑基础埋深宜大于裙房基础埋深不少于2m（图 4.29.1（b）），并采取措施防止高层基础开挖对裙房地基产生扰动，或对受到扰动的裙房基础进行处理。"

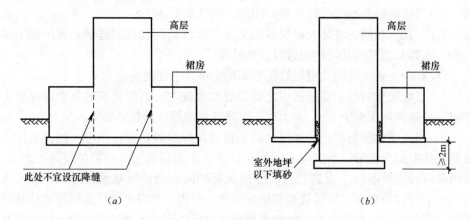

图 4.29.1　主裙楼设缝示意

高层建筑与相连的裙房之间设置沉降缝后，建筑物自下而上就成了两个不同的结构单元，使高层建筑一侧或四周没有了埋置深度，这对地震作用下高层建筑的稳定性产生不利影响。因此，《建筑地基基础设计规范》GB 50007—2011规定：

"8.4.20　带裙房的高层建筑筏形基础应符合下列规定：

1　当高层建筑与相连的裙房之间设置沉降缝时，高层建筑的基础埋深应大于裙房基础的埋深至少 2m。地面以下沉降缝的缝隙应用粗砂填实，如图 4.29.1（b）所示。"

【禁忌 4.30】　沉降缝兼做防震缝时，未留足缝宽

由于温度变化，地基不均匀沉降和地震因素的影响，易使建筑发生变形或破坏，故在设计时应事先将房屋划分成若干个独立部分，使各部分能自由独立的变化。这种将建筑物垂直分开的预留缝称为变形缝，包括伸缩缝、沉降缝和防震缝。

伸缩缝：为防止建筑构件因温度变化，热胀冷缩使房屋出现裂缝或破坏，在沿建筑物长度方向相隔一定距离预留垂直缝隙。这种因温度变化而设置的缝叫做伸缩缝。做法：从基础顶面开始，将墙体、楼板、屋顶全部断开使其分成若

干段。

沉降缝：为防止建筑物各部分由于地基不均匀沉降引起房屋破坏所设置的垂直缝称为沉降缝。做法：从基础底部断开，并贯穿建筑物全高。使两侧各为独立的单元，可以垂直自由的沉降。

防震缝：在地震烈度大于等于 8 度的地区，为防止建筑物各部分由于地震引起房屋破坏所设置的垂直缝称为防震缝。做法：从基础顶面断开，并贯穿建筑物全高。

当沉降缝兼做防震缝时，除该缝需"从基础底部断开，并贯穿建筑物全高"的特殊要求外，其缝宽亦应满足防震缝的有关要求。《建筑抗震设计规范》GB 50011—2010 规定如下：

"6.1.4 钢筋混凝土房屋需要设置防震缝时，应符合下列规定：

1 防震缝宽度应符合下列要求：

1) 框架结构（包括设置少量抗震墙的框架结构）房屋的防震缝宽度，当高度不超过 15m 时不应小于 100mm；高度超过 15m 时，6 度、7 度、8 度和 9 度分别每增加高度 5m、4m、3m 和 2m，宜加宽 20mm；

2) 框架-抗震墙结构房屋的防震缝宽度不应小于本款 1) 项规定数值的 70%，抗震墙结构房屋的防震缝宽度不应小于本款 1) 项规定数值的 50%；且均不宜小于 100mm；

3) 防震缝两侧结构类型不同时，宜按需要较宽防震缝的结构类型和较低房屋高度确定缝宽。"

各种缝的设计注意以下几点：

1) 当相邻结构的基础存在较大沉降差时，宜增大防震缝的宽度；

2) 防震缝宜沿房屋全高设置；地下室、基础可不设防震缝，但在与上部防震缝对应处应加强构造和连接；

3) 结构单元之间或主楼与裙房之间如无可靠措施，不应采用牛腿托梁的做法设置防震缝；

4) 当一缝多用时，应该根据各种缝的功能使缝宽能同时满足各种变形缝的设置及缝宽要求。

【禁忌 4.31】 地下室平面长度超过伸缩缝最大间距要求，既未设伸缩缝也未采取任何构造措施

混凝土在硬化过程中发生收缩，温度变化时会热胀冷缩，当这两种变形受到约束后，在结构内部就会产生收缩应力和温度应力，这两种应力的值或叠加值超过混凝土抗拉强度时就会导致混凝土开裂而形成收缩裂缝、温度裂缝或温度收缩裂缝。超长结构中较多见的是收缩应力和强度应力共同作用下所产生的温度收缩

裂缝。故超长结构应设伸缩缝或采取其他可减少温度收缩裂缝的措施。我国有关规范的规定如下：

1)《混凝土结构设计规范》GB 50010—2010 规定：

"8.1.1 钢筋混凝土结构伸缩缝的最大间距可按表 8.1.1 确定。

钢筋混凝土结构伸缩缝最大间距（m）　　　　　　　表 8.1.1

结构类别		室内或土中	露　天
排架结构	装配式	100	70
框架结构	装配式	75	50
	现浇式	55	35
剪力墙结构	装配式	65	40
	现浇式	45	30
挡土墙、地下室墙壁等类结构	装配式	40	30
	现浇式	30	20

注：1 装配整体式结构房屋的伸缩缝间距，可根据结构的具体情况取表中装配式结构与现浇式结构之间的数值；
　　2 框架-剪力墙结构或框架-核心筒结构房屋的伸缩缝间距，可根据结构的具体布置情况取表中框架结构与剪力墙结构之间的数值；
　　3 当屋面无保温或隔热措施时，框架结构、剪力墙结构的伸缩缝间距宜按表中露天栏的数值取用；
　　4 现浇挑檐、雨罩等外露结构的局部伸缩缝间距不宜大于 12m。

8.1.2 对下列情况，本规范表 8.1.1 中的伸缩缝最大间距宜适当减小：

1 柱高（从基础顶面算起）低于 8m 的排架结构；

2 屋面无保温、隔热措施的排架结构；

3 位于气候干燥地区、夏季炎热且暴雨频繁地区的结构或经常处于高温作用下的结构；

4 采用滑模类工艺施工的各类墙体结构；

5 混凝土材料收缩较大，施工期外露时间较长的结构。

8.1.3 如有充分依据对下列情况，本规范表 8.1.1 中的伸缩缝最大间距可适当增大：

1 采取减少混凝土收缩或温度变化的措施；

2 采用专门的预加应力或增配构造钢筋的措施；

3 采用低收缩混凝土材料，采取跳仓浇筑、后浇带、控制缝等施工方法，并加强施工养护。

当伸缩缝间距增大较多时，尚应考虑温度变化和混凝土收缩对结构的影响。"

2)《高层建筑混凝土结构技术规程》JGJ 3—2010 对高层建筑地下室变形缝设置有如下规定：

"12.2.3 高层建筑地下室不宜设置变形缝。当地下室长度超过伸缩缝最大间距时，可考虑利用混凝土后期强度，降低水泥用量；也可每隔 30m～40m 设置贯通顶板、底板及墙板的施工后浇带。后浇带可设置在柱距三等分的中间范围内以及剪力墙附近，其方向宜与梁正交，沿竖向应在结构同跨内；底板及外墙的后浇带宜增设附加防水层；后浇带封闭时间宜滞后45d以上，其混凝土强度等级宜提高一级，并宜采用无收缩混凝土，低温入模。"

需要注意的是，设置后浇带在可以防止结构产生有害裂缝的同时，也带来了许多不利的因素。设置后浇带会给工程施工带来很多困难，使该处模板和支撑不能及时拆除，延长了工期；由于较长时间不能封闭，落进杂物难于清理；同时，由于后浇带两侧，在浇筑混凝土前，混凝土侧边凿毛十分困难；底板和垫层混凝土与后浇带混凝土浇筑时间相隔长达40～60d，新老混凝土之间的粘结强度难以保证，后浇带连接处易产生裂缝，反而造成渗漏。后浇带不能及时封闭也会对雨期施工、冬期施工等带来不利影响。

目前用补偿收缩混凝土膨胀加强带取代施工后浇带的做法已经成功应用于工程实践当中，在设计与施工方面也趋于成熟，并于2009年出台行业标准《补偿收缩混凝土应用技术规程》JGJ/T 178—2009。利用UEA混凝土补偿收缩的原理，采用膨胀加强带替代施工后浇带，实现超长钢筋混凝土的无缝施工。

膨胀加强带可采用连续式、间歇式或后浇式等形式；膨胀加强带宽度宜为2000mm，并应在其两侧用密孔钢丝网将带内混凝土与带外混凝土分开；膨胀加强带之间的间距宜为30～60m。图4.31.1为连续式膨胀加强带构造示意。

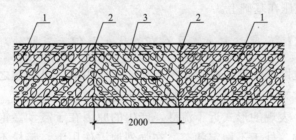

图4.31.1 连续式膨胀加强带
1—补偿收缩混凝土；2—密孔钢丝网；3—膨胀加强带混凝土

超长无缝混凝土结构是以UEA补偿收缩混凝土为结构材料，以加强带取代施工后浇带连续浇筑超长钢筋混凝土结构的一种新工艺，有利于满足工程质量要求和建筑造型的要求，简化了施工工序，缩短了工期，降低了工程成本。

但由于该专项技术属于新材料、新技术、新工艺，需要有经验的施工队伍或在专业人员的指导下完成，并需从材料供应、混凝土配比、运输与浇筑及混凝土养护等全过程进行严格监管。

此外，补偿收缩混凝土膨胀加强带只可解决超长混凝土连续浇筑的问题，对于调节差异沉降影响的沉降后浇带则不能用膨胀加强带取代。

【禁忌4.32】 地基基础设计未考虑地面荷载的影响

《建筑地基基础设计规范》GB 50007—2011规定:

"7.5.1　在建筑范围内具有地面荷载的单层工业厂房、露天车间和单层仓库的设计,应考虑由于地面荷载所产生的地基不均匀变形及其对上部结构的不利影响。当有条件时,宜利用堆载预压过的建筑场地。"

由于此类建筑多采用柱下独立基础,故一般的设计者在进行地基基础设计时,往往只考虑上部结构通过柱传来的荷载及基础的自重,而忽略最为重要的地面荷载。

笔者曾参与某国家物资储备仓库的改造设计,现场考察发现:已被鉴定为危房的某仓库内堆满了一人多高的铝锭,地面严重开裂、下沉,门窗角部墙体严重开裂,裂缝最宽处达20mm,触目惊心,令人不敢久居其中。

其实这类建筑大多为单层,屋面大多为轻型屋面,上部结构通过墙柱传给基础的荷载不大,与地面荷载相比可能处于次要位置。以上述堆放铝锭的仓库为例,其上部结构荷载可能只占地面堆载的1/10,此时若在地基基础设计时忽略了地面荷载的影响,那将会对结构构成很大的安全隐患。

地基基础设计除必须考虑地面荷载影响外,还要对地面堆载的允许堆载量提出明确要求,堆载应均衡、堆载量不应超过地基承载力特征值;而且要画定堆载范围,堆载不宜压在基础上。

【禁忌4.33】 6度以上地震区存在液化土层但未采取处理措施

在地下水位以下的饱和粉砂或粉土在地震作用下,土颗粒之间有变密的趋势,但因孔隙水来不及排出,使土颗粒处于悬浮状态,如液体一样,这种现象称为土的液化。表现的形式近于流砂,产生的原因在于震动。饱和松砂与粉土主要是单粒结构,处于不稳定状态。在强烈地震作用下,疏松不稳定的砂粒与粉粒移动到更稳定的位置;但地下水位下土的孔隙已完全被水充满,在地震作用的短暂时间内,土中的孔隙水无法排出,砂粒与粉粒位移至孔隙水中被飘浮,此时土体的有效应力为零,地基丧失承载力,造成地基不均匀沉降,导致建筑物破坏。

影响液化的主要因素有:地质年代、土中黏粒含量、上覆非液化土层厚度和地下水位深度、土的密实程度、土层埋深、地震烈度和震级等。此外,震动持续时间越长,就越容易液化,所以同一场地条件下,相同烈度下的远震比近震更容易液化。

砂土层是否液化的初步判别,可参照流程图4.33.1进行。

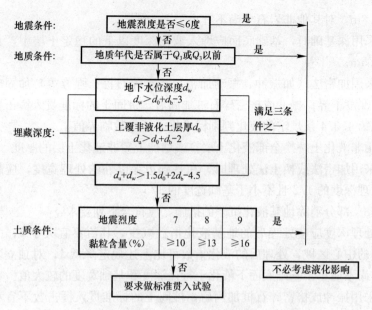

图 4.33.1　液化判别框图

注：Q_3 地质年代属于第四纪更新世晚期。

容易液化的土一般是没有或稍有黏性的散体土类，尤以粉土、粉砂、细砂最易发生液化。土体液化需要具备四个条件：①土质为疏松或稍密的粉砂、细砂或粉土等散体材料；②砂土或粉土处于地下水位以下，呈饱和状态；③遭遇大中地震或其他类型的多次循环振动；④上覆非液化土层厚度不足。一般情况下，同时具备以上四个条件土体才会产生液化。土体液化的危害是伴随土中有效应力的降低及残余孔隙水压力的升高与消散过程中土层状态的改变而发生的，会引起土体及建筑物产生严重破坏。

主要的破坏形式有四种：①涌砂；②滑塌；③沉陷；④浮起。宏观标志表现在：地表裂缝中喷水冒砂；地基失效与过大的沉降；液化侧向扩展与流滑、液化引起的土体滑塌等。故必须对 6 度以上地震区的可液化土层采取抗液化措施。对此，我国有关规范如《建筑抗震设计规范》GB 50011—2010 规定：

"4.3.6　当液化砂土层、粉土层较平坦且均匀时，宜按表 4.3.6 选用地基抗液化措施；尚可计入上部结构重力荷载对液化危害的影响，根据液化震陷量的估计适当调整抗液化措施。

不宜将未经处理的液化土层作为天然地基持力层。

4.3.7　全部消除地基液化沉陷的措施，应符合下列要求：

1　采用桩基时，桩端伸入液化深度以下稳定土层中的长度（不包括桩尖部分），应按计算确定，且对碎石土，砾、粗、中砂，坚硬黏性土和密实粉土尚不应小于 0.8m，对其他非岩石土尚不宜小于 1.5m。

2 采用深基础时，基础底面应埋入液化深度以下的稳定土层中，其深度不应小于 0.5m。

3 采用加密法（如振冲、振动加密、挤密碎石桩、强夯等）加固时，应处理至液化深度下界；振冲或挤密碎石桩加固后，桩间土的标准贯入锤击数不宜小于本规范第 4.3.4 条规定的液化判别标准贯入锤击数临界值。

4 用非液化土替换全部液化土层，或增加上覆非液化土层的厚度。

5 采用加密法或换土法处理时，在基础边缘以外的处理宽度，应超过基础底面下处理深度的 1/2 且不小于基础宽度的 1/5。

4.3.8 部分消除地基液化沉陷的措施，应符合下列要求：

1 处理深度应使处理后的地基液化指数减少，其值不宜大于 5；大面积筏基、箱基的中心区域，处理后的液化指数可比上述规定降低 1；对独立基础和条形基础，尚不应小于基础底面下液化土特征深度和基础宽度的较大值。

2 采用振冲或挤密碎石桩加固后，桩间土的标准贯入锤击数不宜小于按本规范第 4.3.4 条规定的液化判别标准贯入锤击数临界值。

3 基础边缘以外的处理宽度，应符合本规范第 4.3.7 条 5 款的要求。

4 采取减小液化震陷的其他方法，如增加上覆非液化土层的厚度和改善周边的排水条件等。

4.3.9 减轻液化影响的基础和上部结构处理，可综合采用下列各项措施：

1 选择合适的基础埋置深度。

2 调整基础底面积，减少基础偏心。

3 加强基础的整体性和刚度，如采用箱基、筏基或钢筋混凝土交叉条形基础，加设基础圈梁等。

4 减轻荷载，增强上部结构的整体刚度和均匀对称性，合理设置沉降缝，避免采用对不均匀沉降敏感的结构形式等。

5 管道穿过建筑处应预留足够尺寸或采用柔性接头等。

4.3.10 在故河道以及临近河岸、海岸和边坡等有液化侧向扩展或流滑可能的地段内不宜修建永久性建筑，否则应进行抗滑动验算、采取防土体滑动措施或结构抗裂措施。"

注：常时水线宜按设计基准期内年平均最高水位采用，也可按近期年最高水位采用。

【禁忌 4.34】 无勘察报告进行地基基础设计

无勘察报告进行地基基础设计是危险的，也是规范所不允许的。在地基基础设计前必须进行岩土工程勘察，且勘察成果（即岩土工程勘察报告）需满足《建筑地基基础设计规范》GB 50007—2011 第 3.0.4 条的要求。

凡按规划批准立项的建设项目，在地基基础设计前必须提供经审核通过的正式的岩土工程勘察报告，这不但是技术层面的问题，也是施工图审查及施工报建所需提供的资料。

对于一些临时性的或自住类型的单层建筑，这类建筑的建设单位为省时省钱，往往不走或规避规定的审批程序，也不搞岩土勘察。作为这类项目的结构工程师，应该从专业角度向甲方提出建议。若确系客观原因而无法进行岩土勘察时，可收集拟建地点附近的勘察资料作为参考。当无附近可供参考的勘察资料时，设计者就要非常谨慎。如果设计者对拟建地点的地质情况不了解或该处地质条件比较复杂时，本文在此给出如下建议：①每个建筑物范围内挖 1～2 个人工探井来简单探测基底下各主要土层的土质情况及天然土层分界情况，尤其要探明回填土层、耕植土层的埋深情况，以便作为确定基础持力土层及埋深的依据；②根据井探的持力土层的土质情况估算地基承载力，要以安全稳妥为宜，并可据此进行基础设计；③基槽开挖应结合目探进行，当挖至设计埋深而仍未见原状土层（老土）时，应继续下挖直至老土，超挖部分再用级配砂石或二八灰土分层夯填至设计埋深；④对基槽进行普遍钎探（当地区经验表明持力层下埋藏有下卧砂层而承压水头高于基底时，则不宜进行钎探，以免造成涌砂），钎探深度为 2.0m，钎探点间距为 1.5m，当钎探结果显示地基土较软、低于预估的地基承载力时，应修改基础设计。若发现有古墓、古井、坑穴等异常地质情况时，应将其彻底挖除并按上述回填手段分层夯填至设计埋深。

对于无勘察报告的临时建筑，笔者在此给出新加坡的做法。根据英国规范 BS8004，除了回填土、淤泥质土、有机质土及极软的粉土或黏土不适宜做天然地基持力层外，其他土层均可考虑做地基持力层。并给出各类型土的允许承载力建议值（见 BS8004 表 1），而这个允许承载力的最低值就是 75kPa，因此在新加坡等地，Safe Bearing Pressure（安全承载力）的概念就由此产生。认为只要基底平均压力不大于 75kPa，无论从承载力还是变形角度该建筑都是安全的。换句话说，只要基础持力层不是上述四种不适宜做持力层的土层、只要基底平均压力不大于 75kPa，就可以按 75kPa 进行地基基础设计而不需岩土勘察报告。如售楼处、施工现场办公用房等临时建筑，一般通常用 Safe Bearing Pressure（安全承载力）进行地基基础设计。

在农村地区及城市郊区，许多自建式的住房都是没有勘察甚至没有设计的，这些房屋有些甚至盖到 2～3 层，但在正常使用情况下也都经受住了考验，未发现有大范围出问题的情况。

根据粗略计算，当采用传统黏土砖砌体结构、基础采用砖大放脚条形基础、墙厚 370mm，若房屋层高不超 3.0m，开间不大于 3.3m 时，则 75kPa 的承载力最多可允许盖 2 层，此时条形基础宽度需达到 1.2m。看来英国规范的做法与我国民间经验做法倒有某种默契。

现场检验与监测是岩土工程中的一个重要环节，它与勘察、设计、施工一起，构成了岩土工程的完整体系。其目的在于保证工程的质量和安全，提高工程效益。

通过现场检验与监测所获取的数据，可以预测一些不良地质现象的发展演化趋势及其对工程建筑物的可能危害，以便采取防治对策和措施；将实测数据与预测值相比较，以判断此前的施工工艺及施工参数是否符合预期要求，以确定和优化下一步的施工参数和施工工艺；也可以通过"足尺试验"进行反分析，求取岩土体的某些工程参数，以此为依据及时修正勘察成果，优化工程设计，必要时应进行补充勘察；将实测值与理论值比较，用反分析法导出更接近实际的理论计算公式；通过现场监测联动预警机制，可及时发现并排除隐患，避免工程事故的发生。无论是杭州地铁还是上海莲花河畔，在事故发生前不可能没有任何预警，如果能于第一时间及时果断地采取措施，或许能避免悲剧的发生。

显然，现场检验与监测在提高工程的经济效益、社会效益和环境效益中，起着十分重要的作用，应引起有关单位的高度重视。

1. 现场监测的主要内容

现场监测指的是在工程勘察、施工以至运营期间，对工程有影响的不良地质现象、岩土体性状和地下水等进行监测，其目的是为了工程的正常施工和运营，确保安全。监测工作主要包含三方面内容：

1) 施工和各类荷载作用下岩土反应性状的监测。例如，土压力观测、岩土体中的应力量测、岩土体变形和位移监测、孔隙水压力观测等。

2) 对施工或运营中结构物的监测。对于像核电站等特别重大的结构物，则在整个运营期间都要进行监测。

3) 对环境条件的监测。包括对工程地质和水文地质条件中某些要素的监测，尤其是对工程构成威胁的不良地质现象，在勘察期间就应布置监测（如滑坡、崩塌、泥石流、土洞等）；除此之外，还有对相邻结构物及工程设施在施工过程中可能发生的变化、施工振动、噪声和污染等的监测。

2. 规范的相关规定

1)《建筑地基基础设计规范》GB 50007—2011 关于监测的强制性条文如下：

"10.3.2 基坑开挖应根据设计要求进行监测，实施动态设计和信息化施工。

10.3.8 下列建筑物应在施工期间及使用期间进行沉降变形观测：

1 地基基础设计等级为甲级的建筑物；

2 软弱地基上的地基基础设计等级为乙级的建筑物；

3　处理地基上的建筑物；

4　加层、扩建建筑物；

5　受邻近深基坑开挖施工影响或受场地地下水等环境因素变化影响的建筑物；

6　采用新型基础或新型结构的建筑物。"

上文所指的建筑物沉降观测包括从施工开始，整个施工期内和使用期间对建筑物进行的沉降观测。

2）除上述强制性条文外，《建筑地基基础设计规范》GB 50007—2011 的其他监测项目如下：

"10.3.1　大面积填方、填海等地基处理工程，应对地面沉降进行长期监测，直到沉降达到稳定标准；施工过程中还应对土体变形、孔隙水压力等进行监测。

10.3.3　施工过程中降低地下水对周边环境影响较大时，应对地下水位变化、周边建筑物的沉降和位移、土体变形、地下管线变形等进行监测。

10.3.4　预应力锚杆施工完成后应对锁定的预应力进行监测，监测锚杆数量不得少于锚杆总数的 5%，且不得少于 6 根。

10.3.5　基坑开挖监测包括支护结构的内力和变形，地下水位变化及周边建（构）筑物、地下管线等市政设施的沉降和位移等监测内容可按表 10.3.5 选择。

基坑监测项目选择表　　　　　　　　　　　　　表 10.3.5

地基基础设计等级	支护结构水平位移	邻近建(构)筑物沉降与地下管线变形	地下水位	锚杆拉力	支撑轴力或变形	立柱变形	桩墙内力	地面沉降	基坑底隆起	土侧向变形	孔隙水压力	土压力
甲级	√	√	√	√	√	√	√	√	√	√	△	△
乙级	√	√	√	√	△	△	△	△	△	△	△	△
丙级	√	√	○	○	○	○	○	○	○	○	○	○

注：1　√为应测项目，△为宜测项目，○为可不测项目；
　　2　对深度超过 15m 的基坑宜设坑底土回弹监测点；
　　3　基坑周边环境进行保护要求严格时，地下水位监测应包括对基坑内、外地下水位进行监测。

10.3.6　边坡工程施工过程中，应严格记录气象条件、挖方、填方、堆载等情况。尚应对边坡的水平位移和竖向位移进行监测，直到变形稳定为止，且不得少于二年。爆破施工时，应监控爆破对周边环境的影响。

10.3.7　对挤土桩布桩较密或周边环境保护要求严格时，应对打桩过程中造成的土体隆起和位移、邻桩桩顶标高及桩位、孔隙水压力等进行监测。

10.3.9　需要积累建筑物沉降经验或进行设计反分析的工程，应进行建筑物沉降观测和基础反力监测。沉降观测宜同时设分层沉降监测点。"

3)《建筑桩基技术规范》JGJ 94—2008 规定如下：

"3.1.10 对于本规范第 3.1.4 条规定应进行沉降计算的建筑桩基，在其施工过程及建成后使用期间，应进行系统的沉降观测直至沉降稳定。"

对于按《建筑桩基技术规范》JGJ 94—2008 第 3.1.4 条进行沉降计算的建筑桩基，在施工过程及建成后使用期间，必须进行系统的沉降观测直至稳定。系统的沉降观测，包含四个要点：一是桩基完工之后即应在柱、墙脚部位设置测点，以测量地基的回弹再压缩量。待地下室建造出地面后，将测点移至地面柱、墙脚部成为长期测点，并加设保护措施；二是对于框架－核心筒、框架－剪力墙结构，应于内部柱、墙和外围柱、墙上设置测点，以获取建筑物内、外部的沉降和差异沉降值；三是沉降观测应委托专业单位负责进行，施工单位自测自检平行作业，以资校对；四是沉降观测应事先制定观测间隔时间和全程计划，观测数据和所绘曲线应作为工程验收内容，移交建设单位存档，并按相关规范观测直至稳定。

4)《高层建筑岩土工程勘察规程》JGJ 72—2004 规定如下：

"9.3.1 现场监测是指在工程施工及使用过程中对岩土体性状、周边环境、相邻建筑、地下管线设施所引起的变化应进行的现场观测工作，并视其变化规律和发展趋势，提出相应的防治措施，主要包括基坑工程监测、沉桩施工监测、地下水长期观测和建筑物沉降观测。

9.3.2 现场监测应根据委托方要求、工程性质、施工场地条件与周围环境受影响程度有针对性地进行，高层建筑施工遇下列情况时应布置现场监测：

1 基坑开挖施工引起周边土体位移、坑底土隆起危及支挡结构、相邻建筑和地下管线设施的安全时；

2 地基加固或打入桩施工时，可能危及相邻建筑和地下管线，并对周围环境有影响时；

3 当地下水位的升降影响岩土的稳定时；当地下水上升对构筑物产生浮托力或对地下室和地下构筑物的防潮、防水产生较大影响时；

4 需监测建筑施工和使用过程中的沉降变化情况时。

9.3.3 现场监测前应进行踏勘、编制工作纲要、设置监测点和基准点、测定初始值、确定报警值。

9.3.4 基坑施工前应对周围建筑物和有关设施的现状、裂缝开展情况等进行调查，并做详细记录，或拍照、摄像作为施工前档案资料。

9.3.5 各类仪器设备在埋设安装前均应进行重复标定。各种测量仪器除精度需满足设计要求外，应定期由法定计量单位进行检验、校正，并出具合格证。

9.3.6 现场监测的结果应认真分析整理、仔细校核，及时提交当日报表。当监测值达到报警指标时，应及时签发报警通知。必要时，应根据监测结果提出施工建议和预防措施。

9.3.7 基坑工程监测一般包括下列内容，应根据工程情况、有关规范和设计要求选择部分或全部进行：

1 支挡结构的内力、变形和整体稳定性。

2 基坑内外土体和邻近地下管线的水平、竖向位移、邻近建筑物的沉降和裂缝。当基坑开挖较深，面积较大时，宜进行基坑卸荷回弹观测。

3 基坑开挖影响范围内的地下水位、孔隙水压力的变化。

4 有无渗漏、冒水、管涌、冲刷等现象发生。

9.3.8 沉桩施工监测一般包括下列内容，应根据工程情况、有关规范和设计要求选择部分或全部进行：

1 在挤土桩和部分挤土桩沉桩施工影响范围内地表土和深层土体的水平、竖向位移和孔隙水压力的变化情况；

2 邻近建筑物的沉降及邻近地下管线水平、竖向位移；

3 当为锤击法沉桩时；还应根据需要监测振动和噪声。

9.3.9 地下水长期观测应符合下列要求：

1 每个场地的观测孔宜按三角形布置，孔数不宜少于3个；

2 地下水位变化较大的地段或上层滞水或裂隙水赋存地段，均应布置观测孔；

3 在临近地表水体的地段，应观测地下水与地表水的水力联系；

4 地下水受污染地段，应定期进行水质变化的观测；

5 观测期限至少应有一个水文年。

9.3.10 建筑物沉降观测应符合下列要求：

1 在被观测建筑物周边的适当位置，应布置2～3个沉降观测水准基点。水准基点标石应埋设在基岩层或其他稳定地层中。埋设位置以不受周边建（构）筑物基础压力的影响为准，在建筑区内，水准基点与邻近建筑物的距离应大于建筑物基础最大宽度的2倍。

2 沉降观测点的布设应根据建筑物体形、结构形式、工程地质条件等综合考虑，一般可沿建筑物外墙周边、角点、中点每隔10～15m或每隔2～3根柱基上设一观测点。对高低层连接处、不同地基基础类型、沉降缝连接处以及荷载有明显差异处，均应布置沉降观测点。

3 沉降观测可分为二等和三等水准测量，应根据建筑物的重要性、使用要求、基础类型、工程地质条件及预估沉降量等因素综合确定。

4 为取得建筑物完整的沉降资料，宜在浇筑基础时开始测量，施工期间宜每增加一层观测一次，竣工后，第一年每隔2～3个月观测一次，以后每隔4～6个月观测一次，直至沉降相对稳定为止。

5 沉降相对稳定标准可根据观测目的、要求并结合地区地基土压缩性确定，一般可采用日平均沉降速率 0.01～0.02mm/d。对软土地基沉降观测时间宜持续 5～8 年。

6 埋设在基础底板上的初始沉降观测点应随施工逐层向上引测至地面以上。"

3. 沉降观测的意义

1）确定沉降后浇带浇筑时间；

2）为建筑物的安全施工进行实时监控，并对可能发生的结构安全性问题提供预警措施；

3）对于主楼先于裙房施工的大底盘多塔楼结构，先期施工的沉降观测资料可以作为裙房与主楼连接部位实时修改设计的依据，以便达到更安全、更经济的设计目的；

4）当总沉降或差异沉降过大影响建筑物的正常使用时，沉降观测资料为采取处理措施提供了重要的信息；

5）为以后的工程设计、规范修订及科研工作收集宝贵的资料。监测不仅是保证安全的重要措施，同时也是最可靠的科学实验。所以要充分利用、开发施工监测的科研价值，不使其流于形式。宜立法设专门机构，负责审批、收集、整理各种建设工程的施工监测资料，如能做到这一点，必定会成为我国工程建设史上的一笔宝贵财富，对理论研究、规范的完善、新技术新工艺的开发应用起到极大的促进作用。

【禁忌 4.36】 对基槽检验不够重视，对检验内容不得要领

现场检验指的是在施工阶段对勘察成果的验证核查和施工质量的监控，因此检验工作应包含两方面内容：

第一，验证核查岩土工程勘察成果与评价建议，即施工时通过基坑开挖等手段揭露岩土体，所获得的第一性工程地质和水文地质资料较之勘察阶段更为确切，可以用来补充和修正勘察成果。如果实际情况与勘察成果出入较大时，还应进行施工阶段的补充勘察。

第二，对岩土工程施工质量的控制与检验，即施工监理与质量控制。例如，天然地基基槽的尺寸、槽底标高的检验，局部异常的处理措施；桩基础施工中的一系列质量监控；地基处理施工质量的控制与检验；深基坑支护系统施工质量的监控等。

《建筑地基基础工程施工质量验收规范》GB 50202—2002 第 A.1.1 条规定："所有建（构）筑物均应进行施工验槽"。

《建筑工程施工质量验收统一标准》GB 50300—2001 第 6.0.2 规定："分部工程应由总监理工师（建设单位项目负责人）组织施工单位项目负责人和技术、质量负责人等进行验收；地基与基础、主体结构分部工程的勘察、设计单位工程项目负责人和施工单位技术、质量部门负责人也应参加相关分部工程验收。"

基槽检验作为地基基础分部工程中重要的隐蔽工程验收，也"应由总监理工程师或建设单位项目负责人组织勘察、设计、施工等单位的项目和技术质量负责人共赴现场，按设计、规范和施工方案等要求进行检查，并做好基坑验槽记录和隐蔽工程记录"。在验收组成员中，起主导作用的是勘察单位，但作为设计、监理单位的代表，也应该在基槽检验中发挥应有的作用。许多设计单位对基槽检验不够重视，随便派一个年轻设计师甚至非专业人士去参加验槽，往往不懂基槽内容、方法与要求，使设计单位的角色流于形式，没有发挥出其应有的作用。

对于基槽检验的内容、方法及要求，我国有关规范的规定如下。

1)《建筑地基基础设计规范》GB 50007—2011 规定：

"10.2.1　基槽（坑）开挖到底后，应进行基槽（坑）检验。当发现地质条件与勘察报告和设计文件不一致、或遇到异常情况时，应结合地质条件提出处理意见。"

该条的条文解释提供了更详尽的验槽要求：

"10.2.1　本条为强制性条文。基槽（坑）检验工作应包括下列内容：

1　应做好验槽（坑）准备工作，熟悉勘察报告，了解拟建建筑物的类型和特点，研究基础设计图纸及环境监测资料。当遇有下列情况时，应列为验槽（坑）的重点：

1）当持力层的顶板标高有较大的起伏变化时；

2）基础范围内存在两种以上不同成因类型的地层时；

3）基础范围内存在局部异常土质或坑穴、古井、老地基或古迹遗迹时；

4）基础范围内遇有断层破碎带、软弱岩脉以及古河道、湖、沟、坑等不良地质条件时；

5）在雨期或冬期等不良气候条件下施工，基底土质可能受到影响时。

2　验槽（坑）应首先核对基槽（坑）的施工位置。平面尺寸和槽（坑）底标高的容许误差，可视具体的工程情况和基础类型确定。一般情况下，槽（坑）底标高的偏差应控制在 0mm～50mm 范围内；平面尺寸，由设计中心线向两边量测，长、宽尺寸不应小于设计要求。

验槽（坑）方法宜采用轻型动力触探或袖珍贯入仪等简便易行的方法，当持力层下埋藏有下卧砂层而承压水头高于基底时，则不宜进行钎探，以免造成涌砂。当施工揭露的岩土条件与勘察报告有较大差别或者验槽（坑）人员认为必要时，可有针对性地进行补充勘察测试工作。

3　基槽（坑）检验报告是岩土工程的重要技术档案，应做到资料齐全，及时归档。"

2)《建筑地基基础工程施工质量验收规范》GB 50202—2002 的规定如下：

"A.2.1 基槽开挖后，应检验下列内容：

1 核对基坑的位置、平面尺寸、坑底标高；

2 核对基坑土质和地下水情况；

3 空穴、古墓、古井、防空掩体及地下埋设物的位置、深度、性状。

A.2.2 在进行直接观察时，可用袖珍式贯入仪作为辅助手段。

A.2.3 遇到下列情况之一时，应在基坑底普遍进行轻型动力触探：

1 持力层明显不均匀；

2 浅部有软弱下卧层；

3 有浅埋的坑穴、古墓、古井等，直接观察难以发现时；

4 勘察报告或设计文件规定应进行轻型动力触探时。

A.2.4 采用轻型动力触探进行基槽检验时，检验深度及间距按表 A.2.4 执行：

轻型动力触探检验深度及间距表（m）   表 A.2.4

排列方式	基槽宽度	检验深度	检验间距
中心一排	<0.8	1.2	
两排错开	0.8～2.0	1.5	1.0～1.5m 视地层复杂情况定
梅花型	>2.0	2.1	

A.2.5 遇下列情况之一时，可不进行轻型动力触探：

1 基坑不深处有承压水层，触探可造成冒水涌砂时；

2 持力层为砾石层或卵石层，且其厚度符合设计要求时。

A.2.6 基槽检验应填写验槽记录或检验报告。"

结合以上规范条文、解释及相关工作经验，基槽检验的主要工作可归纳如下：

1）核对基坑（槽）的位置、平面尺寸、坑底标高是否满足基础图设计和施工组织设计的要求，并检查边坡稳定状况，确保边坡安全。

2）核对基坑土质和地下水情况是否满足地质勘察报告和设计要求；有无破坏原状土结构或发生较大的土质扰动现象。

3）用钎探法或轻型动力触探法等检查基坑（槽）是否存在软弱下卧层及空穴、古墓、古井、防空掩体、地下埋设物等及相应位置、深度、性状。

基坑（槽）验槽是应重点观察柱基、墙角、承重墙下或其他受力较大部位；如有异常部位，要会同勘察、设计等有关单位进行处理。

第5章 箱、筏基础

【禁忌 5.1】 高层建筑基础筏板偏心距的计算忽略裙楼的影响

1. 偏心距校核的重要性

倾斜是高层建筑基础设计的重要变形控制指标，而偏心距过大是造成倾斜的直接原因。在均匀地基的条件下，基础底面的压力分布取决于荷载效应准永久组合下产生的偏心距大小，偏心距过大造成基底压力不均，引起沉降不均，出现倾斜。因此偏心距的校核对确保结构的整体倾斜及抗倾覆稳定非常重要。高层建筑由于楼身质心高、荷载重，当筏形基础开始产生倾斜后，建筑物总重对基础底面形心将产生新的倾覆力矩增量，而倾覆力矩的增量又产生新的倾斜增量，倾斜可能随时间而增长，甚至造成倾覆破坏。因此，为避免基础产生倾斜，应尽量使结构竖向合力作用点与基础平面形心重合，当偏心难以避免时，则应限定竖向合力偏心距的数值，使之不超过规范限值。

2. 偏心距校核的具体规定

1)《建筑地基基础设计规范》GB 50007—2011 规定：

"8.4.2 筏形基础的平面尺寸，应根据工程地质条件、上部结构的布置、地下结构底层平面及荷载分布等因素按本规范第 5 章有关规定确定。对单幢建筑物，在地基土比较均匀的条件下，基底平面形心宜与结构竖向永久荷载重心重合。当不能重合时，在作用的准永久组合下，偏心距 e 宜符合下式规定：

$$e \leqslant 0.1W/A \tag{8.4.2}$$

式中 W——与偏心距方向一致的基础底面边缘抵抗矩（m^3）；

A——基础底面积（m^2）。"

对基底平面为矩形的筏基，在偏心荷载作用下，基础抗倾覆稳定系数 K_F 可用下式表示：

$$K_F = \frac{y}{e} = \frac{\gamma B}{e} = \frac{\gamma}{e/B} \tag{5.1-1}$$

式中 B——与组合荷载竖向合力偏心方向平行的基础边长；

e——作用在基底平面的组合荷载全部竖向合力对基底面积形心的偏心距；

y——基底平面形心至最大受压边缘的距离，γ 为 y 与 B 的比值。

从式（5.1-1）中可以看出 e/B 直接影响着抗倾覆稳定系数 K_F，K_F 随着 e/B 的增大而降低，因此容易引起较大的倾斜，e/B 越大，则倾斜越大。

2）《高层建筑混凝土结构技术规程》JGJ 3—2010 为使高层建筑结构在水平力和竖向荷载作用下，其地基压应力不致过于集中，还对高层建筑的基底零应力区进行了限制：

"12.1.7 在重力荷载与水平荷载标准值或重力荷载代表值与多遇水平地震标准值共同作用下，高宽比大于 4 的高层建筑，基础底面不宜出现零应力区；高宽比不大于 4 的高层建筑，基础底面与地基之间零应力区面积不应超过基础底面面积的 15%。质量偏心较大的裙楼与主楼可分别计算基底应力。"

3. 裙楼对主楼偏心距的影响

目前主裙楼连体的建筑物很多，考虑使用上的方便，一般主裙楼基础连在一起，这就存在裙楼对主楼基础沉降和偏心的影响。如主楼周围均存在一跨以上、埋深和层数接近的裙楼，则裙楼对主楼偏心距的影响可忽略。如仅主楼一侧存在裙房（如图 5.1.1 所示），应考虑裙楼对主楼偏心距的影响。当仅取主楼进行偏心距校核时，形心和重心的关系除满足地基规范公式（8.4.2）要求外，重心尚应靠近裙楼一侧，如图 5.1.2 所示，因为裙楼对主楼偏心距的影响会使形心向裙楼方向移动。如重形心位置关系相反，则裙楼产生影响时，偏心距增大，可能造成建筑物倾斜。

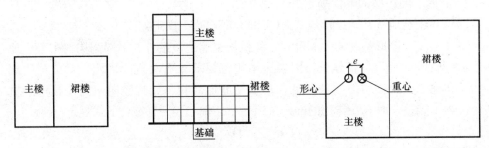

图 5.1.1　主裙楼关系示意图　　　　图 5.1.2　主楼重心形心关系示意图

图 5.1.3 为某事故工程主裙楼之间沉降后浇带开凿前后沉降速率变化情况。该工程主楼南侧存在连体的裙房，类似于图 5.1.1 所示。施工期间主裙楼之间设沉降后浇带，主体封顶后浇筑沉降后浇带。由于一些原因，包括上面提到的原因，该楼出现较大的倾斜，接近规范要求的限值，不得不进行加固处理。为纠正倾斜，原主裙楼之间的沉降后浇带重新凿开，凿开前，主楼靠裙楼一侧沉降速率小，另一侧大。开凿后裙楼一侧的沉降速率增加 2 倍以上，而另一侧沉降速率开凿前后变化很小，这充分证明裙楼对主楼倾斜的影响。

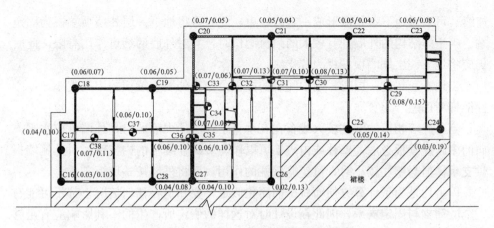

图 5.1.3 后浇带开凿前后沉降速率图

注：开凿前后 10 天沉降数据的对比；括号中的数据含义为（断开前沉降速率/断开后沉降速率）。

【禁忌 5.2】 地下室外墙结构计算模型不合理

当地下室外墙采取简化模型计算而非采用有限元计算时，选取合适的计算模型对地下室外墙的计算至关重要。设计时应针对工程项目的具体情况进行具体的分析，必须对地下室的顶板、底板、壁柱、内隔墙、垂直外墙、中间层楼板对外墙的支承作用、地下室外墙在顶板以上的延续性等进行全面客观的分析与评价，从而确定与实际工作状况最为接近的几何模型与边界条件，唯有如此，才能保证选择的计算模型最大限度地符合工程实际，才能保证地下室外墙结构的经济与安全。

地下室外墙可以看成是竖向放置的板，主要承受侧向的土压力与水压力。当上部结构荷载主要由柱和剪力墙承受，外墙仅承受顶板的荷载时，则沿板平面方向的压力可忽略不计，外墙可以简化为以承受侧向压力为主的板式受弯构件。当上部结构的荷载较大且直接作用于地下室外墙上时，则沿板平面方向的压力不能忽略，外墙可以简化为以承受侧向压力为主的板式压弯构件。

板构件的支承应根据地下室的层数、与外墙相连的壁柱及内隔墙、顶板、中间楼板与底板的支承情况综合考虑。一般地下室的顶板厚度较外侧墙薄，认为顶板对外侧墙的转动约束可以忽略，顶板对外墙仅提供垂直于外墙的轴向支承即简支。地下室的底板一般较厚，外墙下一般布设条形基础或在与底板相交处设置一条较大的地梁，且底板下的地基土对底板的变形也起到一定的约束作用，当底板外伸时外伸部分的覆土也对其转动有约束作用，故在这种情况下，认为底板对外墙除了提供轴向支承以外，还提供完全的转动约束即固定支承。

当不存在顶板时，又没有其他足够的平面外支承时，相应端应按自由端考虑。当与地下室外墙同时为主体结构的落地剪力墙时，首层墙体与地下一层外墙

175

连续，可以对地下室外墙形成一定的约束，此时可将地下一层外墙顶端视为固定端。当主体结构的外墙开有较大的门窗洞口时，其对外墙的约束作用有限，此时仍应将地下一层外墙顶端视为铰支座。

当地下室超过一层时，则中间层的楼板可作为外墙连续板的中间支座，按刚性链杆考虑。

当与外墙相连的壁柱较大或存在有垂直于外墙的内隔墙时，外墙可按水平方向的多跨连续板考虑，壁柱或内隔墙可以作为多跨连续板的内支座，对外侧墙提供支承。但当壁柱较小时，可忽略壁柱的作用，而将外墙按整块板考虑。

以上均是为了计算方便而做出的简化假定，要知道在任何情况下都不可能有完全的简支与固定支承，因此在设计时对这样的假定所产生的不利影响应有足够的估计并通过构造手段处理。

如果外侧墙的中间支座是壁柱的话，外侧墙对壁柱的侧向作用不能忽略，此时应将壁柱对外侧墙的支座反力反作用于壁柱，对壁柱进行压弯验算。

因此，地下室外墙的一般计算模型就是：以承受水土压力为主的，以顶板、底板、垂直向外墙、内隔墙、壁柱、中间层楼板为支承的多跨连续板，如图5.2.1所示。

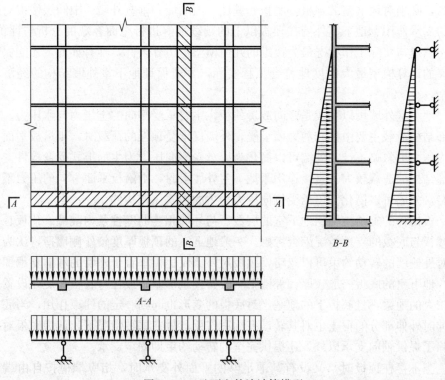

图 5.2.1　地下室外墙计算模型

该模型比较符合实际，但要按此模型计算还是比较困难，需采用有限元分析方法进行。因此在实际设计过程中，还需将上述模型继续简化，以便可以采用解析法、小软件或查静力计算手册等简单方法进行计算。

如可将多跨连续板简化为单跨双向板，墙与顶板或底板相连处可以按前述方法确定其边界条件（或固支、或铰支或自由），中间支座处可以简化为固定支承。如图 5.2.1 中地下一层的板块可简化为图 5.2.2 中的三边固支一边简支板，地下二、三层的板块可简化为图 5.2.3 中的四边固支板。

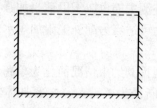
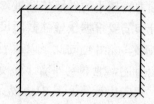
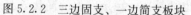

图 5.2.2　三边固支、一边简支板块　　　　图 5.2.3　四边固支板块

值得注意的是，不同地下室的层高和内隔墙或壁柱的跨度是千变万化的，即使同一个工程的地下室的不同开间，这些参数也不完全相同，因此对一个地下室的外墙不可能仅选用一个板块就解决整个地下室外墙计算，而要根据不同的开间和层高选取几个不同的典型板块进行计算才能保证整个外墙的经济合理与安全。

对于地下室外墙的计算高度，当基础底板较厚时（一般大于 1.5 倍墙厚），可从底板上皮算起，但当底板厚度与外墙厚度相当时，应从底板中线算起。有的工程基础底板上有较厚的覆土，这时最下层外墙的计算高度应视该层地面做法而定。如为混凝土面层较厚的刚性地面，且在基坑肥槽回填之前完成地面做法，则外墙计算高度可算至地下室地坪。但当刚性地面施工在地下室回填以后进行时，外墙计算高度仍应算至底板上皮。此时为了减小外墙计算高度，可在外墙根部与基础底板交接处覆土厚度范围内设八字角，并配构造钢筋，作为外墙根部的加腋，加腋坡度按 1：2。这时外墙计算高度仍可算至地下室地坪。对于底层以上的其他地下楼层，计算高度可取楼板中线之间的距离。

当计算地下室外墙时，假定底部为固定支座，外墙底部弯矩与相邻的底板弯矩大小一样，底板的抗弯能力不应小于侧壁，其厚度和配筋量应匹配。以上在地下车道的设计中尤为突出，车道侧壁为悬臂构件，车道底板当按竖向荷载产生的基底反力设计时，底板一般会较薄，有可能薄于车道侧板，此时应遵从底板的抗弯能力不应小于侧壁的原则，加厚底板并调整配筋。当车道紧靠地下室外墙时，车道底板位于外墙中部，应注意外墙承受车道底板传来的水平集中力作用，该荷载经常遗漏。

笔者不推荐在地下室外墙设计中采用扶壁柱，除非扶壁柱为主体结构所需或在有充足理由表明设置扶壁柱有明显的经济优势时，否则侧墙一般按单向板计算，如此可使计算大大简化，结构设计也偏于安全。当外侧竖向钢筋采用间隔截断的分离式配筋时，也能取得不错的经济效果，还可避免漏算一些构件造成不必要的安全隐患。故在设计之初，就尽量不设扶壁柱，当竖向抗压需要必须要设扶壁柱，则要尽量减小扶壁柱截面或弱化扶壁柱沿墙平面外的刚度，比如将扶壁柱扁放，即将矩形柱的长边平行于外墙放置。在计算内力与配筋时，除了垂直于外墙方向有钢筋混凝土内隔墙相连的外墙板块或外墙扶壁柱截面尺寸较大，外墙板块按双向板计算配筋以外，其余的外墙宜按竖向单向板计算配筋为妥。对于竖向荷载（轴力）较小的外墙扶壁桩，其内、外侧主筋也应予以适当加强。此时外墙的水平分布筋要根据扶壁柱截面尺寸大小，可适当另配外侧附加短水平负筋予以加强，外墙转角处也同此予以适当加强。

综上所述，地下室外墙计算模型一般根据其约束情况简化为单跨或多跨连续单向板、双向板计算，其中边界条件的判断最为关键，一定要具体情况具体分析，不可生搬硬套。就简化模型而言，也都是在一定条件下的简化，且适用条件的界定比较模糊，若想得到比较准确及可靠的计算结果，可采用有限元法计算。目前这类软件也比较多，可采用通用有限元分析软件，如 ANSYS、ALGOR、SAP2000、STAAD PRO、MIDAS 等，也有一些针对岩土结构的专用软件，如 PLAXIS、理正、世纪旗云等，设计者可参考使用。

【禁忌 5.3】 地下室外墙计算荷载因素考虑不周全

地下室外墙所承受的荷载主要有两大类，即竖向荷载（包括上层建筑传重、地下室外墙自重、顶板传来的竖向荷载）和水平荷载（包括侧向土压力、地下水压力、地面活载产生的水平压力、水平地震作用、人防等效静荷载），当地下室外墙为上部结构的落地剪力墙时，外墙顶端还承受有上部结构传来的弯矩和剪力。

在实际工程设计中，对于竖向荷载、风荷载及水平地震作用通过上部结构作用于地下室外墙的轴力、剪力及弯矩，应视具体情况决定其是否参与地下室外墙的设计：当地下室外墙不是上部结构剪力墙向地下的延续时，因上部结构荷载产生的轴力、剪力及弯矩量级较小，不起控制作用，墙体配筋主要由作用在地下室外墙的法向压力所产生的弯矩确定，而且通常不考虑与竖向荷载组合的压弯作用，仅按墙板截面的正截面抗弯计算墙体的配筋。但当地下室外墙是上部结构剪力墙向地下的延续时，因上部结构荷载产生的轴力、剪力及弯矩量级较大，在地下室外墙设计中必须考虑上部结构传来的荷载，按压弯构件进行设计。

地下室外墙的法向压力有五种来源：

（1）地面超载。施工期间的临时堆土、施工材料机具设备的堆放等施工荷载，正常使用阶段人的活动、车辆行驶停放等活载。这项荷载是永远存在、必须考虑的。地面超载可根据外墙附近地面的使用功能按荷载规范取值，但一般不低于 5.0kPa，如消防车道仅临地下室外墙时，此项超载应该按消防车道的荷载取值。英国规范 BS8002 Earth Retaining Structure 的要求更严格，规定此地面超载的取值不低于 10kPa，且对墙后的植被也做出了要求，并要考虑墙后土体施工期间的夯实作用与永久作用这二者的最不利情况。

（2）土压力。按墙与土间的相互作用有主动土压力、被动土压力及静止土压力之分。

（3）地下水位以下的水压力。

（4）人防地下室外墙的人防等效静荷载。

（5）地震作用下的动土压力。对地震作用下的动土压力研究始于日本东京、横滨大地震（1923 年）之后，至今仍处于研究阶段，尚未形成公认的、权威的结论，因此也未列入我国规范。但课题本身客观存在，在此仅做提醒，设计时酌情考虑。

除以上荷载（或作用）外，英国规范 BS 8002—1996 指出：树木的栽植与生长、墙后土体的压实过程均会对墙体产生不利影响，需在计算土压力时予以考虑。设计者酌情参考。

【禁忌5.4】 地下室外墙误按主动土压力设计

1. 有关规定

国内有关规范并未对地下室外墙的设计做出明确规定，《建筑地基基础设计规范》GB 50007—2011 仅在"9 基坑工程"中做出如下规定：

"9.3.2 主动土压力，被动土压力可采用库仑或朗肯土压力理论计算。当对支护结构水平位移有严格限制时，应采用静止土压力计算。"

地下室外墙可视为对水平位移有严格限制的永久支护结构，故也应采用静止土压力计算。

《全国民用建筑工程设计技术措施》结构篇荷载章中，对地下室外墙所受土压力有如下规定：

"2.6.2 地下室侧墙承受的土压力宜取静止土压力。"

《北京市建筑设计技术细则》第 2.1.6 条中，对地下室外墙的设计有比较明确的规定：

"计算地下室外墙土压力时，当地下室施工采用大开挖方式，无护坡桩或连续墙支护时，地下室外墙承受的土压力宜取静止土压力，静止土压力系数 K 对一般固结土可取 $K=1-\sin\varphi$（φ——土的有效内摩擦角），一般情况可取 0.5。

当地下室工程采用护坡桩时，地下室外墙土压力计算中可以考虑基坑支护与地下室外墙的共同作用或按静止土压力系数乘以 0.66 计算（0.5×0.66=0.33）。"

2. 土压力分类

土压力（kN/m）$\begin{cases}\text{静止土压力 } E_0 \Rightarrow \text{墙不动} \rightarrow \text{如地下室侧墙}\\ \text{主动土压力 } E_a \Rightarrow \text{土推墙} \rightarrow \text{如一般的重力式挡土墙}\\ \text{被动土压力 } E_p \Rightarrow \text{墙推土} \rightarrow \text{如桥墩}\end{cases}$

1）静止土压力：挡土墙在土压力作用下不发生任何变形和位移（移动或转动）墙后填土处于弹性平衡状态，作用在挡土墙背的土压力。

静止土压力的应用 $\begin{cases}\text{地下室外墙}\\ \text{岩基上的挡土墙}\\ \text{拱座（没有位移）}\\ \text{水闸、船闸边墙（与闸底板连成整体）}\\ \text{隧道涵洞侧墙}\end{cases}$

对于下固上铰的地下室外墙，因墙顶位移较小，不足以使墙后土体发生主动平衡状态，故理论上应取静止土压力；而对于窗井等悬臂墙，因墙体位移足以导致墙后土体发生主动极限状态，故理论上应取主动土压力。地下室外墙若采用主动土压力计算，将使配筋偏小，结构设计偏于不安全。

挡土墙直接浇筑在岩基上，墙的刚度很大，墙体位移很小，不足以使填土产生主动破坏，可以近似按照静止土压力计算。

2）主动土压力：当挡土墙向离开土体方向偏移至土体达到极限平衡状态时，作用在墙上的土压力，一般用 E_a 表示。

挡土墙产生离开填土方向位移，墙后填土达到极限平衡状态，按主动土压力计算。位移达到墙高的 0.1%～0.3%，填土就可能发生主动破坏。

3）被动土压力：当挡土墙向土体方向偏移至土体达到极限平衡状态时，作用在挡土墙上的土压力，用 E_p 表示。

挡土墙产生向填土方向的挤压位移，墙后填土达到极限平衡状态，按被动土压力计算。位移需达到墙高的 2%～5%，工程上一般不允许出现此位移，因此验算稳定性时不采用全部被动土压力，通常取其 30%。产生主动和被动土压力所需的墙顶位移见表 5.4.1。

产生主动和被动土压力所需的墙顶位移 表 5.4.1

土　类	应力状态	移动类型	所需位移
砂土	主动	平移	$0.001H$
	主动	转动	$0.001H$
	被动	平移	$0.05H$
	被动	转动	$>0.1H$
黏性土	主动	平移	$0.004H$
	主动	转动	$0.004H$

注：表中 H 为支护结构高度。

土压力的计算可采用库仑理论或朗肯理论。地下水位以上采用水土合算的方法计算主、被动土压力；地下水位以下土层的水、土压力可采用水土合算或水土分算两种计算方法，对于黏性土和粉土宜水土合算，对砂土宜水土分算。

3. 静止土压力的计算

静止土压力强度，可按下式计算

$$P_0 = K_0 \left(\sum \gamma_i h_i + q \right) \tag{5.4-1}$$

式中　p_0——静止土压力强度（kPa）；

γ_i——第 i 层土的重度（kN/m²）；

h_i——第 i 层土的厚度（m）；

q——地面均布荷载（kPa）；

K_0——静止土压力系数。

静止土压力系数 K_0 的确定方法 $\begin{cases} \text{通过侧限条件下的试验测定——较可靠} \\ \text{采用经验公式：} K_0=1-\sin\varphi' \text{——较适合于砂土} \\ \text{采用经验值} \end{cases}$

静止土压力系数 K_0 宜由试验确定，当无试验条件时也可按下式计算：

正常固结土　　　　　　$K_0 = 1 - \sin\varphi'$ 　　　　　　　　　　(5.4-2)

超固结土　　　　　　　$K_0 = (1 - \sin\varphi')^{i-2}$ 　　　　　　　　　(5.4-3)

式中　φ'——土的有效内摩擦角。

表 5.4.2 给出了静止土压力系数的一些经验值。

静止土压力系数　　　　　　　　　　　　表 5.4.2

土的类别	w_L	I_p	K_0
饱和的松砂			0.46
饱和的密砂			0.36
干的密砂（$e=0.6$）			0.49
干的松砂（$e=0.8$）			0.64
压实的残积黏土		9	0.42
压实的残积黏土		31	0.66
原有的有机质淤泥质黏土	74	5	0.57
原状的高岭土	61	23	0.64~0.70
原状的海相黏土（Oslo）	37	16	0.48
灵敏黏土	34	10	0.52

作用在挡土结构物背面上的静止土压力可视为天然土层自重应力的水平分量。

静止土压力沿墙高为三角形分布，如图 5.4.1 所示，取单位墙长计算，则作用在墙上的静止土压力 E_0（kN/m）为（由土压力强度沿墙高积分得到）

$$E_0 = \frac{1}{2}\gamma h^2 K_0$$

如图 5.4.1 所示，土压力作用点距墙底 $h/3$ 处。

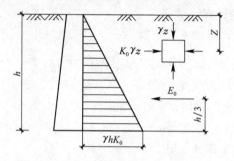

图 5.4.1　静止土压力分布

《建筑边坡工程技术规范》GB 50330—2002 规定：

"6.2.2　静止土压力系数宜由试验确定。当无试验条件时，对砂土可取 $0.34\sim0.45$，对黏性土可取 $0.5\sim0.7$。"

【禁忌 5.5】　地下室外墙无扶壁柱（或内横墙）的配筋方式不当

如禁忌 5.2 所述，地下室外墙的计算模型有多种，当无横墙相连也无扶壁柱时，地下室外墙可近似看作平面应变问题，可取单位宽度的竖向板带进行计算，多简化为单向受力的单向板或多跨连续板模型，只计算水平截面的内力及配筋，即竖向钢筋按计算配置，水平钢筋按构造配置。设计者对此大多没有疑问，但在竖向钢筋的配置上，尤其是外侧竖向钢筋的配置往往出现一些不合理的现象，既不科学、也不经济，如图 5.5.1 所示，WQ1 为窗井墙，按下端固结上端自由的单向板模型计算；WQ2、WQ3 为其他地下室外墙，墙顶有板与之相连，简化为下端固结、上端铰接的单向板模型。

从图 5.5.1 中可看出，三者的外侧竖向钢筋，均采用将墙底最大负弯矩筋全部拉通的方式。这种配筋方式是不可取的，虽然配筋总量增大，但无论对承载力极限状态的强度计算还是对正常使用极限状态的裂缝宽度验算，多出的钢筋都未能使结构的可靠度得到有效提高，即没有将多出的配筋用到最需要的部位。

而实际上，无论是悬臂模型还是下固上铰模型，墙身负弯矩在靠近墙底的范围内梯度很大，墙底负弯矩峰值沿高度向上迅速衰减。对于悬臂模型，矩形荷载在 $0.293l$ 处即衰减一半，三角形荷载衰减更快，在 $0.206l$ 处即衰减一半；而对于下固上铰模型，矩形荷载在 $0.11l$ 处衰减一半，在 $0.25l$ 处衰减为零，三角形荷载同样衰减更快，在 $0.094l$ 处即衰减一半，在 $0.184l$ 处衰减为零。如图 5.5.2、图 5.5.3 所示。

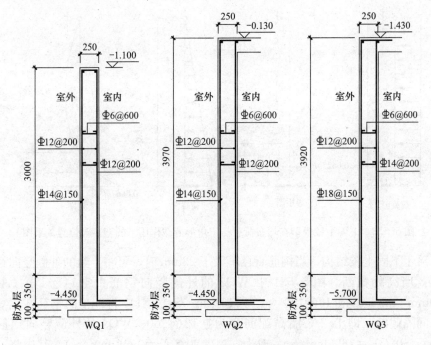

图 5.5.1　某工程地下室外墙的配筋

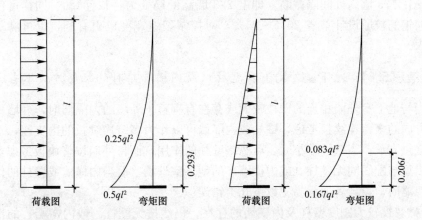

图 5.5.2　悬臂模型在均布荷载与三角形荷载作用下的弯矩与位置关系图

对于悬臂结构，外侧竖向钢筋有一半的理论断点在不高于 $0.293l$ 处，当钢筋直径不大于 22mm 时，考虑锚固长度的实际断点一般也不会超过 $0.5l$，故悬臂结构可将半数的钢筋在 $0.5l$ 处截断，如可将图 5.5.1 中 WQ1 的外侧竖向钢筋由Φ14@150（$A_s=1100mm^2/m$）改为Φ12@100（$A_s=1131mm^2/m$），其中将一半的钢筋在半高处间隔截断，即上半截配筋变为Φ12@200，既可满足最大负弯矩处的强度要求，也满足构造要求，同时最大负弯矩处钢筋直径、间距减小后，对控制裂缝宽度验算也大有帮助，相应外侧竖向钢筋可较原设计节省 20%～25%，经济效益显著。

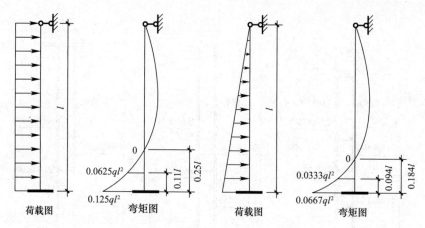

图5.5.3 下固上铰模型在均布荷载与三角形荷载作用下的弯矩与位置关系图

对于下固上铰结构，当钢筋直径不大于22mm时，可将半数的外侧竖向钢筋在1/3墙高处截断。图5.5.1中WQ2的外侧竖向钢筋由$\Phi 14@150$（$A_s = 1100 \text{mm}^2/\text{m}$）改为$\Phi 12@100$（$A_s = 1131 \text{mm}^2/\text{m}$），其中将一半的钢筋在1/3墙高处间隔截断，即上2/3墙高配筋变为$\Phi 12@200$；WQ3的外侧竖向钢筋由$\Phi 18@150$（$A_s = 1696 \text{mm}^2/\text{m}$）改为$\Phi 14@90$（$A_s = 1710 \text{mm}^2/\text{m}$），其中将一半的钢筋在1/3墙高处间隔截断，即上2/3墙高配筋变为$\Phi 14@180$。同样可使外侧竖向钢筋较原设计节省20%～25%，对控制裂缝宽度也更有利，也可满足构造要求。

【禁忌5.6】 地下室外墙有扶壁柱（或内横墙）时的配筋方式不当

当与地下室外墙相连的壁柱较大或存在有垂直于外墙的内隔墙时，外墙可按水平方向的多跨连续板考虑，壁柱或内隔墙可以作为多跨连续板的内支座，对外侧墙提供支承；当壁柱较小时，可忽略壁柱的作用，而将外墙按整块板考虑，其计算模型与配筋同无壁柱（或内横墙）的地下室外墙。但当内横墙或壁柱的作用不可忽略时，设计者通常易犯以下几类错误：

1）忽视较大刚度壁柱及内横墙的存在，仍然按无壁柱（或内横墙）的地下室外墙计算内力和配筋。导致竖向钢筋偏多、水平钢筋不足。尤其是壁柱作为板支座的外侧水平向负弯矩筋会严重不足，其次是内侧水平向正弯矩筋不足。

2）虽已考虑了壁柱及内横墙的作用，按双向板进行内力计算及配筋，但水平钢筋无论内外侧均按最大配筋全部拉通。对于内侧水平钢筋按最大配筋一般来说是允许的，但当跨度（壁柱间距）差别较大时，个别跨度较大的跨度也应采用局部附加的配筋方式，不应按个别较大跨度的配筋全部拉通，对于外侧水平钢筋，建议按构造钢筋全部拉通，支座不足处用附加钢筋补足。对于此种情况，大多由于设计者只图画图简单所致。

3）虽考虑了扶壁柱对外墙板的支承作用，但在扶壁柱设计时却未考虑外墙板传来的支座反力，仍然采用结构整体分析设计时的内力及配筋，导致扶壁柱的配筋严重不足。实际上，当地下室外墙板考虑扶壁柱的支承作用后，扶壁柱除了承受上部结构传来的轴力、剪力、弯矩外，还要承受外墙板传来的横向荷载。

笔者建议，除了垂直于外墙方向有钢筋混凝土内隔墙相连的外墙板块或对外墙扶壁柱截面尺寸较大的外墙板块按双向板计算配筋外，其余的外墙宜按竖向单向板计算配筋为妥。对于竖向荷载（轴力）较小的外墙扶壁桩，其内外侧主筋也应予以适当加强。此时外墙的水平分布筋要根据扶壁柱截面尺寸大小，可适当另配外侧附加短水平负筋予以加强，外墙转角处也同此予以适当加强。

当地下室外墙较长时，考虑到混凝土硬化过程及温度影响产生收缩裂缝的现象极为普遍，水平筋配筋率宜适当加大。

【禁忌5.7】　筏板布置不视上部结构荷载及地基承载力情况一律外挑

筏板是否外挑，要视基础形式（桩筏还是平筏）、基底压力、地基承载力及变形计算能否满足等条件而定，对于天然地基或复合地基，当地基承载力及变形不能满足要求且相差不多时，可通过筏板外挑来增大筏板面积从而减小基底压力及基底附加压力来满足承载力及变形要求。而且适当外挑也可使基底反力分布更趋均匀，对结构有利。但如果不外挑的承载力及变形都能满足要求，就不必出挑。不必要的筏板出挑，开挖的范围将因而加宽，土方及使用土地面积也将加大，不仅造成结构材料方面的浪费及土方量的增加，支模及防水也均变得复杂，阴角处外包防水的质量也不易保障。所以设计者应审时度势、根据具体情况来决定筏板是否出挑，不要不加分析地一概出挑。因此，《高层建筑混凝土结构技术规程》JGJ 3—2010 中 12.3.9 条规定，"当满足地基承载力要求时，筏形基础的周边不宜向外有较大的伸挑、扩大。当需要外挑时，有肋梁的筏基宜将梁一同挑出"。

筏板外挑亦可作为抗浮措施的一种，由翼板承托覆土以抵抗上浮力。此法一般适用于不受场地限制、规模较小的地下结构物抗浮，否则，不宜采用。在实际工程中，对规模较大的地下结构物的抗浮，很少采用此法作抗浮措施。

对于桩筏，主要是要结合桩的布置来决定筏板是否出挑，如果桩已经布置在建筑外墙之外，则筏板必然相应出挑，但如果外墙下单排布桩能满足承载力及变形要求时，筏板就可以不必出挑。

当筏板需要出挑时，也应控制筏板悬挑出外墙的长度：筏板悬挑出墙外的长度，从轴线算起横向不宜大于 1500mm，纵向不宜大于 1000mm；但当筏板较厚时，可适当放宽，一般不超过 2.5 倍的板厚。

有关箱、筏基础筏板外挑的利弊可概括如下：

（1）从结构角度来讲，如果能出挑板，能调匀边跨底板钢筋，特别是当底板钢筋通长布置时，不会因边跨钢筋而加大整个底板的通长筋，较节约；

（2）能降低整体沉降，当荷载偏心时，在特定部位设挑板，还可调整沉降差和整体倾斜；

（3）当地下水位很高，基础挑板有利于解决抗浮问题；

（4）基础挑板会增加基槽长宽尺寸，加大土方开挖量；

（5）基础挑板会使支模及防水较为麻烦，阴角处外包防水的质量也不易保障。

【禁忌 5.8】 忽略箱筏基础对混凝土、钢筋及墙厚的要求

箱筏基础的混凝土强度等级不应低于 C30，当有地下室时应采用防水混凝土，防水混凝土的抗渗等级应根据地下水的最大水头与防渗混凝土厚度的比值，按现行《地下工程防水技术规范》选用，但不应小于 0.6MPa，必要时宜设架空排水层。

抗渗等级分类如下：钢筋混凝土地下室基础结构防水分四级，各级防水的选用范围和防水设防要求可按《地下工程防水技术规范》GB 50108—2008 第 3 章设计，地下构件防水构造细节按第 4、5 章设计，其中防水混凝土的设计抗渗等级规定在第 4.1.4 条，具体见表 5.8.1。

防水混凝土抗渗等级　　　　　　　　　　　表 5.8.1

工程埋置深度 H（m）	设计抗渗等级	工程埋置深度 H（m）	设计抗渗等级
＜10	P6	20～30	P10
10～20	P8	≥30	P12

防水混凝土抗渗等级也可按《高层建筑混凝土结构技术规程》JGJ 3—2010 表 12.1.10 执行，如表 5.8.2 所示。

基础防水混凝土的抗渗等级　　　　　　　　表 5.8.2

基础埋置深度 H（m）	抗渗等级
$H<10$	P6
$10≤H<20$	P8
$20≤H<30$	P10
$H≥30$	P12

采用箱筏基础的地下室，地下室钢筋混凝土外墙厚度不应小于 250mm，内墙厚度不应小于 200mm。墙的截面设计除满足承载力要求外，尚应考虑变形、抗裂及防渗等要求。墙体内应设置双面钢筋，钢筋不应采用光面圆钢筋。水平钢筋的直径不应小于 12mm，竖向钢筋的直径不应小于 10mm，竖向间距不应大于

200mm。

【禁忌5.9】 基础底板厚度取值考虑不全面

基础底板的厚度对于建筑物的安全、造价都有很大影响，对于某一特定的结构，筏板并非越厚越好也非越薄越好，而是存在一个合理厚度。取值时注意以下几点。

1. 满足各种情况下的受力要求

基础底板的作用是将上部结构的荷载传递给地基或桩基，作为传力构件，其应该满足传力所需的所有要求，包括抗冲切要求、受剪承载力的要求、正截面抗弯承载力的基本要求。在计算中，上部结构体系、柱距〔或剪力墙间距〕、工程地质条件、地基处理方法、地基变形情况都是影响筏板计算厚度的因素。

2. 满足构造要求

基础底板最小厚度应满足构造要求，对于12层以上的高层建筑，无论平板式筏基还是梁板式筏基，筏板厚度都不应小于400mm。对于梁板式筏基，底板厚度与最大双向板格的短边净跨之比尚不应小于1/14。对于层数不超过12层的建筑，当采用梁板式筏基时可不受400mm的限制，但筏板为平板式筏基时，厚度仍不应小于400mm。

墙下筏形基础的底板宜为等厚度钢筋混凝土平板，其与计算区段的最小跨度比不宜小于1/20。多层民用建筑的板厚，可根据楼层层数每层按50mm估算，但不得小于200mm。当边跨有悬臂伸出的筏板，其悬臂部分可做成坡度，边缘厚度不应小于200mm。

3. 满足经济要求

基础底板过薄，则计算配筋偏大，虽然混凝土用量减少，但钢筋用量偏大，可能不经济；相反，如果筏板偏厚，以致构造配筋比计算配筋还要大时，很显然混凝土及钢筋用量都会增大，也不经济。

剪力墙间距较小且分布比较均匀时，筏板厚度可相应减小。基底持力层承载力较高（则地基的刚度越大、基床系数越高）时，筏板厚度可适当减薄。此外，上部结构刚度及上部荷载的均匀性等对筏板厚度也都有影响，因此要综合分析来确定最优筏板厚度。

4. 满足不均匀沉降产生的内力

基础底板最难考虑的是由于地基变形产生的内力对基础底板厚度的影响，由于影响地基变形的因素众多，准确计算存在很大困难。

【禁忌5.10】 筏板配筋没有考虑差异变形及整体弯曲的不利影响

上部结构刚度对差异变形及整体弯曲有较大影响，从而影响到筏板的内力和配筋。

上部结构的刚度，指的是整个上部结构对基础不均匀沉降或挠曲变形的抵抗能力。为此，按两种极端情况（理想化情况）的结构体系来说明上部结构的刚度在地基、基础与上部结构三者共同工作中的作用。

先不考虑地基的影响，认为基底地基反力均匀分布。

第一种情况：上部结构为绝对刚性体（见图 5.10.1（a）），基础为刚度较小的条形或筏形基础，当地基变形时，由于上部结构不发生弯曲，各柱只能均匀下沉，基础没有总体弯曲变形。这种情况，柱端犹如基础的不动铰支座，基础可视为倒置连续梁（板），以基底反力为荷载，仅在支座间发生局部弯曲。

第二种情况：上部结构为柔性结构（见图 5.10.1（b）），基础也是刚度较小的条形或筏形基础，这时上部结构对基础的变形没有或仅有较小的约束作用。因而基础不仅在跨间因受地基反力和柱支座的约束而产生局部弯曲，还要随结构的变形而产生整体弯曲。基础的变形和内力将是整体弯曲与局部弯曲二者的叠加。忽略整体弯曲的影响，内力配筋结果将偏于不安全。

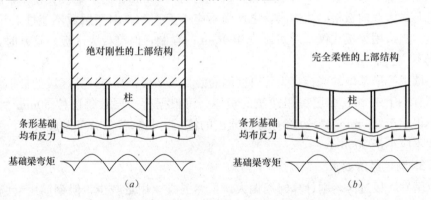

图 5.10.1　上部结构刚度对基础变形及内力的影响

实际工程的上部结构刚度常介于上述两种极端情况之间。在地基、基础和荷载条件不变的情况下，随着上部结构刚度的增加，基础挠曲和内力将减小。进一步分析，若基础也具有一定的刚度，则上部结构与基础的变形和内力必定受两者的刚度所影响，二者刚度越强，整体弯曲越小，反之，则整体弯曲越大，在内力及配筋计算中就更不容忽视。要考虑地基基础上部结构的共同工作，不但要建立正确反映各部分刚度影响的分析理论和有效计算方法，而且还要选用合理反映土体的变形特性的地基计算模型及其参数。

《建筑地基基础设计规范》GB 50007—2011 规定：

"8.4.14　当地基土比较均匀、地基压缩层范围内无软弱土层或可液化土层、上部结构刚度较好，柱网和荷载较均匀、相邻柱荷载及柱间距的变化不超过 20%，且梁板式筏基梁的高跨比或平板式筏基板的厚跨比不小于 1/6 时，筏形基础可仅考虑局部弯曲作用。筏形基础的内力，可按基底反力直线分布进行计算，计算时基底反力应扣除底板自重及其上填土的自重。当不满足上述要求时，筏基内力可按弹性地基梁板方法进行分析计算。"

当满足上述条件、筏板计算仅考虑局部弯曲作用时，并不代表筏板不存在整体弯曲，只表明整体弯曲的作用小到可以忽略。但此处的忽略只是计算时不考虑整体弯曲的影响，但整体弯曲毕竟是一种客观存在，而且是不利因素，故应通过采取构造措施来解决整体弯曲的不利影响。《建筑地基基础设计规范》GB 50007—2011 第 8.4.15、8.4.16 条即为考虑整体弯曲而采取的构造措施。

"8.4.15 梁板式筏基的底板和基础梁的配筋除满足计算要求外，纵横方向的底部钢筋尚应有不少于 1/3 贯通全跨，顶部钢筋按计算配筋全部连通，底板上下贯通钢筋的配筋率不应小于 0.15％。"

"8.4.16 平板式筏基柱下板带和跨中板带的底部支座钢筋应有不少于 1/3 贯通全跨，顶部钢筋应按计算配筋全部连通，上下贯通钢筋的配筋率不应小于 0.15％。"

有抗震设防要求时，对无地下室且抗震等级为一、二级的框架结构，基础梁除满足抗震构造要求外，计算时尚应将柱根组合的弯矩设计值分别乘以 1.5 和 1.25 的增大系数。

除了上述筏板范围内的整体弯曲外，还有一种比较显著的整体弯曲形式，就是主裙楼交界处由于基底压力的变化及差异沉降引起的弯曲。这种弯曲无法用倒楼盖模型或等代框架模型来有效模拟，只能用弹性地基梁板模型来模拟，而且需要用考虑上部结构刚度的弹性地基梁板模型才能比较准确地模拟。具体算法可采用弹性地基梁法或筏板有限元法。但因为此种分析涉及上部结构、基础筏板及地基土的相互作用，受力情况比较复杂、多变，故在计算配筋的基础上还应加强构造措施，以确保结构的安全。

【禁忌 5.11】 桩筏基础冲切计算考虑不全面

冲切对筏板的厚度有很大影响，有时甚至是决定因素。对于桩筏基础，在设计中需验算以下冲切。

1. 柱对筏板的冲切

柱对筏板的冲切，计算时注意冲切锥体的角度是大于等于 45°，即冲切破坏锥体应采用自柱边至相应桩顶边缘连线构成的最小锥体，如图 5.11.1 所示，这里注意最小锥体的规定。

2. 基桩对筏板的冲切

基桩对筏板的冲切如图 5.11.2 所示。如筏板外挑部分存在角桩时，如图 5.11.3 所示，此时角桩的冲切起控制作用。

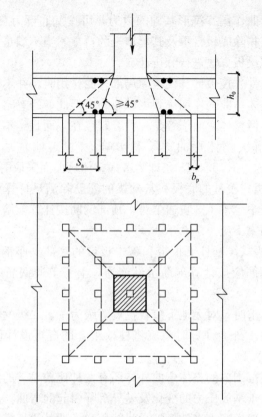

图 5.11.1　柱对筏板冲切示意图

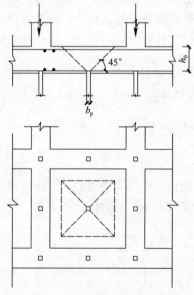

图 5.11.2　中心桩对筏板冲切示意图

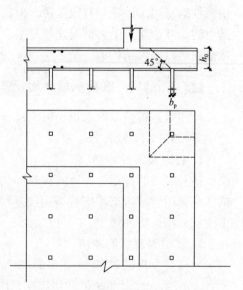

图 5.11.3　角桩对筏板冲切示意图

3. 框架—核心筒结构中核心筒对筏板的冲切

核心筒对筏板的冲切计算中，注意冲切计算中冲切锥体角度大于等于45°的规定。

4. 剪力墙结构中群桩对筏板的冲切

对于剪力墙结构，应验算群桩对筏板的冲切，如图5.11.4所示。

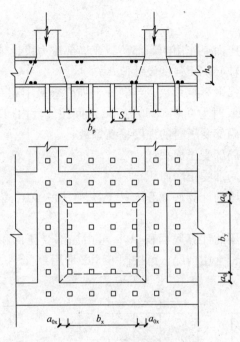

图5.11.4　群桩对筏板的冲切

【禁忌5.12】 忽略柱与筏板交界面处混凝土的局部受压承载力验算

当柱混凝土强度等级高于筏板混凝土强度等级时，应验算交界面处的混凝土的局部受压承载力。

目前，高强混凝土已被逐渐用于上部结构竖向构件中，尤其是地震高烈度地区的高层、超高层建筑，柱截面尺寸、配筋等往往由轴压比控制，为避免底部楼层柱截面尺寸过大，往往采用高强混凝土或钢骨混凝土柱。因钢骨混凝土柱构造复杂、造价较高，当采用高强混凝土柱能满足要求时一般都会优先采用高强混凝土柱。在近年来的许多高层、超高层建筑中，底部楼层柱的混凝土强度等级采用C55甚至C60已经相当普遍。

而基础结构的混凝土体积一般都较大，为防止混凝土凝结硬化过程中水化热引起的温度效应及混凝土收缩对结构构件的不利影响，基础结构一般都采用强度等级较低的混凝土（如C30或C35，一般不超过C40）。

因此，柱混凝土强度等级一般都远高于筏板混凝土的强度等级，这样，交界面处筏板混凝土的局部受压承载力能否满足就变成了一个比较突出的问题。

局部受压承载力按《混凝土结构设计规范》GB 50010—2010 第 6.6.1～6.6.3 条进行验算，其具体公式如下：

$$F_l \leqslant 1.35\beta_c\beta_l f_c A_{ln}$$

$$\beta_l = \sqrt{\frac{A_b}{A_l}}$$

式中　F_l——局部受压面上作用的局部荷载或局部压力设计值；

　　　f_c——混凝土轴心抗压强度设计值；

　　　β_c——混凝土强度影响系数，当混凝土强度等级不超 C50 时取 1.0，大于等于 C80 时为 0.8，C50～C80 之间按线性内插确定；

　　　β_l——混凝土局部受压时的强度提高系数；

　　　A_l——混凝土局部受压面积；

　　　A_{ln}——混凝土局部受压净面积；

　　　A_b——局部受压的计算底面积，按 GB 50010—2010 第 6.6.2 条确定。如下所示：

"6.6.2　局部受压的计算底面积 A_b，可由局部受压面积与计算底面积按同心、对称的原则确定；常用情况，可按图 6.6.2 取用。

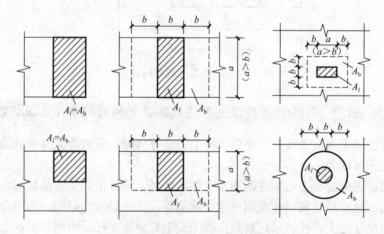

图 6.6.2　局部受压的计算底面积

A_l—混凝土局部受压面积；A_b—局部受压的计算底面积"

【禁忌 5.13】　墙下布桩基础底板按构造配筋

对于砌体或剪力墙结构，当必须采用桩基方案时，常采用墙下布桩的方案，见图 5.13.1。

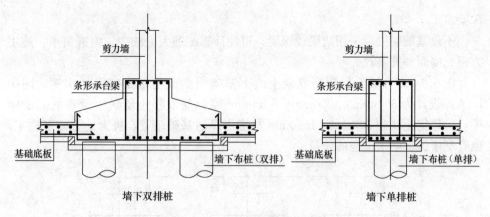

图 5.13.1　墙下布桩基础底板构造

该方案传力直接、经济效益好。在具体设计中，一些设计人员常常对地下室底板重视不够，认为其不受力，采取构造配筋。实际上，对于此类基础底板，其是否受力取决于以下几方面因素：

（1）建筑物沉降很小或基底土和基础底板脱离（如铺设聚苯板），此种情况下基础底板不受力；

（2）建筑物的沉降量越大，基础底板受土反力越大；

（3）基底土性质越好，相同沉降情况下，基础底板受土反力越大。

国内一些大的设计单位对此都有一些内部规定，常见的做法是考虑总荷载的20％左右，对基础底板进行计算和配筋。

【禁忌 5.14】　墙下筏形基础在墙与筏板交界处设基础明梁

在工程设计实践中，很多结构工程师习惯在钢筋混凝土墙下设置宽于墙体的基础明梁，对于有较多门洞的内墙，当采用暗梁其截面配筋难以满足要求时，可以考虑设置基础明梁，但对于无洞口或仅有较小洞口的墙体，尤其是地下室外墙，则没有设置基础明梁的必要，可不设基础梁或仅设基础暗梁。

《高层建筑混凝土结构技术规程》JGJ 3—2010 第 12.3.9 条的条文说明：

"12.3.9　筏板基础，当周边或内部有钢筋混凝土墙时，墙下可不再设基础梁，墙一般按深梁进行截面设计。"

李国胜老师在其《混凝土结构设计禁忌及实例》一书中也认为："各类结构地下室所有内外墙下在基础底板部位均没有必要设置构造地梁。地下室外墙及柱间仅有较小洞口的内墙，墙下可不设置基础梁。当柱间内墙仅地下室底层有墙而上部无墙时，此墙可按深梁计算配筋。"

当必须要设基础梁时，宜优先采用与墙厚同宽的基础暗梁。当采用弹性地基梁板模型或梁板式筏基需将墙作为梁输入时，可考虑局部墙高的暗梁或全高的深梁。

不设基础明梁、采用暗梁或深梁，可使计算配筋大大减少、构造简单、施工方便、墙面整齐美观。

图 5.14.1 为某工程钢筋混凝土墙下基础明梁改为基础暗梁的实例，图中 DL6 原设计为 800mm×1200mm 与 500mm 厚钢筋混凝土墙居中设置的基础暗梁，后经优化改为 500mm×1500mm 与墙等厚的基础暗梁，极大地方便了施工，也有利于保证防水工程的质量。

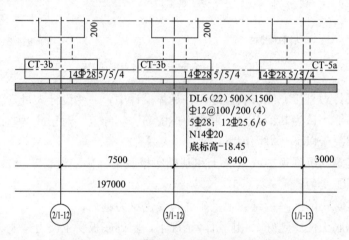

图 5.14.1　钢筋混凝土墙下基础暗梁实例

【禁忌 5.15】 防水底板计算仅考虑水浮力

对于大的地下空间结构，如地下停车场、地下商场等，为满足使用功能，常常采用较大柱距的框架结构，基础采用独立基础，独立基础间采用防水板连接，如图 5.15.1 所示。防水底板计算仅考虑水浮力，认为满足水浮力要求就安全了。

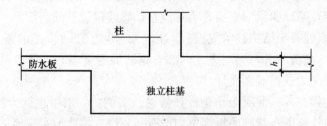

图 5.15.1　独立基础示意图（一）

实际上，从国内发生的类似工程基础底板开裂情况分析，多为独立基础和防水板连接处开裂，原因是独立基础较大的沉降产生内力，而连接处内力最大。在具体设计中注意以下几点：

（1）尽可能控制独立基础的沉降量，因为独立基础与防水底板之间不能设置后浇带。

（2）降低防水板下的地基土刚度，如采用虚铺砂层、铺设苯板等措施。

（3）采取构造措施，避免独立基础和防水板连接处刚度突变，如图5.15.2所示的板底加腋。这种方法既可以避免或减轻独立基础与防水板连接处的应力集中，且混凝土与钢筋用量增加不多，对砌筑砖胎膜也无不利影响，施工简单、方便。

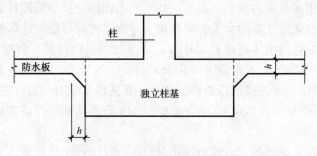

图 5.15.2　独立基础示意图（二）

（4）有的设计院干脆将板底加腋变为斜坡基础形式，如图5.15.3所示。这种连接构造虽然更好地解决了应力集中的问题，但斜坡的存在会使混凝土与钢筋用量大增（另一方面也需要增加构造钢筋），而且斜坡处砖胎膜需砌成斜槎，费工费料，建设单位与施工单位对此都比较抵触。

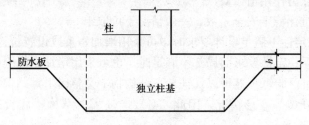

图 5.15.3　独立基础示意图（三）

【禁忌5.16】 对抗浮设计考虑不全面

当地下结构物的自身重量（包括顶板覆土）不能抵抗地下水浮力时，地下结构物产生上浮，导致结构变形损坏。设计人员一般都会进行抗浮设计，但考虑不全面也会造成事故。我国每年都有抗浮设计考虑不全面而造成的工程事故，如2001年上海市徐汇区某住宅小区因在设计时未进行局部抗浮稳定验算而造成地下车库柱严重开裂的情况；2010年南宁某水利电业基地地下车库在使用一年后突然开裂，究其原因是设计单位对抗浮设计未进行全面的考虑。

关于抗浮设计，这方面全面系统的研究和文献资料并不多。结构工程师们通常对此类情况感到十分的困惑，主要原因之一是有关的设计规范、规程中未提出明确的设计标准或设计依据，在具体应用时尚存在很多问题，引起很多的争议。

1）结构抗浮计算的主要内容

结构抗浮包括两部分内容：其一是地下水浮力作用下的整体与局部抗浮稳定计算的问题，也就是结构抗漂浮的稳定性计算；其二是结构构件（筏板、防水板、地下室外墙等）在水压力作用下的强度计算（截面尺寸与配筋）。严格来说，二者计算所采用的水浮力大小（水头）并不一定相同，抗浮稳定计算的水头一般要高于结构构件强度计算的水头。此处重点讨论结构抗浮稳定计算的有关内容。

抗浮计算应包括整体抗浮稳定计算、局部抗浮稳定计算、自重 G_k 与上浮力 F_w 作用点是否基本重合等内容（如果偏心过大，可能会出现地下室一侧上抬的情况）；如果采用抗浮桩或抗浮锚杆，还须计算抗拔承载力、裂缝宽度等。

《建筑地基基础设计规范》GB 50007—2011 有关基础抗浮稳定性验算的规定如下：

"5.4.3 建筑物基础存在浮力作用时应进行抗浮稳定性验算，并应符合下列规定：

1 对于简单的浮力作用情况，基础抗浮稳定性应符合下式要求：

$$\frac{G_k}{N_{w,k}} \geqslant K_w$$

式中 G_k——建筑物自重及压重之和（kN）；

$N_{w,k}$——浮力作用值（kN）；

K_w——抗浮稳定安全系数，一般情况下可取 1.05。

2 抗浮稳定性不满足设计要求时，可采用增加压重或设置抗浮构件等措施。在整体满足抗浮稳定性要求而局部不满足时，也可采用增加结构刚度的措施。"

通过整体抗浮验算虽然可以保证地下结构物不会整体上浮，但不一定能保证结构物底板不开裂等变形情况，因此，必要时还需对结构物底板进行局部抗浮验算。

2）主裙楼联体应考虑变形协调问题

对于主裙楼联体建筑，当裙楼不满足抗浮要求时，在确定裙楼抗浮方案时，应考虑主裙楼的变形协调。因为一些抗浮方案如抗浮桩会约束裙楼的沉降，造成主裙楼更大的差异沉降。从变形协调的角度出发，设计注意几点：

（1）应首选通过配重解决抗浮问题；

（2）其次，采用竖向抗压刚度较低的抗浮锚杆；

（3）当必须采用抗浮桩解决抗浮问题时，应尽可能采用短桩、桩端虚底等措施。

3）抗浮的常用方法

（1）增加自重法。加自重法包括顶板压载（如结合绿化增加上覆土）、基板加载（在梁筏基础空格处填土）及边墙加载（通过悬挑基础地板）等方法增加地下结构物自身重量（即恒载），使其自身的重力始终大于地下水对结构物所产生的浮力，确保结构物不上浮。这种方法的优点是施工及设计较简单；缺点是当结构物需要抵抗较大浮力时，由于需大量增加混凝土或相关配重材料用量，故费用增加较多。

（2）摩擦抗浮法。土壤与地下结构物间存在摩擦力，这种力量也可以抵抗地下结构物的上浮。该力的大小依土壤的侧压力及各土层的摩擦情况而定。但是这种侧压力的大小很难准确确定，所以它的可靠度不高，如需采用，其设计的安全系数应当提高，并且要在地下结构物有相当的位移后，才能真正地启动这种摩擦力。若地下水位不时变动则这种位移也会变动。这种位移的数量及其随水位变动的性质，往往不能适用于某些地下结构物。在实际工程中，对规模较大的地下结构物的抗浮，很少采用此法作抗浮措施。

（3）延伸基板法。延伸基板法是将地下结构物的基板向外延伸而形成翼板，由翼板承托覆土以抵抗上浮力。这种抗浮力可能有两种：一种是垂直压力和侧翼压力之和；另一种是垂直压力与土间摩擦力之和，要取这两种力量中的较小者。但是由于要延伸基板而成翼板，开挖的范围将因而加宽，土方及使用土地面积也将因而加大，其所增加的抗浮力变大。此法一般适用于不受场地限制的规模较小地下结构物的抗浮，否则，不宜采用。在实际工程中，对规模较大的地下结构物抗浮，很少采用此法作抗浮措施。

（4）利用支护结构。如利用基坑支护的地下连续墙。一般来说，在基坑开挖时用以挡土的连续墙除在与地下结构物接触的部分外，大部分墙体在开挖区回填后就没有任何利用价值了。若能妥善相连或直接与地下结构物结合，即可利用挡土的连续墙来抵抗地下水浮力。此法除剪力键的安置费外，无其他额外费用，并且可靠性很高。此外还可以将连续墙与土壤间的摩擦力计入考虑，其安全系数也将由此提高。采用此法得先验算挡土连续墙的抗拔力等，并视该工程的挡土连续墙和地下结构物外墙之间的间距等情况而定，如间距太大，则需浇筑大量的混凝土且不易安装剪力键，由此增加造价和浪费。此法一般适用于挡土连续墙有足够的抗拔力，且挡土连续墙和地下结构物外墙之间的间距较小等条件下的地下结构物抗浮。

（5）采用抗拔桩下拉法。抗拔桩是指抵抗建筑物向上位移的各种桩型的总称，抗拔桩不同于一般的基础桩，有其自身的独特性能，抗浮桩即为抗拔桩，桩体承受拉力，桩体受力大小随地下水位的变化而变化，二者在受力机理上不同。在工程实践中常用的桩型有预制桩和灌注桩，抗浮桩多采用机械钻孔灌注桩。这对于抗拔桩的承载力设计而言，相对于受压桩，其存在两个突出的特点：①受压桩的承载力组成中有端承力部分，而抗拔桩则无。②受压桩的桩身弹性压缩引起桩身侧向膨胀使桩土界面的摩阻力趋向于增加,摩阻力的增加则随桩身位移由上而下逐步发挥;而抗拔桩在拉伸荷载作用下桩身断面有收缩的趋向,使桩土界面摩阻力减小。而由于拉伸荷载系作用于桩顶,摩阻力的发挥同样系由上而下逐步发生。在设计抗拔桩时,在单位面积桩身摩阻力的选用上自然比受压桩要低。

真正意义上的最经济的抗浮桩应是细长而数量多的桩群,且桩端不进入硬持力层,因为桩端阻力对抗浮无用。若抗浮能力不够,为业主着想,只要造价差不多,倒宁愿加厚地下室顶板、墙板和底板,这对抗渗有利;或加厚底板面层,以便在面层中设排水沟,降低施工难度,较厚的面层对汽车行驶的磨损消耗也有利。

(6)混合方案。实际工程中,可根据实际情况,采用以上两种或多种混合方案。

在具体的设计中应根据工程特点、地质情况、场地条件和环境等因素(如基坑的支护形式、基坑深度、基坑底的土层条件等),综合考虑,因地制宜,选择一个最佳有效的抗浮方案。

4)抗浮设计水位的确定

抗浮设计水位一般应由勘察报告提供,或委托专业咨询机构提供。当无以上资料作为设计依据时,可参照《北京市建筑设计技术细则》按如下原则确定:

"3.1.8 建筑物地下室是否按防水要求进行设计,以及水位高度之确定,可参照下列原则:

……

3 验算地下室外墙承载力时,水位高度可按最近3~5年的最高水位(水位高度不包括上层滞水);

4 框架结构(包括高层建筑裙房)采用单独柱基加防水板的做法时,应验算防水板的承载力,设防水位可按最近3~5年的最高水位设计;

5 对于地下室层数较多而地上层数不多的建筑物,应慎重验算地下水的水浮力作用,在验算建筑物抗浮能力时,应不考虑活载,抗浮安全系数取1.0。"

进行抗浮稳定性验算时,水位应取有关部门提供的抗浮设防水位,对于地下水位较高的沿海地区可取设计室外地坪下0.5m,抗浮安全系数不应小于1.05。

是否考虑上层滞水的水浮力,需视土层构造与地下室埋深而定,当上层滞水下存在不透水层、且地下室埋置于此不透水层当中时,可不考虑上层滞水的浮力;否则,当地下室埋置于赋存上层滞水的土层中时,需考虑上层滞水的浮力。

【禁忌5.17】 地下室为箱形基础,外墙连续窗井外无挡土墙、内无内隔墙

《高层建筑混凝土结构技术规程》JGJ 3—2002规定:

"12.1.11 有窗井的地下室,应在窗井内部设置分隔墙以减少窗井外墙的支

撑长度，且窗井分隔墙宜与地下室内墙连通成整体。窗井内外墙体的混凝土强度等级应与主体结构相同。"

但新规范《高层建筑混凝土结构技术规程》JGJ 3—2010 则对以上条文做出了较大修改：

"12.2.7　有窗井的地下室，应设外挡土墙，挡土墙与地下室外墙之间应有可靠连接。"

从该条文可以看出，新高规已不允许窗井墙直接做挡土墙。

从结构整体分析的角度考虑，由于窗井为悬挑结构，刚度较弱，箱形基础外墙设置连续窗井，相当于减少基础的埋置深度，降低侧面土体对箱形基础的嵌固作用，特别是在地震条件下更为不利。本来箱形基础具有减小上部结构震害的优点，其作用主要是通过基础与土接触的各个面之间的相互作用所产生的阻尼，来减少地震面波的影响，减少上部结构的动力效应。当外墙设置连续窗井时，箱形基础的这种优点就不能发挥。当在窗井内部设置分隔墙且分隔墙与地下室内墙连通成整体时，则可极大地提高窗井结构的刚度及与箱形基础连接的整体性。

另一方面，从窗井自身受力状态分析，无内隔墙的连续窗井也是非常不利的。当连续窗井无内隔墙时，整个窗井挑出部分（包括窗井底板及窗井外墙）实质为弹性力学意义上的平面应变问题，没有任何空间作用，窗井底板及外墙完全可以简化为平面模型，即窗井底板计算模型可视为从结构主体筏板挑出的悬臂板，板上作用的是窗井底板的基底反力；而窗井外墙则视为在窗井底板悬臂端向上挑出的悬臂墙，该悬臂墙同时承受着作用于窗井墙上的土、水压力（见图 5.17.1）。

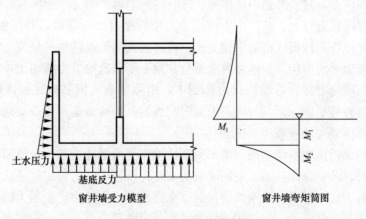

土水压力

基底反力

窗井墙受力模型　　　　　　　　　窗井墙弯矩简图

图 5.17.1　悬臂墙受力图

由于窗井底板与窗井外墙的交接处为刚接、连续，故窗井外墙土、水压力在其悬臂墙根部产生的弯矩 M_1 又会传递到窗井底板的悬臂板根部，并与窗井底板基底反力产生的根部弯矩 M_2 叠加。这样的模型整个结构的抗弯刚度较弱，而窗井悬臂底板根部又是薄弱部位，在手算窗井悬臂板的强度和配筋时，很容易遗漏窗井侧墙土、水压力所产生并传递过来的压力。所以无论从承载力还是变形角度都较为不利，应该尽量避免。当在窗井内部按一定间隔设置内隔墙时（图 5.17.2），结构计算模型就发生了根本性的改变，使窗井结构从平面受力状态变为空间受力状态，此时窗井内墙不只是窗井外墙的侧向支撑，将下端固定、上端自由的悬臂板模型转变为下端固定、上端自由、两侧连续的双向板模型，同时也能对窗井底板的竖向挠曲变形起到一定的约束作用。但若考虑内隔墙对窗井底板的支撑作用时要慎重，需按悬臂深梁验算内隔墙。笔者的建议是，如果窗井挑出的宽度不是很宽（不大于 1500mm），可仅考虑内隔墙对窗井外墙的支撑作用，不考虑内隔墙对窗井底板的支撑作用，窗井底板仍按挑出基础底板之外的悬臂板计算，因为窗井底板一般都与主体基础底板同厚，故自身具备较强的抗弯能力，当窗井出挑长度不是很大时，一般均能满足承载力要求。

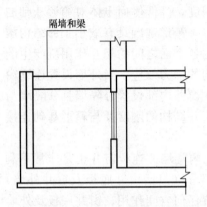

隔墙和梁

图 5.17.2　窗井内部有分隔墙

【禁忌 5.18】　地下室混凝土内隔墙设计考虑不周全或缺少必要的验算

　　当筏形或箱形基础的地下室内隔墙两端与结构剪力墙相连，且仅存在于地下室高度范围内而不向上部结构延伸时，此时的内隔墙如同支承于两端剪力墙上的次梁。当基底反力较大、或因个别区域剪力墙间距过大而导致基础底板过厚时，这种内隔墙能作为筏板区格的中间支座，可将较大的筏板区格一分为二，起到降低基础底板跨度的作用。但这种内隔墙与其他上下贯通的剪力墙相比，竖向高度相对较小、刚度有限，在基底反力作用下，内隔墙会连同基础底板产生竖向弯曲，其受力特性更像深梁，与可视为无限刚性的其他剪力墙相比是不同的。故宜按深梁验算内隔墙的承载力及配筋。

　　尤其当采用倒楼盖模型或不考虑上部结构刚度的弹性地基梁板模型计算基础底板配筋时，若仍将此种地下室隔墙视为支座，则其模型的假定就是认为该内隔墙与其他剪力墙一样是无限刚性的，其结果必然在内隔墙中产生很大的内力，若不另行验算是很危险的。当采用弹性地基梁板模型且考虑上部结构刚度时，虽然内力会按基础底板与内隔墙的弯曲刚度在二者之间进行分配，但因墙的竖向弯曲刚度还是要比板的弯曲刚度要大许多，故内隔墙分担的内力也较大，也应该验算其截面及配筋。

需要注意的是，并非所有的地下室内隔墙都可以充当减小板跨的"次梁"，仅当内隔墙为支承于两端剪力墙的一字形墙且墙体未开洞时（或虽开洞但墙体刚度降低不多时）才可看做次梁。

【禁忌5.19】 对基础底板的裂缝控制设计不当

对基础底板而言，裂缝宽度的控制是正常使用极限状态设计的主要内容之一，它涉及基础底板的耐久性、造价和正常使用。裂缝宽度控制松，一定条件下耐久性可能出现问题，一旦在地下水位高时，基础底板裂缝过大，出现渗水或冒水情况，则很难处理；控制严格则配筋量增加，造价提高。具体设计时注意以下几方面问题。

1. 正确选择基础底板的环境类别

根据《混凝土结构设计规范》GB 50010—2010，基础筏板混凝土可能属于下列环境类别之一：室内正常环境（一类环境）；室内潮湿环境（二 a 类环境）；与无侵蚀性的水或土壤直接接触的环境（二 a 类环境）；严寒和寒冷地区与无侵蚀性的水或土壤直接接触的环境（二 b 类环境）；严寒和寒冷地区冬季水位变动的环境（三类环境）。每个环境类别有对应的裂缝宽度限值，比如一类环境下普通钢筋混凝土结构的最大裂缝宽度限值为 0.3mm，在某些条件下也可放宽到 0.4mm；二、三类环境下普通钢筋混凝土结构的最大裂缝宽度限值为 0.2mm。因此，科学合理地选择环境类别，分析出现裂缝可能导致的危害非常重要。在实际工程中，应特别注意地下水位的高度和侵蚀性、基础底板外防水的耐久性等。

2. 掌握影响裂缝宽度的主要因素

裂缝宽度与混凝土保护层厚度、配筋率、钢筋间距有关。保护层厚度越厚、配筋率越低、钢筋间距越大，裂缝越大。实际设计中，在配筋总量不变的情况下，用更小直径、更密间距的配筋方式可减小裂缝宽度。

3. 特别注意基础变形引起的裂缝

实际工程调查发现，基础底板的开裂多为基础的不均匀沉降造成的，即不均匀沉降造成基础底板内力增加，达到一定程度造成基础底板开裂。如框筒结构内筒和外框之间的差异沉降；主裙楼之间的差异沉降；基础局部软弱造成的差异沉降等，都能造成基础底板开裂。而基础的沉降影响因素众多，目前相对准确计算还有一定的难度。因此，由基础变形引起的裂缝宽度判断难度很大，应采取预防措施，根据结构特点、荷载分布、地质条件、基础形式、可能变形规律，判断裂缝可能出现的部位，采取构造措施加强。

4. 国外裂缝宽度控制情况

为给读者以参考，在此提供欧洲混凝土规范 EN 1992-1-1：2004 的裂缝宽度限值，对于普通钢筋混凝土及预应力混凝土结构，其值如表 5.19.1 所示。

EN 1992-1-1：2004 的裂缝宽度限值   表 5.19.1

环境类别	钢筋混凝土构件及无粘结预应力混凝土构件	有粘结预应力混凝土构件
	准永久荷载组合	荷载长期组合
X0，XC1	0.4	0.2
XC2、XC3、XC4	0.3	0.2
XD1、XD2、XS1、XS2、XS3	0.3	不出现拉应力

表 5.19.1 中，X0 为无腐蚀风险的构件、干燥环境下的钢筋混凝土构件；XC1、XC2、XC3、XC4 为碳化腐蚀类别，其中 XC1 为干燥或永久水下环境，XC2 为潮湿、偶尔干燥的环境（如混凝土表面长期与水接触及多数基础），XC3 为中等潮湿环境（如中等湿度及高湿度室内环境及不受雨淋的室外环境），XC4 为干湿交替的环境；XD1、XD2 为氯盐腐蚀类别，其中 XD1 为中等湿度环境（混凝土表面受空气中氯离子腐蚀），XD2 为潮湿、偶尔干燥的环境（如游泳池、与含氯离子的工业废水接触的环境）；XS1、XS2、XS3 为海水氯离子腐蚀类别，其中 XS1 为暴露于海风盐但不与海水直接接触的环境（如位于或靠近海岸的结构），XS2 为持久浸没在海水中的结构，XS3 为受海水潮汐、浪溅的结构。

从以上欧洲规范相关规定可以看出：欧洲规范的环境类别分得要更细，对裂缝控制宽度也比我们宽松。

由于裂缝宽度与保护层厚度有关，保护层越厚裂缝宽度越宽，同时《地下工程防水技术规范》GB 50108—2008 要求迎水面钢筋保护层厚度大于等于 50mm，导致裂缝宽度验算不能满足要求。此时可参照《混凝土结构耐久性设计规范》GB/T 50476—2008 的相关规定，当保护层设计厚度超过 30mm 时，可将厚度取为 30mm 计算裂缝的最大宽度。实际工程中，地下室外墙大量出现竖向的收缩裂缝，更应该引起设计人员的关注并加以控制。

【禁忌 5.20】 对后浇带作用、类型、设置位置及浇筑时间掌握不全面

1. 设置后浇带的必要性

后浇带根据其功能可分为沉降后浇带和温度后浇带两种。随着主裙楼大底盘、连通地下车库等结构的日益增多，解决不同结构单元间的竖向差异沉降及超长、超宽结构在施工期间混凝土的温度应力及收缩效应等就成为结构设计的重要考虑因素。就控制差异沉降而言，可采用设置永久沉降缝或临时后浇带解决。由于沉降缝两侧需设双墙双柱，给使用功能造成很多不利影响，且由于地基变形的连续性，其调整差异沉降的效果也并不好。所以对于主裙楼连在一起的地下结构，目前较少采用设沉降缝的做法，大都采用后浇带来解决。反之，当差异沉降满足规范要求时，可不设沉降后浇带。

2. 沉降后浇带的位置和浇筑时间

沉降后浇带，顾名思义就是为控制沉降而设置的后浇带，严格说来应该是控制差异沉降产生的内应力造成结构的开裂。

1) 沉降后浇带位置

当高层建筑基础面积满足地基承载力及变形要求时，后浇带宜设在与高层建筑相邻裙房的第一跨内；当为满足地基承载力和降低高层建筑的沉降量而增大高层建筑基础面积时，后浇带可设置在主裙楼交界处裙房的第二跨内。具体可设在跨间 1/4～1/3 区域，主要是此处弯矩剪力一般均较小。而跨中正弯矩较大，梁端剪力及负弯矩（对连续梁）较大，均不适宜设后浇带。

除了结构方面的要求外，后浇带留设位置也应考虑建筑与设备专业的要求。后浇带的设置应避开楼、电梯间，也不应穿越消防水池、配电室等设备用房。当楼、电梯间和设备用房等必须与后浇带同跨设置时，后浇带可拐直角弯绕开这些特殊功能用房。此外，后浇带也应尽量避免超过集水坑。

2) 沉降后浇带浇注时间

沉降后浇带的浇筑时间不是定值，主要的控制指标就是后期沉降的大小。应根据实测沉降值和后期沉降满足设计要求后，方可进行后浇带的浇筑。切忌在图纸上明确标出后浇带浇筑时间，如主体结构封顶浇筑后浇带等。

3. 温度后浇带

温度后浇带，顾名思义和温度有关，主要解决超长且不设缝的地下结构（地上超长结构一般设变形缝）在混凝土凝结硬化期间水化热产生的温度应力及混凝土干缩产生的内应力。对于常规地下结构，一般结合沉降后浇带每 20～30m 间距均匀设置。由于温度后浇带主要解决的是混凝土水化热所产生的温度应力问题，故可在后浇带两侧的主结构浇筑 2 个月后进行浇筑（2010 年版高规缩短为45d），一般情况下，2 个月后混凝土的收缩变形已经完成 70％以上，无须等到结构封顶。但有些时候，有些温度后浇带名义上是温度后浇带，但实际上也同时肩负着调解差异沉降的作用，这时候就需要慎重对待，应按沉降后浇带来确定浇筑时间。

目前用补偿收缩混凝土膨胀加强带取代施工后浇带的做法已经成功应用于工程实践当中，在设计与施工方面也趋于成熟，并于 2009 年出台行业标准《补偿收缩混凝土应用技术规程》JGJ/T 178—2009。利用 UEA 混凝土补偿收缩的原理，采用膨胀加强带替代施工后浇带，可实现超长钢筋混凝土的无缝施工。

4. 规范有关规定

《建筑地基基础设计规范》GB 50007—2011 对高层建筑筏形基础与裙房基础之间的构造有如下规定：

"8.4.20 带裙房的高层建筑筏形基础应符合下列规定：

……

2 当高层建筑与相连的裙房之间不设置沉降缝时，宜在裙房一侧设置用于控制沉降差的后浇带，当沉降实测值和计算确定的后期沉降差满足设计要求后，方可进行后浇带混凝土浇筑。当高层建筑基础面积满足地基承载力和变形要求时，后浇带宜设在与高层建筑相邻裙房的第一跨内。当需要满足高层建筑地基承载力、降低高层建筑沉降量、减小高层建筑与裙房间的沉降差而增大高层建筑基础面积时，后浇带可设在距主楼边柱的第二跨内，此时应满足以下条件：

1）地基土质均匀；

2）裙房结构刚度较好且基础以上的地下室和裙房结构层数不少于两层；

3）后浇带一侧与主楼连接的裙房基础底板厚度与高层建筑的基础底板厚度相同。

3 当高层建筑与相连的裙房之间不设沉降缝和后浇带时，高层建筑及与其紧邻一跨裙房的筏板应采用相同厚度，裙房筏板的厚度宜从第二跨裙房开始逐渐变化，应同时满足主、裙楼基础整体性和基础板的变形要求；应进行地基变形和基础内力的验算，验算时应分析地基与结构间变形的相互影响，并采取有效措施防止产生有不利影响的差异沉降。"

注意：本条 2011 年版新规范较 2002 年版旧规范有较大变化。

《高层建筑混凝土结构技术规程》JGJ 3—2010 对高层建筑地下室后浇带设置有如下规定：

"12.2.3 高层建筑地下室不宜设置变形缝。当地下室长度超过伸缩缝最大间距时，可考虑利用混凝土后期强度，降低水泥用量；也可每隔 30m～40m 设置贯通顶板、底板及墙板的施工后浇带。后浇带可设置在柱距三等分的中间范围内以及剪力墙附近，其方向宜与梁正交，沿竖向应在结构同跨内；底板及外墙的后浇带宜增设附加防水层；后浇带封闭时间宜滞后 45d 以上，其混凝土强度等级宜提高一级，并宜采用无收缩混凝土，低温入模。"

5. 另类后浇带

目前，也有部分设计院针对超厚筏板设置膨胀后浇带，主要是解决水化热引起的温度应力及硬化过程中的收缩应力问题。可通过改善材料、配比、浇筑工艺与养护方法等方法来规避这种膨胀后浇带的设置，必要时可采用补偿收缩混凝土膨胀加强带来代替膨胀后浇带，以实现混凝土的连续浇筑。当必须采用膨胀后浇带时，后浇带封闭时间不宜少于 2 个月。

【禁忌 5.21】 沉降后浇带无防水做法

由于后浇带两侧是施工缝，是防水的薄弱环节，所以不但要有防水措施，还应加强。

因沉降后浇带浇灌混凝土相隔时间较长，在水位较高时，施工时应采取降水措施，故后浇带封闭之前，为防止地下水从后浇带处涌入，可设附加防水层，如此可减少降水费用，否则按常规方法，在后浇带封闭之前不得停止降水，则降水费用会大大增加。后浇带附加防水做法有如下几种。

1. 下沉垫层附加防水层

该法构造最简单，但抵抗水压力的能力有限，除非地下水位在基底以下或高出不多，否则后浇带封闭之前不能完全停止降水。如图 5.21.1、图 5.21.2 所示。

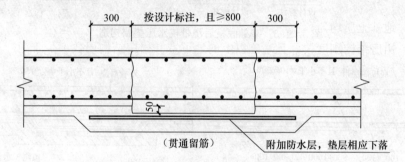

图 5.21.1　基础底板后浇带附加防水层构造

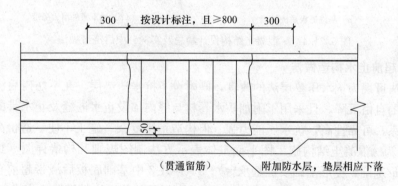

图 5.21.2　基础梁后浇带附加防水层构造

2. 抗水压垫层附加防水层

采用此法的目的是用抗水压垫层来抵抗地下水压力，以便提前结束降水，降低降水费用，减小降水过程对周围环境的影响。但抗水压垫层的存在也会在一定程度上约束后浇带两侧混凝土的自由沉降，当两侧差异沉降发展到超出抗水压垫层的约束能力时，也会引起抗水压垫层开裂、防水层撕裂，造成地下水涌入。图5.21.3 所示为《混凝土结构施工图平面整体表示方法制图规则和构造详图（独立基础、条形基础、筏形基础及桩基承台)》11G101-3 中的做法，图 5.21.4 所示为《混凝土结构设计禁忌及实例》中的做法。

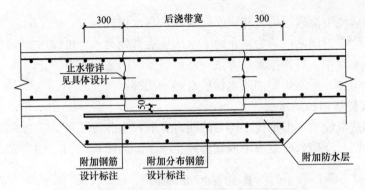

图 5.21.3　基础底板后浇带抗水压垫层构造

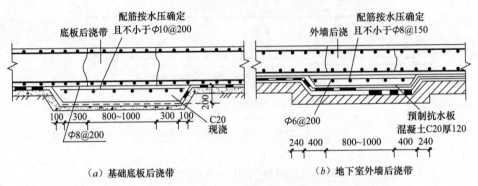

（a）基础底板后浇带　　　　　　　（b）地下室外墙后浇带

图 5.21.4　《混凝土结构设计禁忌及实例》中后浇带做法

3. 超前止水构造做法

该法可视为抗水压垫层法的改良，既附设了抗水压垫层，又不妨碍后浇带两侧结构的自由沉降，且采用了附加防水卷材与缝内加设止水嵌缝及止水带的双重防水体系，可靠性高，抗水压能力强。但构造稍嫌复杂、施工不便、造价高。图 5.21.5 为《混凝土结构施工图平面整体表示方法制图规则和构造详图（独立基础、条形基础、筏形基础及桩基承台）》11G101-3 中基础底板后浇带超前止水构造。图 5.21.6、图 5.21.7 为某设计院基础底板及外墙后浇带超前止水构造。

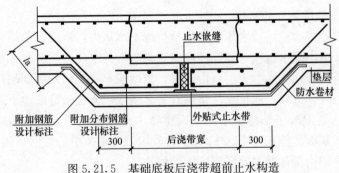

图 5.21.5　基础底板后浇带超前止水构造

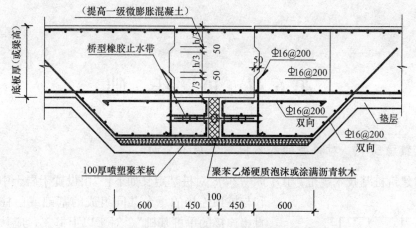

图 5.21.6 底板、基础梁后浇带超前止水构造

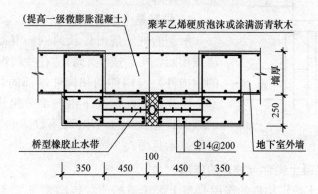

图 5.21.7 地下室外墙后浇带超前止水构造

第6章　桩　基　础

【禁忌 6.1】　对桩基的基本概念掌握不全面

《建筑桩基技术规范》JGJ 94—2008 对桩基定义如下："由设置于岩土中的桩和与桩顶连接的承台共同组成的基础或由柱与桩直接连接的单桩基础"。对于以上概念，应从以下几方面理解。

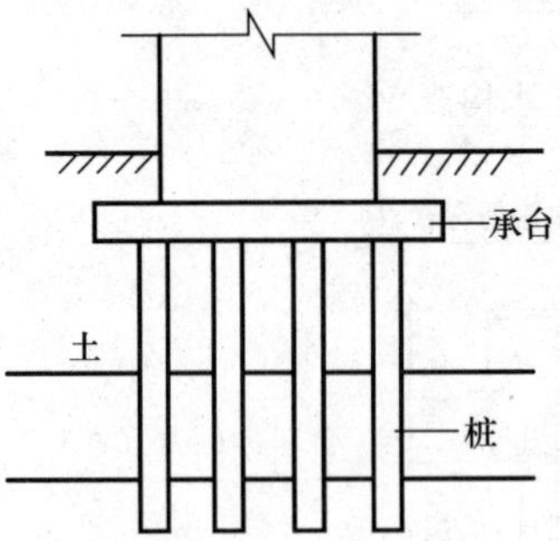

图 6.1.1　桩基示意图

1. 桩基是个组合体

所谓的桩基是由柱状的钢筋混凝土构件（现浇或预制，实心或空心的，有些情况下采用管状的钢构件）与构件侧和构件端部的岩土、承台三部分组成，特殊情况下由两部分组成，即桩与柱的截面直径比大于 2 时可不设承台。如图 6.1.1 为桩基示意图。

2. 钢筋混凝土构件（桩）的作用

钢筋混凝土或钢构件的作用是将上部建筑的荷载传递到与其接触的岩土中，因此其要满足受压、受弯、受剪等传递荷载所需混凝土标号、截面、配筋、长度等要求，同时满足耐久性的要求。

3. 承台的作用

承台的作用是将上部结构（墙、柱）的荷载传递到钢筋混凝土或钢构件（桩）上，因此其要满足传递荷载所需的受弯、受剪、受冲切和钢筋锚固的要求。

4. 桩基承载力的基本概念

桩基承载力和以下因素有关：

1）荷载传递范围内土的分布和性质，一般这是影响承载力的主要因素；

2）钢筋混凝土构件的截面、混凝土强度等级、配筋；

3）承台的刚度和承台底土的性质；

4）钢筋混凝土构件和土的结合状态，如改变钢筋混凝土构件的形状、采用后注浆均能提高承载力；

5）上部结构安全和正常使用对沉降的要求，当沉降不满足要求时，桩基的承载力应降低使用。

5. 桩基沉降的概念

桩基沉降主要由其影响范围内土的变形和混凝土构件自身压缩两部分组成，具体影响因素如下：

1）土层分布和性质，特别是持力层下的土层分布和性质，一般情况下，这是影响沉降量的主要因素；

2）桩长，桩越长荷载传递范围越大，土中应力越低，一般沉降越小；

3）上部结构形式、承台刚度、荷载分布、布桩方式，其主要影响差异沉降；

4）承台土大小、承台底土的性质，相同情况下，承台越大、承台底土越好，桩基沉降越小。

6. 桩基和基桩的概念

桩和与其连接的承台一起称为桩基，群桩基础中的单桩称为基桩。

【禁忌6.2】 不能正确理解桩分类的内涵及作用

桩型一般根据其直径 d 大小、承载力性状、施工工艺对土的影响三方面进行划分。

1. 按桩直径大小划分

按直径大小划分为小直径桩（$d \leqslant 250$mm）、中等直径桩（250mm$< d <$$800$mm）、大直径桩（$d \geqslant 800$mm）三类。桩径的大小影响桩的承载力的发挥，随着桩径的增大，成孔造成的桩侧、桩端土的松弛效应增大，导致大直径桩侧阻力和端阻力明显降低。具体设计中，桩径的大小和配筋率有关，一般情况下，大直径桩取低值，小直径桩取高值。

2. 按承载力性状划分

桩的承载性状与桩端持力层性质、桩的长径比、桩周土层性质、成桩工艺等有关。一般分为摩擦型桩和端承型桩。摩擦型桩分为摩擦桩和端承摩擦桩，端承型桩分为端承桩和摩擦端承桩，具体定义如下：

1）摩擦桩

在承载力能力极限状态下，桩顶竖向荷载由桩侧阻力承受，桩端阻力小到可以忽略不计。

2）端承摩擦桩

在承载力能力极限状态下，桩顶竖向荷载主要由桩侧阻力承受。

3）端承桩

在承载力能力极限状态下，桩顶竖向荷载由桩端阻力承受，桩侧阻力小到可以忽略不计。

4）摩擦端承桩

在承载力能力极限状态下，桩顶竖向荷载主要由桩端阻力承受。

桩按承载力性状划分有以下几方面的作用：

（1）依据基桩竖向承载性状合理配筋，端承桩应通长配筋；

（2）是否考虑承台效应，端承桩不能考虑承台效应，摩擦桩在一定条件下可考虑承台效应；

（3）计算负摩阻力引起的下拉荷载；

（4）制定灌注桩沉渣控制标准和预制桩锤击和静压终止标准等。

3. 按成桩工艺对桩周土的影响划分

桩的承载力主要取决于地基土，因此成桩工艺对土的影响是非常重要的，它影响桩的承载力和沉降。一般按成桩施工工艺对桩周土的影响分为三类：

1）非挤土桩。包括干作业法钻（挖）孔灌注桩、泥浆护壁法钻（挖）孔灌注桩、套管护壁法钻（挖）孔灌注桩。

2）挤土桩。包括沉管灌注桩、沉管夯（挤）扩灌注桩、打入（静压）预制桩、闭口预应力混凝土管桩和闭口钢管桩。

3）部分挤土桩。长螺旋压灌灌注桩、冲孔灌注桩、钻孔挤扩灌注桩、搅拌劲芯（性）桩、预钻孔打入（静压）预制桩、打入（静压）式敞口钢管、敞口预应力混凝土管桩和 H 型钢桩。

成桩过程中有无挤土效应，涉及桩选型、布桩和成桩过程质量控制。成桩过程的挤土效应在饱和黏性土中是负面的，会引发灌注桩断桩、缩颈等质量事故，对于挤土预制混凝土桩和钢桩会导致桩体上浮或倾斜，降低承载力，增大沉降；挤土效应还会造成周边房屋、市政设施受损；在松散土和非饱和填土中则是正面的，会起到加密土体、提高承载力的作用。

对于非挤土桩，由于其既不存在挤土负效应，又具有穿越各种硬夹层、嵌岩和进入各类硬持力层的能力、桩的几何尺寸和单桩的承载力可调空间大等特点。因此使用范围大，尤以高重建筑物更为合适。

【禁忌6.3】 对常用桩施工质量控制要点掌握不全面

桩的施工质量对于桩的承载力、建筑物的沉降和安全至关重要，图 6.3.1 为由于桩施工质量问题造成的桩的承载力不满足要求的实例。图 6.3.1（a）为河北某地嵌岩桩 Q-S 曲线图，从图中可看出桩的承载力离散性大，调查原因是桩底沉渣厚薄不均；图 6.3.1（b）为天津某工程桩 Q-S 曲线图，从图中看出，222 号桩的 Q-S 曲线在前半部分和其他桩类似，后半部分出现刺入破坏，试验后检测桩身质量完好，造成承载力不满足要求的原因应为桩端沉渣过厚。

桩的工程质量问题大部分是施工因素造成的，即不能很好地掌握技术要点和质量控制要求，常用桩的施工控制要点如下。

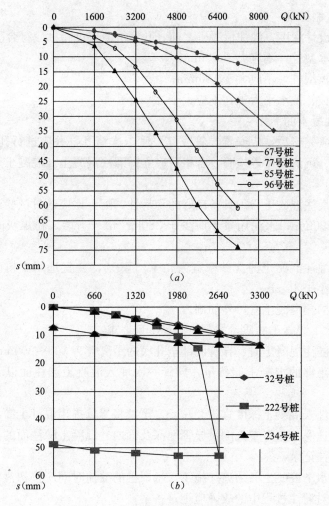

图 6.3.1　桩底沉渣造成桩承载力差异大

1. 泥浆护壁钻（冲）孔灌注桩

对于泥浆护壁钻、冲孔灌注桩，泥浆质量控制、沉渣厚度、水下混凝土灌注是影响桩质量的主要因素。

1）泥浆

（1）施工期间护筒内的泥浆面应高出地下水位 1.0m 以上，在受水位涨落影响时，泥浆面应高出最高水位 1.5m 以上；

（2）在清孔过程中，应不断置换泥浆，直至灌注水下混凝土；

（3）灌注混凝土前，孔底 500mm 以内的泥浆相对密度应小于 1.25；含砂率不得大于 8%；黏度不得大于 28s；

（4）在容易产生泥浆渗漏的土层中应采取维持孔壁稳定的措施。

2）沉渣控制标准

钻孔达到设计深度，灌注混凝土之前，孔底沉渣厚度指标应符合下列规定：

（1）对端承型桩，不应大于 50mm；

（2）对摩擦型桩，不应大于 100mm；

（3）对抗拔、抗水平力桩，不应大于 200mm。

3）水下混凝土的灌注

钢筋笼吊装完毕后，应安置导管或气泵管二次清孔，并应进行孔位、孔径、垂直度、孔深、沉渣厚度等检验，合格后应立即灌注混凝土。混凝土灌注符合下列规定：

（1）水下灌注混凝土必须具备良好的和易性，配合比应通过试验确定；坍落度宜为 180~220mm；水泥用量不应少于 360kg/m³（当掺入粉煤灰时水泥用量可不受此限）；

（2）水下灌注混凝土的含砂率宜为 40%~50%，并宜选用中粗砂；粗骨料的最大粒径应小于 40mm；

（3）水下灌注混凝土宜掺外加剂。

4）灌注水下混凝土的质量控制应满足下列要求：

（1）开始灌注混凝土时，导管底部至孔底的距离宜为 300~500mm；

（2）应有足够的混凝土储备量，导管一次埋入混凝土灌注面以下不应少于 0.8m；

（3）导管埋入混凝土深度宜为 2~6m。严禁将导管提出混凝土灌注面，并应控制提拔导管速度，应有专人测量导管埋深及管内外混凝土灌注面的高差，填写水下混凝土灌注记录；

（4）灌注水下混凝土必须连续施工，每根桩的灌注时间应按初盘混凝土的初凝时间控制，对灌注过程中的故障应记录备案；

（5）应控制最后一次灌注量，超灌高度宜为 0.8~1.0m，凿除泛浆后必须保证暴露的桩顶混凝土强度达到设计等级。

2. 长螺旋钻孔压灌桩

1）施工工艺

长螺旋钻孔压灌桩施工工艺流程如图 6.3.2 所示。

2）常出现的质量问题

长螺旋压灌桩常出现的质量问题如下。

（1）断桩

由于提钻太快，泵送混凝土跟不上提钻速度或者是相邻桩太近串孔造成。

控制措施：

① 保持混凝土灌注的连续性，可以采取加大混凝土泵量，配备储料罐等措施。

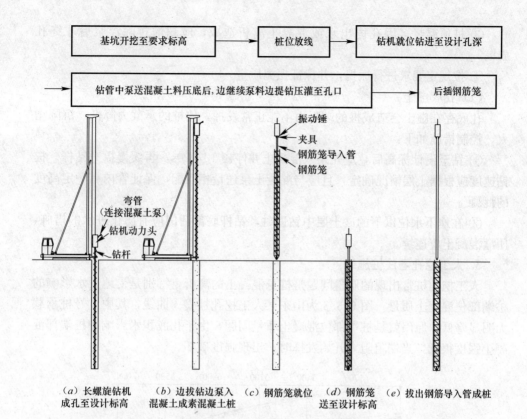

（a）长螺旋钻机　　　（b）边拔钻边泵入　　（c）钢筋笼就位　　（d）钢筋笼　　　（e）拔出钢筋导入管成桩
成孔至设计标高　　混凝土成素混凝土桩　　　　　　送至设计标高

图 6.3.2　长螺旋成桩工艺施工流程

② 严格控制提速，确保中心钻杆内有 0.1m³ 以上的混凝土，如灌注过程中因意外原因造成灌注停滞时间大于混凝土的初凝时间时，应重新成孔灌桩。

（2）桩身混凝土强度不足

压灌桩受泵送混凝土和后插钢筋的技术要求，坍落度一般不小于 18～22cm，因此要求和易性好。配比中一般加粉煤灰，这样混凝土前期强度低，加上粗骨料粒径小，如果不注意对用水量的控制仍容易造成混凝土强度低。控制措施如下：

① 优化粗骨料级配。大坍落度混凝土一般用 0.5～1.5cm 碎石，根据桩径和钢筋长度及地下水情况可以加入部分 2～4cm 碎石，并尽量不要加大砂率。

② 合理选择外加剂。尽量用早强型减水剂代替普通泵送剂。

③ 粉煤灰的选用要经过配比试验以确定掺量，粉煤灰至少应选用 Ⅱ 级灰。

（3）桩头质量问题

多为夹泥、气泡、混凝土不足、浮浆太厚等，一般是由于操作控制不当造成，控制措施如下：

① 及时清除或外运桩口出土，防止下笼时混入混凝土中。

② 保持钻杆顶端气阀开启自如，防止混凝土中积气造成桩顶混凝土含气泡。

③ 桩顶浮浆多因孔内出水或混凝土离析造成，应超灌排除浮浆后才终孔成桩。

④ 按规定要求进行振捣，并保证振捣质量。

（4）孔底虚土

孔底存在虚土会造成桩的端阻力不能正常发挥，使桩的承载力降低，沉降增大，控制措施如下：

① 钻至设计标高后，应先泵入混凝土并停顿 10~20s，再缓慢提升钻杆。提钻速度应根据土层情况确定，且应与混凝土泵送量相匹配，保证管内有一定高度的混凝土。

② 在地下水位以下的砂土层中钻进时，钻杆底部活门应有防止进水的措施，压灌混凝土应连续。

3. 人工挖孔灌注桩施工

人工挖孔桩常出现的质量问题是桩身混凝土的离析，特别是受地下水影响的桩端部位混凝土质量。图 6.3.3 为山东某人工挖孔桩 Q-s 曲线，其中 3 号桩承载力明显降低，原因就是桩端部位混凝土质量问题，由于孔底积水影响，桩端部混凝土强度很低，当端阻阻力开始发挥时，出现强度破坏。

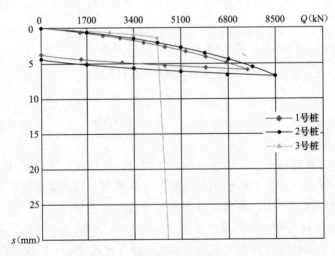

图 6.3.3　某工程人工挖孔桩 Q-s 曲线图

人工挖孔桩施工中应控制以下关键点：

1）挖至设计标高，终孔后应清除护壁上的泥土和孔底残渣、积水，并应进行隐蔽工程验收。验收合格后，应立即封底和灌注桩身混凝土。

2）灌注桩身混凝土时，混凝土必须通过溜槽；当落距超过 3m 时，应采用串筒，串筒末端距孔底高度不宜大于 2m；也可采用导管泵送；混凝土宜采用插入式振捣器振实。

3）当渗水量过大时，应采取场地截水、降水或水下灌注混凝土等有效措施。严禁在桩孔中边抽水边开挖边灌注，包括相邻桩的灌注。

4. 静压沉桩

静压法施工是通过压桩机自重及桩架上的配重作反力将预制桩压入土中的一种沉桩工艺。常出现的施工质量问题包括断桩、浮桩、桩长达不到设计要求，控制要点如下：

1）断桩

压桩过程中经常会遇到桩身断裂、桩顶（底）开裂、接桩处开裂等断桩现象，主要表现在压桩力突变。分析断桩的原因主要有以下几个方面：

（1）碰到孤石或其他障碍物使桩尖偏移造成断桩；由于地质勘察报告中一般不会特别强调浅层障碍物的分布深度和范围，导致沉桩时遇到浅部的旧基础、孤石等障碍物无法施工；

（2）桩身质量达不到规范要求，或桩身质量的均匀性较差；

（3）施工过程中由于斜桩现象或桩端、送桩器不平整导致桩端应力集中，使桩头或接桩部位爆裂；

（4）桩机施工压力值超高；

（5）采用焊接连接时，连接处表面未清理干净，桩端不平整；焊接质量不好；两节桩不在同一条直线上，接桩处产生曲折。

主要采取的防治措施如下：

（1）施工前，应清除地下障碍物，对浅层障碍物采用挖土机挖除；

（2）选用的桩机能量大小应与设计要求、桩径、桩长及地质条件相匹配，即桩机选型、配重应符合施工要求；

（3）每节桩的细长比不宜过大，一般不超过 30；在初沉桩过程中，如发现桩不垂直应及时纠正；

（4）桩在堆放、起吊、运输过程中，应严格按照有关规定或操作规程执行；

（5）控制好桩机施工终止条件，对纯摩擦桩，终止条件宜以设计桩长为控制条件；对端承桩应以终压力达满载值为控制条件；

（6）施工过程中应加强对桩身原材料的检查验收，宜采用小应变等有效的手段检测桩身情况，确定处理方法；

（7）接桩时，要保证上下两节桩在同一轴线上。

2）浮桩

由于静压桩是挤土桩，沉桩时使桩四周的土体结构受到扰动，改变了土体的应力状态，产生挤土效应；在场地桩数量较多、桩距较密的情况下，时常后压的桩会对周围已施工的桩造成较大的跑位，同时已压的桩易产生浮桩现象（特别对于短桩），形成所谓的吊脚桩。浮桩在做静载试验时，开始沉降较大（很容易达到判定桩破坏的沉降值），曲线较陡，但当桩尖达到持力层，承载力又有明显增加，沉降曲线又趋于平缓，这是桩身上抬浮桩的典型曲线。为防止桩挤土效应及上浮，可采取如下措施：

（1）控制布桩密度，对桩距较密部分的管桩可采用预钻孔沉桩方法，孔径约比桩径小 50～100mm，深度宜为桩长的 1/3～1/2，施工时应随钻随打；或采用间隔跳打法，但在施工过程中严禁形成封闭桩；

（2）控制沉桩速率，一般控制在 1m/min 左右；

（3）施工前合理安排压桩顺序，制定有效的沉桩流水路线；

（4）沉桩过程中应加强邻近建筑物、地下管线的观测、监护，对靠近特别重要的管线及建筑物处可改其他桩型；

（5）控制施工过程中停歇时间，避免由于停歇时间过长，摩阻力增大影响桩机施工，造成沉桩困难。

3）桩长达不到设计要求

桩设计时是以最终压力值和最终标高作为施工的最终控制。一般情况下，以一种控制标准为主，另一种控制标准为参考。施工过程中有时沉桩达不到设计的最终控制要求，可采取如下措施：

（1）查明地质条件。探明工程地质情况，必要时应作补勘，正确选择持力层或标高。

（2）压桩力不足。当压力值未能达到设计要求，但桩顶标高已达到设计标高，宜继续送桩（1m 范围内），直至压力值达到设计要求，施工结束后及时与设计单位联系，出具处理方案。

（3）压桩不到位，施工中往往采用引孔压桩的工艺，即先钻比管桩略小规格的直径钻孔，然后将管桩沿预钻孔压下去，但该方法对桩的承载力会产生一定影响；也可以高压旋喷法软化或破坏硬层结构，达到沉桩的目的，但该方法控制桩的垂直度较困难，易造成断桩现象。

【禁忌 6.4】 不能正确理解桩的极限承载力的概念

《建筑桩基技术规范》JGJ 94—2008 对桩的极限承载力定义如下："单桩在竖向荷载作用达到破坏状态前或出现不适于继续承载的变形时所对应的最大荷载，它取决于土对桩的支承阻力和桩身承载力"，对于此概念应从以下几方面理解：

1）桩的极限承载力是实测值，相关规范公式计算出的承载力为预估值，而非真正极限承载力；

2）确定桩的极限承载力的检测标准，是根据经验总结规定的，不同国家的标准和要求存在不一致。按此标准检测得出的极限承载力及采用的安全系数，能满足承载能力极限状态和正常使用极限状态的要求；

3）桩的极限承载力取决于土对桩的支承阻力，如施工工艺存在挤土效应时，应分析试桩和工程桩受挤土效应影响程度的不同，继而判断对极限承载力的影响。

【禁忌 6.5】 不能正确理解和应用规范中有关进入持力层的规定

1. 桩基持力层选择

桩基持力层的选择应满足建筑要求的地基基础承载力、变形和稳定的需要，考虑以下因素：

1）建筑结构类型、层数、荷载情况、对变形的要求，这是选择持力层首先要考虑的问题；

2）土层分布情况，根据土层分布情况，考虑 1）条的需要，选择合适的桩长；

3）考虑施工能力，在满足 1）条的情况下，尽可能选择施工容易的持力层；

4）桩端以下坚实土层的厚度。一般不宜小于 4 倍桩径，嵌岩桩或端承桩桩底下 3 倍桩径范围内应无软弱夹层、断裂带、洞穴和空隙的分布。此外《高层建筑岩土工程勘察规程》JGJ 72—2004 的 8.3.4 条对选择桩端持力层还有如下规定：

"1 持力层宜选择层位稳定、压缩性较低的可塑-坚硬状态黏性土、中密以上的粉土、砂土、碎石土和残积土及不同风化程度的基岩；不宜选择在可液化土层、湿陷性土层或软土层中；

2 当存在相对软弱下卧层时，持力层厚度宜超过 6～10 倍桩径；扩底桩的持力层厚度宜超过 3 倍扩底直径；且均不宜小于 5m。"

2. 进入持力层的深度的确定

桩基设计应选择较硬土层作为桩端持力层，且应进入持力层一定深度。设计者根据勘察报告所给的钻孔柱状图进行桩基承载力计算时，一般先选择几个较硬土层作为备选的桩端持力层，然后再根据桩径、桩长及承载力要求来综合确定最终的桩端持力层。桩径及持力层一经确定，桩长及承载力也就大体确定，差别仅剩桩端进入持力层深度多少的影响。因此，许多设计者认为，既然桩长是按承载力要求算出来的，只要实际桩长能达到设计桩长，桩的承载力就应该能够满足要求。其实不然，这里忽略了一项重要的事实：就是地基土层厚度的不均匀性及土层分界面的起伏性，勘探孔处的土层分布状况并不一定与勘探孔之间的土层分布状况一致。而且很多时候，勘察报告所给的土层分界也不一定就非常准确。所以成桩时只按桩长控制是有风险的，尤其是上下土层承载力差异较大且土层起伏较大时更容易出现承载力不足的问题。所以，一般桩的终孔条件都是双控：既控制桩长、又控制桩端进入持力层的深度。当然，如果上、下土层的承载力无明显差异，则控制桩端进入持力层的深度无多大意义，可仅按桩长控制即可。

《建筑桩基技术规范》JGJ 94—2008 在 3.3.3 条，有关桩进入持力层的深度问题，规定如下：

"5 应选择较硬土层作为桩端持力层。桩端全断面进入持力层的深度，对于黏性土、粉土不宜小于 2d，砂土不宜小于 1.5d，碎石类土不宜小于 1d。当存在软弱下卧层时，桩端以下硬持力层厚度不宜小于 3d。

6 对于嵌岩桩，嵌岩深度应综合荷载、上覆土层、基岩、桩径、桩长诸因素确定；对于嵌入倾斜的完整和较完整岩的全断面深度不宜小于 0.4d 且不小于 0.5m，倾斜度大于 30％的中风化岩，宜根据倾斜度及岩石完整性适当加大嵌岩深度；对于嵌入平整、完整的坚硬岩和较硬岩的深度不宜小于 0.2d，且不应小于 0.2m。"

对于该规范的规定，应从以下几方面理解和应用：

1) 规范规定桩进入持力层的深度的目的，是为了保证桩的承载力和变形满足建筑物的要求；

2) 对于 3.3.3 条 5 款的规定，是桩进入持力层的最小深度，具体设计中可考虑承载力、变形、经济因素，增大进入持力层深度。如持力层上部土层较软，同样的桩径进入持力层提供更高的承载力，可考虑多进入持力层；

3) 对于 3.3.3 条 6 款的规定，应首先考虑是否有必要设计成嵌岩桩，如非嵌岩桩能满足承载力和变形要求，则不要设计成嵌岩桩，切忌不要勘察范围内有基岩就设计成嵌岩桩，应根据实际承载力和变形需要确定。如必须设计成嵌岩桩，则按该款的规定执行。

【禁忌 6.6】 桩基抗震设计时考虑不全面

1. 应注意的主要问题

桩基抗震在《建筑桩基技术规范》JGJ 94—2008 中未作为一个独立课题单列出来，仅在"3.4 特殊条件下的桩基"一节中列出一条（3.4.6 条）给出基本设计原则，但《建筑抗震设计规范》GB 50011—2010 则作为一节给出了比较系统全面的规定。故有关桩基抗震问题必须结合上述两本规范同时进行。在具体工程设计中，应把握以下原则：

1) 首先确定是否要进行桩基抗震承载力验算，如满足抗震规范 4.4.1 条即可免除抗震验算；

2) 当需进行桩基抗震承载力验算时，应考察桩长范围内是否存在液化土层；

3) 非液化土层单桩竖向和水平抗震承载力特征值可比非抗震设计提高 25％，且当承台周围回填土夯填质量满足规定要求时可考虑承台侧面（地下室外墙）填土对水平地震作用的分担；

4) 存在液化土层时，基桩进入液化土层以下稳定土层的长度不应小于桩基规范规定的最小值，桩周摩阻力需按抗震规范折减或扣除，且不宜计入承台周围土的抗力；

5）液化土中的桩基配筋有特殊要求，纵筋长度应满足自桩顶至液化深度以下符合全部消除液化沉陷所要求的深度，其纵向钢筋应与桩顶部相同，箍筋应加密和加粗；

6）液化土中桩基承台周围的回填土有特殊要求，当承台周围为软土和可液化土，且桩基水平承载力不满足要求时，可对外侧土体进行适当加固以提高水平抗力。

2. 规范规定

1）《建筑桩基技术规范》JGJ 94—2008 规定：

"3.4.6 抗震设防区桩基的设计原则应符合下列规定：

1 桩进入液化土层以下稳定土层的长度（不包括桩尖部分）应按计算确定；对于碎石土，砾、粗、中砂，密实粉土，坚硬黏性土尚不应小于（2～3）d，对其他非岩石土尚不宜小于（4～5）d；

2 承台和地下室侧墙周围应采用灰土、级配砂石、压实性较好的素土回填，并分层夯实，也可采用素混凝土回填；

3 当承台周围为可液化土或地基承载力特征值小于 40kPa（或不排水抗剪强度小于 15kPa）的软土，且桩基水平承载力不满足计算要求时，可将承台外每侧 1/2 承台边长范围内的土进行加固；

4 对于存在液化扩展的地段，应验算桩基在土流动的侧向作用力下的稳定性。"

2）《建筑抗震设计规范》GB 50011—2010 规定：

"4.4.2 非液化土中低承台桩基抗震验算，应符合下列规定：

1 单桩的竖向和水平向抗震承载力特征值，可均比非抗震设计时提高 25%。

2 当承台周围的回填土夯实至干密度不小于现行国家标准《建筑地基基础设计规范》GB 50007 对填土的要求时，可由承台正面填土与桩共同承担水平地震作用；但不应计入承台底面与地基土间的摩擦力。

4.4.3 存在液化土层的低承台桩基抗震验算，应符合下列规定：

1 承台埋深较浅时，不宜计入承台周围土的抗力或刚性地坪对水平地震作用的分担作用。

2 当桩承台底面上、下分别有厚度不小于 1.5m、1.0m 的非液化土层或非软弱土层时，可按下列二种情况进行桩的抗震验算，并按不利情况设计：

1）桩承受全部地震作用，桩承载力按本规范第 4.4.2 条取用，液化土的桩周摩阻力及桩水平抗力均应乘以表 4.4.3 的折减系数。

土层液化影响折减系数

表 4.4.3

实际标贯锤击数/临界标贯锤击数	深度 d_s（m）	折减系数
≤0.6	$d_s≤10$	0
	$10<d_s≤20$	1/3
>0.6～0.8	$d_s≤10$	1/3
	$10<d_s≤20$	2/3
>0.8～1.0	$d_s≤10$	2/3
	$10<d_s≤20$	1

2）地震作用按水平地震影响系数最大值的 10％采用，桩承载力仍按本规范第 4.4.2 条 1 款取用，但应扣除液化土层的全部摩阻力及桩承台下 2m 深度范围内非液化土的桩周摩阻力。

3 打入式预制桩及其他挤土桩，当平均桩距为 2.5～4 倍桩径且桩数不少于 5×5 时，可计入打桩对土的加密作用及桩身对液化土变形限制的有利影响。当打桩后桩间土的标准贯入锤击数值达到不液化的要求时，单桩承载力可不折减，但对桩尖持力层作强度校核时，桩群外侧的应力扩散角应取为零。打桩后桩间土的标准贯入锤击数宜由试验确定，也可按下式计算：

$$N_1 = N_p + 100\rho(1 - e^{-0.3N_p}) \qquad (4.4.3)$$

式中　N_1——打桩后的标准贯入锤击数；

　　　ρ——打入式预制桩的面积置换率；

　　　N_p——打桩前的标准贯入锤击数。

4.4.4　处于液化土中的桩基承台周围，宜用密实干土填筑夯实，若用砂土或粉土则应使土层的标准贯入锤击数不小于本规范第 4.3.4 条规定的液化判别标准贯入锤击数临界值。

4.4.5　液化土和震陷软土中桩的配筋范围，应自桩顶至液化深度以下符合全部消除液化沉陷所要求的深度，其纵向钢筋应与桩顶部相同，箍筋应加粗和加密。

4.4.6　在有液化侧向扩展的地段，桩基除应满足本节中的其他规定外，尚应考虑土流动时的侧向作用力，且承受侧向推力的面积应按边桩外缘间的宽度计算。"

3. 关于承台（地下室外墙）侧面填土与桩共同承担水平地震作用的问题

根据上述抗震规范 4.4.2 条，非液化土中低承台桩基的抗震验算可考虑承台（地下室外墙）侧面的回填土的分担，一般有三种处理方法：

1）假定由桩承担全部地震水平力；

2）假定由承台（地下室外墙）侧面的回填土承担全部地震水平力；

3）由桩、土共同分担地震水平力。从目前的统计资料可看出，桩完全不承担地震水平力的假定偏于不安全，而由桩承受全部地震力的假定又过于保守，因此考虑承台（地下室外墙）侧面填土与桩共同承担水平地震作用，具有既安全又经济的效果。可由经验公式求出分担比，或用 m 法求抗力或由有限元法计算。一般来说，桩负担的地震力宜在（0.3～0.9）V_0 之间取值。

【禁忌 6.7】 不能正确理解群桩效应

1. 群桩的工作特点

对于群桩基础，作用于承台上的荷载实际上是由桩和地基土共同承担，由于承台、桩、地基土的相互作用情况不同，使桩端、桩侧阻力和地基土的阻力因桩基类型而异。

1）端承型群桩基础

由于端承型桩基持力层坚硬，如嵌岩桩，桩顶沉降较小，桩侧摩阻力不易发挥，桩顶荷载基本上通过桩身直接传到桩端处土层上。而桩端处承压面积很小，各桩端的压力彼此互不影响（见图 6.7.1），因此可近似认为端承型群桩基础中各基桩的工作性状

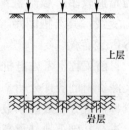

图 6.7.1　端承型群桩基础

与单桩基本一致；同时，由于桩的变形很小，桩间土基本不承受荷载，群桩基础的承载力就等于各单桩的承载力之和；群桩的沉降量也与单桩基本相同，即群桩效应系数 $\eta = 1$。

2）摩擦型群桩基础

摩擦型群桩主要通过每根桩桩侧的摩擦阻力将上部荷载传递到桩周及桩端土层中。且一般假定桩侧摩阻力在土中引起的附加应力 σ_z 按某一角度，沿桩长向下扩散分布，至桩端平面处，压力分布如图 6.7.2 所示。当桩数少，桩距 s_a 较大时，例如 $s_a > 6d$，桩端平面处各桩传来的压力互不重叠或重叠不多（图 6.7.2（a）），此时群桩中各桩的工作情况与单桩的一致，故群桩的承载力等于各单桩承载力之和。但当桩数较多，桩距较小时，例如常用桩距 $s_a = (3～4)d$ 时，桩端处地基中各桩传来的压力将互相重叠（图 6.7.2（b）），桩端处压力比单桩时大得多，桩端以下压缩土层的厚度也比单桩要深，此时群桩中各桩的工作状态与单桩的迥然不同，其承载力小于各单桩承载力之总和，沉降量则大于单桩的沉降量，即所谓群桩效应。显然，若限制群桩的沉降量与单桩沉降量相同，则群桩中每一根桩的平均承载力就比单桩时要低。即群桩效应系数 $\eta < 1$。

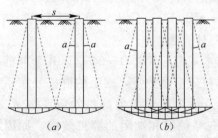

图 6.7.2　摩擦型群桩桩端平面上的压力分布

但是国内外大量工程实践和试验研究结果表明，采用单一的群桩效应系数不能正确反映群桩基础的工作状况，其低估了群桩基础的承载能力。其原因是：群桩基础的沉降量只需满足建筑物桩基变形允许值的要求，无需按单桩的沉降量控制；群桩基础中的一根桩与单桩的工作条件不同，其极限承载力也不一样。由于群桩基础成桩时桩侧土体受挤密的程度高，潜在的侧阻大，桩间土的竖向变形量比单桩时大，故桩与土的相对位移减小，影响侧阻力的发挥。通常，砂土和粉土中的桩基，群桩效应使桩的侧阻力提高；而黏性土中的桩基，在常见桩距下，群桩效应往往使侧阻力降低。考虑群桩效应后，桩端平面处压应力增加较多，极限桩端阻力相应提高。因此群桩基础中桩的极限承载力确定极为复杂，其与桩间距、土质、桩数、桩径、入土深度以及桩的类型和排列方式等因素有关。

目前工程上考虑群桩效应的方法有两种：一种是以概率极限设计为指导，通过实测资料的统计分析对群桩内每根桩的侧阻力和端阻力分别乘以群桩效应系数，称群桩分项效应系数法；另一种是把承台、桩和桩间土视为一假想的实体基础，进行基础下地基承载力和变形验算，称实体基础法。

关于群桩承载力，理论上存在如下关系：

(1) 端承桩群桩承载力等于各单桩承载力之和，其沉降也等于单桩沉降。

(2) 摩擦桩的群桩承载力一般不等于各单桩承载力之和：

① 对在黏土中的群桩承载力小于各单桩承载力之和；

② 对在松散到中密的砂土中的群桩承载力大于各单桩承载力之和；

③ 对在密实的砂土中的群桩承载力小于各单桩承载力之和。

但体现在各国规范中，处理方法却不尽相同。

欧洲规范 Eurocode 7：2004 计算群桩承载力时仅仅简单地将群桩外缘所围成的复合体作为单桩去计算承载力（端阻加侧阻），且不大于各单桩承载力之和。美国 ASCE 20—96 与欧洲规范的做法相同。英国规范 BS 8004 则按端承桩（nQ）、黏性土中摩擦桩（$<nQ$）及非黏性土中摩擦桩（$>nQ$）分别考虑，这一点与中国规范（JGJ 94—94）类似，但英国规范对群桩承载力的具体算法与欧洲规范是相同的；美国前 UBC97（1997 Uniform Building Code）及现行 IBC2006 均仅考虑群桩的折减效应，但二者均未给出具体算法。

需要注意的是：中国规范《建筑桩基技术规范》JGJ 94—94 是以几个群桩效应系数来体现群桩效应的。包括侧阻的群桩效应系数 η_s，端阻的群桩效应系数 η_p，侧阻、端阻的综合群桩效应系数 η_{sp} 及承台底土阻力群桩效应系数 η_c。但《建筑桩基技术规范》JGJ 94—2008 则忽略侧阻和端阻的群桩效应。原因如下：

影响桩基的竖向承载力的因素包含三个方面，一是基桩的承载力；二是桩土相互作用对于桩侧阻力和端阻力的影响，即侧阻和端阻的群桩效应；三是承台底土抗力分担荷载效应。对于第二个方面，在《建筑桩基技术规范》JGJ 94—94 中规定了侧阻的群桩效应系数 η_s，端阻的群桩效应系数 η_p。所给出的 η_s、η_p 源自不同土质中的群桩试验结果。其总的变化规律是：对于侧阻力，在黏性土中因群桩效应而削弱，即非挤土桩在常用桩距条件下 η_s 小于 1，在非密实的粉土、砂土中因群桩效应产生沉降硬化而增强，即 η_s 大于 1；对于端阻力，在黏性土和非黏性土中，均因相邻桩桩端土互逆的侧向变形而增强，即 $\eta_p > 1$。但侧阻、端阻的综合群桩效应系数 η_{sp} 对于非单一黏性土大于 1，单一黏性土当桩距为 $3 \sim 4d$ 时略小于 1。计入承台土抗力的综合群桩效应系数略大于 1，非黏性土群桩较黏性土更大一些。就实际工程而言，桩所穿越的土层往往是两种以上性质土层交互出现，且水平向变化不均，由此计算群桩效应确定承载力较为繁琐。另据美国、英国规范规定，当桩距 $s_a \geqslant 3d$ 时不考虑群桩效应。JGJ 94—2008 第 3.3.3 条所规定的最小桩距除桩数少于 3 排和 9 根桩的非挤土端承桩群外，其余均不小于 $3d$。鉴于此，JGJ 94—2008 关于侧阻和端阻的群桩效应不予考虑，即取 $\eta_s = \eta_p = 1$。这样处理，方便设计，多数情况下可留给工程更多安全储备。对单一黏性土中的小桩距低承台桩基，不应再另行计入承台效应。

关于群桩沉降变形的群桩效应，由于桩-桩、桩-土、土-桩、土-土的相互作用导致桩群的竖向刚度降低，压缩层加深，沉降增大，则是概念设计布桩应考虑的问题。

图 6.7.3～图 6.7.6 是 Plaxis（国际上比较通用的一种岩土工程有限元分析软件）高级教程所提供的试验模型及成果曲线。

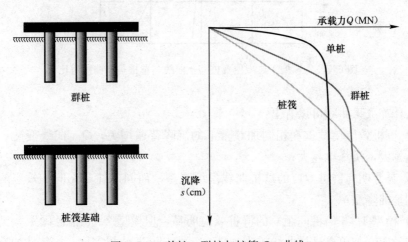

图 6.7.3　单桩、群桩与桩筏 Q-s 曲线

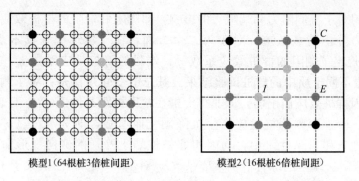

模型1(64根桩3倍桩间距)　　　　模型2(16根桩6倍桩间距)

图 6.7.4　桩长 30m，桩径 1.5m，正方形筏板 50m×50m

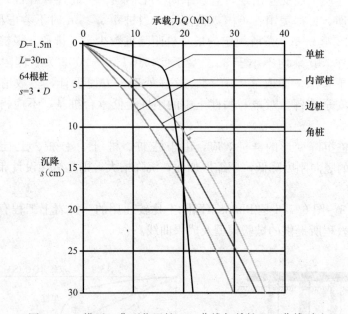

图 6.7.5　模型 1 典型位置桩 $Q\text{-}s$ 曲线与单桩 $Q\text{-}s$ 曲线对比

从计算成果曲线可以看出：

1）群桩效应使试桩在相同加载量下的沉降普遍增大，$Q\text{-}s$ 曲线变陡，且群桩效应越大，沉降也越大；

2）具有明显群桩效应的试桩曲线呈缓变型，而同条件下无群桩效应的试桩曲线则呈陡降型；

3）模型 1（3 倍桩间距）的群桩效应明显，但模型 2（6 倍桩间距）则基本无群桩效应，与单桩试桩曲线较为吻合。而据 Plaxis 公司宣称，该软件的有限元模拟分析结果与试桩结果有较高的相似性，有条件的读者不妨尝试一下。

224

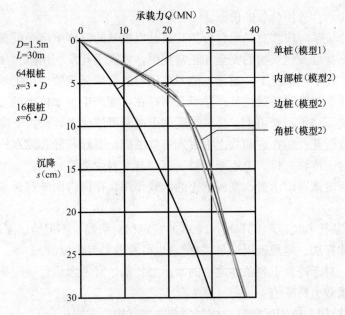

图 6.7.6 模型 2 典型位置桩 Q-s 曲线与模型 1 中间桩 Q-s 曲线对比

【禁忌 6.8】 对复合桩基基本原理和应用条件不清楚

桩基在荷载作用下，由桩和承台底地基土共同承担荷载，构成复合桩基（见图 6.8.1）。复合桩基中基桩的承载力含有承台底的土阻力，故称为复合基桩。承台底分担荷载的作用随桩群相对于承台底土向下位移幅度的加大而增强。为了保证台底与土保持接触而不脱开，并提供足够的土阻力，则桩端必须贯入持力层促使群桩整体下沉。此外，桩身受荷压缩，产生桩-土相对滑移，也使底反力增加。

研究表明，承台底土反力比平板基础底面下的土反力要低（由于桩侧土因桩的竖向位移而发生剪切变形所致），其大小及分布形式，随桩顶荷载水

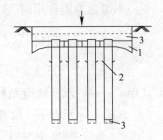

图 6.8.1 复合桩基示意图
1—台底土反力；2—上层土位移；
3—桩端贯入、桩基整体下沉

平、桩长径比、承台底和桩端土质、承台刚度以及桩群的几何特征等因素而变化。通常，台底分担荷载的比例可从百分之十几至百分之五十左右。

刚性承台底面土反力呈马鞍形分布。若以桩群外围包络线为界，将承台底面积分为内、外两区，则内区反力比外区小而且比较均匀，桩距增大时内外区反力差明显降低。承台底分担的荷载总值增加时，反力的塑性重分布不显著而保持反力图式基本不变。利用承台底反力分布的上述特征，可以通过加大外区与内区的

面积比来提高承台分担荷载的份额。

设计复合桩基时应注意，承台分担荷载是以桩基的整体下沉为前提，故只有在桩基沉降不会危及建筑物的安全和正常使用，才宜于开发利用承台底土反力的潜力。因此，在下列情况下，通常不能考虑承台的荷载分担效应：①承受经常出现的动力作用，如铁路桥梁桩基；②承台下存在可能产生负摩擦力的土层，如湿陷性黄土、欠固结土、新填土、高灵敏度软土以及可液化土，或由于降水地基土固结而与承台脱开；③在饱和软土中沉入密集桩群，引起超静孔隙水压力和土体隆起，随着时间推移，桩间土逐渐固结下沉而与承台脱离等。

关于是否应该考虑承台、筏板下土的承载作用，在国内国外都是一个极具争议性的课题。

《建筑桩基技术规范》JGJ 94—2008 的规定相对明确，不但给出了适用条件，也提供了具体算法。但规范用词是"宜"，也可看做是有所保留。

"5.2.4　对于符合下列条件之一的摩擦型桩基，宜考虑承台效应确定其复合基桩的竖向承载力特征值：

1　上部结构整体刚度较好、体型简单的建（构）筑物；

2　对差异沉降适应性较强的排架结构和柔性构筑物；

3　按变刚度调平原则设计的桩基刚度相对弱化区；

4　软土地基的减沉复合疏桩基础。

5.2.5　考虑承台效应的复合基桩竖向承载力特征值可按下列公式确定：

不考虑地震作用时

$$R = R_a + \eta_c f_{ak} A_c \tag{5.2.5-1}$$

考虑地震作用时

$$R = R_a + \frac{\zeta_a}{1.25} \eta_c f_{ak} A_c \tag{5.2.5-2}$$

$$A_c = (A - nA_{ps})/n \tag{5.2.5-3}$$

式中　η_c——承台效应系数，可按表5.2.5取值；

f_{ak}——承台下 1/2 承台宽度且不超过 5m 深度范围内各层土的地基承载力特征值按厚度加权的平均值；

A_c——计算基桩所对应的承台底净面积；

A_{ps}——桩身截面面积；

A——承台计算域面积；对于柱下独立桩基，A 为承台总面积；对于桩筏基础，A 为柱、墙筏板的 1/2 跨距和悬臂边 2.5 倍筏板厚度所围成的面积；桩集中布置于单片墙下的筏形基础，取墙两边各 1/2 跨距所围成的面积，按条形承台计算 η_c；

ζ_a——地基抗震承载力调整系数，应按现行国家标准《建筑抗震设计规范》GB 50011 采用。"

美国 IBC2006 明确规定不考虑承台下土的承载作用（原文：IBC 2006—

1808.2.4 Pile caps. The soil immediately below the pile cap shall not be considered as carrying any vertical load)。

早期的英国规范 BS 8004 虽提及承台下土的承载作用但只是适当考虑，未给出具体算法。作为欧洲统一标准的欧洲地基基础规范（Eurocode 7：Geotechnical Design EN 1997-1：2004，以下简称 Eurocode 7：2004）未提及承台下土的承载作用，故可以理解为不考虑。

【禁忌6.9】 减沉复合疏桩基础的不适当应用

软土地区多层建筑，若采用天然地基，其承载力许多情况下满足要求，但最大沉降往往过大，沉降时间过长。一些建筑差异变形超过允许值，引发墙体开裂者多见。20 世纪 90 年代以来，首先在上海采用以减小沉降为目标的疏布小截面预制桩复合桩基，简称为减沉复合疏桩基础，上海称其为沉降控制复合桩基。近年来，这种减沉复合疏桩基础在温州、天津等地也相继应用。

对于减沉复合疏桩基础应用中要注意把握三个关键技术：

1）桩端持力层不应是坚硬岩层、密实砂、卵石层，以确保基桩受荷能产生刺入变形，承台底基土能有效分担很大份额的荷载；

2）桩距应在 $5d\sim6d$ 以上，使桩间土受桩牵连变形较小，确保桩间土较充分发挥承载作用；

3）由于基桩数量少而疏，成桩质量可靠性应严加控制。

《建筑桩基技术规范》JGJ 94—2008 规定：

"5.6.1 当软土地基上多层建筑，地基承载力基本满足要求（以底层平面面积计算）时，可设置穿过软土层进入相对较好土层的疏布摩擦型桩，由桩和桩间土共同分担荷载。该种减沉复合疏桩基础，可按下列公式确定承台面积和桩数：

$$A_c = \xi \frac{F_k + G_k}{f_{ak}} \qquad (5.6.1-1)$$

$$n \geqslant \frac{F_k + G_k - \eta_c f_{ak} A_c}{R_a} \qquad (5.6.1-2)$$

式中 A_c——桩基承台总净面积；

f_{ak}——承台底地基承载力特征值；

ξ——承台面积控制系数，$\xi \geqslant 0.60$；

n——基桩数；

η_c——桩基承台效应系数，可按本规范表 5.2.5 取值。"

目前上海地区沉降控制复合桩基中的桩，多采用桩身截面边长 250mm、长细比在 80 左右的预制混凝土小桩，同时工程中实际应用的平均桩距一般在 5～6 倍桩径以上。主要用于较深厚软弱地基上，以沉降控制为主的八层以下多层建筑物。

【禁忌 6.10】 不考虑实际情况，一律按长径比区分桩和墩

在实际工程中，桩基和墩基如何判别，一直困扰着部分工程技术人员，也引起了学术界的一些争论。二者最大的区别在于以下两方面，一是端阻力取值问题，桩的端阻力一般取值要远大于墩；二是是否考虑侧摩阻力问题，桩需考虑侧摩阻力，墩一般不考虑侧摩阻力。其本质是承载力如何估算，最终影响工程造价问题。

一些手册或教科书上给出桩以 6m 为限、一些提出以长径比 6 为限。对于这些观点，客观说有其代表性和适用条件，如以此作为全国的标准则可能存在一定的问题。具体应用中注意几点：

1）桩和墩争论的焦点是设计时承载力的估算方法问题，而桩或墩的承载力应以实际检测为主，如估算结果和实测结果差异很大，则估算方法存在问题，即假定的桩和墩的划分存在问题。

2）对于非嵌岩桩，判别桩和墩与土层分布和性质有很大关系，因为其破坏模式和土层分布和性质有关。可根据土层分布、性质、桩长、桩的长径比确定桩和墩的界限。据此可推断，一些手册给出桩和墩的划分方法应是据此而来。

3）对于嵌岩桩，除考虑桩长、桩的长径比之外，应注意区分嵌岩深度和岩石强度。当嵌岩较浅，桩长短时，可考虑按墩计算；当桩嵌入岩石深度较大时，岩体与桩的侧摩阻力很大，应按桩计算。

《建筑地基基础设计规范》GB 50007—2011 在 8.5.6 条 5 款规定：

"5 桩端嵌入完整及较完整的硬质岩中，当桩长较短且入岩较浅时，可按下式估算单桩竖向承载力特征值：

$$R_a = q_{pa} A_p \tag{8.5.6-2}$$

式中 q_{pa}——桩端岩石承载力特征值（kPa）。"

在 5.2.6 条对岩石承载力特征值规定如下：

"对完整、较完整和较破碎的岩石地基承载力特征值，也可根据室内饱和单轴抗压强度按下式进行计算：

$$f_a = \psi_r \cdot f_{rk} \tag{5.2.6}$$

式中 f_a——岩石地基承载力特征值（kPa）；

f_{rk}——岩石饱和单轴抗压强度标准值（kPa），可按本规范附录 J 确定；

ψ_r——折减系数。根据岩体完整程度以及结构面的间距、宽度、产状和组合，由地方经验确定。无经验时，对完整岩体可取 0.5；对较完整岩体可取 0.2～0.5；对较破碎岩体可取 0.1～0.2。"

从以上《建筑地基基础设计规范》GB 50007—2011 的公式可看出，当桩长较短且入岩较浅时，没有考虑侧摩阻力，按墩基础考虑。当嵌入岩石较多时，地基基础设计规范在对应的条文说明里补充如下："嵌岩桩并不是不存在侧阻力，有时侧阻力和嵌岩阻力占有很大比例。"因此，对于嵌入岩石较多的桩，应按桩基计算承载力，建议按《建筑桩基技术规范》JGJ 94—2008 的规定计算。

【禁忌6.11】 计算桩承载力时，忽略负摩阻力的影响

1. 负摩阻力的一般概念

负摩阻力是桩基设计中容易被忽略因素，其存在的原因及条件，在理论界也是个颇具争议性的课题。

要确定桩侧负摩阻力的大小，首先就得确定产生负摩阻力的深度及其强度大小。桩身负摩阻力并不一定发生于整个软弱压缩土层中，而是在桩周土相对于桩产生下沉的范围内，它与桩周土的压缩、固结、桩身压缩及桩底沉降等直接相关。图 6.11.1 给出了桩穿过软弱压缩土层而达到坚硬土层的竖向荷载传递情况。由图可见，在深度 O 以上，桩周土相对于桩侧向下位移，桩侧摩阻力向下，为负摩阻力；在深度 O 以下，桩截面相对于桩周土向上位移，桩侧摩阻力向上，为正摩阻力；而在深度 O 处桩周土与桩截面沉降相等，两者无相对位移发生，其摩阻力为零，这个摩阻力为零的面称为中性面。图（c）和（d）分别为桩侧摩阻力和桩身轴力的分布曲线，其中 F_n 为负摩阻力引起的桩身最大轴力，或称下拉荷载；F_p 为总的正摩阻力。在中性面处桩身轴力达到最大值（$Q+F_n$），而桩端总阻力则等于 $Q+(F_n-F_p)$。

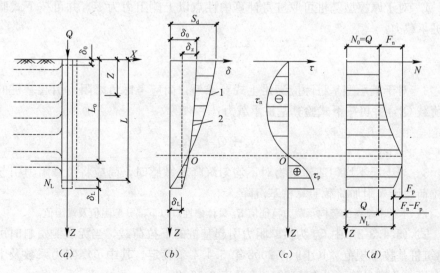

图 6.11.1 单桩在产生负摩阻力时的荷载传递

2. 我国规范的有关规定

《建筑桩基技术规范》JGJ 94—2008 规定：

"3.4.7 可能出现负摩阻力的桩基设计原则应符合下列规定：

1 对于填土建筑场地，宜先填土并保证填土的密实性，软土场地填土前应采取预设塑料排水板等措施，待填土地基沉降基本稳定后方可成桩；

2 对于有地面大面积堆载的建筑物，应采取减小地面沉降对建筑物桩基影响的措施；

3 对于自重湿陷性黄土地基，可采用强夯、挤密土桩等先行处理，消除上部或全部土的自重湿陷；对于欠固结土宜采取先期排水预压等措施；

4 对于挤土沉桩，应采取消减超孔隙水压力、控制沉桩速率等措施；

5 对于中性点以上的桩身可对表面进行处理，以减少负摩阻力。"

"5.4.2 符合下列条件之一的桩基，当桩周土层产生的沉降超过基桩的沉降时，在计算基桩承载力时应计入桩侧负摩阻力：

1 桩穿越较厚松散填土、自重湿陷性黄土、欠固结土、液化土层进入相对较硬土层时；

2 桩周存在软弱土层，邻近桩侧地面承受局部较大的长期荷载，或地面大面积堆载（包括填土）时；

3 由于降低地下水位，使桩周土有效应力增大，并产生显著压缩沉降时。

5.4.3 桩周土沉降可能引起桩侧负摩阻力时，应根据工程具体情况考虑负摩阻力对桩基承载力和沉降的影响；当缺乏可参照的工程经验时，可按下列规定验算。

1 对于摩擦型基桩可取桩身计算中性点以上侧阻力为零，并可按下式验算基桩承载力：

$$N_k \leqslant R_a \qquad\qquad (5.4.3\text{-}1)$$

2 对于端承型基桩除应满足上式要求外，尚应考虑负摩阻力引起基桩的下拉荷载 Q_g^n，并可按下式验算基桩承载力：

$$N_k + Q_g^n \leqslant R_a \qquad\qquad (5.4.3\text{-}2)$$

3 当土层不均匀或建筑物对不均匀沉降较敏感时，尚应将负摩阻力引起的下拉荷载计入附加荷载验算桩基沉降。

注：本条中基桩的竖向承载力特征值 R_a 只计中性点以下部分侧阻值及端阻值。"

式（5.4.3-2）中 Q_g^n 为负摩阻力引起基桩的下拉荷载，当无实测资料时可按《建筑桩基技术规范》JGJ 94—2008 第 5.4.4 条确定。其中负摩阻力系数及中性点深度是关键参数，可查表 6.11.1 及表 6.11.2。

负摩阻力系数 ξ_n 表 6.11.1

土　类	ξ_n
饱和软土	0.15～0.25
黏性土、粉土	0.25～0.40
砂土	0.35～0.50
自重湿陷性黄土	0.20～0.35

中性点深度 l_n 表 6.11.2

持力层性质	黏性土、粉土	中密以上砂	砾石、卵石	基　岩
中性点深度比 l_n/l_0	0.5～0.6	0.7～0.8	0.9	1.0

对于桩基规范 3.4.7 条的执行应注意以下三点：

1）对于填土建筑场地，宜先填土后成桩，为保证填土的密实性，应根据填料及下卧层性质，对低水位场地应分层填土分层辗压或分层强夯，压实系数不应小于 0.94。为加速下卧层固结，宜采取插塑料排水板等措施。

2）室内大面积堆载常见于各类仓库、炼钢、轧钢车间，由堆载引起上部结构开裂乃至破坏的事故不少。要防止堆载对桩基产生负摩阻力，对堆载地基进行加固处理是措施之一，但造价往往偏高。对与堆载相邻的桩基采用刚性排桩进行隔离，对预制桩表面涂层处理等都是可供选用的措施。

3）对于自重湿陷性黄土，采用强夯、挤密土桩等处理，消除土层的湿陷性，属于防止负摩阻力的有效措施。

3. 国外有关理论与实践

与传统理论对负摩擦的认识不同，Bent H. Fellenius（参考著作《*Basics of Foundation Design*》）认为，无论桩周土的沉降有多小，桩周土都存在相对于桩的沉降，从而通过负摩擦对桩产生一个下拉力，因而，中性面及负摩擦引起的下拉力不是在某些情况下才发生的特例，而是一种无条件的普遍存在（唯一的例外是桩在膨胀土层的区段）。这一理论重要的论据是在负摩擦产生的原因上，Fellenius 认为，除了土在自重下的压缩、桩周土在荷载下的沉降、地下水位降低、土的固结等产生负摩擦的传统因素外，施工期间对土的扰动及受扰动土的二次固结是产生负摩擦不可避免的原因。

中性面（我国桩基规范称为中性点），即是正负摩擦的界限，中性面以上均为负摩擦，中性面以下均为正摩擦。端阻所占比例越大，中性面的位置越低，比如嵌岩桩，桩端底面以下土层不会产生压缩变形，桩端也不会发生塑性刺入，故桩顶竖向位移产生的唯一原因就是桩的弹性压缩，很显然，由于桩体材料弹性模量远较土的压缩模量为高，故在全桩长范围内的任一水平截面，土的沉降必定大于桩的弹性压缩变形，故而负摩阻力将存在于嵌岩面以上的所有桩长范围，中性面低至嵌岩面的位置；恒荷载所占比例越大，中性面的位置越高。

图 6.11.2 所示为中性面的形成与定义，及其与荷载、承载力之间的关系。图中两条曲线交叉处所在平面即为中性面。其中 Q_d 为作用于桩顶的恒荷载，Q_n 为桩周的负摩阻力，R_t 为桩端阻力，R_s 为桩侧正摩阻力。文献《*Basics of Foundation Design*》与我国工程界及理论界认识不同之处有三点：

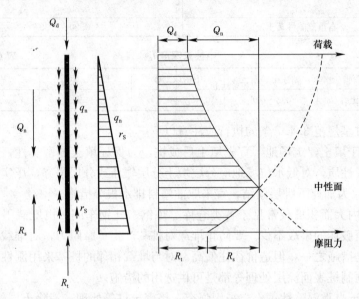

图 6.11.2 中性面的形成与定义

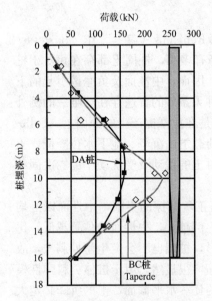

图 6.11.3 试桩前桩身内的
残余荷载（Residual Load）

1）负摩阻力及其引起的下拉荷载是一种普遍存在而不是仅仅发生在欠固结土或其他软弱土层中；

2）在桩身施加竖向荷载前（包括试桩），桩身存在残余荷载（residual load）及其相互作用下的正、负摩阻力，且正、负摩阻力互相平衡，如图 6.11.3 所示；

3）在中性面处，桩身轴力的荷载组合仅考虑恒载与负摩阻力引起的下拉荷载的组合，不考虑活荷载的作用（认为活荷载与负摩阻力引起的下拉荷载不能同时发生）。

4. 算例

某端承灌注桩桩径 1.0m，桩长 22m，桩周土性参数如图 6.11.4 所示，地面大面积堆载 $p = 60$kPa，桩周软弱土层下限深度为 20m，试按《建筑桩基技术规范》JGJ 94—

2008 计算负摩阻力产生的下拉荷载标准值。

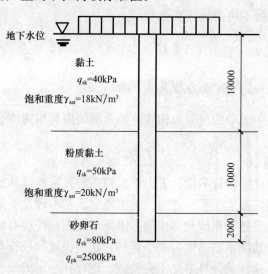

图 6.11.4　负摩阻力计算示意图

【解答】：持力层为砂卵石，中性点深度比 l_n/l_0 可取 0.8，黏性土负摩阻力系数 ξ_{n1} 取为 0.3，粉质黏土负摩阻力系数 ξ_{n2} 取为 0.35，负摩阻力群桩效应系数 η_n 取为 1.0。

根据《建筑桩基技术规范》JGJ 94—2008 第 5.4.4 条计算如下：

中性点深度：

$$l_n = 0.8l_0 = 0.8 \times 20 = 16\text{m}$$

故 $\Delta z_1 = 10\text{m}$，$\Delta z_2 = 6\text{m}$。

中性点以上单桩桩周各层土平均竖向有效应力：

$$\sigma_i' = p + \sigma_{\gamma i}'$$

$$\sigma_{\gamma i}' = \sum_{m=1}^{i-1} \gamma_m \Delta z_m + \frac{1}{2} \gamma_i \Delta z_i$$

则

$$\sigma_1' = p + \frac{1}{2} \gamma_1 \Delta z_1 = 60 + \frac{1}{2} \times (18-10) \times 10 = 100\text{kPa}$$

$$\sigma_2' = p + \gamma_1 \Delta z_1 + \frac{1}{2} \gamma_2 \Delta z_2 = 60 + (18-10) \times 10 + \frac{1}{2} \times (20-10) \times 6 = 170\text{kPa}$$

中性点以上单桩桩周各层土负摩阻力标准值：

$$q_{si}^n = \xi_{ni} \sigma_i'$$

则

$$q_{s1}^n = \xi_{n1} \sigma_1' = 0.3 \times 100 = 30\text{kPa} < q_{s1k} = 40\text{kPa}$$

$$q_{s2}^n = \xi_{n2} \sigma_2' = 0.35 \times 170 = 59.5\text{kPa} > q_{s2k} = 50\text{kPa}$$

取 $q_{s2}^n = 50\text{kPa}$

负摩阻力产生的下拉荷载标准值 Q_g^n 为

$$Q_g^n = \eta_n \cdot u \sum_{i=1}^{n} q_{si}^n l_i = 1.0 \times 3.14 \times 1.0 \times (30 \times 10 + 50 \times 6) = 1884\text{kN}$$

【禁忌 6.12】 桩身承载力验算考虑不全面

桩作为一个置于土中的混凝土构件，和上部结构其他构件一样，要满足材料强度要求。

1. 存在的问题

在实际工程设计中，许多设计者出于无知或对其重要性认识不足，加之对设计软件的过度依赖，丧失了手算能力，基本概念、基本理论不是随着工作经验的增长而增长，相反是越来越淡化、模糊。因此当遇到软件没有涵盖的功能或设计者对软件的该部分功能不熟悉而需要手算时，这些设计师往往有意或无意忽略桩身承载力的验算。这样的计算书是不完整的，也存在一定的安全隐患。也有资深工程师，虽然进行了桩身承载力验算，但在验算不考虑地震作用基本组合下的桩身承载力时，将公式右端乘了 1.2 的系数，被审图单位以没有设计依据驳回。这些客观存在的事实，说明很多设计师对桩基这个领域还不是很熟悉，或许也因为一些地区桩基应用较少，设计者经验不足，导致在桩基领域易出现这样或那样的问题。

此外，桩身承载力验算还涉及一些复杂的甚至具有争议性的技术问题，比如负摩阻力的作用。当桩周存在负摩阻力时，桩身最大轴力发生在中性点（国外称 Neutral Plane 中性面）处，此时如果只验算桩顶承载力，可能会存在安全隐患。尤其在桩顶以下 $5d$ 桩长范围内的箍筋间距满足不大于 100mm 的要求而利用钢筋强度时，会使中性点处的桩身承载力安全问题更加突出。因此当桩顶以下一定深度范围内存在软弱土层时，不宜考虑竖向钢筋对桩身承载力的贡献，且应验算中性点处的桩身承载力。

在验算中性点处的桩身承载力时，应采用何种荷载组合及荷载组合系数应如何取值，我国桩基规范未给出明确规定。依照惯例，荷载组合一般考虑恒荷载、活荷载与负摩阻力引起的下拉荷载的组合，其中下拉荷载可按恒荷载对待，即组合系数取 1.2。

2. 规范的有关规定

1)《建筑桩基技术规范》JGJ 94—2008 规定：

"5.8.2 钢筋混凝土轴心受压桩正截面受压承载力应符合下列规定：

1 当桩顶以下 $5d$ 范围的桩身螺旋式箍筋间距不大于 100mm，且符合本规范第 4.1.1 条规定时：

$$N \leqslant \psi_c f_c A_{ps} + 0.9 f_y' A_s' \qquad (5.8.2\text{-}1)$$

2 当桩身配筋不符合上述 1 款规定时：

$$N \leqslant \psi_c f_c A_{ps} \tag{5.8.2-2}$$

式中 N——荷载效应基本组合下的桩顶轴向压力设计值；

ψ_c——基桩成桩工艺系数，按本规范第 5.8.3 条规定取值；

f_c——混凝土轴心抗压强度设计值；

f_y'——纵向主筋抗压强度设计值；

A_s'——纵向主筋截面面积。"

2)《建筑地基基础设计规范》GB 50007—2011 规定：

"8.5.10 桩身混凝土强度应满足桩的承载力设计要求。

8.5.11 按桩身混凝土强度计算桩的承载力时，应按桩的类型和成桩工艺的不同将混凝土的轴心抗压强度设计值乘以工作条件系数 φ_c，桩轴心受压时桩身强度应符合式（8.5.11）的规定。当桩顶以下 5 倍桩身直径范围内螺旋式箍筋间距不大于 100mm 且钢筋耐久性得到保证的灌注桩，可适当计入桩身纵向钢筋的抗压作用。

$$Q \leqslant A_p f_c \varphi_c \tag{8.5.11}"$$

3. 应注意的问题

钢筋混凝土轴向受压桩正截面受压承载力计算，主要涉及以下四方面因素：

1）纵向主筋的作用。轴向受压桩的承载性状与上部结构柱相近，较柱的受力条件更为有利的是桩周受土的约束，侧阻力使轴向荷载随深度递减，因此，桩身受压承载力一般由桩顶截面或其下一定区段控制。纵向主筋的配置，对于长摩擦型桩和摩擦端承桩可随深度变断面或局部长度配置。纵向主筋的承压作用在一定条件下可计入桩身受压承载力。但当桩顶以下一定深度范围内存在欠固结土或其他软弱土层时，桩身轴力的递减幅度较小，甚至由于负摩阻力的存在使桩身轴力有增加的趋势，此时应格外慎重。

2）箍筋的作用。箍筋不仅起水平抗剪作用，更重要的是对混凝土起侧向约束增强作用。带箍筋的约束混凝土轴压强度较无约束混凝土提高 80％左右，且其应力-应变关系得到改善。因此，规范规定桩顶 5 倍桩身直径长度范围内箍筋间距不大于 100mm 者，可考虑纵向主筋的作用。与前述 1）条相同，当桩顶以下一定深度范围内存在欠固结土或其他软弱土层时，由于负摩阻力的存在使桩身轴力有增加的趋势，在中性面处达到最大，因此当考虑竖向钢筋作用但桩顶箍筋加密而中性面处箍筋没有加密时，会发生中性面处桩身承载力不足的安全隐患。

3）成桩工艺系数（《建筑地基基础设计规范》GB 50007—2011 称工作条件系数）ψ_c。桩身混凝土的受压承载力是桩身受压承载力的主要部分，但其强度和截面变异受成桩工艺的影响。就其成桩环境、质量可控度不同，将成桩工艺系数 ψ_c 规定如下。

(1)《建筑桩基技术规范》JGJ 94—2008 规定：

"5.8.3　基桩成桩工艺系数 ψ_c 应按下列规定取值：

1　混凝土预制桩、预应力混凝土空心桩：$\psi_c=0.85$；

2　干作业非挤土灌注桩：$\psi_c=0.90$；

3　泥浆护壁和套管护壁非挤土灌注桩、部分挤土灌注桩、挤土灌注桩：$\psi_c=0.7\sim0.8$；

4　软土地区挤土灌注桩：$\psi_c=0.6$。"

(2)《建筑地基基础设计规范》GB 50007—2011 规定：

"8.5.11　按桩身混凝土强度计算桩的承载力时，应按桩的类型和成桩工艺的不同将混凝土的轴心抗压强度设计值乘以工作条件系数 φ_c，……工作条件系数，非预应力预制桩取 0.75，预应力桩取 $0.55\sim0.65$，灌注桩取 $0.6\sim0.8$（水下灌注桩、长桩或混凝土强度等级高于 C35 时用低值）。"

比较之后可看出，《建筑地基基础设计规范》GB 50007—2011 与《建筑桩基技术规范》JGJ 94—2008 对于成桩工艺系数，不仅名称不同，取值也不同，前者取值普遍比后者低。根据笔者的工程经验，《建筑地基基础设计规范》GB 50007—2011 的取值略偏保守，笔者所见的大多数设计院倾向于按《建筑桩基技术规范》JGJ 94—2008 取值，设计者对此应酌情考虑。

4）稳定性验算

对于一般的低承台桩，由于存在桩周土的侧向约束作用，一般不会出现压曲失稳问题，但对于高承台桩及侧向约束作用不良的桩，应考虑压曲失稳问题。《建筑桩基技术规范》JGJ 94—2008 的有关规定如下：

"5.8.4　计算轴心受压混凝土桩正截面受压承载力时，一般取稳定系数 $\varphi=1.0$。对于高承台基桩、桩身穿越可液化土或不排水抗剪强度小于 10kPa（地基承载力特征值小于 25kPa）的软弱土层的基桩，应考虑压屈影响，可按本规范式（5.8.2-1）、式（5.8.2-2）计算所得桩身正截面受压承载力乘以 φ 折减。其稳定系数 φ 可根据桩身压屈计算长度 l_c 和桩的设计直径 d（或矩形桩短边尺寸 b）确定。桩身压屈计算长度可根据桩顶的约束情况、桩身露出地面的自由长度 l_0、桩的入土长度 h、桩侧和桩底的土质条件应按表 5.8.4-1 确定。桩的稳定系数 φ 可按表 5.8.4-2 确定。"

【禁忌 6.13】　桩施工图对桩的检测要求不全面

桩基施工图应有详细的说明及施工注意事项，包括对工程桩检测的数量、方法等的详细要求。

桩基工程除因受岩土工程条件、基础与结构设计、桩土体系相互作用、施工以及专业技术水平和经验等关联因素的影响而具有复杂性外，桩的施工还具有高度的隐蔽性，发现质量问题难，事故处理更难。因此，基桩检测工作是整个桩基工程中不可缺少的重要环节，只有提高基桩检测工作的质量和检测评定结果的可靠性，才能真正做到确保桩基工程质量安全。

基桩质量检测，承载力和完整性密不可分，往往是通过低应变完整性普查找出基桩施工质量问题，并得到对整体施工质量的大致估计，并为有针对性地选择静载试验提供依据。

桩从设计、施工到最后的检测是一个完整的过程，缺一不可。设计要考虑后期的施工及检测，检测也是对设计、施工质量的把关及检验。桩基施工图应该明确指定检测目标、检测方法及检测数量。有的工程师为图个人方便，仅在图中注明"基桩检测按《建筑基桩检测技术规范》执行"等字样，这是不严谨的，也容易出现问题。主要原因有二：其一，建筑基桩检测越来越商业化，基桩检测工程往往是分包商的分包商，最终到工地实施检测的可能只是普通工人，他们专业水平是有疑问的，仅仅把规范给他们让他们去遵照执行，恐怕是勉为其难，检测效果也难以预料；其二，《建筑基桩检测技术规范》包括单桩竖向抗压静载试验、单桩竖向抗拔静载试验、单桩水平静载试验、钻芯法、低应变法、高应变法及声波透射法七种检测工艺，是各种检测技术规范的集成，这其中有些检测项目是必需的、有些检测项目是根据具体情况选择的、有些检测项目是设计人员特别指定的，设计人员应该知道所需采用的检测方法及每种方法的检测数量，如果连设计人员都回避检测问题，检测单位就更加无所适从，监理单位也将无以为据。因此桩基施工图必须明确指定检测目标、检测方法及检测数量。

基桩检测方法应根据各种检测方法的特点和适用范围，考虑地质条件、桩型及施工质量可靠性、使用要求等因素进行合理选择搭配。基桩检测结果应结合上述因素进行分析判定。

在此有必要澄清以下两组概念。

1. 施工前试桩与工程桩试桩

施工前进行单桩竖向抗压静载试验，目的是为设计提供依据。对设计等级高且缺乏地区经验的地区，为获得既经济又可靠的设计施工参数、减少盲目性，前期试桩尤为重要。

《建筑基桩检测技术规范》JGJ 106—2003 第 3.3.1 条规定：

"当设计有要求或满足下列条件之一时，施工前应采用静载试验确定单桩竖向抗压承载力特征值：

1 设计等级为甲级、乙级的桩基；

2 地质条件复杂、桩施工质量可靠性低；

3 本地区采用的新桩型或新工艺。

检测数量在同一条件下不应少于 3 根，且不宜少于总桩数的 1‰；当工程桩总数在 50 根以内时，不应少于 2 根。"

而工程桩的检测主要是通过抽检的方式对即将投入使用的工程桩进行验收检测，用来评判桩基是否满足设计要求。

《建筑基桩检测技术规范》JGJ 106—2003 第 3.3.5 条规定：

"对单位工程内且在同一条件下的工程桩，当符合下列条件之一时，应采用单桩竖向抗压承载力静载试验进行验收检测：

1 设计等级为甲级的桩基；

2 地质条件复杂、桩施工质量可靠性低；

3 本地区采用的新桩型或新工艺；

4 挤土群桩施工产生挤土效应。

抽检数量不应少于总桩数的 1％，且不少于 3 根；当工程桩总数在 50 根以内时，不应少于 2 根。"

2. 静载试桩与高、低应变检测

静载试桩主要用于检测基桩的承载力，是目前最可靠的一种检测方式。有单桩竖向抗压承载力检测、单桩竖向抗拔承载力检测及单桩水平承载力检测，分别对应承压桩、抗拔桩及水平受力桩。

高、低应变法检测均为桩基动测方法，是桩基质量普查及承载力判定的补充手段。低应变法检测速度快、成本低，故而检测数量大、范围广，主要用于桩身完整性检测的普查。

《建筑基桩检测技术规范》JGJ 106—2003 第 3.3.4 条规定：

"混凝土桩的桩身完整性检测的抽检数量应符合下列规定：

1 柱下三桩或三桩以下承台抽检桩数不得少于一根；

2 设计等级为甲级，或地质条件复杂、成桩质量可靠性较低的灌注桩，抽检数量不应少于总桩数的 30％，且不得少于 20 根；其他桩基工程抽检数量不应少于总桩数的 20％，且不得少于 10 根。

注：1 ……

2 ……

3 当符合第 3.3.3 条第 1～4 款规定的桩数较多，或为了全面了解整个工程基桩的桩身完整性情况时，应适当增加抽检数量。"

高应变法也能检测桩身的完整性，但成本较低应变法为高，用于检测桩身完整性有些大材小用。高应变法主要用于检测基桩的竖向抗压承载力，但作为竖向抗压承载力检测的补充手段，尚不能完全取代静载试验。该方法可靠性的提高，在很大程度上取决于检测人员的技术水平和经验，绝非仅通过一定量的静动对比就能解决。由于检测人员水平、设备配备内力、桩土相互作用复杂性等原因，超出高应变法适用范围后，静动对比在机理上就不具备可比性。但作为从打入式预制桩发展起来的高应变检测技术，试打桩及打桩监控属于其特有功能，是静载试验无法做到的。

根据《建筑基桩检测技术规范》JGJ 106—2003 第 3.3.5 及 3.3.6 条规定，除 3.3.5 条规定必须进行静载试桩的情形外，对于预制桩及满足高应变法适用条件的灌注桩，可采用高应变法进行单桩竖向抗压承载力验收检测。抽检数量不应少于总桩数的 5%，且不得少于 5 根。

设计者也需了解各种检测方法的适用条件。比如钢管桩、异型桩及组合型桩不适用于高、低应变检测法；对于端承型大直径灌注桩，由于承载力高，故试桩加载量大，可能设备及现场条件不具备静载试桩的条件，这时可采用钻芯法测定桩底沉渣厚度并钻取桩端持力层岩土芯样检验桩端持力层。抽检数量不应少于总桩数的 10%，且不得少于 10 根。

【禁忌6.14】 施工前检测工程桩已指定

受抽检的工程桩，其检测结果是否可靠、是否可推及同等条件下所有未检的工程桩，其代表性是很关键的因素。

根据《建筑基桩检测技术规范》JGJ 106—2003 第 3.3.3 条规定，单桩承载力和桩身完整性验收抽样检测的受检桩选择宜符合下列规定：（1）施工质量有问题的桩；（2）设计方认为重要的桩；（3）局部地质条件出现异常的桩；（4）施工工艺不同的桩；（5）承载力验收检测时适量选择完整性检测中判定的Ⅲ类桩；（6）除上述规定外，同类型桩宜均匀随机分布。

从上述规范条文至少可以明确两点：其一，工程桩的试桩应为抽检，抽检的概念就是随机选定受检桩，而不应该是事先指定；其二，除上述第二款"设计方认为重要的桩"可以施工前由设计方选定外，其他各款均适用于在施工后、甚至是在桩身完整性检测后的抽检。所以规范对受检工程桩的选择要求是明确的，那就是：除了设计方认为重要的桩可以在施工前选定外，其他受检桩的选择应该按《建筑基桩检测技术规范》JGJ 106—2003 第 3.3.3 条的规定在桩施工完毕及桩身完整性检测之后进行。

施工前选定试桩还会使受检桩与其他工程桩所受"待遇"明显不同，被选定的受检桩会受到优待，材料配比会更加精细优化、施工操作会更加细心规范、施工过程质量控制会更加严格、最终成桩的桩长桩径等技术参数也会偏向安全方面，有的施工单位担心桩检测不过关，甚至不惜弄虚作假等。而对于其他工程桩，因为是落选者，是不会被检测的，所以就容易受到施工单位的"虐待"，材料配比不能保证，施工操作马马虎虎，施工过程质量控制无力，甚至直接偷工减料等，因为不用担心最后的检测关，施工单位就可以随心所欲、为所欲为，其结果是非常危险的。假如受检桩与其他工程桩如上所述在材料配比、施工工艺、质量控制等方面存在明显反差，则试桩本身就失去了对其他工程桩的代表性，试桩也就变得不再有意义。经常看到桩施工图上明确标明某某桩为工程桩的试桩，但很少有人指出其不当之处。本文在此提出这个问题，也是希望更多的结构工程师能够意识到这个问题的严肃性，并从自身做起，弥补桩施工及检测的这个漏洞。据笔者在新加坡的工作经验，那里工程桩试桩的原则值得借鉴。除了为设计提供依据的施工前试桩外，施工图中一律不标注工程桩的试桩，当桩基施工完毕后，桩施工单位将施工记录交给设计院，设计单位根据施工记录结合完整性检测结果综合确定受检桩。

山东菏泽某高层住宅楼工程，采用桩筏基础，钻孔灌注桩桩长 28m、桩径 600mm，单桩承载力特征值 2200kN，总桩数 181 根，采用锚桩法试桩，设计单位于施工图中指定了三组试桩及各自锚桩。试桩结果：三根试桩极限承载力分别为 4900kN、4900kN 及 4410kN，故锚桩法试桩全部满足承载力要求。由于某种原因，该工程又进行了工程桩抽检，在现场随机抽取三根工程桩进行静载试验，试验结果令人震惊：三根试桩竟无一合格，极限承载力最低者仅 1320kN，仅为单桩极限承载力的 30%。后不得不将原工程桩降低承载力使用，并采取相应的处理措施。

<h2>【禁忌 6.15】 试桩达不到极限承载力仅满足设计要求</h2>

施工前试桩主要是为获得经济可靠的设计施工参数，所以获得充分的试验数据至关重要。英国规范 BS8004 建议施工前试桩加载至破坏，通过足够数量的前期试桩或虽数量不足但场地勘察足以表明场地内地质条件均匀、单一来推断桩的极限承载力。欧洲规范 EN 1997—1：2004 也建议施工前试桩加载至破坏（原文：For trial piles, the loading shall be such that conclusions can also be drawn about the ultimate failure load），但对工程桩试桩，欧洲规范对试桩加载量的最低限值却有所降低，可以降至桩基的设计荷载（原文：The test load applied to working piles shall be at least equal to the design load for the foundation）。我国《建筑基桩检测技术规范》JGJ 106—2003 第 4.1.3 条也规定：为设计提供依据的试验桩，应加载至破坏；当桩的承载力以桩身强度控制时，可按设计要求的加载量进行。

就笔者在新加坡的工作经验，一般施工前试桩至少加载至单桩承载力特征值的 3 倍，对于中、小直径桩甚至做破坏性试验。这样就能清楚表明按勘察报告及经验公式算得的承载力有没有安全储备、有多少安全储备、设计承载力能否提高，提高到多少，可以做一个定量的分析。国内的许多开发商，由于对前期试桩缺乏了解，仅仅当做一个固定的程序，片面追求试桩本身的经济性，也要求前期试桩仅仅加载到 2 倍的承载力特征值，所以前期试桩的任务是完成了，承载力能满足要求，皆大欢喜。但有没有安全储备？有多少安全储备？不知道。设计承载力能否提高？提高到多少？也不知道。因为没有更高加载量的实测数据，所以就失去了前期试桩的本意，实在是因小失大、很不明智。

对于工程桩的试桩，虽然只是对承载力的检验。但鉴于桩极限承载力统计值是按极差不超平均值的 30% 时的平均值来确定的，如果试桩最大加载量只取规范规定的下限值，则很有可能使原本检测合格的试桩变为不合格。

无论《建筑基桩检测技术规范》JGJ 106—2003 还是《建筑地基处理技术规范》JGJ 79—2012，都规定工程桩抽样检测的最大加载量不应小于设计要求的单桩承载力特征值的 2.0 倍。同时也规定，试验点数量不应少于 3 点，当满足其极差不超过平均值的 30% 时，可取平均值作为单桩竖向抗压极限承载力。但许多检测人员大多按等于设计要求承载力特征值的 2 倍来设计最大加载量，比如，设计要求单桩竖向抗压承载力特征值为 1000kN，则设计最大加载量定为 2000kN，分 10 级加载，每级 200kN。假如该工程的抽检数量为 3 根，其中 1 根的试验极限荷载为 1800kN，其余为 2000kN 且 p-s 曲线是平缓的光滑曲线，此时 3 根试桩结果的平均值为 1933kN，极差为 200kN，仅为平均值的 10.3%，故本次试桩的单桩竖向抗压极限承载力应取平均值 1933kN，则单桩承载力特征值仅为966.5kN，不满足设计要求；若最大加载量定为 2200kN，尽管其中 1 桩试验极限荷载为 1800kN，但其余两桩为 2200kN，则平均值为 2066kN、极差为19.4%，不超过平均值的 30%，则此时试验所得的单桩承载力特征值为1033kN，满足设计要求。因此，试验方案设计，最大加载量不一定刚好等于单桩承载力特征值的 2 倍，应根据桩身强度等级大小，适当加大。

【禁忌 6.16】 对地表试桩结果可能产生误差的原理不清楚

对于有地下室结构的桩基础，无论是为设计提供依据的施工前试桩还是工程桩的试桩，最理想的试桩条件是在基坑开挖到设计基底标高时进行试桩，如此得到的试桩结果可以不加修正直接应用，因而也是最准确的。而且从经济性的角度，无论是打桩还是试桩都可以减少钻进深度，对试桩还可减少加载量及混凝土量。但因为受工序、工期等因素制约，先开挖基坑、后打桩试桩的工序往往不被采纳，这样一来，开挖前在地面打桩、试桩就在所难免。

在地面试桩不存在任何技术问题，但要考虑设计桩顶标高以上桩周土侧摩阻力的扣除。为此人们想出了各种办法：①试桩的空孔段采用双套筒，以使其在试验前就将这段桩的侧摩阻力消除；②试桩加载前不消除空孔段的侧摩阻力，但在桩体设计桩顶标高处设传感器或压力表，用设计桩顶标高处的压力值作为控制加载量的依据；③做一段同直径的短桩至设计桩顶标高，并采取措施让桩底虚空，然后按静载试桩的要求测试该摩擦型短桩的承载力，然后用不采取任何措施在地面试桩的结果减去上述短桩的承载力。前两种方法在实践中被证明可行，但与坑底试桩相比试桩承载力普遍偏高（同期施工的工程桩，在地面试桩全部合格，但挖至坑底试桩却有相当一部分不合格）。第三种方法的短桩承载力试验值则普遍偏低，反算得到的桩侧摩阻力强度甚至低于勘察报告的建议值，仅为勘察报告建议值的 $50\%\sim60\%$。

一般说来，上述三种方式都是设计院所青睐的方式，取值明确、概念清晰。但作为建设单位和施工单位，则更倾向于不采取任何措施、直接在地面进行试桩的方式。这时，如何考虑空孔段桩侧摩阻力的扣除就是各有关单位（设计单位、监理单位、施工单位、检测单位，甚至包括建设单位）所共同关心的问题。此时应注意两点：

其一，确定最大加载量时应该加上地下室深度范围内桩的侧阻；其二，确定试桩的极限承载力时应该扣除地下室深度范围内桩的侧阻。但这里就有一个问题：如果勘察报告给的桩侧阻值比较保守的话，则会使试桩对应于有效桩长那部分的加载量偏小，同时使试桩结果对应于有效桩长那部分的单桩极限承载力值偏大，这两个偏于不安全的因素叠加将使结果偏于更不安全。而且从近年来的勘察报告来看，所提供的地基基础设计参数的取值有越来越保守的趋势，这样就会使地面试桩的安全性问题更加突出。

如何解决和防范类似问题发生，认识到这个问题的存在及其重要性是关键。当设计者认识到这个问题时，解决的方式就比较灵活、多样。

比如当勘察报告给的侧阻是范围值时，当确定试桩的最大加载量及修正试桩结果时就可以采用该范围的上限值。如果勘察报告给出的是固定值，可根据具体土的类别取《建筑桩基技术规范》JGJ 94—2008 表 5.3.5-1 所给范围的上限。

以上的分析是根据常规理论而言，而桩端阻、侧阻的有效应力理论，对常规理论提出了挑战。

桩侧极限摩阻力可用类似于土的抗剪强度的库伦表达式：

$$q_u = c_a + \sigma_x \tan\varphi_a$$

式中，c_a 和 φ_a 为桩侧表面与土之间的附着力和摩擦角；σ_z 为深度 z 处作用于桩侧表面的法向压力，它与桩侧土的竖向有效应力 σ_v' 成正比，即：

$$\sigma_x = K_s \sigma_v'$$

式中 K_s 为桩侧土的侧压力系数，对挤土桩，$K_0 < K_s < K_p$；对非挤土桩，因桩孔中土被清除，而使 $K_a < K_s < K_0$。此处，K_a、K_0 和 K_p 分别为主动、静止和被动土压力系数。

采用上述公式计算深度 z 处的单位侧阻时，如取

$$\sigma_v' = \gamma' z$$

则侧阻将随深度线性增大。然而砂土中的模型桩试验表明，当桩入土深度达到某一临界值后，侧阻就不随深度增加了，这个现象称为侧阻的深度效应。

综上所述，桩侧极限摩阻力与所在的深度、土的类别和性质、成桩方法等许

多因素有关。

这就可以解释坑底试桩的极限承载力较地面试桩为低的原因：在一定深度范围内，桩侧阻随桩周土竖向有效应力的增加而增加，当在地面试桩时，尽管加载量及成果分析都考虑了空孔段的影响，但仍然存在该空孔段土自重应力的有利影响；而在坑底试桩时，这部分土的自重应力已经被释放，故承载力会大打折扣，所以试桩极限承载力会减小，甚至发生试桩失败的情况。

目前也有另外一种观点，桩在实际受力情况下，桩侧土压力应大于地表试桩时的土压力，因此，在地表试桩满足要求即可。从理论上分析，这种观点也有一定的道理。在具体工程中，如出现地表试桩合格，而槽底试桩不合格的情况，且确定是土压力变化引起的，应将注意点放在桩基础沉降上，如沉降能满足要求，而承载力相差不大，也能满足安全要求，可不用处理。

【禁忌 6.17】 对饱和软土地区挤土桩可能出现的问题重视不够

1. 挤土效应的危害及可能的影响范围

在饱和软土地区，大量、密集的挤土桩，如预制桩、沉管灌注桩，会使周围地基土体受到明显的挤压并产生较高的超孔隙水压力，特别是在渗透性弱、强度低的饱和软黏土地区，由于超孔隙水压力来不及消散，使得桩周土体的侧向挤出、向上隆起现象比较明显，这样对周围先压入的工程桩和邻近建筑物、地下管线会产生有害的影响，如桩的倾斜、桩的上涌、断桩、周围建筑物的开裂、地下管线变形过大造成渗漏等等。

影响范围主要与沉桩过程中土体超孔隙水压力的消散速度有关，密集群桩（布桩面积系数大于 5%）的影响范围可达到 $2\sim3L$，独立承台桩的影响范围一般只有 L，L 为桩端入土深度。当软黏土中夹有渗透性较好的粉土或砂土层时，影响范围则相对较小。因此挤土桩的影响范围应根据土层条件、桩长、桩径、桩数、布桩密集程度、桩尖、压桩速率、压桩顺序等诸多因素结合地区经验综合确定。

2. 应采取的措施

1）进行监测

挤土桩工程的监测对象应包括周围环境和已压工程桩。对影响范围内的重要建筑物、管线、铁路、轨道交通、交通干道等设施，应加密监测点。对于已成的桩，在成桩施工过程中应对总桩数 10% 的桩设置上涌和水平偏位观测点，定时检测桩的上浮量及桩顶水平偏位值，若上涌和偏位值较大，应采取复压等措施。

2）合理的施工顺序

静压桩施工应按背离保护对象和"先深后浅、先长后短、先大后小，避免密集"的原则进行，并符合下列规定：

（1）若距离保护对象较远、施工场地较开阔时，宜从中间向四周进行；若场地狭长、两端距保护对象较远时，宜从中间向两端对称进行；

（2）静压桩施工流程宜沿着建筑物的长轴线方向进行；

（3）当工程桩的桩顶标高或入土深度差别较大时，宜先深后浅，先长后短；

（4）当场地内存在 5 根桩以上的承台时，同一承台的基桩宜分多次压桩。

3）合理的成桩速率

合理控制成桩速率和日成桩量是减少沉桩挤土效应的关键。控制每台设备的成桩量主要是确保单桩竖向承载力的正常发挥，同时也是为了保护已沉工程桩和周围环境。规定每天的成桩休止时间，一般不少于 8h，是为了让超孔隙水压有一个消散缓冲时间，土体自身强度能得到一定程度的恢复。对于日成桩量的控制标准，目前较难给出定量结论，它与环境保护要求、土层条件、桩长、桩径、桩数、布桩密集程度、桩尖、压桩顺序等因素有关，建议每天成桩数根据当地经验结合周围环境监测数进行调整。以上海为代表的饱和软黏土地区，当周围环境较复杂时，在初始压桩时 $\phi500$ 以下的管桩或 400×400 以下的方桩，日压桩量不宜超过 10 根，$\phi600$ 管桩或 450×450 方桩，日压桩量不宜超过 8 根，其后可根据监测数据适当调整，但 $\phi500$ 以下的管桩或 400×400 以下的方桩，日压桩量不宜超过 12 根，$\phi600$ 管桩或 450×450 方桩，日压桩量不宜超过 10 根。其他地区可根据周围环境情况、当地施工经验和监测数据来确定日压桩量。当邻近建筑物和地下管线的变形接近或达到报警值时，可暂停压桩两三天，或者每天压桩数减少，使变形尽量不再超过前期出现的峰值。

4）采取保护措施

（1）重要设施安全保护区范围内一般不宜采用挤土桩。比如说上海，在轨道交通安全保护区范围（地下车站与隧道外边线外侧 50m 内、地面车站和高架车站以及线路轨道外边线外侧 30m 内）内的新建项目，工程桩都要求采用钻孔灌注桩，禁止采用挤土桩。

（2）采取消减超孔隙水压力措施。降低超孔隙水压力可有效降低挤土效应，如设置塑料排水板、袋装砂井、管笼井消减超孔压。袋装砂井直径宜为 70～80mm，间距宜为 1.0～1.5m，深度根据软黏土厚度确定，宜为 10～15m；塑料排水板的深度和间距与袋装砂井相同。管笼井的具体做法是，在密集群桩内，利用钻机成孔，直径 400mm 左右，深度 15～20m，孔内放入用土工布或塑料编织袋包裹的钢筋笼。压桩时产生的超静孔隙水压力可就近通过此管井得以迅速消散。必要时，也可在井内置一小型潜水泵抽水产生负压，加速孔隙水压力的消散，以避免工程桩上浮、偏位和挠曲，并缩小其影响范围。当邻近有建筑物需要保护时，可在压桩区外侧设置密排管笼井，清水护壁。由于这一排孔洞的存在，在被保护建筑物与压桩区之间形成了一条缓冲带，压桩区土体向外挤出时，孔井被压扁，但井深范围内的侧向挤压力已经被释放，对防治挤土效应较为有效。

（3）采取隔离措施。如设置板桩、水泥土搅拌桩等隔离屏蔽措施。

【禁忌 6.18】 桩的配筋不考虑实际受力仅按构造配筋

桩的配筋需根据其实际受力情况，由计算确定。一些技术人员常常对于抗拔桩的配筋进行计算，对于受压桩采用构造配筋，这在具体工程中可能存在安全隐患。

1. 桩的受力模式

实际上，桩的受力非常复杂，一般既受水平力，也受竖向力。和上部结构的柱子相比，由于桩是置于土中的钢筋混凝土构件，因此，影响其受力的因素相对要多，在地震作用下，它不仅承受上部结构地震荷载的效应，而且承受不同地基土的地震反应对其影响产生的内力。一般来说，桩的竖向配筋量和配筋长度应满足竖向力（拉、压）和抗弯的要求，箍筋应满足抗剪要求。如图6.18.1～图 6.18.4 所示不同条件下桩受力示意图，应根据可能的受力，进行桩的配筋。

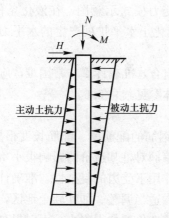
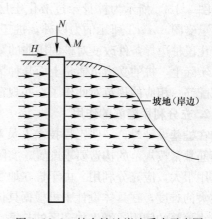

图 6.18.1　桩在均匀地基受力示意图　　图 6.18.2　桩在坡地岸边受力示意图

图 6.18.1 为桩在均匀地基中的受力模式示意图，桩受竖向力、水平力、弯矩、桩侧土的主动抗力和被动抗力，其弯矩的大小和水平荷载大小成正比，和土抗力大小成反比，特别是桩上部土的影响很大。如桩上部为淤泥或淤泥质土时，相同水平荷载作用下，桩身产生的弯矩相对大。

图 6.18.2 为坡地岸边桩的受力模式，坡地岸边桩除受图 6.18.1 所示的力外，还要承受在地震作用下坡地岸边土体移动产生的水平力，如图 6.18.2所示。

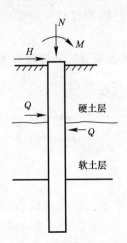

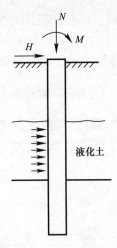

图 6.18.3　桩在软硬交界土层　　　　图 6.18.4　桩在液化土中
　　　　　受力示意图　　　　　　　　　　　　受力示意图

　　图 6.18.3 为桩身穿过软、硬交互土层时的受力模式示意图，在此地质条件下，桩除承受图 6.18.1 所示的力以外，还承受地震造成的软硬土层错动对桩产生的水平剪力。

　　图 6.18.4 所示为桩身穿过液化土层时的受力模式示意图，在液化条件下，桩除承受图 6.18.1 所示的力以外，桩还承受液化土水平扩展产生的水平力，以及液化段桩边界条件改变对桩的压曲的影响。

　　实际上，桩的受力可能是上面几种情况的组合，准确计算非常困难，应加强构造配筋。相应的规范对此作了一些规定，具体参见禁忌 6.6。

2. 充分利用箍筋的作用

　　在桩基设计时，一些工程技术人员对竖向钢筋的配筋率、配筋长度很重视，对箍筋常常按规范的构造要求配置。实际上，箍筋对桩基造价的影响很小，而起的作用很大，应充分利用。由于桩在地震荷载作用下受力的复杂性，准确计算存在很大的难度，在具体设计中可根据具体情况做适当调整。如在软土地区，可适当减小箍筋的间距，增大加密区的长度，此措施造价增加得很少，而对提高桩基安全则非常有益。箍筋的作用有以下几方面：

　　1）承受剪力

　　桩作为一个竖向混凝土构件，一般长径比较大，其剪力主要靠截面尺寸和箍筋承受。从图 6.18.1～图 6.18.4 中可看出，水平地震荷载作用在桩身的效应之一就是桩身上的剪力。而对于混凝土构件来讲，剪切破坏是很危险的，也是需要高度重视的。

　　2）提高桩身的抗压承载能力

　　对于混凝土受压构件，由于箍筋的约束作用，可显著提高混凝土的轴心抗压强度。国外试验资料显示，带箍筋的约束混凝土轴压强度较无约束的可提高80%。

从箍筋的以上作用可看出，箍筋对于提高桩身的抗压承载能力和抗剪承载能力都是非常有帮助的，而箍筋对造价的影响很小，因此，在复杂的桩基受力条件下，充分利用箍筋的作用是很必要的。

【禁忌6.19】 对预制桩的优缺点认识不足

近年来，预制桩特别是PHC和PC管桩迅猛发展，在工程中应用广泛。一些工程技术人员常以为，预制桩由于是工厂化生产，看得见摸得着，质量稳定可靠。实际上，对于任何桩都有其优缺点，在实际工程中应具体分析。

1. 预制桩的优点

1）桩体质量稳定，不会出现灌注桩可能发生的缩颈、断桩等质量问题；

2）用于液化土或松散土时，挤土效应可对地基土进行一定程度的改良；

3）可与水泥土桩组合构成复合桩或复合地基；

4）成桩速度快，不需要混凝土养护。

2. 预制桩的缺点

在地基土较好，预制桩不采用预钻孔等消除挤土效应的措施时，预制桩的挤土效应可能产生如下工程问题：

1）沉桩过程常常导致接头处断桩；

2）桩端上浮，一般桩侧主要为黏性土时，容易出现；

3）对周边建筑物和市政设施造成破坏；

4）预制桩不能穿透硬夹层，如粉土或砂土层，往往使得桩长过短，或长短不一，持力层不理想，导致沉降过大；

5）预制桩的桩径、桩长、单桩承载力可调范围小，不能或难于按变刚度调平原则优化设计；

6）在软土地区应用受到一定限制。我国一些软土地区，考虑到地震作用，对于预应力管桩的应用条件进行了限制，如天津地方标准对预应力管桩的适用范围进行了规定，一般用于小高层。

【禁忌6.20】 对桩施工工艺对承载力和变形的影响重视不够

桩基施工在桩基础工程中是非常重要的，很多桩基工程事故的发生是由施工工艺选择不当或施工工艺的某个环节处理不当造成的。桩基施工对桩的承载力和变形都有影响。

1. 施工对承载力的影响

对桩承载力的影响本质是不同的施工工艺对桩侧、桩端土的影响和对桩土结合状态的影响。从《建筑桩基技术规范》JGJ 94—2008可以看出这一点。《建筑桩基技术规范》JGJ 94—2008 针对不同的施工工艺在相同的地质条件下给出了不同极限侧摩阻力和极限端阻力,见《建筑桩基技术规范》JGJ 94—2008 表 5.3.5-1、表 5.3.5-2 以及 5.5.11 条规定。

2. 施工对桩基变形的影响

根据资料统计,不同的施工工艺对桩基的变形有很大的影响。《建筑桩基技术规范》JGJ 94—2008 对此做了具体规定。"对于采用后注浆施工工艺的灌注桩,桩基沉降计算经验系数应根据桩端持力土层类别,乘以 0.7(砂、砾、卵石)~0.8(黏性土、粉土)折减系数;饱和土中采用预制桩(不含复打、复压、引孔沉桩)时,应根据桩距、土质、沉桩速率和顺序等因素,乘以 1.3~1.8 挤土效应系数,土的渗透性低,桩距小,桩数多,沉桩速率快时取大值"。从上述规定可看出桩基施工对变形的影响。

【禁忌 6.21】 灌注桩不适当扩底

对于灌注桩,特别是人工挖孔灌注桩,当桩端持力层较好时,常采用扩底的方式来提高端阻力。对于桩较短的端承型灌注桩,可取得较好的技术经济效益。但是,若不适当应用扩底,则可能走进误区。注意以下几点:

1)基岩饱和单轴抗压强度接近或高于混凝土强度时,不应采用扩底桩;

2)在桩侧土层较好、桩长较大的情况下,桩的承载力主要靠侧摩阻力,端阻力份额很少,则没有必要扩底。一则损失扩底端以上部分侧阻力,二则增加扩底费用,可能得失相当或失大于得;

3)将扩底端放置于有软弱下卧层的薄硬土层上,既无增强效应,还可能增大沉降,留下安全隐患。

【禁忌 6.22】 对影响灌注桩后注浆效果的主要因素不清楚

灌注桩后注浆是目前应用很广的一种灌注桩后处理方式。一般在桩施工完成 2d 后,通过预埋在桩身的桩端和桩侧注浆管,分别向桩端和桩侧注入水泥浆。但在实际工程中,由于对影响注浆效果的主要因素不掌握,常出现注浆注不进去或注浆效果达不到设计要求的情况。因此,有必要对注浆的主要环节在图纸上明确表示,以达到注浆效果。注浆的主要技术环节如下:

1. 注浆管道安装及检查

注浆导管一般常用自来水或煤气管道用的铁管,常用尺寸公称口径 1 英寸。管之间的连接采用套管焊接,如图 6.22.1 所示。注浆导管最好和钢筋笼绑扎,因为在实际工程中发现,注浆导管和钢筋笼焊接时,常常出现焊孔,即管壁被电焊击穿,造成水泥浆从焊孔喷出,达不到指定注浆位置,影响注浆效果。还需

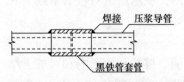

图 6.22.1　注浆导管连接示意图

检查注浆管内是否有异物，如管壁内的铁锈，造成管堵塞，水泥浆不能注入。

2. 钢筋笼放置及检验

钢筋笼放置和检验注意以下几点：

1）避免冲撞孔壁，造成注浆阀的破坏；

2）有桩端注浆时，钢筋笼不能悬吊，如悬吊将影响注浆效果；

3）钢筋笼就位后，应检查注浆管的封闭性，如出现泥浆，应提出钢筋笼，检查原因，修复后重新置入钢筋笼；

4）注浆管上部端头应有保护措施，避免被破坏。

3. 注浆参数

注浆参数包括水泥强度等级和品种、水泥注入量、水灰比、终止注浆压力。具体按《建筑桩基技术规范》JGJ 94—2008 相关规定执行。

4. 注浆顺序

注浆顺序一般先注上面的侧注浆，然后逐步向下，最后进行桩端注浆。如时间允许，可在侧注浆完成 7d 后，进行桩端注浆，这样桩侧的水泥浆凝固，能有效封堵桩端注浆，提高桩端注浆的效果。

【禁忌 6.23】 灌注桩后注浆承载力计算忽略施工工艺的影响

《建筑桩基技术规范》JGJ 94—2008 在有关灌注桩后注浆承载力计算时，规定如下：

"5.3.10 ……在符合本规范第 6.7 节后注浆技术实施规定的条件下，其后注浆单桩极限承载力标准值可按下式估算：

$$Q_{uk} = Q_{sk} + Q_{gsk} + Q_{gpk}$$
$$= u \sum q_{sjk} l_j + u \sum \beta_{si} q_{sik} l_{gi} + \beta_p q_{pk} A_p \qquad (5.3.10)$$

式中 ……

β_{si}、β_p——分别为后注浆侧阻力、端阻力增强系数，无当地经验时，可按表 5.3.10 取值。对于桩径大于 800mm 的桩，应按本规范表 5.3.6-2 进行侧阻和端阻尺寸效应修正。

后注浆侧阻力增强系数 β_{si}，端阻力增强系数 β_p 表 5.3.10

土层名称	淤泥 淤泥质土	黏性土 粉土	粉砂 细砂	中砂	粗砂 砾砂	砾石 卵石	全风化岩 强风化岩
β_{si}	1.2~1.3	1.4~1.8	1.6~2.0	1.7~2.1	2.0~2.5	2.4~3.0	1.4~1.8
β_p	—	2.2~2.5	2.4~2.8	2.6~3.0	3.0~3.5	3.2~4.0	2.0~2.4

注：干作业钻、挖孔桩，β_p 按表列值乘以小于 1.0 的折减系数。当桩端持力层为黏性土或粉土时，折减系数取 0.6；为砂土或碎石土时，取 0.8。"

许多设计者往往在设计过程中不知道施工中应采用何种成桩工艺为宜，对成桩工艺不进行指定，或者虽然指定了成桩工艺，比如选用了干作业成孔灌注桩，但却忽略了表的注，致使端阻增强系数未按规范规定折减。

其实干作业成孔灌注桩端阻增强系数的折减问题与勘察报告提供的桩端阻力的方式有关。如果勘察报告既给出了普通钻孔灌注桩的桩侧、桩端阻力，也给出了干作业成孔灌注桩的桩侧、桩端阻力，当确定采用干作业成孔灌注桩后，则设计时应采用干作业成孔灌注桩的桩侧、桩端阻力去计算桩的承载力。此时因为干作业成孔灌注桩的桩底沉渣很容易得到控制，故而勘察报告本身提供的桩端阻力就比普通泥浆护壁钻孔灌注桩的桩端阻力要大得多（许多勘察报告给定的值甚至相差 2 倍），因此采用后注浆工艺后对桩端承载力的提高幅度就不如普通泥浆护壁钻孔灌注桩来的显著，应对 β_p 乘以折减系数。如果勘察报告仅给出了普通钻孔灌注桩的桩侧阻力及桩端阻力，当对干作业成孔灌注桩采用普通钻孔灌注桩的桩端阻力时，是没有必要对 β_p 折减的。

【禁忌 6.24】 不重视桩与承台连接的防水构造

当前工程实践中，桩与承台连接的防水构造形式繁多，有的用防水卷材将整个桩头包裹起来，致使桩与承台无连接，仅是将承台支承于桩顶；有的虽设有防水措施，但在钢筋与混凝土或底板与桩之间形成渗水通道，影响桩及底板的耐久性。《建筑桩基技术规范》JGJ 94—2008 建议的防水构造如图 6.24.1 所示。

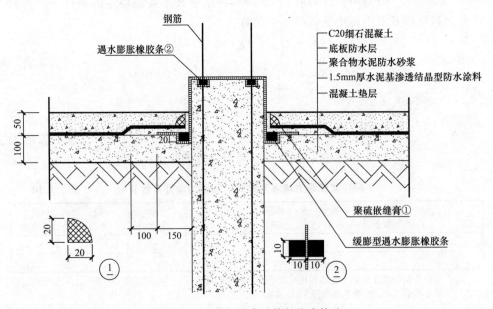

图 6.24.1　桩与承台连接的防水构造

具体操作时要注意以下几点：

（1）桩头要剔凿至设计标高，并用聚合物水泥防水砂浆找平；桩侧剔凿至混凝土密实处；

（2）破桩后如发现渗漏水，应采取相应堵漏措施；

（3）清除基层上的混凝土、粉尘等，用清水冲洗干净；基面要求潮湿，但不得有明水；

（4）沿桩头根部及桩头钢筋根部分别剔凿 20mm×25mm 及 10mm×10mm 的凹槽；

（5）涂刷水泥渗透结晶型防水涂料必须连续、均匀，待第二层涂料呈半干状态后开始喷水养护，养护时间不小于 3d；

（6）待膨胀型止水条紧密、连续、牢固地填塞于凹槽后，方可施工聚合物水泥防水砂浆层；

（7）聚硫嵌缝膏嵌填时，应保护好垫层防水层，并与之搭接严密；

（8）垫层防水层及聚硫嵌缝膏施工完成后，应及时做细石混凝土保护层。

【禁忌 6.25】 灌注桩成孔后混凝土灌注间隔时间过长

一些灌注桩在成孔后，由于一些原因，如混凝土供应不及时或施工统一组织安排问题，导致混凝土不能及时灌注。混凝土的不及时灌注，可能对桩的质量和承载力产生不利影响，有以下几方面。

1. 易造成孔的局部坍塌或缩颈

当桩侧存在砂土、粉土时，如空孔时间越长，塌孔的可能性越大，造成桩的扩径。当桩侧存在软塑状黏性土时，由于黏性土受力状态的改变，会向孔内涌入，造成桩孔缩颈。

2. 影响桩的承载力

成孔使桩周围土的受力状态发生改变，造成桩侧和桩端土松弛，这种松弛效应随着桩径的增大和时间增加而加剧，而土的松弛效应会使桩的承载力降低。对于人工挖孔桩，如空孔时间过长，还可能造成地表水或雨水的进入，造成桩端土被水浸泡软化，影响承载力。对于遇水易软化和膨胀、易崩解的岩石，空孔时间越长，越容易出现。对此《建筑地基基础设计规范》GB 50007—2011 在 6.5.2 条规定："对遇水易软化和膨胀、易崩解的岩石，应采取保护措施，减少其对岩体承载力的影响。"对于桩基础，最好的保护措施就是及时进行混凝土的灌注。

【禁忌 6.26】 不注意区分高承台桩和低承台桩

桩基础分低承台桩和高承台桩，如图 6.26.1 所示。一般低承台桩是在正常使用情况下，承台底和桩间土接触且桩间土承担一部分竖向和水平荷载。一般工业与民用建筑工程中的桩基础多为低承台桩。高承台桩是在正常使用情况下，承台底和桩间土脱开。高承台桩一般分两种情况，一种是由于使用要求或场地条件限制，直接设计为高承台桩，如一些码头的平台；另一种是桩间土固结、湿陷、液化等造成桩间土和承台底的脱开，被动形成的高承台桩，此种情况在设计时应注意。在具体设计时要注意区分高低承台桩，在应用规范时注意其适用范围，如《建筑地基基础设计规范》GB 50007—2011 在 8.5 节桩基部分直接说明仅适合低承台桩。《建筑桩基技术规范》JGJ 94—2008 在 5.8.4 条，计算混凝土桩受压稳定时，做了一些规定。

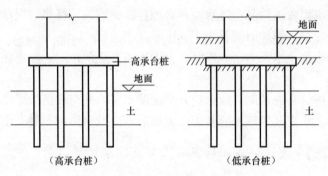

图 6.26.1　高低承台桩示意图

低承台桩和高承台桩的不同有以下几点，设计时应考虑。

1. 竖向荷载作用下的不同

在竖向荷载作用下，高承台桩的沉降特征和单桩接近，而低承台桩由于承台能起到一定的减小沉降的作用，桩基的总体沉降会有一定的减小。由禁忌 6.7 中的图可看出此规律。

2. 水平荷载作用下的不同

和低承台桩基相比，高承台桩基的水平承载力全部由桩承担，没有基底土和承台侧土承受水平力，且在相同条件下，高承台基桩的水平承载力比低承台的低。因此，高承台桩基承受水平荷载的能力较低承台桩基有较大幅度的降低，当高承台桩承受较大的水平荷载时，可考虑做一部分斜桩，如图 6.26.2 所示。《建筑地基基础设计规范》GB 50007—2011 在 8.5.7 条关于承台底存在软弱土层和液化土层，当水平荷载较大时，同样建议采用斜桩。

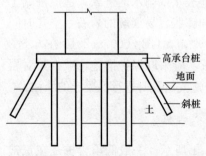

图 6.26.2　高承台桩设置斜桩示意图

3. 桩受力的不同

由于桩上部的边界条件不同，在相同情况下，高承台基桩的受力比低承台基桩不利，其受力特性接近柱子。其截面和配筋应根据实际情况，经计算确定，不能简单的满足桩配筋0.2%~0.65%的要求。

【禁忌6.27】 对桩静载试验的沉降量和桩基础最终的沉降量的关系认识模糊

一些工程技术人员存在一些认识，认为只要试桩沉降小，桩基础的最终沉降量就小。这种认识是片面的，试桩的沉降和建筑物的沉降有一定关系，但绝不能说，试桩的沉降小，桩基础的最终沉降就小。应根据具体情况分析，注意以下几点。

1. 桩基础的最终沉降量大于试桩沉降量

一般试桩在极限荷载情况下，沉降控制在40mm。实际工程中，设计用的荷载一般不超过试桩极限承载力的1/2，而桩基础最终沉降超过40mm的工程很多，据此可看出，桩基础的最终沉降量一定大于试桩对应荷载的沉降量。造成这种情况的原因，有以下几方面：

1）稳定判定标准的影响

《建筑地基基础设计规范》GB 50007—2011在附录Q规定：

"Q.0.7在每级荷载作用下，桩的沉降量连续两次在每小时内小于0.1mm时可视为稳定。"

如以此稳定标准，一天的累计沉降量2.4mm，而一个月的累计沉降量可能达到72mm，当然，此计算方法没有考虑沉降速率逐步降低的事实。

2）群桩的相互影响

桩基础一般为群桩，群桩的相互影响使土中的应力水平大于单个试桩，因此，群桩的沉降量大。

2. 嵌岩桩

对于桩端岩石强度较高的嵌岩桩，试桩的沉降和建筑物的沉降是接近的，可根据试桩结果预估桩基础的最终沉降。注意，这里讲的是嵌岩桩，而不是泛指端承桩。一些桩由于比较短，再加上采用扩底等措施，判断为端承桩，但其最终沉降量是否可用试桩结果判断，应综合考虑桩端持力层性质和土层分布情况。

【禁忌6.28】 不能正确阅读桩基检测报告

一些工程技术人员在阅读桩基检测报告时，常常只看桩的承载力是否满足要求，有没有桩身缺陷。这是不全面的，应从以下几方面对桩基检测报告进行分析。

1. 桩是否达到极限承载力

如试桩仅满足设计承载力要求，而没有达到极限承载力，则存在一定的浪费。具体见禁忌6.15。

2. 桩沉降的均匀性

一些试桩承载力均满足要求，但应分析在相同荷载情况下的沉降量是否均匀。如沉降不均匀，特别是差异较大时，应分析造成不均匀的原因，及对桩基础最终沉降、差异沉降的影响。

3. 试桩是否随机抽取

检测的工程桩应是随机抽取的，如不能随机抽取，除静载检测外，应有其他辅助措施，如采用大应变进行承载力检测。

【禁忌 6.29】 桩承载力验算及承台抗弯承载力计算忽略桩位偏差的影响

在实际工程中，桩偏位是一种客观存在、是不可避免的，所以相应的规范给定了桩允许偏位的限值。施工过程控制的首要目的是尽量减小桩偏位的量值，使其尽可能控制在规范限值之内。如超出规范规定的范围，应分析桩偏位可能产生的不利影响，其一是对桩的不利影响，其二是对上部结构的不利影响。

1. 对桩的不利影响

当桩出现偏位时，桩顶反力会重新分配，必然有的桩反力增加，有的相应减少，因此首先应校核桩承载力是否满足要求。对于一柱一桩、双桩承台及单排桩承台梁的弱轴方向偏位，还会对桩产生附加偏心弯矩。如果桩承载力能满足要求，可不对桩做任何处理，但如果桩承载力不足，就需要采取必要的措施。

2. 对上部结构的影响

作为上部结构的支座，当桩位发生偏差时，必然导致上部结构内力的调整，故而需按实际桩位重新计算上部结构。当原设计不能满足要求时，最简单的方式是调整配筋，其次是调整截面尺寸，必要可调整上部结构的布置来满足要求。

以承台梁下单排桩为例，据《建筑桩基技术规范》JGJ 94—2008 表 6.2.4，灌注桩成孔施工时，沿轴线方向的最大允许偏差，对直径 600mm 的灌注桩为150mm。以两桩承台为例，这种施工允许偏差会造成弯矩的增大。

3. 对重心和形心关系的影响

桩的偏位可能造成重心和形心的关系不满足规范的要求，出现承台的扭转或建筑物的整体倾斜。应按实际桩位，校核基础的重心和形心关系，如满足可不处理。

既然桩偏位是一种不可避免的客观存在，所以正确的做法是将桩允许偏位作为一种不利因素纳入设计过程的考虑之中，这也符合国际惯例。如，英国规范要求设计者应该考虑规范允许范围内的桩偏位（含倾斜）的各种不利组合（规范原文：BS8004：1986 7.4.2.5.4 For piles to be cut off at a substantial depth, the design should provide for the worst combination of the above tolerances in position and inclination）。欧洲规范也有类似规定（规范原文：EN 1997-1：2004 7.8 (3) During structural design, construction tolerances as specified for the type of pile, the action components and the performance of the foundation shall be taken into account.）。此处的偏位及倾斜均指允许偏差的上限而不是实际的偏差，英国规范桩偏位的允许偏差是 75mm、允许倾斜为 1/75。

笔者有数年在国外的结构设计经验，对于桩位的允许偏差，不管某工程所采用的规范有无明确规定，设计者都会在结构设计阶段将规范允许偏差考虑进去，如此既可确保结构安全，且当桩位偏差超限时处理起来也更容易、代价更低。

【禁忌 6.30】 对于墩基础的设计要求不清楚

墩基础作为一种深基础，设计中注意以下问题。

1. 墩基的适用范围

埋深大于 3m、直径不小于 800mm、且埋深与墩身直径的比小于 6 或埋深与扩底直径的比小于 4 的独立刚性基础，可按墩基进行设计。墩身有效长度不宜超过 5m。

墩基础多用于多层建筑，由于基底面积按天然地基的设计方法进行计算，免去了单墩载荷试验。因此，在工期紧张的条件下较受欢迎。

墩基施工应采用挖（钻）孔桩的方式，扩壁或不扩壁成孔。考虑到埋深过大时，如采用墩基方法设计则不符合实际，因此规定了长径比界限及有效长度不超过 5m 的限制，以区别于人工挖孔桩。当超过限制时，应按挖孔桩设计和检验。

单从承载力方面分析，采用墩基的设计方法偏于安全。

2. 墩基的设计要求

墩基的设计应符合下列规定：

1）单墩承载力特征值或墩底面积计算不考虑墩身侧摩阻力，墩底端阻力特征值采用修正后的持力层承载力特征值或按抗剪强度指标确定的承载力特征值。岩石持力层承载力特征值不进行深宽修正。

2）持力层承载力特征值的确定应符合国家标准《建筑地基基础设计规范》GB 50007—2011 第 5.2.3 条的规定。

甲级设计等级建筑物的墩底承载力特征值可通过孔内墩底平板载荷试验、深层平板载荷试验、螺旋板载荷试验等方法确定。荷载不大的墩，也可直接进行单墩竖向载荷试验，按单桩竖向载荷试验方法直接确定单墩承载力特征值。

墩埋深超过 5m 且墩周土强度较高时，当采用公式计算、室内试验、查表或其他原位测试方法（载荷试验除外）确定墩底持力层承载力特征值时，可乘以 1.1 的调整系数，岩石地基不予调整。

3）墩身混凝土强度验算应符合《建筑地基基础设计规范》GB 50007—2011 第 8.5.11 条的规定。

4）墩底压力的计算、墩底软弱下卧层验算及单墩沉降验算应符合《建筑地基基础设计规范》GB 50007—2011 第 5 章地基计算中的有关规定。

3. 墩基的构造

墩基的构造应符合下列规定：

1）墩身混凝土强度等级不宜低于 C20。

2）墩身采用构造配筋时，纵向钢筋不小于 8ϕ12mm，且配筋率不小于 0.15%，纵筋长度不小于 1/3 墩高，箍筋不小于 8ϕ@250mm。

3）对于一柱一墩的墩基，柱与墩的连接以及墩帽（或称承台）的构造，应视设计等级、荷载大小、连系梁布置情况等综合确定，可设置承台或将墩与柱直接连接。当墩与柱直接连接时，柱边至墩周边之间最小间距应满足《建筑地基基础设计规范》GB 50007—2011 表 8.2.4-2 杯壁厚度的要求，并进行局部承压验算。当柱与墩的连接不能满足固接要求时，则应在两个方向设置连系梁，连系梁的截面和配筋应由计算确定。

墙下墩基多用于多层砖混结构建筑物，设计不考虑水平力，墙下基础梁与墩顶的连接只需考虑构造要求，采取插筋连接即可。可设置与墩顶截面一致的墩帽，墩帽底可与基础梁底标高一致，并与基础梁一次浇筑。在墩顶设置墩帽可保证墩与基础梁的整体连接，其钢筋构造可参照框架顶层的梁柱连接，并应满足钢筋锚固长度的要求。

4）墩基成孔宜采用人工挖孔、机械钻孔的方法施工。墩底扩底直径不宜大于墩身直径的 2.5 倍。

5）相邻墩墩底标高一致时，墩位按上部结构要求及施工条件布置，墩中心距可不受限制。持力层起伏很大时，应综合考虑相邻墩墩底高差与墩中心距之间的关系，进行持力层稳定性验算，不满足时可调整墩距或墩底标高。

6）墩底进入持力层的深度不宜小于 300mm。当持力层为中风化、微风化、未风化岩石时，在保证墩基稳定性的条件下，墩底可直接置于岩石面上，岩石面不平整时，应整平或凿成台阶状。

【禁忌 6.31】 对软土地区基坑开挖对桩的影响重视不够

在软土地区，每年都有很多起基坑开挖造成桩倾斜或断桩的事故，以预应力混凝土管桩事故居多。因此，在施工完的桩上部或周围开挖深基坑时，必须制定合理的施工方案，并保证基坑围护结构和边坡土体的稳定性，防止边坡土体滑动造成管桩水平位移甚至断桩。根据天津市开发区几例质量事故分析，软土地区开挖基坑时，基坑开挖、岸边堆土及管桩周围开挖和堆土很容易对桩产生不良影响，如某工程开挖深度仅 1.5～2.0m 左右，但岸边四周的堆土却造成周边管桩均向坑内位移，最大位移达 1m 以上，并造成大量断桩。因此，软土地区开挖基坑时，必须采取有效的保护措施。软土地区基坑开挖应注意以下问题：

（1）应制定合理的基坑开挖方案和施工顺序，注意保持基坑围护结构或边坡土体的稳定；

（2）避免在桩周围或基坑周围堆土；

（3）严禁边沉桩边开挖基坑，严禁挖土机挖、碰桩头；

（4）尽可能采用基底压力小的挖土机或局部人工开挖；

（5）均衡开挖，控制一次开挖深度，对流塑状软土的基坑开挖，高差不应超过1m。

【禁忌6.32】 对基桩耐久性设计要点不清楚

基桩作为混凝土构件，且置于土中，一方面环境条件差，容易出现耐久性问题；第二方面，出现耐久性问题不容易被发现，只有出现明显基础沉降问题时才可能被发现；第三方面，加固困难。对于软土地区，桩间土承载力很低，上部荷载全部由基桩承担，一旦出现基桩的耐久性问题，则后果是灾难性的。基桩的耐久性设计注意以下几点：

1. 混凝土的耐久性

影响混凝土耐久性的因素有：

1）水灰比

孔隙是水分、各种侵蚀介质、氧气、二氧化碳等有害物质进入混凝土内部的通道，有害物质的进入引起混凝土耐久性不足。而水灰比越大混凝土孔隙率越高，因此，应控制最大水灰比。

2）裂缝宽度

裂缝也是有害物质进入混凝土的通道，特别是抗拔桩。由于裂缝的存在，造成各种侵蚀介质进入混凝土内部，影响耐久性。

3）最大碱含量

碱含量过大会造成碱骨料反应，所谓碱骨料反应是指硬化混凝土中所含的碱（Na_2O和K_2O）与骨料中的活性成分发生反应，生成具有吸水膨胀性的物质，导致混凝土开裂。

2. 钢筋的耐久性

影响钢筋耐久性的主要因素是最大氯离子含量，氯离子含量高会造成钢筋锈蚀，因此，应注意混凝土中氯离子的最大含量。

3. 预制桩接头的耐久性

预制桩接头一般保护措施不到位，虽有采取刷防锈漆或其他措施，但桩置入土中过程保留效果如何很难确定，特别是抗拔预制桩接头的耐久性问题。国内一些企业如建华管桩厂，研究在接头处采取外扣弧形钢板的措施，能很好地解决耐久性问题，但注意钢板的厚度要满足耐久性的要求，具体可参照《建筑桩基技术规范》JGJ 94—2008 中有关钢管桩年腐蚀率的规定计算。

第7章 地基处理

地基处理顾名思义就是对达不到建筑物承载力、变形或稳定要求的地基，经处理后满足建筑物正常使用要求的承载力和变形。选择何种处理方法取决于处理过程对土的各项指标的影响效果，这是选择地基处理方法的科学的、唯一的依据，还需考虑经济、施工速度等。

【禁忌 7.1】 对按加固原理进行地基处理方法分类了解不够

地基处理的目的是改良地基土的工程特性，其加固原理包括置换、排水固结、灌入固化物、振密和挤密、加筋等。常用的方法有几十种，根据其加固原理可归纳分成下述几类。

（1）置换

置换是指用物理力学性质较好的岩土材料置换天然地基中部分或全部软弱土或不良土，形成双层地基或复合地基，以达到提高地基承载力、减少沉降的目的。

主要包括下述地基处理方法：换土垫层法、强夯置换法、石灰桩法、EPS 超轻质料填土法、挤淤置换法、褥垫层法等。

在软黏土地基中以置换为主的振冲置换法、砂石桩（置换）法应慎用。主要缺点为加固后的地基工后沉降大，且加固后地基承载力提高幅度小。

（2）排水固结

排水固结是指地基土体在一定荷载作用下排水固结，土体孔隙比减小，抗剪强度提高，以达到提高地基承载力，减少工后沉降的目的。

主要包括下述地基处理方法：加载预压法（竖向排水系统可采用普通砂井、袋装砂井和塑料排水带等，也可利用天然地基土体本身排水，不设人工设置的竖向排水通道）、超载预压法（竖向排水系统设置方法同加载预压法，以下工法也相同）、真空预压法、真空预压联合堆载预压法、降低地下水位法和电渗法等。

（3）灌入固化物

灌入固化物是向地基中灌入或拌入水泥，或石灰，或其他化学固化材料，在地基中形成复合土体，以达到地基处理的目的。

主要包括下述地基处理方法：深层搅拌法（包括浆液喷射和粉体喷射深层搅拌法）、高压喷射注浆法、渗入性灌浆法、劈裂灌浆法、挤密灌浆法、电化学灌浆法等。

（4）振密、挤密

振密、挤密是指采用振动或挤密的方法使地基土体进一步密实以达到提高地基承载力和减少沉降的目的。

主要包括下述地基处理方法：表层原位压实法、强夯法、振冲密实法、挤密砂桩法、挤密碎石桩法（包括振冲挤密碎石桩、振动沉管挤密碎石桩、冲锤成孔挤密碎石桩和干振成孔碎石桩等）、孔内夯扩挤密桩法、爆破挤密法、土桩和灰土桩法以及夯实水泥土桩法等。

应该指出，采用振密、挤密法加固地基一定要重视其适用性。

（5）加筋

加筋是地基中设置强度高、模量大的筋材，以达到提高地基承载力、减少沉降的目的。强度高、模量大的筋材可以是钢筋混凝土，低强度混凝土，也可以是土工合成材料等。

主要包括下述地基处理方法：锚固法、加筋土法、土钉墙法、树根桩法、低强度桩复合地基法、刚性桩复合地基法。

【禁忌7.2】 对地基处理要达到的加固效果了解不全面

地基处理的目的是改良地基土的工程特性，包括改善地基土的变形特性和渗透性，提高其抗剪强度等。具体有以下4个方面。

1. 提高地基土的抗剪切强度

地基的剪切破坏表现在：建筑物的地基承载力不够；由于偏心荷载及侧向土压力的作用使结构物失稳；由于填土或建筑物荷载，使邻近地基产生隆起；土方开挖时边坡失稳；基坑开挖时坑底隆起。地基的剪切破坏反映在地基土的抗剪强度不足，因此，为了防止剪切破坏，就需要采取一定措施以增加地基土的抗剪强度。

2. 降低地基土的压缩性

地基土的压缩性表现在：建筑物的沉降和差异沉降大；由于有填土或建筑物荷载，使地基产生固结沉降；作用于建筑物基础的负摩擦力引起建筑物的沉降；大范围地基的沉降和不均匀沉降；基坑开挖引起邻近地面沉降；由于降水地基产生固结沉降。地基的压缩性反映在地基土的压缩模量指标的大小。因此，需要采取措施以提高地基土的压缩模量，借以减少地基的沉降或不均匀沉降。

3. 改善地基土的动力特性

地基土的动力特性表现在：地震时饱和松散粉细砂（包括部分粉土）将产生液化；由于交通荷载或打桩等原因，使邻近地基产生振动下沉。因此，需要采取措施防止地基液化，并改善其振动特性以提高地基的抗震性能。

4. 改善特殊土的不良地基特性

主要是消除或减少黄土的湿陷性和膨胀土的胀缩性等。

【禁忌 7.3】 确定地基处理方法时考虑的因素不全面

确定地基处理方法时，需进行综合考虑，包括以下工作：

1. 资料收集

1) 搜集详细的岩土工程勘察资料、上部结构和基础形式、荷载大小和分布、使用要求等资料；

2) 结合工程情况，了解当地地基处理经验和施工条件，对于有特殊要求的工程，尚应了解其他地区相似场地上同类工程的地基处理经验和使用情况等；

3) 根据工程的要求和采用天然地基存在的主要问题，确定地基处理的目的和处理后要求达到的各项技术经济指标等。

2. 初步确定方案

1) 根据结构类型、荷载大小及使用要求，结合地形地貌、地层结构、土质条件、地下水特征、环境情况和对邻近建筑的影响等因素进行综合分析，初步选出几种可供考虑的地基处理方案，包括选择两种或多种地基处理措施组成的综合处理方案；

2) 对初步选出的各种地基处理方案，分别从加固原理、适用范围、预期处理效果、耗用材料、施工机械、工期要求和对环境的影响等方面进行技术经济分析和对比，选择最佳的地基处理方法。

3. 现场试验

地基处理是经验性很强的技术工作，应进行现场试验。相同的地基处理工艺，相同的设备，在不同成因的场地上处理效果不尽相同；在一个地区成功的地基处理方法，在另一个地区使用，也需根据场地的特点对施工工艺进行调整，才能取得满意的效果。对已选定的地基处理方法，应按建筑物地基基础设计等级和场地复杂程度以及该种地基处理方法在本地区使用的成熟程度，在场地有代表性的区域进行相应的现场试验或试验性施工，并进行必要的测试，以检验设计参数和处理效果。如达不到设计要求时，应查明原因，修改设计参数或调整地基处理方案。

【禁忌 7.4】 对复合地基的概念及使用条件不清楚

复合地基是指天然地基在地基处理过程中部分土体得到增强，或被置换，或在天然地基中设置加筋材料，加固区是由基体（天然地基土体）和增强体两部分组成的人工地基。在荷载作用下，基体和增强体共同承担荷载的作用。

所谓加筋增强体有竖向增强体、水平增强体和斜向增强体三种基本形式，竖向增强体以桩（柱）或墩的形式出现，水平向增强体常常是土工聚合物或其他金属杆和板带，斜向增强体如土钉、斜加筋等。增强体材料性能和受力特点应能充分发挥其长处，才能称为"增强体"。例如，地基中设置了碎石、砂或灰土等材料的桩体，这些桩体材料性质优于原地基土，从而形成竖向加筋增强体。另外，置桩过程中对桩间土的挤密效应也有一定的加固效果；深层搅拌法在地基中形成的桩体是竖向增强体，其桩体材料性能也优于原地基土；在水平向加筋增强体所加固地基中的土工聚合物、镀锌钢片、铝合金等材料则是充分利用其抗拉性能和与土之间产生的摩擦力承担外荷。

复合地基有两个基本特点：其一，加固区是由基体和增强体两部分组成，是非均质和各向异性的；其二，在荷载作用下，基体和增强体共同承担荷载的作用。前一特点使它区别于均质地基（包括天然的和人工的均匀质地基），后一特点使它区别于桩基础。从荷载传递机理看，复合地基界于均质地基（或称浅基础）和桩基础之间。复合地基已成为常用的三种地基形式（天然地基、复合地基和桩基础）之一。以往天然地基和桩基础的承载力和变形计算理论研究较多，而对复合地基的计算理论研究很少。复合地基承载力和沉降计算还很不成熟，正在发展之中。水平向增强体复合地基、散体材料桩复合地基、柔性桩复合地基和刚性桩复合地基的荷载传递机理是不同的，它们的计算方法也不同，提请设计者注意。

当天然地基不能满足设计所要求的承载力及变形要求时，需进行地基处理或采用桩基，即便采用地基处理方案，也不一定要采用复合地基，如换填、强夯、预压等地基处理方法都不属于复合地基范畴。同时复合桩基、减沉复合疏桩基础也都是备选方案，故采用复合地基方案进行地基处理时，有必要事先明确复合地基方法在地基基础设计中的使用条件，应确保所采用的方案技术可靠、经济合理、施工可行。

复合地基方法在地基基础设计中的使用条件如下：

1）持力层经深宽修正后的承载力特征值综合下卧层强度等的接触层土强度设计值，基本满足强度要求或稍差一点（相差约 20%～30%），地基土较均匀，持力层土较好，可采用复合地基设计。

2）当强度基本满足要求，而变形难于控制，高层建筑的倾斜较难控制时，可采用复合地基方案。此时所选择的竖向增强体桩旨在减小变形、防止倾斜。将使地基与基础的造价下降较多，不失为经济合理的方案。

3）复合地基的设计一定要注意基础应选择整体性较好的方案，若上部结构传至基础的荷载不大时，也可采用独立基础，但应加强地梁的刚度。

【禁忌 7.5】 对多桩型复合地基的类型和应用条件不了解

复合地基中的竖向增强体习惯上称作桩，由两种或两种以上桩型组成的复合地基称为多桩型复合地基。多桩型复合地基的工作特性，是在等变形条件下的增强体和地基土共同承担荷载，必须通过现场试验确定设计参数和施工工艺。一般情况下，如场地土具有特殊性，采用一种增强体处理后达不到设计要求的承载力或变形要求，可以采用一种增强体处理特殊性土，减少其特殊性的工程危害，再采用另一种增强体处理使之达到设计要求。

1. 多桩型复合地基的设计原则

多桩型复合地基的设计应符合下列原则：

1）桩型及施工工艺的确定，应考虑土层情况、承载力与变形控制要求、经济性、环境要求等综合因素；

2）对复合地基承载力贡献较大或用于控制复合土层变形的长桩，应选择相对较好的持力层并应穿过软弱下卧层；对处理欠固结土的增强体，其桩长应穿越欠固结土层；对消除湿陷性土的增强体，其桩长宜穿过湿陷性土层；对处理液化土的增强体，其桩长宜穿过可液化土层；

3）如浅部存在有较好持力层的正常固结土，可采用长桩与短桩的组合方案；

4）对浅部存在软土或欠固结土，宜先采用预压、压实、夯实、挤密方法或低强度桩复合地基等处理浅层地基，再采用桩身强度相对较高的长桩进行地基处理；

5）对湿陷性黄土应按现行国家标准《湿陷性黄土地区建筑规范》GB 50025 的规定，采用压实、夯实或土桩、灰土桩等处理湿陷性，再采用桩身强度相对较高的长桩进行地基处理；

6）对可液化地基，可采用碎石桩等方法处理液化土层，再采用有黏结强度桩进行地基处理。

2. 常用的多桩型复合地基

常用的多桩型复合地基如下：

1）碎石桩和 CFG 桩复合地基

对可液化地基，为消除地基液化，可采用振动沉管碎石桩或振冲碎石桩方案。但当建筑物荷载较大而要求加固后的复合地基承载力较高，单一碎石桩复合地基方案不能满足设计要求的承载力时，可采用碎石桩和刚性桩（如 CFG 桩或预应力管桩）组合的多桩型复合地基方案。这种多桩型复合地基既能消除地基液化，又可以得到很高的复合地基承载力指标。

2）长短桩复合地基

当地基土有两个好的桩端持力层，分别位于基底以下深度为 Z_1（Ⅰ层）和 Z_2（Ⅱ层）的土层，且 $Z_1 < Z_2$。在复合地基合理桩距范围内，若桩端落在Ⅰ层时，复合地基不能满足设计要求。若桩端落在Ⅱ层时，复合地基承载力又过高，偏于保守。此时，可考虑将部分桩的桩端落在Ⅰ层上，另一部分桩的桩端落在Ⅱ

层上，形成长短桩复合地基。

3）水泥土和 CFG 桩复合地基

采用 CFG 桩复合地基方案，有时会发现基底下部分土质较差，需用水泥土桩补强，以调整整个复合地基承载力和模量的均匀性，也形成了多桩型复合地基。

3. 多桩型复合地基的施工注意事项

多桩型复合地基施工时应注意施工顺序和相互影响，具体如下：

1）对处理可液化土层的多桩型复合地基，应先施工处理液化的增强体；

2）对消除或部分消除湿陷性黄土地基，应先施工处理湿陷性的增强体；

3）应降低或减小后施工增强体对已施工增强体的质量和承载力的影响。

【禁忌 7.6】 多桩型复合地基计算错误

多桩型复合地基承载力特征值，应采用多桩复合地基静载荷试验确定。初步设计时，可分以下几种情况对其特征值进行估算。

1. 具有粘结强度的两种桩组合形成的多桩型复合

对具有粘结强度的两种桩组合形成的多桩型复合地基承载力特征值采用下列公式估算：

$$f_{spk} = m_1 \frac{\lambda_1 R_{a1}}{A_{p1}} + m_2 \frac{\lambda_2 R_{a2}}{A_{p2}} + \beta(1 - m_1 - m_2)f_{sk} \tag{7.6-1}$$

式中　m_1、m_2——分别为桩 1、桩 2 的面积置换率；

　　　λ_1、λ_2——分别为桩 1、桩 2 的单桩承载力发挥系数，应由单桩复合地基试验按等变形准则或多桩复合地基静载荷试验确定，有地区经验时也可按地区经验确定；

　　　R_{a1}、R_{a2}——分别为桩 1、桩 2 的单桩承载力特征值（kN）；

　　　A_{p1}、A_{p2}——分别为桩 1、桩 2 的截面面积（m²）；

　　　β——桩间土承载力发挥系数，无经验时可取 0.9～1.0；

　　　f_{sk}——处理后复合地基桩间土承载力特征值（kPa）。

2. 具有粘结强度的桩与散体材料桩组合形成的复合地基

对具有粘结强度的桩与散体材料桩组合形成的复合地基承载力特征值按以下公式进行计算：

$$f_{spk} = m_1 \frac{\lambda_1 R_{a1}}{A_{p1}} + \beta[1 - m_1 + m_2(n - 1)]f_{sk} \tag{7.6-2}$$

式中　β——仅由散体材料桩加固处理形成的复合地基承载力发挥系数；

　　　n——仅由散体材料桩加固处理形成复合地基的桩土应力比；

　　　f_{sk}——仅由散体材料桩加固处理后桩间土承载力特征值（kPa）。

3. 多桩型复合地基面积置换率计算

多桩型复合地基面积置换率，应根据基础面积与该面积范围内实际的布桩数量进行计算，当基础面积较大或条形基础较长时，可用单元面积置换率替代。

1）当按图 7.6.1 矩形布桩时，$m_1 = \dfrac{A_{p1}}{2S_1S_2}$，$m_2 = \dfrac{A_{p2}}{2S_1S_2}$；

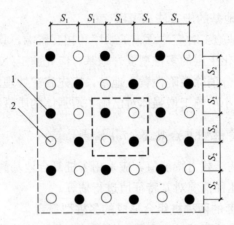

图 7.6.1　多桩型复合地基矩形布桩单元面积计算模型
1—桩 1；2—桩 2

2）当按图 7.6.2 三角形布桩且 $S_1 = S_2$ 时，$m_1 = \dfrac{A_{p1}}{2S_1^2}$，$m_2 = \dfrac{A_{p2}}{2S_1^2}$。

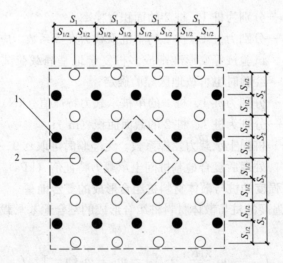

图 7.6.2　多桩型复合地基三角形布桩单元面积计算模型
1—桩 1；2—桩 2

4. 压缩模量的确定

多桩型复合地基复合土层的压缩模量可按下列公式计算。

1）有粘结强度增强体的长短桩复合加固区、短桩桩端至长桩桩端加固区土层压缩模量提高系数分别按下列公式计算：

$$\zeta_1 = \frac{f_{spk}}{f_{ak}} \qquad (7.6\text{-}3)$$

$$\zeta_2 = \frac{f_{spk1}}{f_{ak}} \qquad (7.6\text{-}4)$$

式中 f_{spk1}、f_{spk}——分别为仅由长桩处理形成复合地基承载力特征值和长短桩复合地基承载力特征值（kPa）；

　　　　ζ_1、ζ_2——分别为长短桩复合地基加固土层压缩模量提高系数和仅由长桩处理形成复合地基加固土层压缩模量提高系数；

2）对由有粘结强度的桩与散体材料桩组合形成的复合地基加固区土层压缩模量提高系数可按式（7.6-5）或式（7.6-6）计算：

$$\zeta_1 = \frac{f_{spk}}{f_{spk2}}[1 + m(n-1)]\alpha_k \qquad (7.6\text{-}5)$$

$$\zeta_1 = \frac{f_{spk}}{f_{ak}} \qquad (7.6\text{-}6)$$

式中 f_{spk2}——仅由散体材料桩加固处理后复合地基承载力特征值（kPa）；

　　　　α_k——处理后桩间土地基承载力的调整系数，$\alpha_k = f_{sk}/f_{ak}$；

　　　　m——散体材料桩的面积置换率。

【禁忌 7.7】　确定地基处理方法时，忽略需处理的范围

一些地基处理方法需要地基处理范围超出基础外边缘一定距离，如图 7.7.1 所示。这就要求在确定地基处理方案时应考虑到场地是否满足要求。具体超出范围和地基处理要达到的目的有关，具体如下。

1. 湿陷性黄土

利用挤密法消除黄土的湿陷性时，《湿陷性黄土地区建筑规范》GB 50025 要求其处理范围超出基础边缘不小于处理的湿陷黄土厚度的 1/2，这主要预防基础范围以外的黄土湿陷对地基土的不利影响。

2. 液化土

利用挤密方法或换土方法处理液化土时，《建筑抗震设计规范》GB 50011—2010 中 4.3.7 条第 5 款规定全部消除液化沉陷的措施"采用挤密法或换土法处理时，在基础边缘以外的处理宽度，应超过基础底面处理深度的 1/2 且不小于基础宽度的 1/5"，目的是为避免周围土的液化，造成基础下地基土的失稳。

3. 碎石桩、砂桩

当采用碎石桩、砂桩进行挤密加固时，碎石桩、砂石桩的加固范围至少应在基础外 1～3 排，主要是因为散体材料桩的承载力主要靠周围土的侧限提供，如

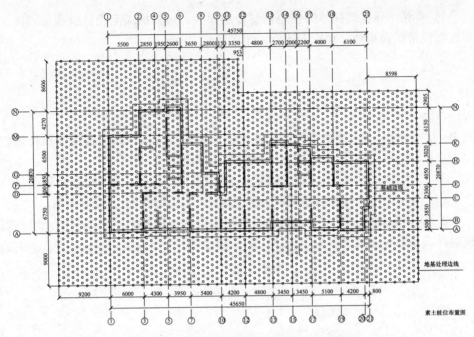

图 7.7.1　地基处理范围和基础的关系示意图

处理范围不外扩，则基础边缘处的地基承载力会降低，影响建筑物的安全。

4. 换填垫层

采用换填垫层处理时，垫层底面的宽度应符合下列规定。

1）垫层底面宽度应满足基础底面应力扩散的要求，可按下式确定：

$$b' \geqslant b + 2z\tan\theta$$

式中　b'——垫层底面宽度（m）；

θ——压力扩散角，按表 7.7.1 取值；当 $\dfrac{z}{b} < 0.25$ 时，按表中 $\dfrac{z}{b} = 0.25$ 取值。

土和砂石材料压力扩散角 θ(°)　　　　表 7.7.1

$\dfrac{z}{b}$	换填材料　中砂、粗砂、砾砂、圆砾、角砾、石屑、卵石、碎石、矿渣	粉质黏土粉煤灰	灰　土
0.25	20	6	28
≥0.50	30	23	

注：1. 当 $\dfrac{z}{b} < 0.25$ 时，除灰土取 $\theta = 28°$ 外，其他材料均取 $\theta = 0°$，必要时宜由试验确定；

2. 当 $0.25 < \dfrac{z}{b} < 0.5$ 时，θ 值可以内插；

3. 土工合成材料加筋垫层其压力扩散角宜由现场静载荷试验确定。

2）垫层顶面每边超出基础底边缘不应小于 300mm，或从垫层底面两侧向

266

上，按当地基坑开挖的经验及要求放坡。

3）整片垫层底面的宽度可根据施工的要求适当加宽。

5. 强夯

《建筑地基处理技术规范》JGJ 79 规定，强夯处理范围应大于建筑物基础范围，每边超出基础外缘的宽度宜为基底下设计处理深度的 1/2～2/3，且不应小于 3m。

6. CFG 桩或水泥土桩复合地基

有粘结强度增强体复合地基，如 CFG 桩、水泥土搅拌桩复合地基、夯实水泥土桩，其处理范围仅在基础范围内即可。

7. 灰土挤密桩、土挤密桩复合地基

对于灰土挤密桩、土挤密桩复合地基处理的面积，《建筑地基处理技术规范》JGJ 79 规定，当采用整片处理时，应大于基础或建筑物底层平面的面积，超出建筑物外墙基础底面外缘的宽度，每边不宜小于处理土层厚度的 1/2，且不应小于 2m；当采用局部处理时，对非自重湿陷性黄土、素填土和杂填土等地基，每边不应小于基础底面宽度的 0.25 倍，且不应小于 0.5m；对自重湿陷性黄土地基，每边不应小于基础底面宽度的 0.75 倍，且不应小于 1.0m。

8. 预压地基

预压地基，预压边缘应大于建筑物基础轮廓线，每边增加量不得小于 3.0m，如图 7.7.1 所示。

【禁忌 7.8】 强夯设计时，对回填材料性质和厚度的不同重视不够

强夯作为常用的地基处理方法，在处理回填土地基时有广泛的应用。但在实际工程中强夯处理的地基常常出现不均匀沉降，造成地面非均匀下沉和建筑物开裂。进行分析后，发现造成不均匀变形的原因主要有两条。

1. 回填土材料不同

回填材料影响强夯效果，在相同夯击能下，不同的材料夯实效果不一致。

2. 回填土厚度差异过大

如长沙某工程，填土分两层回填两次强夯处理，每层一次回填到位，因填土施工的随意性，造成场地内填土成分差异变化较大，部分地段含砾石量较多，其含水量较小，部分地段主要为纯黏性土组成，其含水量稍大；同时，在垂直方向和水平方向上的分布无规律，分布极不均匀。在强夯时采用统一的 3000kN·m 夯击能不合理。因为，当填土厚度为 0～1m 时，因填土下为较硬的强风化砾岩出现跳锤现象，强夯后地基土较硬；对于填土厚度在 2～6m 时，该夯击能适宜；而对于填土厚度为 7～8m 的粉质黏土时，其 3000kN·m 夯击能偏小，强夯效果差。所以本场地在采用单一的夯击能强夯处理填土后的地基仍为非均匀地基，最终产生差异沉降，造成建筑物开裂。

表7.8.1给出了不同夯击能、不同回填土的有效加固深度参考值。具体工程中，强夯的有效加固深度，应根据现场试夯或地区经验确定。在缺少试验资料或经验时，可按表7.8.1进行预估。

强夯的有效加固深度（m） 表7.8.1

单击夯击能 E（kN·m）	碎石土、砂土等粗颗粒土	粉土、黏性土、湿陷性黄土等细颗粒土
1000	4.0~5.0	3.0~4.0
2000	5.0~6.0	4.0~5.0
3000	6.0~7.0	5.0~6.0
4000	7.0~8.0	6.0~7.0
5000	8.0~8.5	7.0~7.5
6000	8.5~9.0	7.5~8.0
8000	9.0~9.5	8.0~8.5
10000	9.5~10.0	8.5~9.0
12000	10.0~11.0	9.0~10.0

【禁忌7.9】 采用水泥土搅拌桩时，对淤泥质土中含的有机质重视不够

淤泥质土中采用水泥土搅拌桩，需注意淤泥质土有机质含量。工程实践证明，水泥土中一些有机质能阻止水泥发生水化反应，造成水泥土强度很低，达不到加固效果。

土样中的有机质主要为富里酸和胡敏酸，在富里酸、水和水泥体系中，富里酸首先呈水溶液形式存在，当水泥和富里酸溶液接触后，由于两者形成的吸附层会延缓水泥水化的进程；其次，水泥水化生成的水化铝酸钙、水化硫铝酸钙以及水化铁铝酸钙晶体中由于富里酸的分解作用，使这些水化产物解体，破坏水泥土的结构的形成，呈一种化学风化的特征。因此，一些有机质可使土样具有较大的水溶性和塑性，较大的膨胀性和低渗透性，并使土样具有酸性，这些因素阻碍水泥水化反应的进行，使水泥土强度低，甚至没有强度。

实际工程中，对于有机质含量高的土来说，需要适当添加外加剂才能满足加固效果，可能的添加剂如早强剂或粉煤灰，添加外加剂需先进行试验，对此新修订的《建筑地基处理技术规范》JGJ 79规定，水泥土搅拌桩用于处理泥炭土、有机质土、pH值小于4的酸性土、塑性指数大于25的黏土，或在腐蚀性环境中以及无工程经验的地区使用时，必须通过现场和室内试验确定其适用性。

【禁忌7.10】 压实填土地基设计时考虑不全面

近年来，开山填谷、炸山填海、围海造田、人造景观等大面积填土工程越来

越多，填土边坡最大高度已经达到 100 多米，大面积填方压实地基的工程案例很多，工程事故也不少，应引起足够的重视。对于压实填土地基，设计时应考虑以下问题。

1. 填方下的地基

填方下的原天然地基的承载力、变形和稳定性要经过验算并满足设计要求后才可以进行填土的填筑和压实。验算时采用的荷载为填土和上部建筑荷载的总和。如不满足要求，应先进行基底处理。

2. 对周围既有建筑和设备管线的影响

填土特别是高厚填土，相对于原地基土是附加荷载，会对周围建筑等产生影响。应评估对邻近建筑物及重要市政设施、地下管线等的变形和稳定的影响；施工过程中，应对大面积填土和邻近建筑物、重要市政设施、地下管线等进行变形监测。

3. 对周围环境的影响

填土压实常用的方法有碾压和冲击碾压，均产生一定的振动，特别是冲击碾压。采用高振幅、低频率冲击碾压使工作面下深层土石的密实度不断增加，受冲压土体逐渐接近于弹性状态，具有克服地基隐患的技术优势，是大面积土石方工程压实技术的新发展。

但当场地周围有对振动敏感的精密仪器、设备、建筑物等或有其他需要时宜进行振动监测。测点布置应根据监测目的和现场情况确定，一般可在振动强度较大区域内的建筑物基础或地面上布设观测点，并对其振动速度峰值和主振频率进行监测，具体控制标准及监测方法可参照现行国家标准《爆破安全规程》GB 6722 执行。对于居民区、工业集中区等受振动可能影响人居环境时，可参照现行国家标准《城市区域环境振动标准》GB 10070 和《城市区域环境振动测量方法》GB 10071 要求执行。

噪声监测：在噪声保护要求较高区域内可进行噪声监测。噪声的控制标准和监测方法可分别按现行国家标准《建筑施工场界噪声限值》GB 12523 和《建筑施工场界噪声测量方法》GB 12524 执行。

实际工程中，常采取以下两种减振隔振措施：①开挖宽 0.5m、深 1.5m 左右的隔振沟进行隔振；②降低冲击压路机的行驶速度，增加冲压遍数。

4. 半挖半填地基上建筑物的不均匀变形问题

半挖半填地基上的建筑物常常出现不均匀变形问题，主要原因是挖掉部分一般沉降量很小，甚至还可能存在回弹。而填的部分会产生变形，包括填土对原地基产生的沉降、填土状态改变产生的变形、建筑物产生的变形。因此，建筑不应布置在半挖半填地基上，如建筑平面位置不能调整，应超挖一定深度，然后回填。

5. 排水设计

应重视大面积填方工程的排水设计，特别是丘陵和山区，应根据当地地形及时修筑雨水截水沟、排水盲沟等，疏通排水系统，使雨水或地下水顺利排走。对填土高度较大的边坡应重视排水对边坡稳定性的影响。

施工过程中，设置在压实填土场地的上、下水管道，由于材料及施工等原因，管道渗漏的可能性很大，为了防止影响邻近建筑或其他工程，设计、施工应采取必要的防渗漏措施。

6. 压实系数

压实系数 λ_c 为土的控制干密度 ρ_d 与最大干密度 ρ_{dmax} 的比值，压实填土的质量以压实系数 λ_c 控制，并应根据结构类型和压实填土所在部位按表 7.10.1 的要求确定。

压实填土的质量控制　　　　　　　　表 7.10.1

结构类型	填土部位	压实系数 λ_c	控制含水量（%）
砌体承重结构 和框架结构	在地基主要受力层范围以内	≥0.97	$w_{op} \pm 2$
	在地基主要受力层范围以下	≥0.95	
排架结构	在地基主要受力层范围以内	≥0.96	
	在地基主要受力层范围以下	≥0.94	

注：地坪垫层以下及基础底面标高以上的压实填土，压实系数不应小于 0.94。

7. 最大干密度和最优含水量

采用黏性土和黏粒含量 $\rho_c \geqslant 10\%$ 的粉土作填料时，填料的含水量至关重要。在一定的压实功下，填料在最优含水量时，干密度可达最大值，压实效果最好。填料的含水量太大，容易压成"橡皮土"，应将其适当晾干后再分层夯实；填料的含水量太小，土颗粒之间的阻力大，则不易压实。以粉质黏土、粉土作填料时，最优含水量的经验参数值为 20%～22%。

压实填土的最大干密度和最优含水量，宜采用击实试验确定，当无试验资料时，最大干密度可按下式计算：

$$\rho_{dmax} = \eta \frac{\rho_w d_s}{1 + 0.01 w_{op} d_s}$$

式中　ρ_{dmax}——分层压实填土的最大干密度（t/m³）；

η——经验系数，粉质黏土取 0.96，粉土取 0.97；

ρ_w——水的密度（t/m³）；

d_s——土粒相对密度（比重）（t/m³）；

w_{op}——填料的最优含水量（%）。

当填料为碎石或卵石时，其最大干密度可取 2.1～2.2 t/m³。

8. 压实地基的检验

压实填土地基竣工验收应采用静载荷试验检验填土质量，静载荷试验点宜选择通过静力触探试验或轻便触探等原位试验确定的薄弱点。当采用静载荷试验检验压实填土的承载力时，应考虑压板尺寸与压实填土厚度的关系。压实填土厚度大，承压板尺寸也要相应增大，或采取分层检验。否则，检验结果只能反映上层或某一深度范围内压实填土的承载力。为保证静载荷试验的有效影响深度不小于换填垫层处理的厚度，静载荷试验承压板的边长或直径不应小于压实地基检验厚度的 1/3，且不应小于 1.0m。

【禁忌 7.11】 对影响回填土地基的变形因素考虑不全面

回填土经处理后作为建筑地基，影响其变形的因素包括如下几项。

1. 回填土作为附加荷载对原地基土产生的沉降 s_1

当回填土下原地基土性质一般，特别是压缩性较大的黏性土，回填土作为附加荷载会产生一定的沉降，且沉降时间很长。沉降量大小和回填时间、回填土性质、回填土厚度有关，回填土越厚、原地基土性质越差，沉降量越大。

2. 回填土上建筑物荷载产生的沉降 s_2

此部分沉降比较好理解，建筑物的荷载作用在回填土地基上产生的沉降。

s_1、s_2 可按《建筑地基基础设计规范》GB 50007—2011 中 5.3 节的有关规定计算。注意计算 s_1 时，仅考虑建筑物基础开始施工后产生的沉降。

3. 由于回填土含水量增大或地下水在回填土中流动产生的沉降 s_3

大范围的回填土，回填过程的含水量很难控制好，当回填土的含水量发生较大改变时，会产生沉降。当回填土为粗颗粒土时，地下水的流动会带走部分细小颗粒，长时间后，也会造成回填土的沉降。此部分沉降计算难度较大，应从施工质量和对水的控制着手。

图 7.11.1 为某建筑物建在回填土地基上，夏季大规模降雨后，建筑物外地面下沉，散水随着下沉的图片。

图 7.11.1　某建筑物室外地面及散水下沉

由于设计资料不齐全或设计要求不够准确、甚至不合理，给复合地基设计带来许多困难，或给工程带来不应有的损失，具体设计时所需的资料如下：

1）工程地质勘察报告。

2）周围环境条件。

3）相关的建筑、基础平面图和剖面图。

标明±0.000 对应的标高；基底标高；电梯井、集水坑底标高；基础外轮廓线；若有裙房应标明主楼和裙房（或车库）的相关关系以及裙房（或车库）的基础形式和几何尺寸。

4）建筑物荷载。

（1）相应于荷载效应标准组合时基础底面处的平均压力值（用于地基承载力验算）；

（2）相应于荷载效应准永久组合时基础底面处的平均压力值（用于地基变形验算）；

（3）当主楼周围有裙房（或车库）时，还应提供裙房（或车库）基底压力标准值，以便考虑能否以及怎样对主楼地基承载力进行修正；

（4）当需作抗冲切验算时（如框筒体系），尚需提供荷载设计值。

5）设计要求的复合地基承载力和变形。

【禁忌 7.13】 对复合地基的褥垫层作用和要求不了解

1. 褥垫层在复合地基中的作用

褥垫层在复合地基中具有如下的作用：

1）保证桩、土共同承担荷载，它是形成复合地基的重要条件。

2）通过改变褥垫厚度，调整桩垂直荷载的分担，图 7.13.1 为不同褥垫层厚度桩土应力比曲线。褥垫越厚桩承担的荷载占总荷载的百分比越小，反之亦然。

3）减少基础底面的应力集中。

4）调整桩、土水平荷载的分担，保证水平荷载作用下加强体的安全。图 7.13.2 为褥垫层厚度对桩土水平荷载分配的影响曲线。褥垫层越厚，土分担的水平荷载占总荷载的百分比越大，桩分担的水平荷载占总荷载的百分比越小。由于加强体（如 CFG 桩）一般不配钢筋，其抵抗水平承载力的能力很弱，因此，借助褥垫层将荷载传给地基土非常重要。

5）褥垫层的设置，可使桩间土承载力充分发挥，作用在桩间土表面的荷载在桩侧的土单元体产生竖向和水平向附加应力，水平向附加应力作用在桩表面具有增大侧阻的作用，在桩端产生的竖向附加应力对提高单桩承载力是有益的。

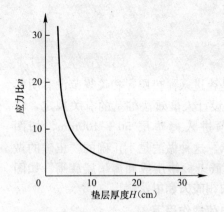

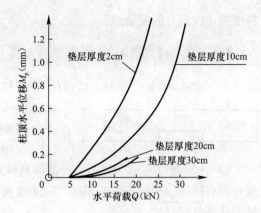

图 7.13.1　褥垫层厚度对桩土应力
　　　　　比的影响曲线

图 7.13.2　褥垫层厚度对桩土水平荷载
　　　　　分配的影响曲线

2. 不同复合地基褥垫层厚度的要求

对于不同的复合地基，褥垫层的厚度和材料要求不同，具体如下：

1) 振冲碎石桩和沉管砂石桩复合地基，褥垫层厚度为 300～500mm。材料宜用中砂、粗砂、级配砂石和碎石等，最大粒径不宜大于 30mm。其夯填度（夯实后的厚度与虚铺厚度的比值）不应大于 0.9。

2) 水泥土搅拌桩复合地基，褥垫层厚度可取 200～300mm。褥垫层材料可选用中砂、粗砂、级配砂石等，最大粒径不宜大于 20mm。褥垫层的夯填度不应大于 0.9。

3) 旋喷桩复合地基，褥垫层厚度宜为 150～300mm。褥垫层材料可选用中砂、粗砂、级配砂石等，褥垫层最大粒径不宜大于 20mm。褥垫层的夯填度不应大于 0.9。

4) 灰土挤密桩和土挤密桩复合地基，褥垫层厚度 300～600mm。褥垫层材料可根据工程要求采用 2∶8 或 3∶7 灰土、水泥土等。其压实系数均不应低于 0.95。

5) 夯实水泥土桩复合地基，褥垫层厚度为 100～300mm。材料可采用粗砂、中砂、碎石等，垫层材料最大粒径不宜大于 20mm。褥垫层的夯填度不应大于 0.9。

6) 水泥粉煤灰碎石桩复合地基，褥垫层厚度宜为（0.4～0.6）倍桩径。褥垫材料宜采用中砂、粗砂、级配砂石和碎石等，最大粒径不宜大于 30mm。

7) 柱锤冲扩桩复合地基，桩顶部应铺设 200～300mm 厚砂石垫层，垫层的夯填度不应大于 0.9。

8) 多桩型复合地基褥垫层设置，对刚性长、短桩复合地基宜选择砂石垫层，垫层厚度宜取对复合地基承载力贡献大的增强体直径的 1/2；对刚性桩与其他材料增强体桩组合的复合地基。

【禁忌 7. 14】 CFG 桩顶盲目进入褥垫层

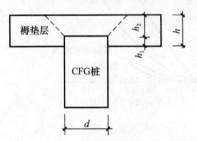

图 7.14.1　CFG 桩顶错误构造

对于 CFG 桩复合地基，增强体 CFG 桩是否进入褥垫层，相关规范没有明确规定。一些设计人员效法桩基的有关规定，将 CFG 桩桩顶进入褥垫层 50～100mm，如图 7.14.1 所示，这种做法是不正确的。正确的做法应是桩顶低于褥垫层或和褥垫层底平，如图 7.14.2 所示，原因如下：

1. 竖向荷载作用下

从上面介绍的褥垫层的作用分析，在竖向荷载作用下，如 CFG 桩顶进入褥垫层，则 CFG 桩分担的荷载增大，地基土分担的荷载较小，不利于充分发挥土的承载力。另一方面，CFG 桩顶进入褥垫层后，对基础的局部压应力增大，基础受 CFG 桩的冲切荷载增大。

2. 水平荷载作用下

在水平荷载作用下，CFG 桩顶进入褥垫层后，CFG 桩体和褥垫层呈咬合状态，如图 7.14.1 所示，水平力将首先传给 CFG 桩，出现水平力集中的现象。而目前的 CFG 桩设计中没有考虑其承受较大的水平力，因此在水平力如水平地震荷载作用下，可能出现 CFG 桩被剪断，造成地震时的安全隐患。

因此，CFG 桩不宜进入褥垫层，考虑到其具体受力时可能出现上刺入，CFG 桩桩顶最好稍低于褥垫层底。对于电梯井部位，CFG 桩顶做法可参照图 7.14.3。

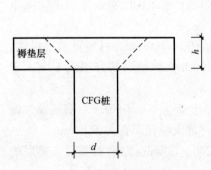

图 7.14.2　CFG 桩顶正确构造

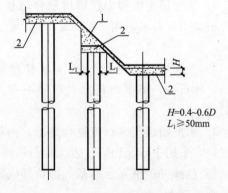

图 7.14.3　井坑斜面部位褥垫层做法示意图
1—素混凝土垫层；2—褥垫层

【禁忌 7.15】 CFG 桩复合地基不视上部结构条件一律采用均匀布桩

早期的 CFG 桩复合地基设计，一般在基础下均匀布置，且同一基础单元采用相同的桩长、桩径。近年的试验研究表明，当荷载和上部结构刚度不均匀时，采用非均匀布桩可更好的调整不均匀沉降。可根据建筑物荷载分布、基础形式、地基土性状，合理确定布桩参数，具体可参照以下几点。

1. 均匀布桩的条件

地基反力满足线性分布假定时，可在整个基础范围均匀布桩。《建筑地基基础设计规范》GB 50007—2011 中对于地基反力计算，当满足下列条件时可按线性分布计算，采用均匀布桩：

1）地基土比较均匀；

2）上部结构刚度比较好，如剪力墙结构；

3）基础具有足够的刚度，如梁板式筏基梁的高跨比或平板式筏基板的厚跨比不小于 1/6；

4）荷载比较均匀，相邻柱荷载及柱间距的变化不超过 20%。

满足以上条件时，可采用均匀布桩。

当不满足上述条件时，基底压力不满足线性分布假定，不宜采用均匀布桩，应主要在柱边（平板式筏基）和梁边（梁板式筏基）外扩 2.5 倍板厚的面积范围布桩。

2. 墙或梁下布桩的条件

与散体桩和水泥土搅拌桩相比，CFG 桩复合地基承载力提高幅度大，在荷载水平不是很高时，以下条件可采用墙下或梁下布桩：

1）对荷载水平不高的墙下条形基础；

2）天然地基承载力基本满足要求为减小沉降。

此时，CFG 桩施工对桩位在垂直于轴线方向的偏差应严格控制，防止过大的基础偏心受力状态。

3. 框架核心筒结构和抗震缝部位非均匀布桩

对框架核心筒结构形式，由于荷载分布不均，为避免出现较大的整体挠曲，核心筒和外框柱宜采用不同布桩参数，核心筒部位荷载水平高，宜强化核心筒荷载影响范围布桩，相对弱化外框柱荷载影响部位布桩；通常核心筒外扩一个板厚范围，宜减小桩距或增大桩径，在条件允许时，增加桩长应是首选，提高复合地基承载力和复合土层模量，减小沉降。对设有沉降缝或抗震缝的建筑物，宜在沉降缝或抗震缝部位，采用减小桩距、增加桩长或加大桩径布桩，以防止建筑物发生较大相向变形。图 7.15.1 为北京某框筒结构根据荷载和地质条件采用非均匀布桩图，可在核心筒部位布 CFG 桩，也可在核心筒部位布长 CFG 桩，在荷载较低的框架部分布短 CFG 桩，布置长短桩时，桩端持力层性质应接近。

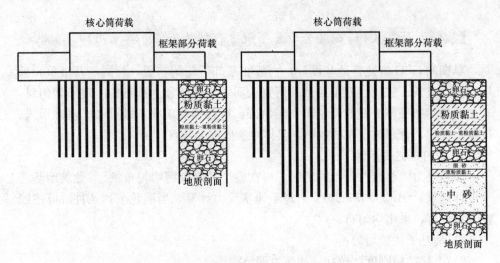

图 7.15.1　北京某框筒结构 CFG 桩复合地基非均匀布桩示意图

4. 对相邻柱荷载水平相差较大的独立基础按变形控制确定桩长和桩距

对于独立基础地基处理，可按变形控制进行复合地基设计。比如，天然地基承载力 100kPa，设计要求经处理后复合地基承载力特征值不小于 300kPa。每个独立基础下的承载力相同，都是 300kPa。当两个相邻柱荷载水平相差较大的独立基础，复合地基承载力相等时，荷载水平高的基础面积大，影响深度深，基础沉降大；荷载水平低的基础面积小，影响深度浅，基础沉降小；柱间沉降差有可能不满足设计要求。柱荷载水平差异较大时应按变形控制进行复合地基设计。由于 CFG 桩复合地基承载力提高幅度大，柱荷载水平高的宜采用较高承载力要求确定布桩参数，可以有效地减少基础面积、降低造价，更重要的是基础间沉降差容易控制在规范限值之内。

【禁忌 7.16】　对地基处理后的承载力修正概念不清楚

建筑地基承载力的基础宽度、基础埋深修正是建立在浅基础承载力理论上的，对基础宽度和基础埋深所能提高的地基承载力设计取值的经验方法。经处理的地基由于其处理范围有限，处理后增强的地基性状与自然环境下形成的地基性状有所不同。处理后的地基，当按地基承载力确定基础底面积及埋深而需要确定的地基承载力特征值进行修正时，应分析工程具体情况，采用安全的设计方法。

1. 压实填土地基

压实填土地基，当其处理的面积较大（一般应视处理宽度大于基础宽度的 2 倍），可按《建筑地基基础设计规范》GB 50007—2011 规定的土性要求进行修正。

这里有两个问题需要注意：首先，需修正的地基承载力应是基础底面经检验确定的承载力，许多工程进行修正的地基承载力与基础底面确定的承载力并不一致；其次，这些处理地基后的地基表层及以下土层的承载力并不一致，可能存在表层高以下土层低的情况。所以如果地基承载力验算考虑了深度修正，应在地基主要持力层满足要求条件下才能进行。

2. 其他地基处理方法

对于不满足大面积处理的压实地基、夯实地基以及其他处理地基，基础宽度的地基承载力修正系数取零，基础埋深的地基承载力修正系数取 1.0。

复合地基由于其处理范围有限，增强体的设置改变了基底压力的传递路径，其破坏模式与天然地基不同。复合地基承载力的修正的研究成果还很少，基础宽度的地基承载力修正系数取零，基础埋深的地基承载力修正系数取 1.0。

3. 考虑地基变形因素

地基基础的核心问题是地基变形问题，如承载力经修正后，地基变形能满足建筑物要求，则承载力可进行相应的修正，否则不能进行修正。

【禁忌 7.17】 地基处理后仅进行承载力检测

地基处理的目的除满足承载力的要求外，还应满足变形要求。因此要进行如下检测。

1. 承载力检测

承载力可通过载荷板试验等方法确定，可选用浅层载荷板试验，必要时进行深层载荷板试验。

2. 加固范围内土的各项指标的检测

加固范围内土的指标的检测是为检测沿深度的加固效果是否达到设计要求，需通过标准贯入试验、动力触探、取样进行室内土工试验等方法确定，根据试验结果得出的加固后各层土的各种指标。对于强夯、预压、堆载等地基处理方法需进行上述检测。

切记不要简单地认为基底承载力满足要求了，就不需做其他试验。

【禁忌 7.18】 复合地基承载力检测的承压板尺寸不对

复合地基载荷试验分为单桩复合地基载荷试验和多桩复合地基载荷试验。复合地基载荷试验用于测定承压板下应力主要影响范围内复合土层的承载力和变形参数。因此复合地基载荷试验的承压板必须具有足够的刚度。此外，正确选择承压板面积是确保试验结果准确性的重要前提。对于单桩或多桩复合地基载荷试验，其承压板面积必须与单桩或实际桩数所承担的处理面积相等。

对于最常采用的单桩复合地基载荷试验，当刚性桩复合地基的竖向增强体采用等边三角形布置时，有些设计者不假思索地将复合地基承载力检测的承压板尺

寸取做 $s×s$（s 为桩间距），这当然是错误的。承压板尺寸应根据单桩的有效加固面积而定，当刚性桩采用三角形布置时，单桩的有效加固面积为 $A_e=(s/1.08)^2$，故承压板尺寸应取为 $\sqrt{A_e}×\sqrt{A_e}=\left(\dfrac{s}{1.08}\right)×\left(\dfrac{s}{1.08}\right)$；当刚性桩采用正方形布置时，承压板尺寸取为 $s×s$；当刚性桩为矩形布置时，承压板尺寸取为 $\sqrt{a×b}×\sqrt{a×b}$（a，b 分别为矩形布置两个方向的桩间距）。图 7.18.1 为各种布桩形式的承压板尺寸，其中图（a）为正方形布桩，承压板尺寸可直接取为 $s×s=1400\text{mm}×1400\text{mm}$；图（$b$）为等边三角形布桩，承压板尺寸应取为 $\left(\dfrac{s}{1.08}\right)×\left(\dfrac{s}{1.08}\right)=1296\text{mm}×1296\text{mm}$；图（$c$）为矩形布桩，承压板尺寸应取为 $\sqrt{a×b}×\sqrt{a×b}=1396\text{mm}×1396\text{mm}$，对于图（$c$）的矩形布桩，承压板尺寸取为图（$c$）下方的矩形承压板也是允许的，但在根据 s/b（此处的 s 为载荷试验承压板的沉降量，b 为承压板宽度）确定复合地基承载力时，由于 b 减小、s/b 增大，从而会使试验所得的复合地基承载力偏低。

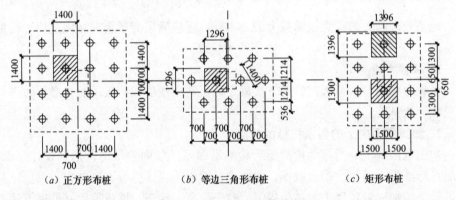

（a）正方形布桩　　　　（b）等边三角形布桩　　　　（c）矩形布桩

图 7.18.1　承压板尺寸确定

【禁忌 7.19】　独立基础下 CFG 桩复合地基承载力计算与布桩错误

表 7.19.1 为某实际工程施工图中的 CFG 桩复合地基设计参数，图 7.19.1 为该工程 CFG 桩复合地基平面布置截图。其中单桩承载力特征值为 560kN，持力层中砂层天然地基承载力为 280kPa，处理后复合地基承载力要求为 900kPa。经甲方工程师审查发现有诸多错误或不当之处，以下为审查意见的原文：

"（1）根据我方对酒店裙楼所有相关勘探孔进行计算，桩长 14m、桩径 400mm CFG 桩的单桩承载力特征值不低于 1000kN，取值 560kN 偏低；

（2）应明确复合地基褥垫层下的地基持力层要求，包括持力层土层要求及天然地基承载力取值，当持力层有可能出现较差土层时，应明确换填要求；

（3）根据原设计独基尺寸与 CFG 桩平面布置，用 560kN 的单桩承载力和 280kPa 的天然地基承载力，无法得到 900kPa 的复合地基承载力。如果原设计采用了深度修正，应该在图中予以说明，并宜明确修正深度取值。鉴于深度修正受制于各种主观设计条件，也为与南区的设计理念趋同，不建议采用深度修正；

（4）CFG 桩复合地基设计与施工所适用的规范为《建筑地基处理技术规范》JGJ 79—2003 及《建筑基桩检测技术规范》JGJ 106—2003，与《建筑桩基技术规范》JGJ 94—2008 无关，故原设计说明第 3 条应修改；

（5）CFG 桩施工采用长螺旋钻孔压灌桩工艺，属于干作业成孔工艺，操作不当时只可能造成桩底存在虚土，不会如泥浆护壁工艺一样产生孔底沉渣，故原设计说明第 4 条应删除或修改；

（6）CFG 桩复合地基褥垫层并非越厚越好，应根据桩径与桩距进行合理取值，规范规定取为 150~300mm，桩径桩距大时取高值，现有设计桩径较小、桩距适中，不宜取上限值；

（7）复合地基褥垫层每边比混凝土垫层宽出一个褥垫层厚度即可，多取无益，反倒会增加人工挖方量和褥垫层材料用量。"

某工程 CFG 桩复合地基设计参数 表 7.19.1

符　号	桩　型	桩径	桩长 (m)	桩距 (m)	桩身混凝土强度等级	桩端持力层	单桩竖向承载力特征值 R_a	复合地基承载力特征值
⊕	钻孔灌注桩	φ400	14.0	1.6	C25	第⑪层粗砂层	560kN	900kPa

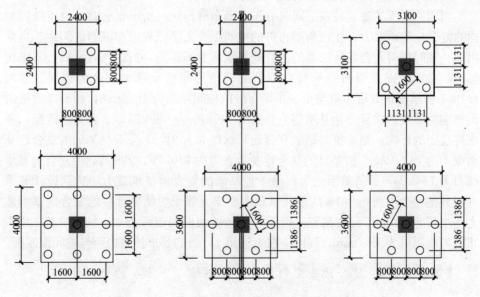

图 7.19.1　某工程 CFG 桩复合地基平面布置截图

从上述审图意见看出，设计者对单桩承载力的取值严重偏低，或许是因为设计保守，但据单桩承载力与天然地基承载力计算后的复合地基承载力却无论如何得不到所要求的承载力（4桩基础除外），却实在匪夷所思。或许是无知、或许是笔误，总之不在讨论范围之内。本文在此想提醒读者的，主要有以下两点。

1）桩间距与桩边距不匹配

桩边距取得过大或过小，都会影响单桩的实际面积置换率，从而影响处理后的复合地基承载力。如本工程如要达到900kPa的复合地基承载力，则正方形布桩时桩间距需为1200mm，正三角形布桩时桩间距需为1300mm。对于正方形布桩，如果基础的桩边距取600mm，则整个基础下各桩的等价置换率与不考虑桩边距因素下1200mm间距单根桩的实际置换率相同，我们称此时的桩边距与桩间距是匹配的，反之，如果桩边距大于或小于600mm，都会影响基础下各桩的实际等价置换率，从而影响复合地基承载力。如图7.19.1所示正方形布桩的桩间距为1600mm，桩边距为400mm，如果不考虑桩边距影响直接按1600mm桩间距计算，则复合地基承载力只能达到617kPa，考虑桩边距的影响，则4桩基础下各桩的等效桩间距为1200mm（$s=\sqrt{A/n}$，s为等效桩间距，A为基础底面积，n为基础下的CFG桩数），复合地基承载力为912kPa；9桩基础下各桩的等效桩间距为1333mm，复合地基承载力为784kPa，达不到复合地基承载力要求。后经甲方结构工程师优化，将正方形布桩的桩间距改为1200mm，桩边距改为600mm；正三角形布桩的桩间距改为1300mm，桩边距按使整个基础下各桩的等价桩间距不小于1300mm确定。

2）不同布桩方式间的承载力不匹配

当同一工程的独立柱基下同时有正方形布桩与正三角形布桩时，为了得到相同的复合地基承载力，正三角形布桩的桩间距要大于正方形布桩的桩间距。当采用同一桩间距时，会导致二者的复合地基承载力不匹配，当处理后承载力要求相同时，会出现正方形布桩承载力不足或三角形布桩承载力有余的情况。如图7.19.1所示的正方形布桩与正三角形布桩的桩间距均为1600mm，则不考虑桩边距影响的处理后的复合地基承载力分别为617kPa及680kPa，二者并不匹配，考虑桩边距的影响，则4桩基础的复合地基承载力为912kPa，5桩基础的复合地基承载力为743kPa，7桩基础的复合地基承载力为710kPa，9桩基础的复合地基承载力为784kPa，数值差距较大，除4桩基础的复合地基承载力能达到设计要求外，其他均达不到900kPa的设计承载力要求。如果想使处理后的复合地基承载力不小于900kPa且大致相等，则正方形布桩的桩间距可为1200mm，正三角形布桩桩间距可为1300mm，同时应按上述第1）条的要求使桩边距与桩间距匹配。

【禁忌7.20】 复合地基变形计算遗漏桩端以下土层的变形量

在各类实用计算方法中，通常把复合地基沉降量分为两部分，即复合地基在

加固区压缩量 S_1 和复合地基加固区下卧层土层压缩量 S_2，如图 7.20.1 所示。图中 h 为复合地基加固区厚度，Z 为荷载作用下地基压缩层厚度。复合地基总沉降量 S 可表示为两部分之和，即

$$S = S_1 + S_2 \qquad (7.20\text{-}1)$$

可将常用的计算方法归纳为复合模量法（E_2 法）、应力修正法（E_s 法）、桩身压缩量法（E_p 法），并建议根据复合地基类别采用上述方法计算复合地基加固区土层压缩量。

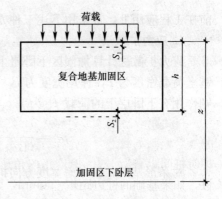

图 7.20.1 复合地基沉降示意

地基处理后的变形计算应按《建筑地基基础设计规范》GB 50007—2011 的有关规定执行。复合土层的分层与天然地基相同，各复合土层的压缩模量等于该层天然地基压缩模量的 ζ 倍，即

$$E_{spi} = \zeta E_{si} \qquad (7.20\text{-}2)$$

ζ 值可按下式确定：

$$\zeta = \frac{f_{spk}}{f_{ak}} \qquad (7.20\text{-}3)$$

式中 E_{spi}、E_{si}——分别为各复合土层的复合模量和第 i 层土的压缩模量。

《建筑地基处理技术规范》JGJ 79—2002 没有明确说明 f_{spk} 一定是静载试验结果，但若有条件 f_{spk} 最好是用静载试验确定。实际工程中一般用禁忌 7.21 中式（7.21-1）计算 f_{spk} 和式（7.20-3）计算模量提高系数，并用式（7.20-2）确定复合模量。大量工程实践表明，复合地基变形计算值与沉降观测值具有良好的一致性。

地基变形计算深度应大于复合土层的厚度，并符合《建筑地基基础设计规范》GB 50007—2011 中地基变形计算深度的有关规定。

复合地基变形计算过程中，在复合土层范围内，压缩模量很高时，可能满足下式要求：

$$\Delta s'_n \leqslant 0.025 \sum_{i=1}^{n} \Delta s'_i \qquad (7.20\text{-}4)$$

若计算到此为止，实质仅计算了复合地基在加固区压缩量 S_1 而遗漏了复合地基加固区下卧层土层压缩量 S_2，因此，计算时计算深度必须大于复合土层厚度。尤其当地基处理深度较浅、桩端以下可压缩土层的厚度较大且压缩性较高时，会使计算结果严重偏小。

复合地基加固区下卧层土层压缩 S_2 通常采用分层总和法计算。在分层总和法计算中，作用在下卧层土体上的荷载或土体中附加应力是难以精确计算的。目

前在工程应用上，常采用下述三种方法计算。

1. 应力扩散法

应力扩散法计算加固区下卧层上附加应力示意图 7.20.2（a）所示。复合地基上荷载密度为 p，作用宽度为 B，长度为 D，加固厚度为 h，压力扩散角为 β，则作用在下卧层上的荷载 p_b 为

$$p_b = \frac{DBp}{(B + 2h\tan\beta)(D + 2h\tan\beta)} \qquad (7.20-5)$$

对条形基础，仅考虑宽度方向扩散，则式（7.20-5）可改写为

$$p_b = \frac{Bp}{B + 2h\tan\beta} \qquad (7.20-6)$$

采用应力扩散法计算的关键是压力扩散角的合理选用。应该强调指出，此处的压力扩散角与双层地基中的压力扩散角是不等的。

2. 等效实体法

等效实体法计算加固区下卧层上附加应力示意图模式如图 7.20.2 所示。复合地基上荷载密度为 p，作用面长度为 D，宽度为 B，加固区厚度为 h，等效实体侧摩阻力密度为 f，则作用在下卧层上的附加应力 p_b 为

$$p_b = \frac{BDp - (2B + 2D)hf}{BD} \qquad (7.20-7)$$

对条形基础，上式可改写为

$$p_b = P - \frac{2h}{B}f \qquad (7.20-8)$$

采用等效实体法计算的关键是侧阻力的计算，不能简单地将桩侧摩阻力系数代入式（7.20-7）或式（7.20-8）中计算，特别是对于柔性桩复合地基。

3. 改进 Geddes 法

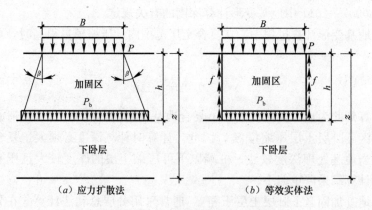

（a）应力扩散法　　　　　（b）等效实体法

图 7.20.2　下卧层上附加应力计算

【禁忌 7.21】 将修正后的地基承载力特征值代入复合地基承载力计算公式

CFG 桩复合地基承载力特征值，应通过现场复合地基载荷试验确定，初步设计时也可按下式估算：

$$f_{spk} = m \frac{R_a}{A_p} + \beta(1-m) f_{sk} \qquad (7.21\text{-}1)$$

式中　f_{spk}——复合地基的承载力特征值；

　　　m——面积置换率；

　　　A_p——桩的截面积；

　　　β——桩间土承载力折减系数；

　　　R_a——单桩竖向承载力特征值；

　　f_{sk}——加固后桩间土承载力特征值（kPa），宜按当地经验取值，如无经验时，可取天然地基承载力特征值。且 $f_{sk} = \alpha f_{ak}$（f_{ak} 为天然地基承载力特征值，α 为桩间土承载力提高系数）。

当采用非挤土成桩工艺时，f_{sk} 可取天然地基承载力特征值。

当采用挤土成桩工艺时，对结构性土，如淤泥质土等，施工时因受扰动强度降低，施工完后随着恢复期的增加，土体强度会有所恢复，土性不同，强度恢复的程度和所需的时间也不同。

此处需注意，f_{ak}、f_{sk} 均为未经修正的天然地基承载力特征值，勿将修正后的地基承载力特征值代入。

【禁忌 7.22】 将复合地基承载力的检测要求绝对化

复合地基必须进行桩身完整性检测及通过静载试验对承载力进行检验，这一点是绝对的，但在静载试验的方法选择上则不是绝对的。

复合地基承载力特征值应通过现场复合地基载荷试验确定，或采用增强体的载荷试验结果和其周边土的承载力特征值结合经验确定。因此，最常用的载荷试验方法有下述三种：

（1）单桩复合地基的静荷载试验。这是比较准确的方法，荷载板的面积要正好覆盖一根桩的加固面积，即荷载板的边长等于正方形布桩时的桩距，荷载板的中心对准桩中心（图 7.22.1（a））。荷载试验的操作方法与天然地基时相同。得出的地基承载力特征值可以直接应用，但当实际基础埋深与宽度与压板差异大时应作宽、深度修正。

（2）多桩复合地基静荷载试验（图 7.22.1（b））。这是最为准确的方法，与单桩复合地基静荷载试验不同的是压板覆盖了 2 个以上的桩。所得到的荷载-沉降曲线也代表多根桩与桩间土的特性。

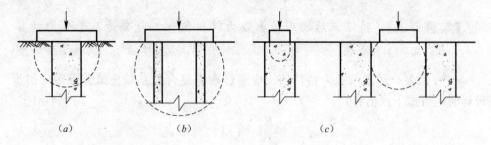

图 7.22.1　复合地基荷载试验做法

（a）单桩复合地基荷载试验；（b）多桩复合地基荷载试验；（c）桩间土荷载试验和桩身的荷载试验

（3）复合地基承载力特征值 R'_a 也可采用单桩桩体的荷载试验结果 f'_p 和桩间土的实测资料 f'_s 通过公式计算求得。图 7.22.1（c）为桩身载荷试验与桩间土载荷试验示意，试验结果的分析整理如下：

$$R'_a = f'_p A_p + f'_s A_s \qquad (7.22\text{-}1)$$

$$f'_{sp} = R'_a / A \qquad (7.22\text{-}2)$$

式中　R'_a——复合地基极限承载力；

$\quad\quad f'_{sp}$——复合地基的单位面积极限承载力实测值（kPa）；

$\quad\quad f'_p$——桩体的单位面积极限承载力实测值（kPa）；

$\quad\quad f'_s$——桩间土的单位面积极限承载力实测值（kPa）；

$\quad\quad A$——一根桩柱体所承担的加固地基面积（m²）；

$\quad\quad A_p$——一根桩柱体的横截面面积（m²）；

$\quad\quad A_s$——一根桩柱体所承担的加固范围内桩间土面积（m²）。

对于复合地基的承载力检验，有关规范的要求不完全相同，现分述如下。

1）《建筑地基处理技术规范》JGJ 79—2002 规定：

"7.4.4　振冲处理后的地基竣工验收时，承载力检验应采用复合地基载荷试验。

8.4.4　砂石桩地基竣工验收时，承载力检验应采用复合地基载荷试验。

9.4.2　水泥粉煤灰碎石桩地基竣工验收时，承载力检验采用复合地基载荷试验。

10.4.2　夯实水泥土桩地基竣工验收时，承载力检验应采用单桩复合地基载荷试验。对重要或大型工程，尚应进行多桩复合地基载荷试验。

11.4.3　竖向承载水泥土搅拌桩地基竣工验收时，承载力检验应采用复合地基载荷试验和单桩载荷试验。

12.4.5　竖向承载旋喷桩地基竣工验收时，承载力检验应采用复合地基载荷试验和单桩载荷试验。

13.4.3　石灰桩地基竣工验收时，承载力检验应采用复合地基载荷试验。

14.4.3 灰土挤密桩和土挤密桩地基竣工验收时，承载力检验应采用复合地基载荷试验。

15.4.3 柱锤冲扩桩地基竣工验收时，承载力检验应采用复合地基载荷试验。"

2)《建筑地基基础设计规范》GB 50007—2011 规定：

"10.2.10 复合地基应进行桩身完整性和单桩竖向承载力检验以及单桩或多桩复合地基载荷试验，施工工艺对桩间土承载力有影响时还应进行桩间土承载力检验。"

该条条文说明近一步解释如下：刚性桩复合地基承载力可采用单桩或多桩复合地基静载荷试验。当施工工艺对地基土承载力影响较小、有地区经验时，可采用单桩静载荷试验和桩间土静载荷试验结果确定刚性桩复合地基承载力。即上文中的第三种方法。

需要特别指出的是，复合地基承载力不是天然承载力和单桩承载力的简单叠加，需要对下面一些因素予以考虑：

（1）施工时是否对桩间土产生扰动或挤密，桩间土的承载力在加固后与加固前比较是否有降低或提高。

（2）桩对桩间土有约束作用，使土的变形减小，在垂直方向上荷载水平不太大时，对土起阻碍变形的作用，使土沉降减小，荷载水平高时起增大变形的作用。

（3）复合地基中的桩 p_p-s 曲线呈加工硬化型，比自由单桩的承载力要高。

（4）桩与桩间土承载力的发挥都与变形有关，变形小，桩与桩间土承载力的发挥都不充分。

（5）复合地基桩间土承载力的发挥与褥垫层厚度有关。

【禁忌 7.23】 对选用的换填材料的注意要点不了解

换填垫层适用于软弱土层或不均匀土层的浅层地基处理，可根据地区条件选用不同的换填材料。常用的有砂石、石屑、素土、灰土、粉煤灰、矿渣等，作为换填材料其要求不同。

1. 砂石

砂石是良好的换填材料，但对具有排水要求的砂垫层宜控制含泥量不大于3%；采用粉细砂作为换填材料时，应改善材料的级配状况，在掺加碎石或卵石使其颗粒不均匀系数不小于 5 并拌合均匀后，方可用于铺填垫层。需特别注意，对湿陷性黄土或膨胀土地基，不得选用砂石等透水性材料。

2. 石屑

石屑是采石场筛选碎石后的细粒废弃物，其性质接近于砂，在各地使用作为换填材料时，均取得了很好的成效，关键是应控制好含泥量及含粉量，才能保证垫层的质量。

3. 素土

常用的素土为黏土及粉土，要求土料中有机质含量不得超过5％，且不得含有冻土或膨胀土。工程实践证明素土难以夯压密实，故换填时均应避免采用作为换填材料。在不得已选用上述土料回填时，也应掺入不少于30％的砂石并拌合均匀后，方可使用。当采用粉质黏土大面积换填并使用大型机械夯压时，土料中的碎石粒径可稍大于50mm，但不宜大于100mm，否则将影响垫层的夯压效果。

4. 灰土

灰土垫层具有悠久的应用历史，这里的"灰"为消石灰。灰土常用的体积配合比宜为2：8或3：7，要求石灰宜选用新鲜的，其最大粒径不得大于5mm。土料宜选用粉质黏土，不宜使用块状黏土，且不得含有松软杂质，土料应过筛且最大粒径不得大于15mm。

灰土强度随土料中黏粒含量增高而加大，实践证明，塑性指数小于4的粉土中黏粒含量太少，不能达到提高灰土强度的目的，因而不能用于拌合灰土。灰土所用的消石灰应符合Ⅲ级以上标准，贮存期不超过3个月，所含活性 CaO 和 MgO 越高则胶结力越强。通常灰土的最佳含灰率为 CaO＋MgO 约达总量的8％。石灰应消解3～4d，并筛除生石灰块后使用。

5. 粉煤灰

粉煤灰作为回填材料时，应注意其放射性和碱性。粉煤灰可分为湿排灰和调湿灰。按其燃烧后形成玻璃体的粒径分析，应属粉土的范畴。但由于含有 CaO、SO_3 等成分，具有一定的活性，当与水作用时，因具有胶凝作用的火山灰反应，使粉煤灰垫层逐渐获得一定的强度与刚度，有效地改善了垫层地基的承载能力及减小变形的能力。不同于抗地震液化能力较低的粉土或粉砂，由于粉煤灰具有一定的胶凝作用，在压实系数大于0.9时，即可以抵抗7度地震液化，这是其优点。但是，用于发电的燃煤常伴生有微量放射性同位素，因而粉煤灰亦有时有弱放射性。作为建筑物垫层的粉煤灰应按照现行国家标准《建筑材料产品及建材用工业废渣放射性物质控制要求》GB 6763 及现行国家标准《建筑材料放射防护卫生标准》GB 6566 的有关规定作为安全使用的标准。粉煤灰含碱性物质，回填后碱性成分在地下水中溶出，使地下水具弱碱性，因此应考虑其对地下水的影响并应对粉煤灰垫层中的金属构件、管网采取一定的防护措施。粉煤灰垫层上宜覆盖0.3～0.5m 厚的黏性土，以防干灰飞扬，同时减少碱性对植物生长的不利影响，有利环境绿化。

6. 矿渣

矿渣的稳定性是其是否适用于作换填垫层材料的最主要性能指标，试验结果证明，当矿渣中 CaO 的含量小于 45％及 FeS 与 MnS 的含量约为 1‰时，矿渣不会产生硅酸盐分解和铁锰分解，排渣时不浇石灰水，矿渣也就不会产生石灰分解，则该类矿渣性能稳定，可用于换填。对中、小型垫层可选用 8～40mm 与 40～60mm 的分级矿渣或 0～60mm 的混合矿渣；较大面积换填时，矿渣最大粒径不宜大于 200mm 或大于分层铺填厚度的 2/3。与粉煤灰相同，对用于换填垫层的矿渣，同样要考虑放射性、对地下水和环境的影响及对金属管网、构件的影响。

第8章 JCCAD应用禁忌

由于地基土具有影响其工程特性因素的多样性，成分和成因的复杂性、场地的不均匀性、区域性的特点，以及基础类型的多样性，上部结构对地基变形要求的差异性等，地基基础计算一直是一个复杂的课题。很多工作需要借助程序完成，目前的计算程序很多，各有特点。但作为设计者应清楚地认识，程序不能代替你思考和分析，它只是你的工具。JCCAD作为目前应用最广的大众计算程序，应正确使用并对计算结果进行分析，本章列出了JCCAD应用中需注意的一些问题。

【禁忌8.1】 无论何种基础类型JCCAD地质资料均详细输入

在计算时，不同基础类型对土的物理力学指标有不同要求，JCCAD<地质资料输入>中可以把地基基础设计需要的地质资料分为无桩基础和有桩基础两种情况。在【标准孔点】（注：【＊＊＊】代表菜单）下的"土层参数表"中有土层厚度、极限侧摩阻力、极限桩端阻力、压缩模量、重度、摩擦角、黏聚力、状态参数等，详见图8.1.1，在实际设计时不必全部详细输入，可以根据具体情况区别对待。

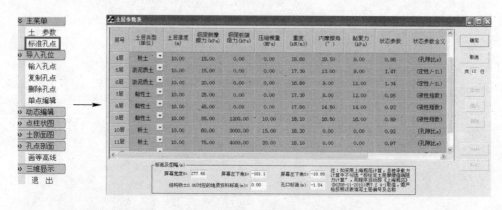

图8.1.1 【标准孔点】菜单中的"土层参数表"

1）无桩基础（包括天然地基或地基处理后的地基）：当不需要计算沉降变形时，可以不用输入地质资料，如果需要进行沉降计算则必须输入。此种情况不必填写所有参数，只需要输入压缩模量、重度、土层厚度。

2）有桩基础：沉降计算和单桩刚度计算需要输入除了黏聚力以外的相关参数，如土层厚度、极限侧摩阻力、极限桩端阻力、压缩模量、重度、摩擦角、状态参数。

【禁忌 8.2】 对于地质资料输入中“按给定土层摩擦值端阻力计算”作用不清楚

“按给定土层摩擦值端阻力计算”是单桩承载力计算的重要参数，如图 8.2.1 所示。程序通过该参数判断是采用用户在【标准孔点】中给定的极限侧摩阻力和极限桩端阻力值计算，还是采用《建筑桩基技术规范》JGJ 94—2008 或上海《地基基础设计规范》DGJ 08—11—2010 相关的表取值。

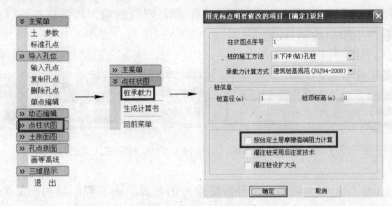

图 8.2.1 “按给定土层摩擦值端阻力计算”参数

以设计混凝土预制桩为例，如果不勾选该参数，程序的实现说明如下：

（1）采用《建筑桩基技术规范》时，用户修改或不修改【标准孔点】中给定的极限侧摩阻力和极限桩端阻力值，程序自动取桩基规范表 5.3.5-1 和表 5.3.5-2 中相应土层的极限侧摩阻力和极限桩端阻力平均值来计算桩承载力。

（2）采用上海《地基基础设计规范》时，程序同样可以自动取上海地基规范表 7.2.4-1 中值来计算。但是由于上海地基规范的特殊性，设计人员还需要填写【标准孔点】中的土的名称和主层、亚层，程序才能查到对应的极限侧摩阻力和极限桩端阻力。见图 8.2.2。

层号	土层类型(单位)	土层厚度(m)	极限侧摩擦力(kPa)	极限桩端阻力(kPa)	压缩模量(MPa)	重度(kN/m3)	内摩擦角(°)	粘聚力(kPa)	状态参数	状态参数含义	土层序号 主层	土层序号 亚层	土层名称
2层	粉土	3.00	29.00	700.00	10.00	20.00	15.00	2.00	0.20	(孔隙比e)	2	0	灰色黏质粉土
3层	粉土	3.00	40.00	1300.00	10.00	20.00	15.00	2.00	0.20	(孔隙比e)	2	0	灰色砂质粉土
4层	粉砂	5.00	50.00	2200.00	12.00	20.00	15.00	0.00	25.00	(标贯击数)	2	0	灰色粉砂
5层	粉土	2.00	40.00	700.00	10.00	20.00	15.00	2.00	0.20	(孔隙比e)	3	0	灰色砂质粉土、粉砂
6层	黏性土	4.00	40.00	1600.00	10.00	18.00	5.00	10.00	0.50	(液性指数)	4	0	灰色淤泥质粘土
7层	粉土	9.00	40.00	1600.00	10.00	20.00	15.00	2.00	0.20	(孔隙比e)	5	2	灰色砂质粉土
8层	黏性土	6.00	40.00	1600.00	10.00	18.00	5.00	10.00	0.50	(液性指数)	5	3	灰、灰黑色黏性土
9层	黏性土	5.00	40.00	1600.00	10.00	18.00	5.00	10.00	0.50	(液性指数)	6	0	暗绿、褐黄色黏性土
10层	细砂	12.00	40.00	1600.00	31.50	20.00	15.00	0.00	25.00	(标贯击数)	7	2	灰色粉细砂

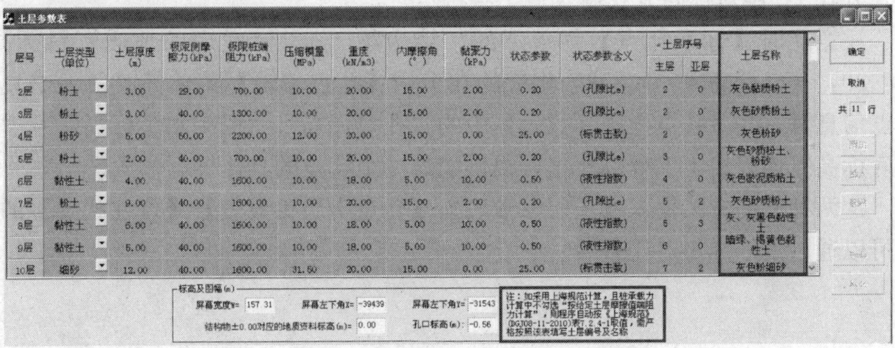

图 8.2.2 “土层参数表”（上海《地基基础设计规范》）

【禁忌 8.3】 不重视地质资料输入中标高（相对与绝对）的问题

建筑物的结构±0.000 对应在地质资料输入中的标高是 JCCAD 软件进行地基基础沉降计算的关键，但是往往设计人员不够重视。程序通过在【土层参数】中的"结构物±0.000 对应的地质资料标高"参数来实现，见图 8.3.1。如果为 0，表示土层布置中的相关标高需要以相对标高的方式，即后面输入每一个勘探孔点的相关标高（"孔口标高"、"探头水头标高"以及"土层底标高"）等均相对于结构±0.000 标高方式输入；如果为非 0 值，则后面输入相关标高均以地质勘查标高提供的绝对标高方式输入。

图 8.3.1 【土层参数】中的"结构物±0.000 对应的地质资料标高"

现以某实际工程为例简述两种标高输入的差异。该工程的结构±0.000 对应在地质勘察报告中的标高为 39m，以孔号 3 号（该孔点的土层数在所有勘探孔点中是最多的）为准定义【标准孔点】相关参数，其孔口标高为 42.93m。

方式 1：相对标高方式输入

【标准孔点】菜单下"土层参数表"中的"结构物±0.000 对应的地质资料标高"参数填：0，3 号孔的孔口标高填：3.93，相应的在采用【孔点编辑】菜单修改每一个具体孔点信息时，其"孔点土层参数表"中的关于标高的参数如"孔口标高"、"探头水头标高"及"土层底标高"均以岩土工程勘察报告提供的每一个勘探孔点标高，换算为相对于结构±0.000 的相对标高方式输入，输入后可以通过【点柱状图】菜单功能查看输入的合理性。

方式 2：绝对标高方式输入

注意此时【标准孔点】菜单下的"结构物±0.000 对应的地质资料标高"填：39，孔口标高填：42.93，相应的在采用【孔点编辑】菜单修改每一个具体孔点信息时，其【孔点土层参数表】中的"孔口标高"、"探头水头标高"及"土层底标高"均以岩土工程勘察报告提供的每一个孔点的具体标高输入。

这两种标高方式输入【土层参数表】、【孔点土层参数表】、【点柱状图】的差异可以通过表 8.3.1 对比查看。

采用"相对标高"或"绝对标高"方式输入时相关标高的合理填写　表 8.3.1

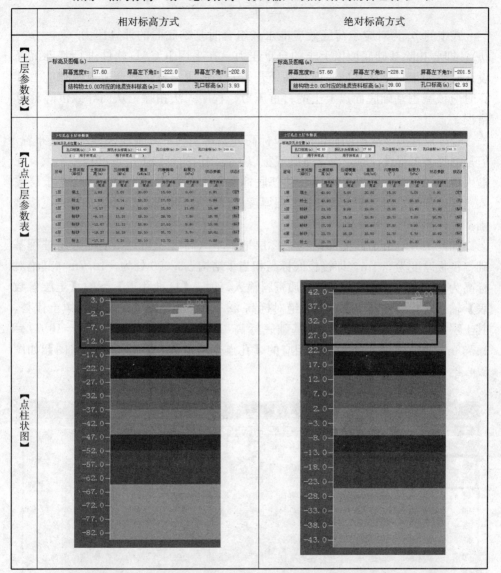

【禁忌 8.4】　进行筏板基础沉降计算时，只是从基础底面标高处开始
　　　　　　　输入地质资料

《建筑地基基础设计规范》GB 50007—2011 第 5.3.5 条规定：

"5.3.5　计算地基变形时，地基内的应力分布，可采用各向同性均质线性变
形体理论，其最终变形量可按下式进行计算：

$$s = \phi_s s' = \phi_s \sum_{i=1}^{n} \frac{p_0}{E_{si}} (z_i \bar{a}_i - z_{i-1} \bar{a}_{i-1})"$$

式中的 p_0 为对应于荷载效应准永久组合时基础底面的计算压力（$p_0 = p - rh$），即要扣除基础底面以上土的自重压力。在采用 JCCAD 软件进行基础沉降设计时，如果只是从基础底面标高处开始输入地质资料，则会造成附加应力计算时应该减去基础底面以上土的自重压力，程序无法扣除，从而导致沉降计算错误。

合理设计应该从地勘提供的孔口标高开始从上到下分别输入详细土层布置。但是当具体工程设计时，由于基础底板以上范围内的每层土层重度相差不大，在输入地质资料时，可以将筏板基础基底标高以上范围内的土层按照一个土层输入，可以近似采用填土代替（其土层厚度应该从每个勘探孔口标高计算到筏板基础基底标高处）。

如此工程，由于其上部结构有 2 层地下室（高度 8.6m），基础采用桩筏基础，筏板厚度为 2.1m，即筏板底标高相当于结构±0.000 处为 −10.7m（其绝对标高为 28.3m），在 JCCAD<地质资料输入>时，【标准孔点】下的【土层参数表】输入时相对标高 −10.7m（绝对标高 28.3m）以上的土层均按照填土代替，其土层厚度为孔口标高与筏板基础底标高二者的差值，即 3.93−(−10.7)＝14.63m，如图 8.4.1 所示，其相应的【孔点土层参数表】和【点柱状图】如图8.4.2、图 8.4.3 所示。

层号	土 名 称	土层厚度	极限侧摩	极限桩端	压缩模量	重度	摩擦角	粘聚力	状态参数
	(单位)	(m)	擦力(fs)	阻力(fp)	(MPa)	(KN/M3)	(度)	(KPa)	
1层	1 填土	14.63	0.00	1.22	5.00	20.00	15.00	0.00	0.91
2层	71 粉砂	0.97	48.00	5.49	11.22	18.90	27.80	9.90	10.08
3层	71 粉砂	4.60	65.00	4000.00	16.39	19.50	31.70	5.70	16.62
4层	6 粉土	1.00	30.00	1.23	5.20	18.10	13.70	20.20	0.99
5层	71 粉砂	8.40	52.00	7.58	12.11	19.40	27.60	9.90	12.55
6层	71 粉砂	11.20	95.00	5000.00	17.89	20.00	33.40	3.80	21.99
7层	71 粉砂	9.20	95.00	8.33	14.23	19.10	29.50	7.60	16.71
8层	6 粉土	5.80	95.00	5.77	9.73	18.60	23.40	12.80	0.89
3层	71 粉砂	12.50	95.00	12.93	20.41	19.10	35.60	2.90	28.29
10层	73 中砂	20.00	95.00	0.00	24.05	20.00	36.00	1.60	34.63

确定　取消　帮助　共　行：　插入　添加　删除

标高及图幅(m)
屏幕宽度w= 57.60　屏幕左下角x= -228.　屏幕左下角y= -201.
结构物±0.00对应的地质资料标高= 39.00　孔口标高= 42.93

图 8.4.1 【标准孔点】下的【土层参数表】（简化方法输入）

孔点土层参数表

标高及图幅(m)

孔口标高 42.93　探孔水头标高 27.60　　孔口坐标:X= 256.3　孔口坐标:Y= 235.7

用于所有点　　用于所有点

✓ 确定
✗ 取消
? 帮助

序号	土名称(单位)	土层底标高(m) 用于所	压缩模量(MPa) 用于所	重度(KN/M3) 用于所	摩擦角(度) 用于所	粘聚力(KPa) 用于所	状态参数 用于所	状态参数含义
1	填土	28.30	5.00	20.00	15.00	0.00	0.91	(定性/-IL)
2	粉砂	27.33	11.22	18.90	27.80	9.90	10.08	(标贯击数)
3	粉砂	22.73	16.39	19.50	31.70	5.70	16.62	(标贯击数)
4	粉土	21.73	5.20	18.10	13.70	20.20	0.99	(孔隙比e)
5	粉砂	13.33	12.11	19.40	27.60	9.90	12.55	(标贯击数)
6	粉砂	2.13	17.89	20.00	33.40	3.80	21.99	(标贯击数)
7	粉砂	-7.07	14.23	19.10	29.50	7.60	16.71	(标贯击数)
8	粉土	-12.67	9.73	18.60	23.40	12.80	0.89	(孔隙比e)
9	粉砂	-25.37	20.41	19.10	35.60	2.90	28.29	(标贯击数)
10	中砂	-45.37	24.05	20.00	36.00	1.80	34.63	(标贯击数)

图 8.4.2 【单点编辑】下的【孔点土层参数表】(简化方法输入)

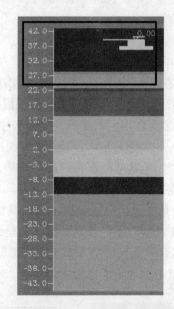

图 8.4.3 【点柱状图】(简化方法输入)

【禁忌 8.5】 在进行基础设计时不判断工程的具体情况,直接读取 SATWE 荷载的所有内力工况

从我国多次强地震中遭受破坏的建筑来看,只有少数房屋是因为地基的原因 而导致上部结构破坏的,而这类地基大多数是液化地基,易产生震陷的软土地基

293

和严重不均匀地基，大量的一般性地基具有良好的抗震性能，极少发生因地基承载力不够而产生震害。

《建筑抗震设计规范》GB 50011—2010 第 4.2.1 条规定：

"4.2.1　下列建筑可不进行天然地基及基础的抗震承载力验算：

1　本规范规定可不进行上部结构抗震验算的建筑。

2　地基主要受力层范围内不存在软弱黏性土层的下列建筑：

1）一般的单层厂房和单层空旷房屋；

2）砌体房屋；

3）不超过 8 层且高度在 24m 以下的一般民用框架和框架-抗震墙房屋；

4）基础荷载与 3）项相当的多层框架厂房和多层混凝土抗震墙房屋。

注：软弱黏性土层指 7 度、8 度和 9 度时，地基承载力特征值分别小于 80、100 和 120kPa 的土层。"

《建筑抗震设计规范》GB 50011—2010 第 4.4.1 条规定：

"4.4.1　承受竖向荷载为主的低承台桩基，当地面下无液化土层，且桩承台周围无淤泥、淤泥质土和地基承载力特征值不大于 100kPa 的填土时，下列建筑可不进行桩基抗震承载力验算：

1　7 度和 8 度时的下列建筑：

1）一般的单层厂房和单层空旷房屋；

2）不超过 8 层且高度在 24m 以下的一般民用框架房屋；

3）基础荷载与 2）项相当的多层框架厂房和多层混凝土抗震墙房屋。"

2　本规范第 4.2.1 条之 1 款规定的建筑及砌体房屋；

《建筑抗震设计规范》GB 50011—2010 对于量大面广的一般地基和基础都不做抗震验算，而对于容易产生地基基础震害的液化地基、软土地基和严重不均匀地基，则规定了相应的抗震措施，以避免或减轻震害。

采用 JCCAD 程序进行基础设计应该根据工程的具体情况结合规范要求来判断是否读取地震力工况。在此暂时不提及风荷载，只是说明考虑与不考虑地震力工况 JCCAD 程序的荷载组合类型，如图 8.5.1、图 8.5.2 所示。以某工程为例，其节点 1 处的柱下独基，其考虑与不考虑地震力组合，对应生成的基础截面尺寸

图 8.5.1　读取 SATWE 恒荷载、活荷载和地震力工况

图 8.5.2　读取 SATWE 恒荷载和活荷载

不同，如图 8.5.3、图 8.5.4 所示，从中可以看出修正后的地基承载力值也不同，考虑为 366kPa，不考虑为 282kPa。

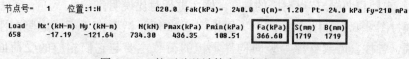

图 8.5.3　柱下独基计算书（考虑地震力）

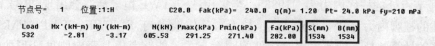

图 8.5.4　柱下独基计算书（不考虑地震力）

【禁忌 8.6】　对基础设计读取上部荷载的合理性不进行判断，一律采用"PM 恒＋活"荷载进行基础设计

许多设计人员在采用 JCCAD 软件进行基础设计时，为了简单省事，对于上部荷载往往一律采用"PM 恒＋活"，其实这样是不合理的，甚至会造成一定的安全隐患。实际工程设计时应该采用"SATWE 恒＋活"、"TAT 恒＋活"、"PMSAP 恒＋活"才合理（注：后面只叙述"SATWE 恒＋活"）。

"PM 恒＋活"与"SATWE 恒＋活"在导荷方式以及构件内力的读取上存在很大差异，必须对二者的实质性差别有所了解才能够更加合理地进行选取。

1. 导荷方式的区别

"PM 恒＋活"的导荷方式与传统的手算相近，不考虑竖向刚度变形协调，各柱、墙或支撑等竖向构件承担的荷载主要与它们相应的受荷面积有关，与本身的构件刚度无关；SATWE、TAT、PMSAP 程序的计算与柱、墙或支撑等构件的刚度有关，考虑其竖向刚度变形协调，因此"PM 恒＋活"与"SATWE 恒＋活"的荷载分布会有差异，甚至在结构刚度差异大的情况下二者竖向构件内力的分布也会存在极大的不同，但是二者的荷载总值应该基本相同，不会存在较大差异。

1）独立式基础

某展示中心为框架结构，7 度区，三类场地，采用钢管混凝土柱、钢梁，三维轴侧图见图 8.6.1。基础设计采用柱下桩承台。

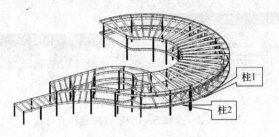

图 8.6.1　三维轴测图

该工程读取"PM 恒＋活"和"SATWE 恒＋活"后，柱底内力存在很大差异，以 23 号和 29 号节点对应的柱 1、柱 2 进行对比说明。

通过图 8.6.2 和图 8.6.3 可以看出，"PM 恒＋活"由于不考虑竖向刚度变形协调，各柱、墙或支撑等竖向构件承担的荷载主要与它们相应的受荷面积有关，与本身的构件刚度无关，传到柱脚的内力值只有压力，不会出现拉力，如23 号节点处的柱底内力为"1986"；当采用"SATWE 恒＋活"会出现 23 号节点处柱的柱脚内力为"－796"（注：拉力），原因是由于 SATWE、TAT、PMSAP程序的计算与柱、墙或支撑等构件的刚度有关，能够考虑其竖向刚度变形协调，因此出现传到 23 号节点处的柱底内力为负值（注：拉力）。由此可以看出，该工程原结构设计方案存在很大缺陷，应该做相应的方案调整，使其柱底尽量在竖向力作用下不出现拉力这种不合理的现象。

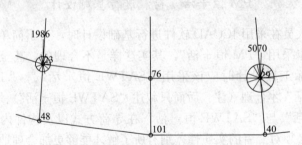

图 8.6.2　读取"PM 恒＋活"的内力值

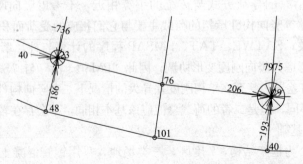

图 8.6.3　读取"SATWE 恒＋活"的内力值

2）整体式基础

整体式基础（如柱下条基、筏板基础或者桩筏基础），由于基础整体刚度比较大，弯矩对其影响很小，可以在初设计时采用"PM恒＋活"，但是在具体设计时仍然应该考虑采用"SATWE恒＋活"，如果是高层或超高层建筑当基础设计需要考虑风荷载和地震力的影响时还应该读取SATWE的风荷载和地震力工况。

某工程为框筒结构，7度区，四类场地，一层地下室，其地下一层平面布置图，如图8.6.4所示，基础设计采用桩筏基础。

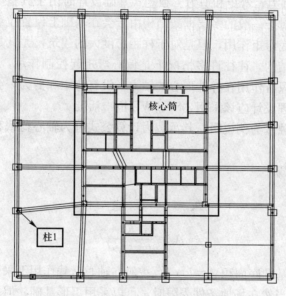

图 8.6.4 地下一层平面布置图

该工程读取"PM恒＋活"和"SATWE恒＋活"后，由于二者导荷方式的差异，造成外围框架柱与核心筒剪力墙处的内力存在很大不同，以柱1和核心筒剪力墙处的轴力和桩数分别进行对比说明，如表8.6.1。

"PM恒＋活"和"SATWE恒＋活"荷载比较　　　　　　　表 8.6.1

比较荷载项目 类型	上部结构轴力 总值（kN）	核心筒处的轴 力总值（kN）	核心筒的区域 桩数（根）	柱1处的 轴力值（kN）	柱1处的桩 数量（根）
SATWE恒＋活	1404720	759210	150.2	30726	8.2
PM恒＋活	1406812	697308	138.1	37451	9.9
差值	−2090	61903	12.1	−6725	−1.7

注：1. 该工程核心筒处单桩承载力特征值为5000kN（桩径900mm）的桩，外围框架柱采用单桩承载力特征值为3750kN（桩径800mm）的桩。

2. 由于"PM恒＋活"没有弯矩和剪力，因此"SATWE恒＋活"也只是比较轴力。

由表 8.6.1 可以看出二者的荷载总值差异不大（0.15%），但是由于二者导荷方式的差异性，在核心筒处的剪力墙轴力总值"SATWE 恒＋活"比"PM 恒＋活"大 61903kN，相应的区域桩数多 12.1 根；在柱 1 处的轴力值"SATWE 恒＋活"比"PM 恒＋活"小 6725kN，相应的区域桩数少 1.7 根。根据工程经验可以看出桩筏基础设计时，采用"SATWE 恒＋活"比"PM 恒＋活"确定的桩数更加合理可靠。

2. 内力（弯矩、剪力和轴力）选取的区别

"PM 恒＋活"中只有作用在杆件形心的轴力，没有弯矩和剪力，而"SATWE 恒＋活"有轴力、弯矩和剪力。独立式基础设计时由于其整体性比较差弯矩不应该被忽略，对于一般的多层框架结构由于会在基础上设置拉梁，拉梁能够起到一定的平衡柱底弯矩作用，但是对于柱距跨度大的建筑，尤其是工业厂房或者体育场馆等空旷结构，往往许多情况下是偏心弯矩起控制作用，如果采用"PM 恒＋活"由于其只有作用在杆件形心的轴力，没有弯矩和剪力，会存在一定的安全隐患，此时合理设计应该采用"SATWE 恒＋活"。

下面以柱下独基为例说明，其承载力计算公式分为轴心荷载和偏心荷载作用两种情况。

（1）轴心荷载

$$p_k = \frac{F_k + G_k}{A} \leqslant f_a \tag{8.6-1}$$

$$A \geqslant \frac{N}{f - \gamma_G d} \tag{8.6-2}$$

计算所得的基础底面积 $A = L \cdot b$，一般在轴心荷载作用下采用正方形基础居多，即 $A = L^2$。当然在场地条件受限时，可以采用矩形基础，但是注意 L/b 的比值，因为该比值的差异对于沉降计算结果会存在较大的区别。

（2）偏心荷载

$$p_{kmin}^{kmax} = \frac{F_k + G_k}{A} \pm \frac{M_k}{W} < 1.2 f_a \tag{8.6-3}$$

其中的 M_k 指相应于荷载效应标准组合时，上部结构传至基础底面的力矩值，从偏心荷载作用下基础内力设计图（图 8.6.5）可以看出：

$$M_K = M \pm VH \tag{8.6-4}$$

式中 M——上部荷载传到柱底的弯矩；

V——上部荷载传到柱底的剪力；

H——上部荷载作用点到基础底面的距离，用于计算柱底剪力对基础底面产生的附加弯矩（该值在 10 版与 05 版程序中涉及的相关参数不同，但实际意义是一样的）。

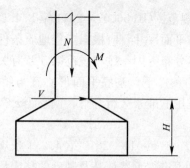

图 8.6.5　偏心荷载作用下基础设计图

从式 8.6-1 和式 8.6-2 中可以看出偏心荷载作用下的基础设计主要与轴力、弯矩及剪力有关。因此在进行柱下独立基础或桩承台设计时，尤其是当柱间不能够设置拉梁时，应该读取"SATWE 恒＋活"考虑弯矩影响才合理。

【禁忌 8.7】　对于规范中关于承载力、沉降及配筋的内力组合条件不重视，直接采用 SATWE 最大组合内力文件 WDCNL＊．OUT 输出结果进行基础设计

对于规范中关于承载力、沉降及内力配筋的内力组合条件不重视，直接采用 SATWE 最大组合内力文件 WDCNL＊．OUT 输出结果进行基础设计，这是不正确的。

1. 相关规范规定

《建筑地基基础设计规范》GB 50007—2011 第 3.0.5 条规定：

"3.0.5　地基基础设计时，所采用的作用效应与相应的抗力限值应符合下列规定：

1　按地基承载力确定基础底面积及埋深或按单桩承载力确定桩数时，传至基础及承台底面上的作用效应应按正常使用极限状态下作用的标准组合；相应的抗力应采用地基承载力特征值或单桩承载力特征值；

2　计算地基变形时，传至基础底面上的作用效应应按正常使用极限状态下作用的准永久组合，不应计入风荷载和地震作用；相应的限值应为地基变形允许值；

3　计算挡土墙、地基或滑坡稳定以及基础抗浮稳定时，作用效应应按承载能力极限状态下作用的基本组合，但其分项系数均为 1.0；

4　在确定基础或桩基承台高度、支挡结构截面、计算基础或支挡结构内力、确定配筋和验算材料强度时，上部结构传来的作用效应和相应的基底反力、挡土墙土压力以及滑坡推力，应按承载能力极限状态下作用的基本组合，采用相应的分项系数；当需要验算基础裂缝宽度时，应按正常使用极限状态作用的标准组合。"

《建筑地基基础设计规范》GB 50007—2011 第 8.4.2 条规定：

"8.4.2　筏板基础的平面尺寸，应根据工程地质条件、上部结构的布置、地下结构底层平面以及荷载分布等因素按本规范第 5 章有关规定确定。对单幢建筑物，在地基土比较均匀的条件下，基底平面形心宜与结构竖向永久荷载重心重合。当不能重合时，在作用的准永久组合下，偏心距 e 宜符合下式规定：

$$e \leqslant 0.1W/A"$$

《建筑抗震设计规范》GB 50011—2010 第 4.2.1 条规定：

"4.2.1　下列建筑可不进行天然地基及基础的抗震承载力验算：

1　本规范规定可不进行上部结构抗震验算的建筑。

2　地基主要受力层范围内不存在软弱黏性土层的下列建筑：

1）一般的单层厂房和单层空旷房屋；

2）砌体房屋；

3）不超过 8 层且高度在 24m 以下的一般民用框架和框架-抗震墙房屋；

4）基础荷载与 3）项相当的多层框架厂房和多层混凝土抗震墙房屋。

注：软弱黏性土层指 7 度、8 度和 9 度时，地基承载力特征值分别小于 80、100 和 120kPa 的土层。"

《建筑抗震设计规范》GB 50011—2010 第 4.4.1 条规定：

"4.4.1　承受竖向荷载为主的低承台桩基，当地面下无液化土层，且桩承台周围无淤泥、淤泥质土和地基承载力特征值不大于 100kPa 的填土时，下列建筑可不进行桩基抗震承载力验算：

1　7 度和 8 度时的下列建筑：

1）一般的单层厂房和单层空旷房屋；

2）不超过 8 层且高度在 24m 以下的一般民用框架房屋；

3）基础荷载与 2）项相当的多层框架厂房和多层混凝土抗震墙房屋。

2　本规范第 4.2.1 条之 1 款规定的建筑及砌体房屋。"

《建筑抗震设计规范》GB 50011—2010 第 6.2.3 条规定：

"6.2.3　一、二、三、四级框架结构的底层，柱下端截面组合的弯矩设计值，应分别乘以增大系数 1.7、1.5、1.3 和 1.2。底层柱纵向钢筋宜按上下端的不利情况配置。"

此处底层指无地下室的基础以上或地下室以上的首层。

2. 规范简单总结并结合软件后的要点分析

（1）《建筑地基基础设计规范》GB 50007—2011 第 3.0.5 条指出：①确定基础底面积、埋深、确定桩数及裂缝计算时，要采用正常使用极限状态下荷载效应的标准组合（该值在 WDCNL＊.OUT 文件中没有输出），而非承载能力极限状态下荷载效应的基本组合；②计算地基变形、筏板基础的偏心距 e 时，要采用正常使用极限状态下荷载效应的准永久组合（该值在 WDCNL＊.OUT 文件中没有输出），不应计入风荷载和地震作用。

（2）对于《建筑抗震设计规范》GB 50011—2010 第 4.2.1 条和第 4.4.1 条所述的那些可不考虑地震作用的基础，设计可不考虑地震组合，故应采用"恒＋活"、"恒＋活＋风"组合。但如果在 SATWE 计算中选择计算地震作用，WDC-NL＊.OUT 文件没有单独输出"恒＋活＋风"组合；对于"恒＋活"组合而言，WDCNL＊.OUT 也只是输出由可变荷载效应控制的"1.2D＋1.4L"基本组合，并未输出永久荷载效应控制下的"1.35D＋0.98L"组合，通常情况下传到基础的荷载"恒＋活"组合是"1.35D＋0.98L"起控制作用，只有当传到柱底或剪力墙底的活荷载值很大时（活荷载与恒荷载之比大于 1/2.8），"1.2D＋1.4L"组合才起控制作用。

（3）对于柱下联合基础和条形基础、筏形基础、桩筏基础和箱基等整体基础，采用最大组合内力做基础设计，其计算结果是不合理的，这是因为上部结构构件传递给基础的内力应该是同一工况下的，不可能同时达到最大值。

（4）对于柱下独立式基础也不适合，以柱下独基为例进行简单说明。

根据《建筑地基基础设计规范》GB 50007—2011 第 5.2.1 和 5.2.2 条的规定得出，当偏心荷载作用时：

$$\frac{F_k+G_k}{A} \pm \frac{M_k}{W} \leqslant 1.2f_a$$

从式中可以看出其承载力计算主要与轴力、弯矩及剪力有关。文件虽然输出了最大轴力、最大弯矩对应的工况，但是这些工况对基础不见得是最不利的，有时候可能是轴力和弯矩都较大（不是最大）时的工况起控制作用。

因此我们在进行基础设计时，宜取用重力荷载、风荷载及水平地震作用等分别作用下的标准值，然后按照规范不同的组合原则，分别乘以各自的荷载分项系数及组合系数等进行程序计算或手工组合。

【禁忌 8.8】　采用 JCCAD 进行基础设计时，对于程序关于《建筑地基基础设计规范》中承载力、沉降及内力配筋等内力组合条件的合理实现不了解

JCCAD 程序读取上部程序计算传到基础内力时，是直接读取上部软件 SAT-WE、PMSAP 或 TAT 计算的柱、墙或支撑等竖向构件在各种荷载工况下的单工况内力标准值，见图 8.8.1，然后再按照荷载规范的组合原则进行内力组合，用户也可以根据具体工程设计需要在【荷载参数】下进行"荷载组合参数修改"，见图 8.8.2。

以实际工程为例简述 JCCAD 程序对于《建筑地基基础设计规范》相关要求的实现，为便于理解，在此有针对性地只考虑恒荷载和活荷载两种工况。如前所

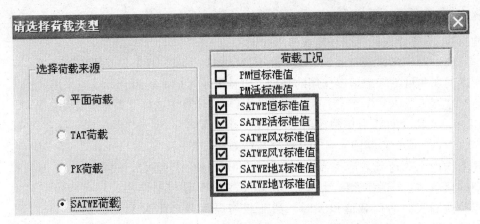

图 8.8.1 【选择荷载类型】菜单

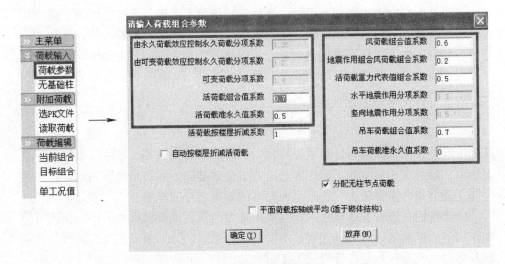

图 8.8.2 【荷载参数】菜单

述，确定基础底面积、埋深、桩数及裂缝计算时，要采用正常使用极限状态下荷载效应的标准组合值，即"1.0 * 恒 + 1.0 * 活"；计算地基变形、筏板基础的偏心距 e 值时，要采用正常使用极限状态下荷载效应的准永久组合，即"1.0 * 恒 + 0.5 * 活"；在确定基础或桩台高度、确定配筋和验算材料强度时，应按承载能力极限状态下荷载效应的基本组合，即"1.2 * 恒 + 1.4 * 活"或"1.35 * 恒 + 0.98 * 活"。〈基础人机交互输入〉中读取 SATWE 恒、活荷载标准值后，可以对柱通过【点荷编辑】、墙通过【线荷编辑】来查看对应的单工况内力值，见图 8.8.3。通过【当前组合】选取对应的组合，查看相应的组合工况，见图 8.8.4，其对应的荷载组合类型如表 8.8.1 所示。

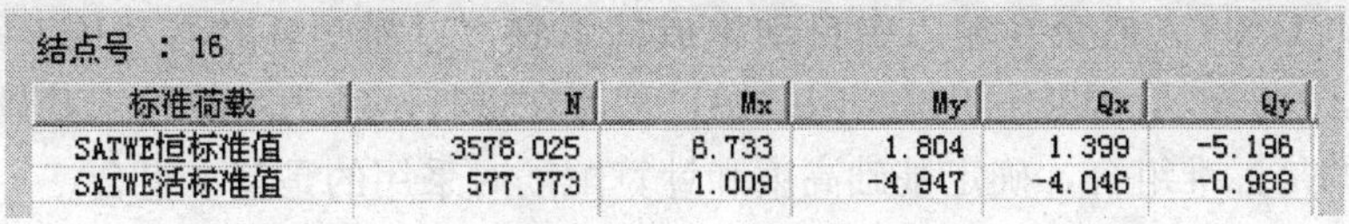

结点号 ：16

标准荷载	N	Mx	My	Qx	Qy
SATWE恒标准值	3578.025	6.733	1.804	1.399	-5.196
SATWE活标准值	577.773	1.009	-4.947	-4.046	-0.988

图 8.8.3　【点荷编辑】下的恒、活荷载工况内力标准值

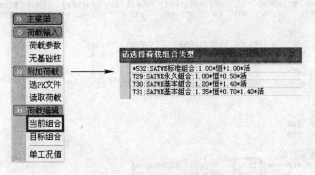

图 8.8.4　【当前组合】菜单

16 号节点【当前组合】菜单对应显示的组合内力图　　　　　表 8.8.1

荷载组合类型		【当前组合】的内力图	规范要求
标准组合	1.0 * 恒＋1.0 * 活	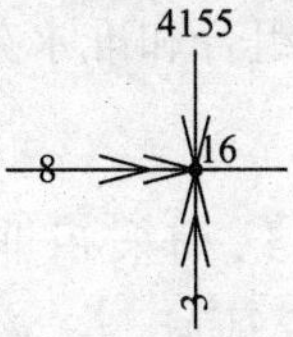 4155 / 16 / 8	基础底面积、埋深、确定桩数及裂缝计算
准永久组合	1.0 * 恒＋0.5 * 活	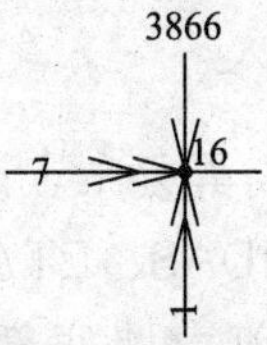 3866 / 16 / 7	地基变形、筏板基础的偏心距 e
基本组合	1.2 * 恒＋1.4 * 活	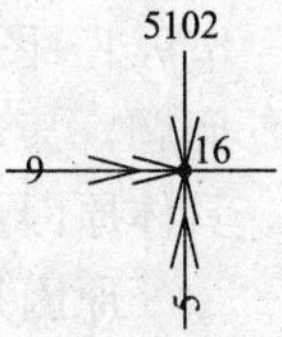 5102 / 16 / 9	确定基础或桩承台高度、确定配筋和验算材料强度
	1.35 * 恒＋0.98 * 活	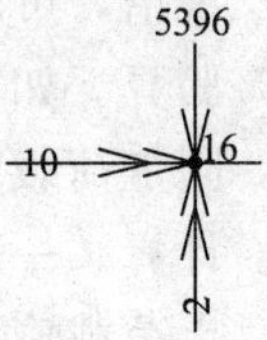 5396 / 16 / 10	

注：表中内力没有考虑活荷载折减。

303

在 JCCAD 人机交互输入中自动生成柱下独立基础后，查看"JC0.OUT 文件"，见图 8.8.5，从中可以看出 JCCAD 程序在进行承载力计算确定基础底面积时采用的是标准组合，确定基础高度和计算配筋时采用的是基本组合。

节点号= 16   位置:D:2   C20.0 fak(kPa)= 240.0 q(m)= 1.20 Pt= 30.0 kPa fy=210 mPa

Load	Mx'(kN-m)	My'(kN-m)	N(kN)	Pmax(kPa)	Pmin(kPa)	fa(kPa)	S(mm)	B(mm)
532	7.74	-3.14	4155.80	315.65	313.31	314.88	3822	3822

柱下独立基础冲切计算:

at(mm)	load	方向	p_(kPa)	冲切力(kN)	抗力(kN)	H(mm)
750.	731	X+	355.	883.6	900.8	820.
750.	731	X-	355.	884.6	900.8	820.
750.	731	Y+	354.	882.5	900.8	820.
750.	731	Y-	356.	886.5	900.8	820.

基础各阶尺寸:

No:	S	B	H
1	3900	3900	300
2	900	900	550

柱下独立基础底板配筋计算:

load	M1(kNm)	AGx(mm*mm)	load	M2(kNm)	AGy(mm*mm)
731	1254.863	8404.411	731	1257.002	8418.736

x实配:Φ14@100(0.24%) y实配:Φ14@100(0.24%)

图 8.8.5 柱下独立基础计算结果文件 JC0.OUT

通过该实例，可以看出 JCCAD 程序只需要用户读取各荷载工况内力的标准值，至于标准组合、基本组合和准永久组合则会根据《建筑地基基础设计规范》的具体要求自动考虑。

【禁忌 8.9】 当上部结构采用非 PKPM 系列程序计算，基础采用 JC-CAD 设计时，无论上部结构的情况如何，一律采用附加荷载输入

现代建筑造型越来越奇异复杂，设计人员在进行结构设计时经常会采用多种软件进行设计。当采用 MIDAS、ETABS 等软件进行上部结构设计，基础设计采用 JCCAD 软件时，柱或剪力墙底部内力如果采用【附加荷载】输入，见图

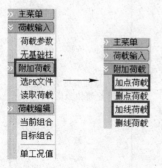

图 8.9.1 【附加荷载】菜单

8.9.1～图 8.9.3，其基础数据的合理性会存在一定问题，甚至造成基础设计的安全隐患。下面简单讲解具体原因及合理的解决方法。

原因是【附加荷载】只能输入恒荷载和活荷载标准值，可以作为一组独立的荷载工况进行基础计算或验算。如果读取了上部结构荷载如 SATWE 荷载，附加荷载要先与上部结构各组荷载叠加，再进行基础计算。一般用于框架结构的填充墙或设备重应按附加点荷载输入到相应的柱节点上，如果上部结构为复杂

附加点荷载	N (kN)	Mx (kN-M)	My (kN-M)	Qx (kN)	Qy (kN)
恒载标准值	0	0	0	0	0
活载标准值	0	0	0	0	0

图 8.9.2 【附加点荷载】菜单

附加线荷载	Q (kN/m)	M (kN-m)
恒载标准值	0	0
活载标准值	0	0

图 8.9.3 【附加线荷载】菜单

的多高层结构往往在考虑恒荷载和活荷载的同时，还需要考虑地震力和风荷载才能够满足相关规范的设计要求，这时采用【附加荷载】的方式就不合适了。遇到这种情况，设计人员可以采取如下步骤进行处理：

1）在 PMCAD 软件中建立结构模型，只建首层即可；

2）采用 SATWE 软件进行计算，计算结果可以不看；

3）在 JCCAD 软件中读取 SATWE 荷载；

4）点取【荷载编辑】下的【点荷编辑】和【线荷编辑】功能，见图 8.9.4～图 8.9.6，编辑和修改输入恒、活、风和地震力等荷载作用下的内力标准值，编辑后的各标准值，程序会根据荷载规范计算要求乘以相应的组合系数。

图 8.9.4 【荷载编辑】菜单

结点号 ：29

标准荷载	N	Mx	My	Qx	Qy
SATWE恒标准值	5624.473	132.378	-125.337	-174.654	40.238
SATWE活标准值	2351.338	73.748	-67.941	-80.100	8.406
SATWE风X标准值	68.667	-48.950	431.468	148.045	16.366
SATWE风Y标准值	-198.141	-564.439	-93.659	-24.196	160.431
SATWE地X标准值	1113.439	1620.204	2508.304	846.301	-453.937
SATWE地Y标准值	-1138.553	-2501.537	-1521.082	-505.246	697.742

图 8.9.5 【点荷编辑】菜单

网格号 ：35

标准荷载	Q	M	Ec
SATWE恒标准荷载	661.630	-5.448	0.000
SATWE活标准荷载	102.723	-1.424	0.000
SATWE风X标准荷载	-16.254	-4.573	0.000
SATWE风Y标准荷载	-45.692	5.219	0.000
SATWE地X标准荷载	-85.932	-25.521	0.000
SATWE地Y标准荷载	-119.767	11.088	0.000

图 8.9.6 【线荷编辑】菜单

【禁忌 8.10】 没有注意 JCCAD 程序 10 版与 05 版对于砖混结构荷载读取存在的差异

JCCAD 程序 10 版（包括以后版本）与 05 版对于砖混结构荷载读取存在差异，在进行墙下条基设计时不应该忽略一些相关问题。

1. 相关规范

《建筑抗震设计规范》GB 50011—2010 第 4.2.1 条规定：

"4.2.1 下列建筑可不进行天然地基及基础的抗震承载力验算：

1 本规范规定可不进行上部结构抗震验算的建筑。

2 地基主要受力层范围内不存在软弱黏性土层的下列建筑：

1）一般的单层厂房和单层空旷房屋；

2）砌体房屋；

3）不超过 8 层且高度在 24m 以下的一般民用框架和框架-抗震墙房屋；

4）基础荷载与 3）项相当的多层框架厂房和多层混凝土抗震墙房屋。"

从中可以看出不考虑地震的天然地基及基础包括砌体房屋，砌体结构一般采用无筋扩展基础（包括砖、毛石、混凝土或毛石混凝土、灰土和三合土等材料），其受力特点的特殊性，要求其墙下条形基础的承载力要能够满足其上部各墙段荷载的要求，基础底面积及高度应该根据《建筑地基基础设计规范》GB 50007—2011 第 5.2.1 条 1 款、5.2.2 条 1 款及 8.1.1 条确定。

《建筑地基基础设计规范》GB 50007—2011 第 5.2.1 条规定：

"5.2.1 基础底面的压力，应符合下列规定：

1 当轴心荷载作用时

$$p_k \leqslant f_a \qquad (5.2.1-1)"$$

《建筑地基基础设计规范》GB 50007—2011 第 5.2.2 条规定：

"5.2.2 基础底面的压力，可按下列公式确定：

1 当轴心荷载作用时

$$p_k = \frac{F_k + G_k}{A} \qquad (5.2.2-1)"$$

《建筑地基基础设计规范》GB 50007—2011 第 8.1.1 条规定：

"8.1.1 无筋扩展基础（图 8.1.1）高度应满足下式的要求：

$$H_0 \geqslant \frac{b - b_0}{2\tan\alpha} \qquad (8.1.1)$$

式中 b——基础底面宽度（m）；

b_0——基础顶面的墙体宽度或柱脚宽度（m）；

H_0——基础高度（m）；

$\tan\alpha$——基础台阶宽高比 $b_2 : H_0$，其允许值可按表 8.1.1 选用；

b_2——基础台阶宽度（m）。

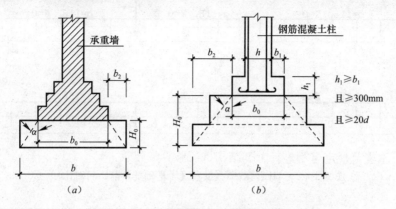

图 8.1.1　无筋扩展基础构造示意
d—柱中纵向钢筋直径"

以上说明，对于砖混结构的墙下条形基础不需要考虑地震力，同时只需要考虑轴力作用，因此可以采用"砖混荷载"或"PM 恒＋活"进行基础设计。05 版程序提供两类荷载选取，10 版 JCCAD 程序取消了"砖混荷载"，只保留"PM 恒＋活"。

由上述分析可以知道，对于砌体结构是可以采用"PM 恒＋活"进行墙下条基基础设计的，但是要注意以下几点：

1）砖混结构的构造柱传到基础的荷载往往很小（一般只有其自重），因此构造柱下不用设置独立柱础，需要将构造柱自重分配到与其相连的墙段上，然后与墙一起设计成墙下条基，可以通过【荷载输入】中的【无基础柱】来设置成"无基础柱"，见图 8.10.1，程序会将构造柱处的荷载根据墙段连接情况进行平均分配，设置【无基础柱】前后的墙段荷载，见图 8.10.2，最后在生成墙下条基时才不至于将构造柱处的荷载丢失。

2）由于"PM 恒＋活"的导荷原则，其传到每段墙下的荷载大小可能会存在一定差异，对于房间开间及荷载差异大或者楼层数不同的砌体墙下，同一轴线处的荷载差异大，因而对应生成的墙下条基截面尺寸差异大，符合其实际工程情况。但是对于楼层数相同荷载差异不大的工程，最好设计成相同的条形基础截面尺寸才比较理想，可以通过【荷载参数】中的"平面荷载按轴线平均"来实现，以将同一轴线上的砌体墙下荷载均匀分布（该参数只是适合于砌体结构），见图 8.10.3。

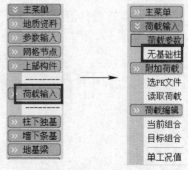

图 8.10.1 【无基础柱】菜单

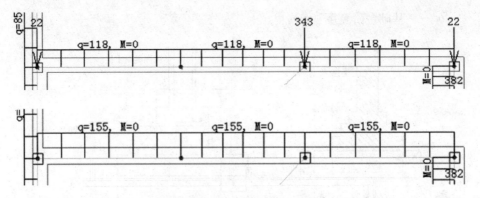

图 8.10.2　墙段荷载图（设置【无基础柱】前、后对比）

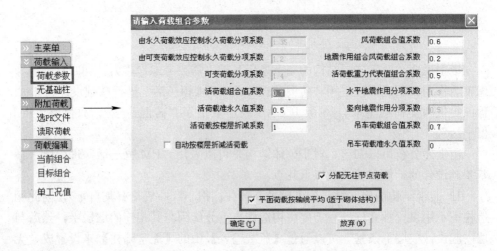

图 8.10.3　10 版 JCCAD【荷载参数】

3）在实际工程中当存在砌体结构设缝时，由于缝两侧的楼层数存在较大差异，设计时往往会将两侧的荷载分别各自取平均考虑，而不是同一轴线上的荷载取均值，10 版 JCCAD 程序也考虑到这一点，下面以某工程实例简单说明。该工程为设有抗震缝砖混结构，其三维轴测图见图 8.10.4。

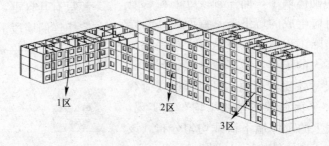

图 8.10.4　三维轴侧图

以 1 区和 2 区处的缝为例简单说明，见图 8.10.5、图 8.10.6。

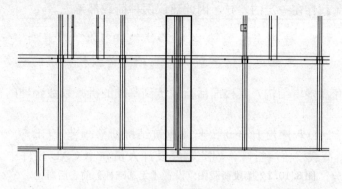

图 8.10.5　平面局部图

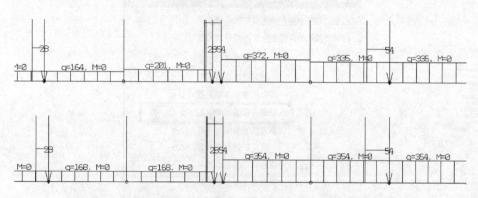

图 8.10.6　砌体结构读取"PM 恒＋活"图（不考虑与考虑均值对比）

【禁忌 8.11】　对于砖混结构中存在的局部框架柱，基础设计时没有根据实际情况读取"PK 恒＋活"，仍然读取"PM 恒＋活"

对于砖混结构中存在局部底框柱的情况，在进行基础设计时建议同时读取平面荷载和 PK 荷载，否则会使局部底框柱基础设计存在一定的安全隐患。

砖混结构的构造柱传到基础的荷载往往很小，一般只有其自重，因此构造柱下不用设置独立柱基，只需要将构造柱自重分配到与其相连的墙段上，然后与砌体墙一起设计成墙下条基即可。但是当砖混结构由于其建筑功能的需要存在局部框架柱时，如果此处的柱仍然简单地按照构造柱处的基础设计处理明显不合理，因此应该区别对待。首先在上部结构设计时，除了应该在〈砌体信息与计算〉中进行抗震验算外，还应该将该处的柱、梁按照框架进行内力、配筋计算；然后到 JCCAD〈基础人机交互输入〉中读取"PK 恒＋活"，考虑其相应的轴力、弯矩和剪力。

由于"PM 恒＋活"和砌体抗震验算中底框分析的导荷方式不同，所以二者传给基础的荷载存在一定的差异，因此建议两种荷载都考虑。

【禁忌8.12】 对于大底盘多塔结构，采用 JCCAD 软件设计基础时，不知道如何合理考虑基础活荷载按楼层的折减系数

对于大底盘多塔结构，其楼面活荷载传到基础的折减系数合理的输入方式说明如下：

05 版 JCCAD 程序没有自动按照《建筑结构荷载规范》GB 50009—2001 表4.1.2 考虑活荷载按楼层折减，因此需要设计人员在 JCCAD 软件中人为输入活荷载折减系数，如图 8.12.1 所示。

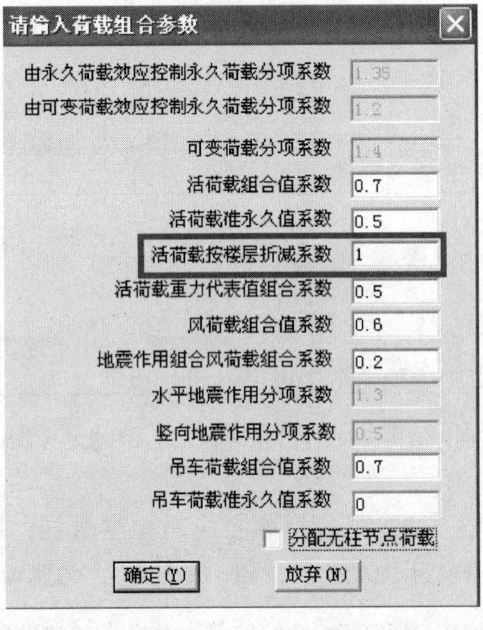

图 8.12.1　05 版 JCCAD 中的【荷载参数】菜单

大底盘多塔结构裙房与主体整体计算，设计时不能简单地按主体部分的层数取折减系数，因为裙房层数少，若取主体部分折减系数则裙房部分的活荷载折减过多，对裙房基础设计不利；同样主体部分当存在楼层数不同的多塔时，既不能简单地按层数多的塔活荷载折减系数取，亦不能按层数少的塔取值。因为这两种活荷载楼层折减系数的取值，均不能合理地进行基础设计。

因此 10 版 JCCAD 程序在保留原来 05 版的"活荷载按楼层折减系数"功能的基础上，增加了"自动按楼层折减活荷载"。设置该参数的目的就是为了解决05 版遗留的问题，为这种复杂结构形式的基础设计提供方便。如果选取该参数，

程序会自动按照《建筑结构荷载规范》GB 50009—2012 表 5.1.2 考虑活荷载折减，如图 8.12.2 所示。

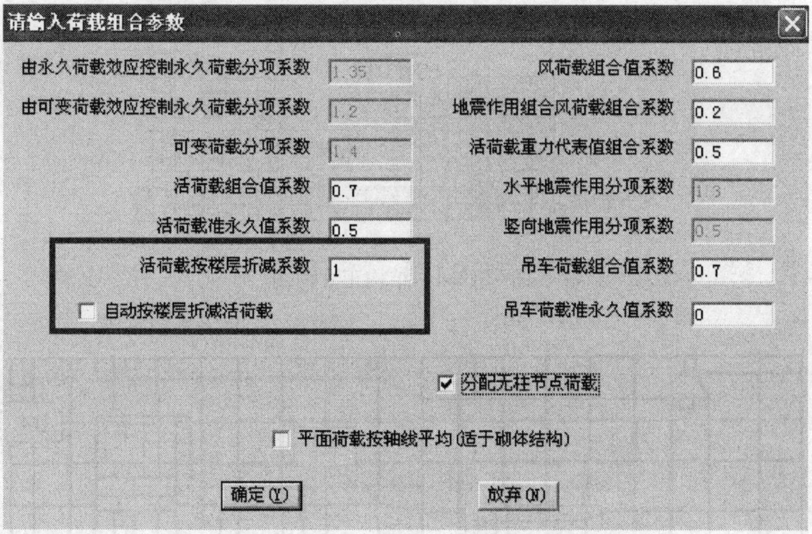

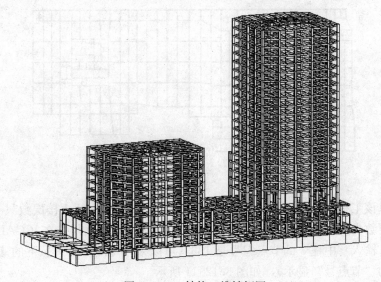

图 8.12.2　10 版 JCCAD 中的【荷载参数】菜单

　　某工程为大底盘多塔结构，6 度区，Ⅱ类场地，采用框-筒结构，带 1 层地下室，裙房 2 层，一号塔 11 层，二号塔 24 层，在第三层与第四层之间由于建筑功能需要有局部错层。其结构三维轴侧图、多塔立面示意图和结构平面布置见图 8.12.3～8.12.10。

图 8.12.3　结构三维轴侧图

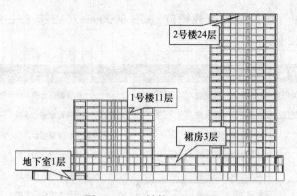

图 8.12.4 结构正立面图

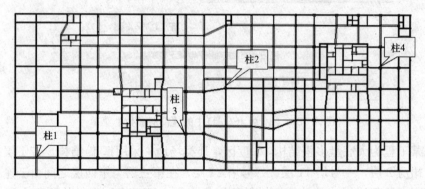

图 8.12.5 地下室结构平面布置图

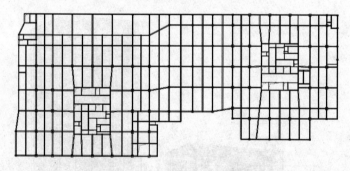

图 8.12.6 首层结构平面布置图

现以该工程的柱1、柱2、柱3、柱4为例加以说明。柱1楼层数只有1层，柱2楼层数为3层，柱3楼层数为11层，柱4楼层数为24层。在JCCAD〈基础人机交互输入〉中柱3的节点编号是136（可以采用【图形管理】下的【显示内容】中的"节点号"显示），如图8.12.11所示。

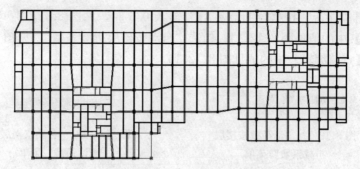

图 8.12.7　第 2 层结构平面布置布置图

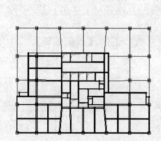

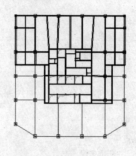

图 8.12.8　第 3 层结构平面布置布置图

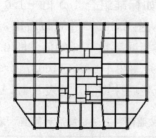

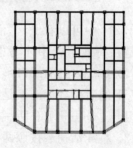

图 8.12.9　第 4 层结构平面布置布置图

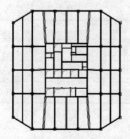

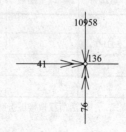

图 8.12.10　第 12 层结构平面布置布置图　　　图 8.12.11　柱 3（节点号 136）

当采用"活荷载按楼层折减系数"输入0.6时，见图8.12.12，其对应的【点荷编辑】中的值见图8.12.14；勾选"自动按楼层折减系数"，见图8.12.13，其对应的【点荷编辑】中的值见图8.12.15。

活荷载按楼层折减系数 　0.6　　　　　　　　　　　　☑ 自动按楼层折减活荷载

图 8.12.12 "活荷载按楼层 　　　　　　图 8.12.13 "自动按楼层折
折减系数"菜单 　　　　　　　　　　减活荷载"菜单

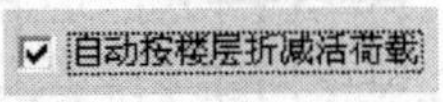

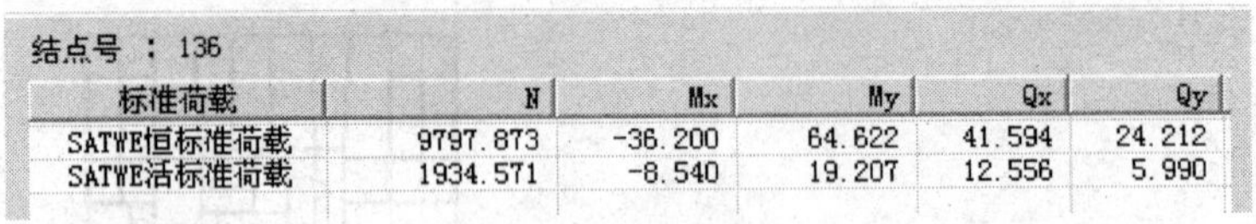

结点号：136

标准荷载	N	Mx	My	Qx	Qy
SATWE恒标准荷载	9797.873	-36.200	64.622	41.594	24.212
SATWE活标准荷载	1934.571	-8.540	19.207	12.556	5.990

图 8.12.14 "活荷载按楼层折减系数"下的【点荷编辑】

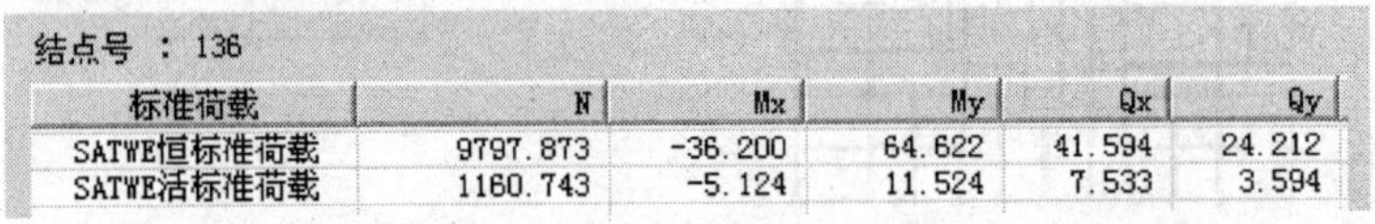

结点号：136

标准荷载	N	Mx	My	Qx	Qy
SATWE恒标准荷载	9797.873	-36.200	64.622	41.594	24.212
SATWE活标准荷载	1160.743	-5.124	11.524	7.533	3.594

图 8.12.15 "自动按楼层折减系数"下的【点荷编辑】

从图8.12.14中可以看出，"活荷载按楼层折减系数"下的活荷载标准值没有折减，而是在荷载组合中才考虑折减，如标准组合1.0恒＋1.0活＝1.0×9797.873＋1.0×0.6×1934.571≈10958；从图8.12.15中可以看出，"自动按楼层折减系数"下的活荷载标准值是乘以楼层折减系数0.6的值，即0.6×1934＝1160，标准组合1.0恒＋1.0活＝1.0×9797.873＋1.0×1160.743≈10958。柱1、柱2、柱3、柱4活荷载按照两种方法折减后计算值，见表8.12.1。

柱1、柱2、柱3、柱4的活荷载按照两种方法折减后计算值　　表8.12.1

柱编号	基础节点编号	基础计算截面层以上层数	规范表4.1.2中的值	【荷载编辑】中的荷载值				标准组合值	
				A方式		B方式		A方式	B方式
柱1	11	1	1.00	1374	370	1374	370	1744	1744
柱2	160	3	0.85	2865	977	2865	830	3695	3695
柱3	136	11	0.60	9797	1934	9797	1160	10958	10958
柱4	296	24	0.55	12755	2517	12755	1384	14140	14140

注：A方式——"活荷载按楼层折减系数"方式；B方式——"自动按楼层折减系数"方式。

从表8.12.1可以看出，程序根据《建筑结构荷载规范》GB 50009—2012表

5.1.2考虑活荷载按照楼层折减系数是可行的。但是"活荷载按楼层折减系数"方式对于主体带裙房，尤其是大底盘多塔结构需要用户自己根据规范结合工程需要取值，十分不方便；"自动按楼层折减系数"方式只要勾选上，所有的竖向构件活荷载按照楼层的折减一次完成，不需要定义修改，十分方便。

不过需要提醒的是：由于实际工程的复杂性，所对应的活荷载折减也十分复杂，程序对于某些特殊情况的考虑也只能供参考。如：①该工程，第3层与第4层存在局部错层，其活荷载折减程序没有单独考虑；②当同一竖向构件，既属于主体又属于裙房时，其折减系数应该如何考虑，目前规范和相关资料也没有给出合理解释。这些都有待以后局部完善。

综上所述，PKPMCAD系列软件按照《建筑结构荷载规范》GB 50009—2012第5.1.2条要求，基本能够在设计楼面梁、墙、柱和基础时考虑楼面活荷载标准值的折减。但是对于比较复杂的工程，设计人员应该更加关注，做到具体问题具体分析。

【禁忌8.13】 PMCAD模型输入时，对于【楼层组装】菜单下的"底标高"参数不修改为实际的柱或墙底标高，均采用程序默认的标高±0.000

10版PMCAD〈建筑模型与荷载输入〉中在【楼层组装】中增加了"底标高"参数，该参数目前对于风荷载和地震力等计算没有影响，因此设计人员往往不够重视，忽略了应该按照实际的结构标高输入这种操作方式。其实该值的正确填写，对于柱下独立式基础设计十分重要。

柱底弯矩和柱底剪力的取值对于JCCAD程序一般不会存在问题，关键是附加弯矩的计算，附加弯矩柱底剪力对基础底面产生的力矩，其大小取决于上部荷载作用点到基础底面的距离H值的合理性。10版JCCAD程序中没有柱底标高或基础顶标高的输入，H值根据【楼层组装】中的"底标高"和【柱下独立基础参数】中"基础底标高"二者差值来确定。

某工程为框架结构，1层地下室，地基为粉质黏土，基础采用柱下独基加防水板。在采用JCCAD进行基础设计时，不仅将交互输入中的【柱下独立基础参数】的"基础底标高"参数填写-5.5（相当于±0.000），见图8.13.1，而且应该注意修改PMCAD人机交互输入中【楼层组装】的"底标高"参数为结构的实际底标高，即地下一层底标高为-5.000m，见图8.13.2。而并非程序的默认值0.000m，否则会造成柱底剪力产生的附加弯矩计算偏大，基础设计不合理。

如果没有地下室，PMCAD人机交互输入模型数据时，首层层高宜从基础顶标高算起，此时"底标高"参数应该修改为基础顶标高处。

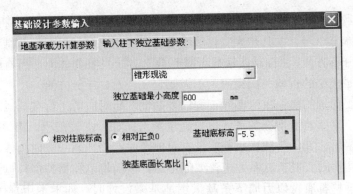

图 8.13.1 【柱下独立基础参数】中的"基础底标高"

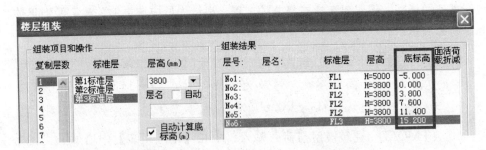

图 8.13.2 【楼层组装】中的"底标高"参数

【禁忌 8.14】 为了基础设计的经济性，承载力计算时盲目考虑水浮力

在关于天然地基或常规桩基础承载力计算时水浮力计算是不考虑的，即一般计算基底反力时只是考虑上部结构荷载，而不考虑水的浮力作用，相当于存在一定的安全储备。至于是否要从经济的角度考虑水浮力的影响，宜具体问题具体分析。

由于我国北方地区普遍缺水，以北京为例，即便南水北调工程顺利完成，北京地下水位上升的空间也非常有限。北京地区的勘察单位一般不会给出常年稳定水头标高，因此正常情况下基础设计可以不考虑其浮力作用。但是我国的沿海地区常年地下水位比较高，在做地基基础设计时，如果不考虑水浮力的有利影响会增加工程造价，一般情况下设计时可以适当考虑。但是一定注意前提条件是水位应当基本恒定不变，至少若干年内（地基土的固结期）不应该出现水位下降的问题。当然需要地勘部门提出具体建议，再根据我们的实际工程经验综合考虑，否则工程在正常使用状态下可能会存在一定的安全隐患。

《高层建筑岩土工程勘察规程》JGJ 72—2004 第 8.6.5 规定：

"8.6.5 地下室在稳定地下水位作用下所受的浮力应按静水压力计算，对临时高水位作用下所受的浮力，在黏性土地基中可以根据当地经验适当折减。"

建议在实际设计中，按有无地下水两种情况计算，详细比较计算结果，分析具体差异，是否还存在可以采用的潜力及设计优化，做到心中有数，如果没有把握，在关键问题上多方征求意见，再做出具体设计方案。

JCCAD 软件对此也提供了相关的设计功能。〈基础人机交互输入〉中对于不同基础形式承载力计算时水浮力的考虑是不同的。

（1）柱下独基、墙下条基及桩承台和桩数量计算时没有考虑水浮力。

（2）在柱下条基或剪力墙下条基采用地基梁设计时，如果采用程序提供的【翼缘宽度】功能确定地基梁的翼缘宽度时，此时没有考虑水浮力，如图 8.14.1 所示。但是在承载力计算时，由于地基梁的承载力验算需要采用〈基础人机交互输入〉退出时提供的承载力验算功能，如图 8.14.2 所示。此时承载力验算考虑了水浮力，如果不考虑则需要将【基本参数】下的"地下水距天然地坪深度"填个大值，如图 8.14.3 所示。程序会将读取的所有的标准组合承载力验算结果全部列出。

图 8.14.1 【翼缘宽度】菜单   图 8.14.2 〈基础人机交互输入〉退出提示框

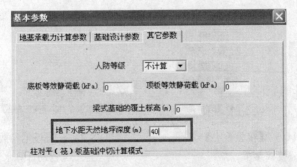

图 8.14.3 【基本参数】下的"地下水距天然地坪深度"参数

（3）梁板式筏基和平板式筏基可以采用〈基础梁板弹性地基梁计算〉（简称"梁元法"）和〈桩筏、筏板有限元计算〉（简称"板元法"）两项菜单计算，如图 8.14.4 所示，承载力的查看结果会相应的存在一定差异，在此主要提及水浮力。

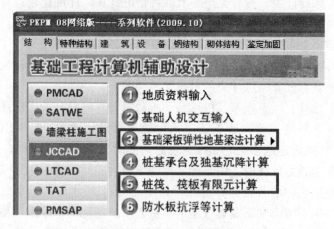

图 8.14.4 JCCAD 主菜单

"梁元法"计算梁板式筏基时承载力计算与弹性地基梁计算一样，最好查看人机交互退出后提示的承载力计算结果，此值包含水浮力。（注意：平板式筏基如果采用"梁元法"一定要布置板带或暗梁，否则不能计算。）

这里需要指出的是，〈基础人机交互输入〉中【重心校核】下的【筏板重心】里的荷载值不包含水浮力，如图 8.14.5 所示。

（4）〈桩筏、筏板有限元计算〉菜单中水浮力的考虑

在〈桩筏、筏板有限元计算〉菜单中【模型参数】下设置了"各工况自动计算水浮力"的参数，就是用于在正常工况组合计算中考虑水浮力，如图 8.14.6 所示。

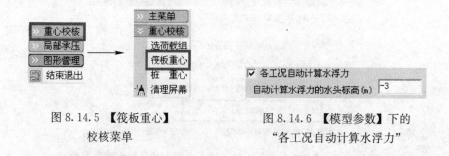

图 8.14.5 【筏板重心】   图 8.14.6 【模型参数】下的
　　　　　校核菜单　　　　　　　　　　　　"各工况自动计算水浮力"

正常工况下考虑水浮力计算可以减少天然地基的基底反力或桩基础的单桩反力，如图 8.14.7、图 8.14.8 所示，这种方法设计基础相对比较经济，但是一定要慎用，如果要考虑也最好根据工程经验进行适当的水头折减。

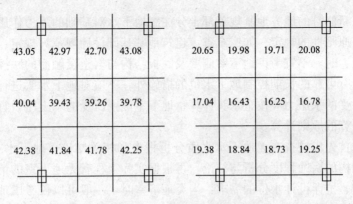

图 8.14.7　正常工况组合下不考虑和考虑水浮力时的天然地基反力图

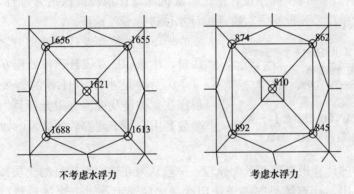

图 8.14.8　正常工况组合下不考虑和考虑水浮力时的桩反力

【禁忌 8.15】　不重视底板抗浮验算

设计基础所考虑的地下水浮力是根据地质勘察资料，并结合工程所在地的历史水位变化情况确定的，其计算的准确性直接影响到基础设计方案的合理性，施工工期及结构的造价，因此水浮力的合理考虑对于结构设计十分重要，应该引起重视。国家及地区相关规范都提到要进行抗浮验算相关的要求。

《建筑地基基础设计规范》GB 50007—2011 第 3.0.2 条 6 款规定："建筑地下室或地下构筑物存在上浮问题时，尚应进行抗浮验算。"

《岩土工程勘察规范》GB 50021—2001 第 7.3.2 条 1 款规定："对基础、地下结构物和挡土墙，应考虑在最不利组合情况下，地下水对结构物的上浮作用，原则上应按设计水位计算浮力；对节理不发育的岩石和黏土且有地方经验或实测数据时，可根据经验确定。"

《高层建筑岩土工程勘察规程》JGJ 72—2004 第 5.0.6 条 1 款规定："对地基基础、地下结构应考虑在最不利组合情况下，地下水对结构的上浮作用。"

目前，新修订的地方地基规范都十分注意地下水对基础的浮力作用，对其抗浮设计都有原则性的规定。如广东省《建筑地基基础设计规范》规定：在计算地下水的浮托力时，不宜考虑地下室侧壁及底板结构与岩土接触面的摩擦作用和黏滞作用，除有可靠的长期控制地下水位的措施外，不应对地下水头进行折减；结构基底面承受的水压力应按全水头计算；地下室侧壁所受的水土压力宜按水压力与土压力分算的原则计算。

设计时首先应核查有无地下水水质分析报告和相关结论，地下水对混凝土、钢筋及钢结构的腐蚀程度分析与结论。再根据实际工程有无地下室的情况，确定对地下水位、抗浮设计水位的需求：当无地下室时，一般可以仅考虑地下水对基础施工的影响；当有地下室或地下室层数较多，实际工程有漂浮验算可能时，应核查勘察报告是否提供抗浮设计水位、及抗浮设计水位提供的合理性，必要时，可提请建设单位委托勘察方对抗浮设计水位进行专项论证。

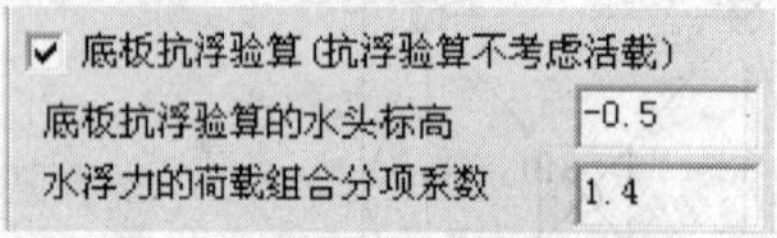

图 8.15.1 【模型参数】下的
"底板抗浮验算"参数

地下室的抗浮设计的处理方案一般有抗浮桩、压重和抗浮锚杆三种处理方法。

为了满足水浮力计算的需要，JCCAD 程序在"桩筏及筏板有限元计算"中【模型参数】中有关于此参数的输入，如图 8.15.1 所示。

水浮力的计算根据阿基米德原理，一般认为在透水性较好的土层或节理发育的岩石地基中，计算结果即等于作用在基底的浮力；对于渗透系数很低的黏性土，有实测资料表明，由于渗透过程的复杂性，黏土中基础所受到的浮力往往小于水柱高度。在工程设计中，只有具有当地经验或实测数据时，方可进行一定折减。因此可以根据设计需要对底板抗浮验算的水头标高适当进行折减。

关于荷载组合问题，抗浮验算时不考虑活荷载，只考虑永久荷载。根据《建筑结构荷载规范》GB 50009—2012 第 3.2.4 条 3 款规定，对结构的倾覆、滑移或漂浮验算，荷载的分项系数应满足有关的建筑结构设计规范的规定。但是目前相关的国家规范没有明确提出具体取值，部分地方规范却有所涉及，按照《建筑结构荷载规范》GB 50009—2012 第 3.2.4 条 1 款规定，永久荷载的分项系数，当其效应对结构有利时的组合，不应大于 1.0。程序考虑永久荷载对结构有利时的组合应取 1.0。

关于底板抗浮时水浮力组合系数，标准组合验算时组合系数程序取 1.0，基本组合时将"水浮力的荷载组合分项系数"放开，可以根据设计工程需要进行修改。

最后程序计算结果对于抗浮增加两组：标准组合＝1.0 恒载－1.0 浮力，基本组合＝1.0 恒载－水浮力组合系数×浮力，如图 8.15.2 所示。

由于水浮力的作用，计算结果土反力与桩反力都有可能出现负值，即受拉。

如果土反力出现负值，计算结果是有问题的，可以通过增加上部恒载或打抗浮桩来进行抗浮。

如某下沉式广场工程，地下室3层，由于抗浮水头标高比较高，需要设置抗浮桩，基础形式采用抗浮桩加防水板，基础平面布置如图8.15.3所示。

JCAAD"桩筏、筏板有限元计算"菜单计算后，可以通过计算结果查看抗浮桩在标准抗浮和基本抗浮时的桩反力图，如图8.15.4所示。

图8.15.2 "底板抗浮验算"结果输出

设计人员可以通过抗浮验算结果中的单桩反力进行抗浮桩设计。

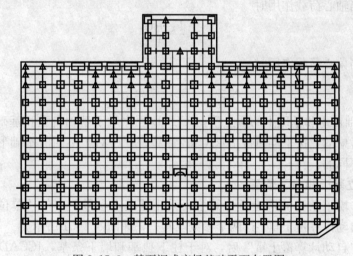

图8.15.3 某下沉式广场基础平面布置图

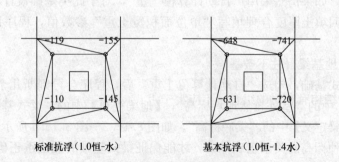

图8.15.4 标准抗浮和基本抗浮的桩反力图

主裙楼连体建筑，当裙楼需采用抗浮桩时，应注意主裙楼之间的变形协调，抗浮桩使裙房的沉降变得更小，这样加剧了主体与裙房的沉降差。

天然地基基础上的覆土重，对于承载力计算至关重要。覆土重计算得过大，会使基础设计不经济；过小，则偏不安全。如果无论何种形式基础均采用【基本参数】菜单中的"自动计算覆土重"，则会造成覆土重计算错误，对于确定基础底面尺寸和埋深均会存在很大误差。因此只有充分了解对不同类型的基础覆土重的计算方法，才能够合理地进行基础设计。

《建筑地基基础设计规范》GB 50007—2011 第 5.2.2 条规定，基底底面的压力，可按下列公式确定：

(1) 当轴心荷载作用时

$$p_k = \frac{F_k + G_k}{A}$$

(2) 当偏心荷载作用时

$$p_{kmin}^{kmax} = \frac{F_k + G_k}{A} \pm \frac{M_k}{W}$$

G_k 包含基础自重和基础上的覆土重，JCCAD 程序对于基础自重和基础上的覆土重是综合考虑的，按平均重度 $20kN/m^3$ 计算。程序对于不同的基础形式所采用的参数是不同的。

1. 独立基础和墙下条基

独基、墙下条基的覆土重计算主要采用【基本参数】中的"单位面积覆土重"或"自动计算覆土重"这两个参数取其一，如图 8.16.1 所示。

勾选"自动计算覆土重"后，对于柱下独基和墙下条基，JCCAD 程序自动从±0.000 标高处算起，即 $G_k = 20 \times |$基底标高$-0|$，不管是否存在地下室；当存在地下室，如果仍然采用"自动计算覆土重"，对于此类基础设计不经济，此时需要根据回填土厚度合理填写"单位面积覆土重"参数值，程序以输入的值计算。

2. 弹性地基梁（柱下条基）

对于梁式基础，勾选"自动计算覆土重"后，程序会再判断几个相关标高：【基本参数】中的"室外自然地坪标高"，【地梁筏板】中的"梁式基础的覆土标高"，【基础梁定义】中的"梁底标高"，如图 8.16.2～图 8.16.4 所示。设计人员只有将这三种标高的关系正确输入，才能保证梁式基础的覆土重正确自动计算。设计人员比较容易忽略【地梁筏板】中的"梁式基础的覆土标高"这个参数，程序默认为 0，如果存在地下室，则覆土重计算会大许多，造成地基梁翼沿宽度偏大，基础设计不经济。"单位面积覆土重"填写后，"自动计算覆土重"参数即不起作用，与柱下独基和墙下条基一样，程序以输入的值计算。

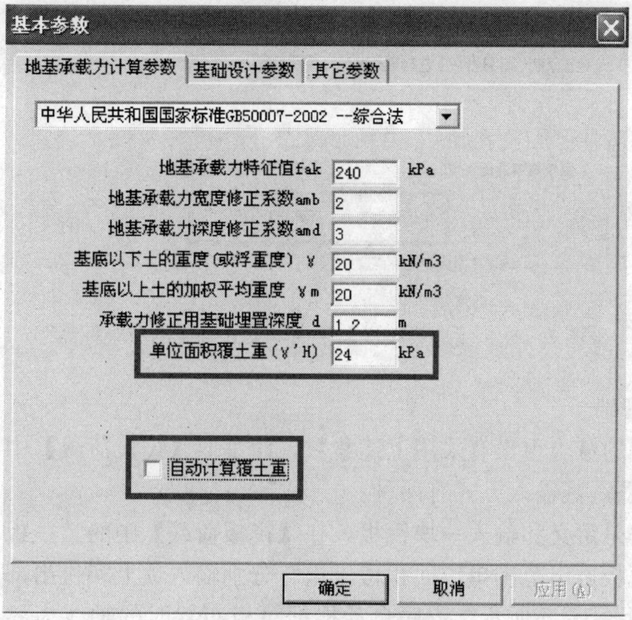

图 8.16.1 【基本参数】菜单

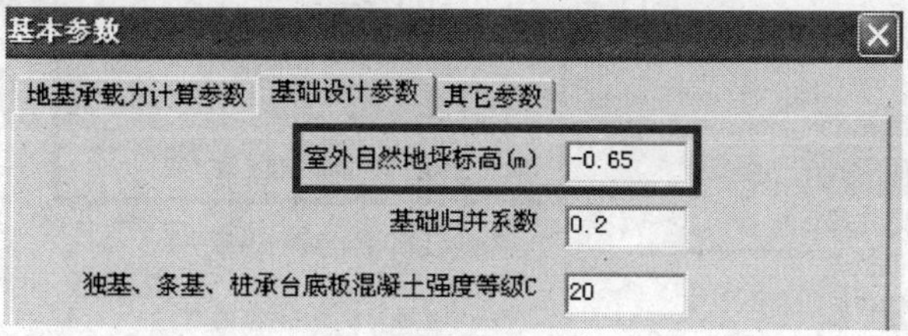

图 8.16.2 【基本参数】中“室外自然地坪标高”

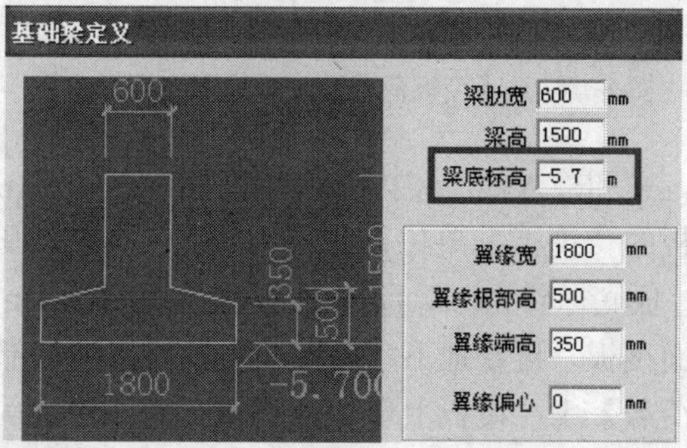

图 8.16.3 【基础梁定义】中的“梁底标高”

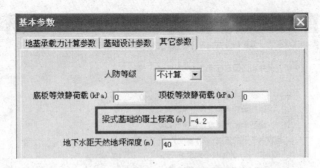

图 8.16.4 【地梁筏板】中的"梁式基础的覆土标高"

3. 筏板基础

筏板基础的覆土重没有采用上述参数,而是取【筏板荷载】中的"筏板上单位面积覆土重"。其输入方式有两种:

一种方法是定义和输入一块筏板,在【筏板荷载】中的"筏板上单位面积覆土重"和"筏板挑出范围单位面积覆土重"分别输入板上和挑出部分的单位面积覆土重,如图 8.16.5 所示。程序自动根据筏板布置时的轴线为界,轴线以里的为室内部分,以外的为挑出部分,分别计算覆土重。

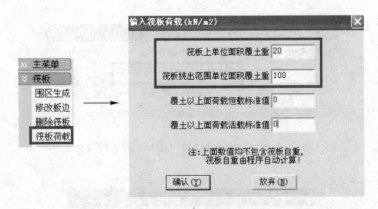

图 8.16.5 【筏板荷载】中的地下室筏板荷载

另一种方法是定义和输入地下室内外两块筏板,再分别在【筏板荷载】中人工输入内外两块筏板的"筏板上单位面积覆土重"。如某工程筏板基础,室外地坪标高为 $-0.65m$,板底标高为 $-5.7m$,地下室里面回填 1m 厚的土。首先延地下室外轴线布置里面筏板,再延地下室外轴线布置外面挑出部分的筏板。选取里面筏板,将【筏板荷载】中"筏板上单位面积覆土重"输入为 20kPa,筏板悬挑部分的覆土重从室外地坪算起,再次选取外围筏板,将"筏板挑出范围单位面积覆土重"输入为 100kPa。

【禁忌 8.17】 采用 JCCAD 进行不同形式基础设计时，天然地基承载力深度修正没有区别对待

在采用 JCCAD 进行基础设计时，关于地基承载力埋深的修正如果不根据基础形式区别对待，一律采用【基本参数】中的“承载力修正用的基础埋置深度 d”进行修正，会对基础设计的安全性和经济性造成一定影响。

相关的规范规定，载荷试验或其他原位测试、经验值等方法确定的地基承载力特征值，当基础宽度大于 3m 或埋置深度大于 0.5m 时，应该进行深宽修正。采用 JCCAD 程序设计时，不同的基础形式其对应承载力修正用的基础埋置深度不同。

1. 柱下独基和墙下条基

柱下独基和墙下条基的承载力修正用的基础埋置深度，JCCAD 程序采用的是【基本参数】中的“承载力修正用基础埋置深度 d”参数，如图 8.17.1 所示。

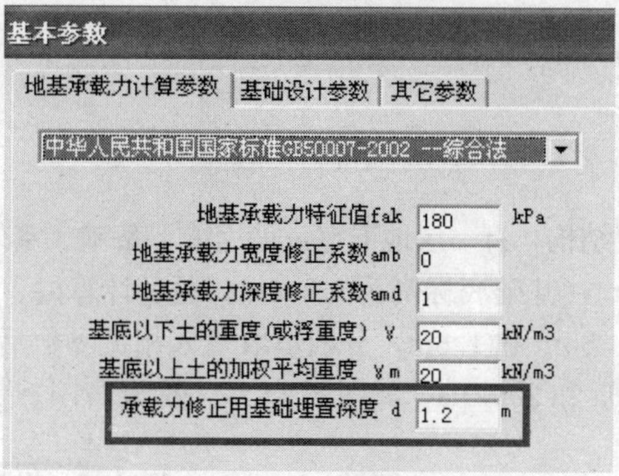

图 8.17.1 【基本参数】中的“承载力修正用基础埋置深度 d”参数

没有地下室时，承载力自室外地面标高算起，可以直接采用【基本参数】，但是当存在地下室时，应从室内地坪标高算起。由于地基条基的复杂性，对于外墙和内墙其“承载力修正用基础埋置深度 d”应该不同。

外墙、柱基础埋置深度取值：

$$d=\frac{d_1+d_2}{2}$$

室内墙柱基础埋置深度：

$$d=\frac{3d_1+d_2}{4}$$

一般地四纪沉积土 $d=\frac{3d_1+d_2}{4}$

新近沉积土及人工填土 $d=d_1$

其中 d_1 为基础室内埋置深度（m）， d_2 为基础室外埋置深度（m）。

因此当存在地下室时，最好不要采用【基本参数】中的"承载力修正用基础埋置深度 d"，而应该合理地区分外墙和内墙分别输入。JCCAD 对于此已经提供了相应的功能。

墙下条基在【自动生成】里点取相应的墙轴线后程序会弹出【基础设计参数输入】菜单，其中就有"用于地基承载力修正用的基础埋置深度"参数，如图 8.17.2 所示，根据外墙和内墙分别点取分别修改该参数。

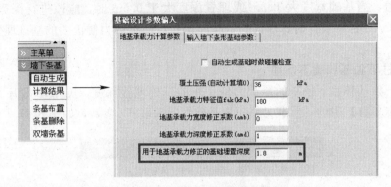

图 8.17.2 【墙下条基】设计参数

如某工程，砖混结构，有一层地下室，采用墙下条基。室外地坪标高 −1.2m，室内地坪标高为 −3m，基础底标高为 −3.9m。通过计算内、外墙的承载力修正用基础埋置深度为 1.35m 和 1.8m，分别填取输入相关参数后，其内、外墙修正后的承载力为 197kPa 和 206kPa，如图 8.17.3、图 8.17.4 所示。

No	位置	Load	Q(kN/m)	Pmax(kPa)	P0(kPa)	fa(kPa)	b(mm)
2	1:A~B	4	138.66	206.00	206.00	206.00	788

图 8.17.3　外墙计算结果

No	位置	Load	Q(kN/m)	Pmax(kPa)	P0(kPa)	fa(kPa)	b(mm)
35	9:C~D	4	198.82	197.00	197.00	197.00	1170

图 8.17.4　内墙计算结果

柱下独基与墙下条基一样，程序也可以区分内、外柱，分别输入"用于地基承载力修正用的基础埋置深度"参数，如图 8.17.5 所示。

注意：覆土压强由于有地下室，不能为 0，否则程序从室内地坪计算造成基础尺寸偏大。同时应该与"用于地基承载力修正用的基础埋置深度"参数一样区分内、外墙柱分别输入。

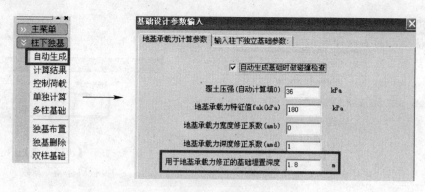

图 8.17.5 【柱下独基】设计参数

2. 弹性地基梁（柱下条基）

JCCAD 程序对于柱下条基的承载力修正用的基础埋置深度采用的是【基本参数】中的"承载力修正用基础埋置深度 d"参数，承载力验算查询过程和结果如图 8.17.6、图 8.17.7 所示。

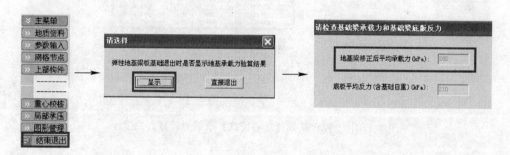

图 8.17.6　地基梁承载力验算查询过程

3. 筏板基础

对于筏板基础，程序没有采用【基本参数】中的"承载力修正用的基础埋置深度 d 值"参数，而是采用【基本参数】中的"室外自然地坪标高"与【筏板定义】中的"筏板底标高"二者的差值来计算公式中的 d 值，如图 8.17.8、图 8.17.9 所示。

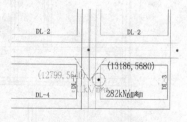

图 8.17.7　弹性地基梁承载力验算查询结果

修正后的承载力结果可以有两种查询方式，一种与弹性地基梁一样在退出时查询，另一种可以通过【重心校核】查询，查询深宽、修正后的地基承载力可以在【选荷载组】中选取某种非地震组合工况后查看验算结果，其验算查询过程和结果如图 8.17.10、图 8.17.11 所示。

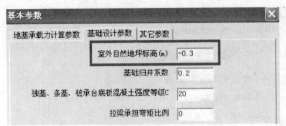

图 8.17.8 【基本参数】中的　　　　　　　图 8.17.9 【筏板定义】中的
"室外自然地坪标高"参数　　　　　　　　"筏板底标高"参数

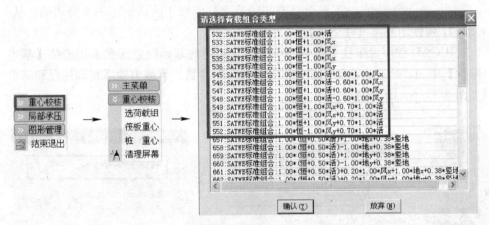

图 8.17.10　筏板基础【重心校核】承载力验算查询过程

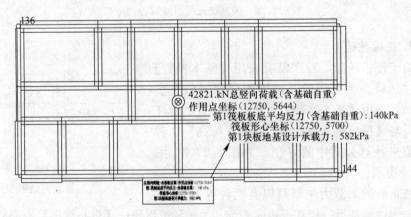

图 8.17.11　筏板基础【重心校核】承载力验算查询结果

【禁忌 8.18】　主裙楼一体建筑，主体承载力计算时，深度修正不考虑裙房的折算埋深，仍然取天然埋深

　　主裙楼一体建筑，主体承载力计算时，深度修正不考虑裙房的折算埋深，仍然取天然埋深会造成基础设计存在很多的安全隐患。

　　《建筑地基基础设计规范》GB 50007—2011 第 5.2.4 条，其条文说明中指出："目前建筑工程大量存在着主裙楼一体的结构，对于主体结构地基承载力的深度修正，宜将基础底面以上范围内的荷载，按基础两侧的超载考虑，当超载宽度大于基础宽度两倍时，可将超载折算成土层厚度作为基础埋深，基础两侧超载不等时，取小值。"目前工程界对地基承载力深度修正的认识还不十分明确。从地基破坏机理出发，地基承载力深度修正的实质，归根到底是基础两侧的超载对承载力的贡献。从承载力修正的概念上讲，活荷载不予考虑，即只考虑永久荷载作用，但是由于规范对此没有明确说明，设计时基于上部结构刚度作用的存在，对于活荷载可以适当考虑折减以后的作用。

　　如某工程为框剪结构，7 度区，Ⅱ类，1 层地下室，出地面裙房 5 层，主体共计 23 层，高 74.9m，室外自然地坪标高－0.35m，三维轴侧和结构平面布置如图 8.18.1～图 8.18.4 所示。基础持力层的地基为粉砂，承载力特征值为 260kPa，基础设计为底平的变厚度平板式筏基。

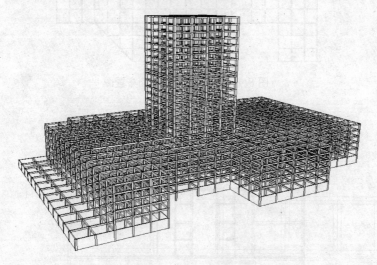

图 8.18.1　三维轴侧

　　对于该工程，主裙楼的荷载传到基础相差较大，因此主楼和裙楼处的筏板基础地基承载力宜分别验算才比较合理。主体结构地基承载力的深度修正，宜将基础底面以上范围内的荷载，按基础两侧的超载考虑，当超载宽度大于基础宽度两倍时，可将超载折算成土层厚度作为基础埋深。

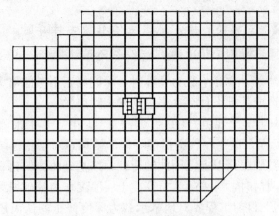

图 8.18.2 地下室平面布置图

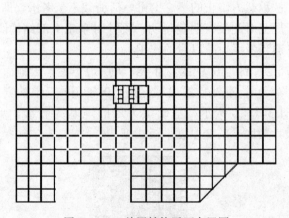

图 8.18.3 首层结构平面布置图

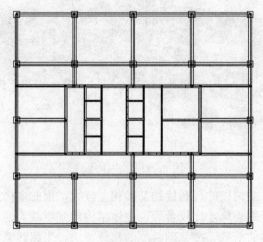

图 8.18.4 第五层结构平面布置图

在考虑该值一般应注意两点：

（1）只考虑沿基础短边方向的修正，不考虑长边方向。因为当结构四周的超载相差不多，且其长宽相差较大时，破坏一般不会沿着长边发生，此时取短边（B方向）进行考虑是可以的。但当结构的长宽比较接近时，取四周的折算埋深的最小值进行深度修正是较安全的。

（2）当基础两侧超载不等时，从破坏模式来看，基础两边的压重不一样时，破坏的滑裂面自然在压重轻的一边先发生，因此应取基础四周折算埋深的最小值进行深度修正。

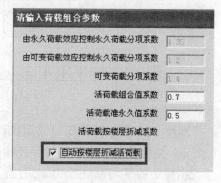

该工程，首先注意读取荷载时，要考虑活荷载按照楼层折减问题，应该勾选"自动按楼层折减活荷载"，程序会自动按照《建筑结构荷载规范》GB 50009—2012要求对于主体和裙房取不同的折减系数，如主体 0.55，裙房 0.7，如图 8.18.5 所示。

图 8.18.5 【荷载参数】菜单

基础及上部填土重量为 20kN/m³，基础底面以上土的平均重度为 18kN/m³，裙房的平均地基底反力分别为 $q_{1e}=$ 89kN/m² 和 $q_{2e}=109$kN/m²（活荷载按《建筑结构荷载规范》GB 50009—2012 第 5.1.2 条要求折减，取 0.7），无地下水问题。

计算用于主楼地基承载力修正的基础埋置深度。

通过图 8.18.6、图 8.18.7 可知：B_1 为 47.9m，B_2 为 25.2m，B 为 33.6m，$B_1+B_2=73.1$m$>2B=2\times33.6=67.2$m（按照规范条文说明中提到的：当超载宽度大于基础宽度 2 倍时，可将超载折算成土层厚度作为基础埋深）。

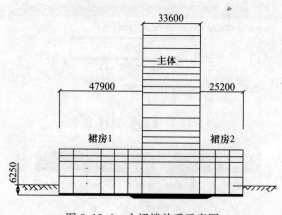

图 8.18.6 主裙楼关系示意图

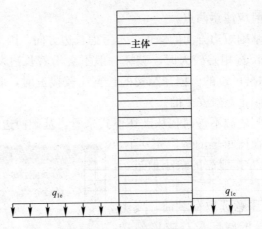

图 8.18.7 裙楼基底压力

裙楼 1 的平均基底反力 q_{1e} 的折算土层厚度 $h_{1e} = 89/18 = 5.0\text{m} <$ 天然埋深 6.25m，裙楼 1 地下室基础的等效埋置深度 $d_{1e} = h_{1e} = 5.0\text{m}$；

裙楼 2 的平均基底反力 q_{2e} 的折算土层厚度 $h_{2e} = 109/18 = 6.0\text{m} <$ 天然埋深 6.25m，裙楼 2 地下室基础的等效埋置深度 $d_{2e} = h_{2e} = 6.0\text{m}$；

用于主楼基础基底地基承载力修正用计算埋置深度 d 取 d_{1e} 和 d_{2e} 二者的最小值，即 $d = 5.0\text{m}$。

由于 JCCAD 软件在计算筏基修正后的地基承载力时未采用【基本参数】中输入的"承载力修正用的基础埋置深度 d 值"，而是采用"筏板底标高"与"室外自然地坪标高"二者的差值来计算公式中的 d 值，因此需要先在主体下布置筏板，将【基本参数】中的"室外自然地坪标高"输入为 -1.6m，见图 8.18.8，【筏板定义】中"筏板底标高"输入为 6.6m，见图 8.18.9。

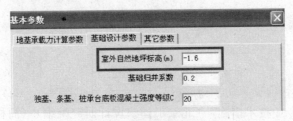

图 8.18.8 【基本参数】菜单

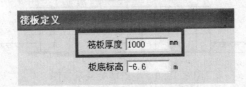

图 8.18.9 【筏板定义】菜单

可以在筏板【重心校核】查看地基承载力是否满足规范要求，程序输出的地基承载力校核结果见图 8.18.10。

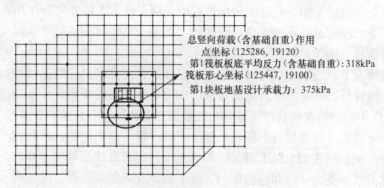

图 8.18.10 【重心校核】输出的地基承载力校核结果

主体下筏板板底平均反力（含基础自重）为 318kPa，修正后的地基承载力为 375kPa，满足地基承载力要求。

【禁忌 8.19】 防水板设计不严谨

柱下独立基础加防水板、柱下条形基础加防水板、桩承台加防水板等形式的基础是近年来伴随基础设计与施工发展而形成的一种新的基础形式，由于其传力简单明确、费用较低、施工方便等特点，因此在工程中应用相当普遍。但是这种基础形式暂未列入国家相关的结构设计规范中，只在某些地方规范或技术措施中有涉及。

《北京地区建筑地基基础勘察设计规范》DBJ 11—501—2009（简称《北京地基规范》）第 8.1.3 条 2 款 2 项规定，框架结构有地下室且有防水要求时，如地基承载力较高，可采用柱下独立基础加防水板的做法。

《北京地基规范》第 8.1.3 条 3 款 2 项规定，剪力墙结构有防水要求时，可选用条形基础加防水板。

《北京地基规范》第 8.1.5 条 2 款规定，当采用柱下独立基础或条形基础加防水板的做法时，应验算防水板的承载力，其荷载可按抗浮水位计算。

《建筑结构专业技术措施》（北京市建筑设计研究院编）（简称《北京技措》）第 3.3.3 条 2 款规定，有地下室且有防水要求时，如地基较好，可选用单独柱基加防水板的做法（此做法也适用于高层建筑的裙房）。防水板下宜铺设有一定厚度的易压缩材料如聚苯板，以减少柱基沉降对防水板的不利影响。当易压缩材料确实起作用时，防水板可仅考虑水压力（向上）以及板自重与板上活载（向下）所产生的作用，两种情况分别考虑。

在柱下独基加防水板、柱下条基加防水板、桩承台加防水板基础中，防水板一般只用来抵抗水浮力，不考虑其地基承载能力，上部结构荷载全部由基础承担。作用在防水板上的荷载有：地下水浮力 q_w、防水板自重 q_s 及其上建筑做法重量 q_a，均为荷载效应基本组合时的设计值，即水浮力起控制作用时的荷载设计值，而不是荷载标准值。在建筑使用过程中，由于地下水位变化，作用在防水板底面的地下水浮力也在不断改变，因此防水板是一种随荷载情况变化而变换支承情况的复杂板类构件。

正常情况下，防水板只起抗浮作用，上部荷载主要由相应的基础承担，防水板可以单独计算。此时防水板的设计可以按照无梁楼盖的双向板计算，也可以采用 JCCAD 中的〈防水板抗浮等计算〉按照复杂楼板设计。该菜单计算与〈桩筏、筏板有限元计算〉有本质的不同，后者考虑抗浮板的整体挠曲，而前者不考虑其整体挠曲作用，只是考虑局部弯曲，即抗浮板的配筋设计是单独计算的，不考虑其与基础的整体受力，柱和墙底作为支座不动，没有竖向变形。但是当水头标高比较高即水浮力较大时，此时防水板设计需要考虑柱和墙底处的位移和位移差，则必须采用〈桩筏、筏板有限元计算〉菜单进行。在此具体讲述当水头标高不高时，防水板采用〈防水板抗浮等计算〉如何合理设计。

10 版 JCCAD 程序考虑到防水板一般较薄，在设计时一般取柱和墙底作为支座不动，即没有竖向变形，基础之间没有差异沉降（注意此假设和实际的出入）。对于荷载组合计算一般只考虑水浮力、筏板自重、板上覆土重等荷载，在主菜单下增加了〈防水板抗浮等计算〉菜单，如图 8.19.1 所示。

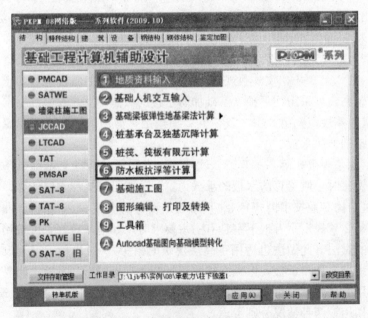

图 8.19.1 〈防水板抗浮等计算〉主菜单

首先在 JCCAD 软件〈基础人机交互输入〉中自动生成独立基础、地基梁基础或桩承台，然后采用筏板相关菜单定义、布置防水板。由于计算目标单一，【模型参数】菜单提供的比〈桩筏、筏板有限元计算〉中的参数要简化许多，只是保留了计算抗浮板所需的必要参数，如图 8.19.2 所示。

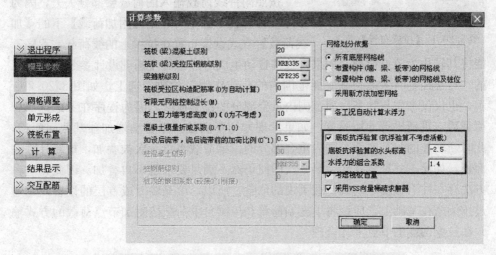

图 8.19.2 【模型参数】菜单

相关参数填写如下：

① 将"底板抗浮验算"勾选上☑；

②"底板抗浮验算的水头标高"：根据地勘提供的抗浮验算水头标高，换算为相当于±0.000 处的相对标高输入，如"-4"；

③ 关于抗浮验算时的荷载组合系数。

《建筑结构荷载规范》GB 50009—2012 第 3.2.4 条规定：

"3.2.4　基本组合的荷载分项系数，应按下列规定采用：

1　永久荷载的分项系数应符合下列规定：

1）当永久荷载效应对结构不利时，对由可变荷载效应控制的组合应取 1.2，对由永久荷载效应控制的组合应取 1.35；

2）当永久荷载效应对结构有利时，不应大于 1.0。

2　可变荷载的分项系数应符合下列规定：

1）对标准值大于 4kN/m² 的工业房屋楼面结构的活荷载，应取 1.3；

2）其他情况，应取 1.4。"

【禁忌 8.20】　采用 JCCAD 软件进行柱下独立基础或桩承台基础设计时，将拉梁上的填充墙折算为附加线荷载输入

在 JCCAD 人机交互中【上部构件】下【拉梁】里有【拉梁布置】功能，如

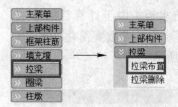

图 8.20.1 【拉梁布置】菜单

图 8.20.1 所示，设计人员往往将拉梁在此定义输入后，将拉梁上的填充墙作为附件线荷载输入，造成基础设计偏小，存在一定的安全隐患。

按照附件线荷载输入的荷载会部分丢失，因为程序在计算柱下独基时，用【附加荷载】下的【加线荷载】方式直接布置在拉梁上的线荷载，程序不能将其转化为节点荷载。如果将独基自动生成后弹出的【基础设计参数输入】下的"计算独基时考虑独基底面范围内的荷载作用"参数勾选上，如图 8.20.2 所示，也仅仅考虑与独基底面范围内重合部分的拉梁荷载。因为程序在考虑这部分荷载后，重新进行冲切验算，如果发现冲切不满足，则自动增加独基截面面积，此时新增加的与基底面范围内重合部分的拉梁荷载将再一次被叠加，重新计算底面积，如此一共反复 3 次，第 3 次即使仍然不满足要求也不再叠加。因此，这种方法存在柱下独基之间线荷载丢失的危险。所以，填充墙（或首层的设备）是通过拉梁搭在基础上，应该将填充墙荷载和拉梁自重荷载按附加节点荷载的方式输入在拉梁两端的节点上才合理。

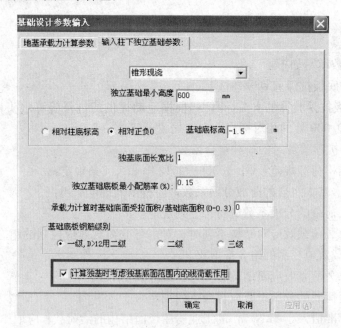

图 8.20.2 "计算独基时考虑独基底面范围内的荷载作用"参数

【禁忌 8.21】 采用 JCCAD〈基础梁板弹性地基梁计算〉菜单设计梁板式筏基时，某些竖向构件处不布置地基梁或者板带

〈基础梁板弹性地基梁计算〉菜单一般简称为"梁元法"，在计算梁板式筏基

时，实际上采用的是空间交叉梁系的方法，地基梁的计算是按照带翼缘的 T 形梁计算，梁翼缘宽度确定的原则是按各房间面积除以周长，将其加到梁一侧，另一侧再由那边相应的房间确定，最后两侧宽度叠加得到梁的总翼缘宽度。如果竖向构件处不布置地基梁或者板带，则在〈基础人机交互输入〉退出时不能够在其相应的位置形成 T 形梁，则该处的柱或墙底荷载会丢失，"梁元法"中相应的沉降和内力、配筋计算不合理。

　　某工程为梁板式筏基，其在 JCCAD〈基础人机交互输入〉中输入的地基模型如下：在柱处没有布置地基梁，如图 8.21.1 所示；交互输入中读取的荷载组合内力该柱是轴力为 1990kN，如图 8.21.2 所示；但是在"梁元法"下形成的数据在该处的柱下荷载是丢失的，如图 8.21.3 所示。

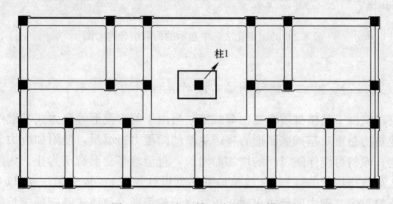

图 8.21.1　交互输入中的地基模型

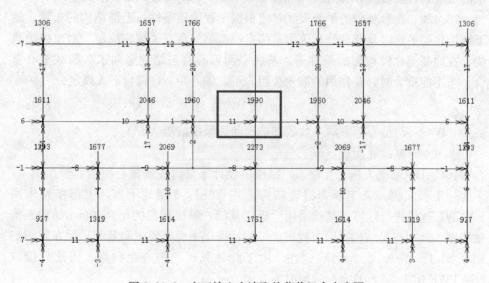

图 8.21.2　交互输入中读取的荷载组合内力图

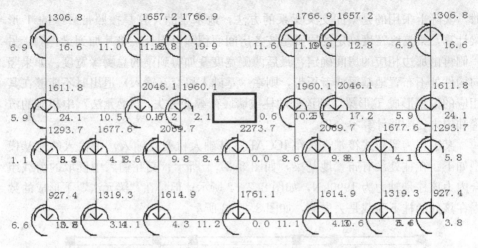

图 8.21.3 "梁元法"中显示的荷载组合内力图

【禁忌 8.22】 对主裙楼结构偏心距计算控制的目的不了解

高层建筑由于其楼身质心高、荷载重，当由于偏心筏形等整体式基础产生倾斜后，建筑物总重对基础底面形心将产生新的倾覆力矩增量，使附加应力分布更加不均匀，倾斜可能伴随时间的增加而增长，直至地基变形稳定为止。为限制基础在永久荷载作用下的倾斜，《建筑地基基础设计规范》GB 50007—2011 在 8.4 节高层建筑筏形基础中明确指出对于单栋建筑的筏形等整体式基础要求控制偏心距的要求。《建筑地基基础设计规范》GB 50007—2011 第 8.4.2 条规定：

"8.4.2　筏形基础的平面尺寸，应根据工程地质条件、上部结构的布置、地下结构底层平面以及荷载分布等因素按本规范第 5 章有关规定确定。对单幢建筑物，在地基土比较均匀的条件下，基底平面形心宜与结构竖向永久荷载重心重合。当不能重合时，在作用的准永久组合下，偏心距 e 宜符合下式规定：

$$e \leqslant 0.1W/A \tag{8.4.2}$$

式中　W——与偏心距方向一致的基础地面边缘抵抗矩（m^3）；

　　　A——基础底面积（m^2）。"

JCCAD〈基础人机交互输入〉提供了设计基础时控制偏心距验算输出结果，下为一工程实例。某工程为框筒结构，共 20 层，3 层地下室，上部结构采用 SATWE 软件进行计算，基础采用梁板式基础，基底标高为 -15.9m，结构三维轴侧图、地下三层结构平面布置图、结构标准层平面布置图和基础平面布置图如图 8.22.1～图 8.22.4 所示。（注：由于此处只讨论偏心距验算，因此只读取"SATWE 恒+活"，其余荷载暂时不考虑。）

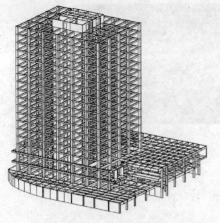

图 8.22.1 结构三维轴侧图

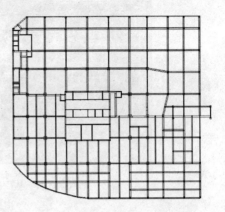

图 8.22.2 地下三层结构平面布置图

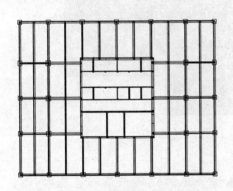

图 8.22.3 结构标准层平面布置图

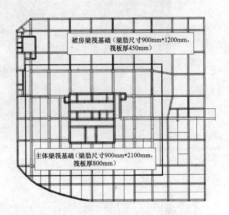

图 8.22.4 基础平面布置图

偏心距计算时，主裙楼整体考虑和单独考虑主体，其值大小是不同的。整体考虑时，偏心距值是 3.91，如图 8.22.5 所示，不满足规范要求；单独考虑主体时，偏心距值是 0.46，如图 8.22.6 所示，满足规范要求。

对于具体工程实际来说，采用哪个验算结果更为合理，主要依据工程施工采取的措施。如果主体建筑物与裙房之间设置后浇带，偏心距验算则应按后浇带设置位置计算，反之，一般应按整体基础底面考虑。注意到《建筑地基基础设计规范》GB 50007—2011 第 8.4.2 条规定是偏心距 e "宜"符合 $e \leqslant 0.1W/A$，因此当不满足此要求时必须做沉降计算，注意整体倾斜，验算主楼的倾斜不超过《建筑地基基础设计规范》GB 50007—2011 第 5.3.4 条规定。也就是说，偏心距的大小不是决定性因素，关键是控制倾斜。

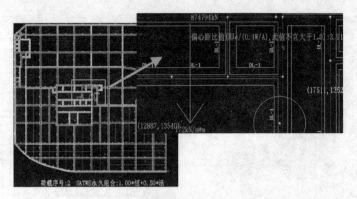

图 8.22.5　基础整体考虑时，偏心距值

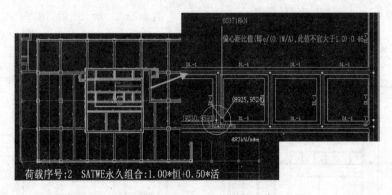

图 8.22.6　基础单独考虑主体时，偏心距值

【禁忌 8.23】　采用 JCCAD 设计主裙楼一体的建筑平板式筏基时，内筒冲切计算没有分别考虑主体和裙房

《建筑地基基础设计规范》GB 50007—2011 第 8.4.8 条规定：

"8.4.8　平板式筏基内筒下的板厚应满足受冲切承载力的要求，并应符合下列规定：

1　受冲切承载力应按下式进行计算：

$$F_l/u_m h_0 \leqslant 0.7\beta_{hp}f_t/\eta$$

式中　F_l——相应于作用的基本组合时，内筒所承受的轴力设计值减去筏板冲切破坏锥体内的基底净反力设计值（kN）；

……"

在 F_l 的计算中，筏板冲切破坏锥体内的基底净反力设计值的准确取值比较困难，有可靠依据时，可按内筒下筏板破坏锥底面积范围内地基土的实际净反力计算，否则，可偏于安全地取地基土平均净反力。当主裙楼一体时，宜将主楼和裙房分开，可计算各自范围内的平均值，对于荷载分布变化较大的建筑，还应该适当细分。

$$F_l = N - \overline{P}_j A_l$$

式中　N——内筒轴力设计值；

　　　$\overline{P}_j$——荷载效应基本组合时地基土平均净反力设计值；

　　　A_l——筏板冲切破坏锥体内的地面面积。

同时，《建筑地基基础设计规范》GB 50007—2011 第 8.4.10 条规定，平板式筏基受剪承载力应按下式验算：

$$V_s \leqslant 0.7\beta_{hs} f_t b_w h_0$$

式中　V_s——相当于作用的基本组合时，基底净反力平均值产生的距内筒或柱边缘 h_0 处筏板单位宽度的剪力设计值（kN）；

　　　b_w——筏板计算截面单位宽度（m）；

　　　h_0——距内筒或柱边缘 h_0 处筏板的截面有效高度（m），如图 8.23.1 所示。

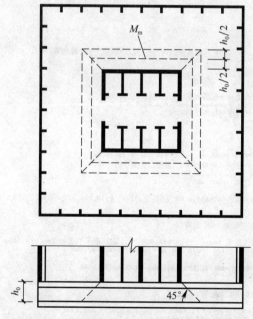

图 8.23.1　筏板受内筒冲切的临界截面位置

主裙楼一体的建筑，由于裙楼处荷载小，但是底面积大，其相应范围内地基土的净反力小，如果主裙楼处的筏板一起输入考虑，则 JCCAD 程序根据公式 $F_l = N - \overline{P}_j A_l$（$A_l$——筏板冲切破坏锥体内的底面面积）则其相应计算的 F_l 大，计算需要的冲切高度大，其相应的筏板会比较厚，基础设计不经济。因此应该取主楼和裙房分开考虑，即取主体部分的平均地基净反力设计值作为 $\bar{P}_j$，采用 JC-CAD 程序只需要在主体部分布置上筏板即可，程序可以将布置了筏板部分上部结构读取的内力，所有基本组合自动计算后，选取最不利组合输出验算值，同时判断是否满足规范要求，如图 8.23.2、图 8.23.3 所示。

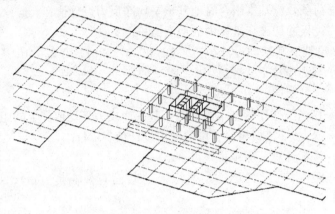

图 8.23.2　内筒冲剪时的筏板布置

```
                   * 平板基础的内筒进行抗冲切和抗剪计算结果 *

   说明:
      1.本结果是对平板基础的内筒进行抗冲切和抗剪计算
      2.计算依据是GB50007-2002的8.4.8和8.4.9
      3.内筒外边界由程序使用者指定

   筏板参数:

      筏板厚度 h=1800.mm          保护层厚度 a0=75.mm
      截面有效高度 h0=1725.mm     混凝土强度等级 C30.0

      最大荷载组 load: 483

      筏板内荷载= 684861.4 kN   筏板底面积= 2110.236 m2   平均基底反力= 324.5kPa

   平板基础的内筒 抗冲切 验算:

      内筒最大荷载 Nmax=  247607.0kN       破坏面平均周长 Um= 74.100m
      冲切锥体底面积= 378.701 m2   冲切力F1=124702.4kN

         F1/Um*h0=975.5930>0.7*Bhp*ft/ita=735.5507

   平板基础的内筒抗剪验算:

      内筒外H0处边长= 81.00m   冲切锥体底面积= 378.70m2
      单位长度剪力 Us= 1539.54kN/m

         Us=1539.5396>0.7*Bhs*ft*h0=1427.8268

         *结束*
```

图 8.23.3　内筒冲剪的计算结果

目前在工程界基床反力系数 K 值的取法主要有三种方法，即静载试验法、
按基础平均沉降 S_m 反算和经验值法。现对这三
种计算方法分别做一些简要的介绍。

（1）静载试验法

静载试验法是现场的一种原位试验，通过
此种方法可以得到荷载—沉降曲线（即 P-S 曲
线），如图 8.24.1 所示。

根据得到的 P-S 曲线，K 值的计算公式
如下：

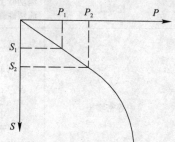

图 8.24.1 静载试验法
得到的 P-S 曲线

$$K = \frac{P_2 - P_1}{S_2 - S_1} \qquad (8.24\text{-}1)$$

式中　P_2、P_1——基底的接触压力和土自重压力；

　　　S_2、S_1——相应于 P_2、P_1 的稳定沉降量。

静载试验法计算出来的 K 值是不能直接用于基础设计的，必须经太沙基理
论修正后才能使用，这主要是因为此种方法确定 K 值时所用的荷载板底面积远
小于实际结构的基础底面积，因此需要对 K 值进行折减的缘故。

从式（8.24-1）可以看出，P_2-P_1 和 S_2-S_1 实际上就是在试验中所施加的荷
载及其引起的稳定沉降量。其计算出来的 K 值就是地基的弹簧刚度。

（2）根据基础平均沉降经验反算

用分层总和法按土的压缩性指标计算若干点沉降后取平均值 S_m，得

$$K = \frac{P}{S_m} \qquad (8.24\text{-}2)$$

式中　P——基底平均附加压力。

这个方法对把沉降计算结果控制在合理范围内是非常重要的。用这种方法计
算的 K 值不需要经太沙基理论修正，对于一个工程，结构本身重量是已知的，
如果设计人员能够结合当地的地质情况，根据该地区相邻的差不多体量的结构的
实测沉降量，预先估计出本工程的沉降量，再用结构本身重量产生的附加面荷载
除以预估沉降量，则计算出的 K 值是最合理的。但要想做到这一点，不仅需要
丰富的经验，还与地区性的长年累月的积累和准确的现场勘察试验密不可分。因
此，比较准确地预估沉降量在实际工程中是存在一定困难的。

（3）经验值

JCCAD 软件说明书《JCCAD 用户手册及技术条件》附录 C 中给出了基床反

力系数 K 的推荐值，如表 8.24.1 所示。

基床反力系数 K 的推荐值   表 8.24.1

地基的一般特性	土的种类	K（kN/m³）
松软土	流动砂土、软化湿土、新填土 流塑性黏土、淤泥及淤泥质土、有机质土	1000～5000 5000～10000
中等密实土	黏土及粉质黏土：软塑的 　　　　　　可塑的 黏质粉土：软塑的 　　　　　可塑的 砂土：松散或稍密的 　　　中密的 　　　密实的 碎石土：稍密的 　　　　中密的 黄土及黄土粉质黏土	10000～20000 20000～40000 10000～30000 30000～50000 10000～15000 15000～25000 25000～40000 15000～25000 25000～40000 40000～50000
密实土	硬塑黏土及黏土 硬塑轻亚土 密实碎石土	40000～100000 50000～100000 50000～100000
极密实土	人工压实的填粉质黏土、硬黏土	100000～200000
坚硬土	冻土层	200000～1000000
岩石	软质岩石、中等风化或强风化的硬岩石 微风化的硬岩石	200000～1000000 100000～1500000
桩基	弱土层内的摩擦桩 穿过弱土层达密实砂层或黏性土层的桩 打至岩层的支承桩	1000～50000 5000～150000 8000000

　　按照表 8.24.1 确定 K 值的大小，则只与地基土的类型有关，而与各土层的厚度和分布、地基的类型、上部结构的总重量、结构的稳定沉降量、基础埋深、基础底面积等诸多因素无关。况且，对于很多类型的土层，表 8.24.1 所给的选择范围非常大，这对于界定 K 值的大小产生一定的困难。因此，除非有一定的经验，否则用这种方法确定的基床反力系数 K 是比较粗糙的。

　　从软件的角度上讲，如果设计人员人工计算出 K 值，则只需在如图 8.24.2所示"板底土反力基床系数建议（kN/m³）"中将计算结果填入即可。

　　JCCAD 软件在"桩筏筏板有限元计算"中，K 值的计算公式为"板底土反力基床系数建议（kN/m³）"＝"总面荷载值（准永久值）（kN/m³）"／"平均沉降S_1（mm）"＝ 276.533/0.06738＝4104.08（kN/m³）如图 8.24.2 所示。

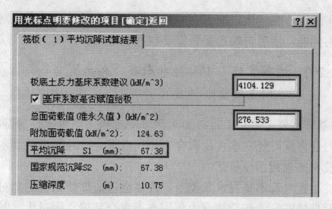

图 8.24.2　JCCAD 在"桩筏筏板有限元计算"中 K 值的计算结果

【禁忌 8.25】　基础底板和地基梁均验算裂缝宽度，且根据裂缝宽度反算钢筋

关于基础设计时是否控制裂缝是长期困扰工程设计的一个重要问题，JCCAD 程序提供了地基梁裂缝宽度验算功能，但是其合理的使用对于基础设计的经济性很重要。在实际设计时应该根据工程的具体情况，判断是否需要控制裂缝以及裂缝宽度的控制标准，然后再确定是否需要根据裂缝反算钢筋。

关于基础设计时是否控制裂缝，在《建筑地基基础设计规范》GB 50007—2011 中没有明确规定，因此许多设计人员当采用 JCCAD 计算时一律选取"根据裂缝反算配筋"，笔者认为这不可取。建议可以参看《北京地区建筑地基基础勘察设计规范》DBJ 11—501—2009，其第 8.6.5 条规定："梁板式筏形基础底板可按塑性理论计算弯矩。"其条文说明中提到：

"1　如 8.6.3 条条文说明所述筏形基础及箱形基础钢筋的实测应力都不大，一般只有 20～50MPa，远低于钢筋计算应力。

2　设计人员计算基础底板时，一般采取地基反力均匀分布的计算模型，与实际地基反力分布不符，会使板裂缝宽度计算结果偏大。

3　目前设计人员一般采用现行国家标准《混凝土结构设计规范》GB 50010 中裂缝计算公式进行裂缝宽度验算，而该公式只适用于单向简支受弯构件，不适用于双向板及连续梁，因此采用该公式计算的裂缝宽度不准确。

4　目前北京地区习惯的地下室防水做法是基础板下面均有防水层，因此对底板有较好的保护作用，这时对其裂缝宽度的要求可以比暴露在土中的混凝土构件放松。一般来说，只要设计时注意支座弯矩调幅不太大，混凝土裂缝宽度不致过大，而且数十年来大量工程有关筏形基础及箱形基础的钢筋应力实测表明，其钢筋应力都不大，混凝土实际上很少因受力而开裂，所以不会影响钢筋耐久性。"

因此在实际设计时应该根据工程的具体情况，判断是否需要控制裂缝以及裂缝宽度的控制标准，然后再确定是否需要根据裂缝反算钢筋。

【禁忌 8.26】 桩布置时不重视桩群承载力合力点与竖向永久荷载合力作用点宜重合的要求

《建筑桩基技术规范》JGJ 94—2008 第 3.3.3 条 2 款规定："排列基桩时，宜使桩群承载力合力点与竖向永久荷载合力作用点重合，并使基桩受水平力和力矩较大方向有较大抗弯截面模量。"

在进行桩布置时若不重视该条要求，往往会造成即使布置的总桩数满足上部荷载要求，但是桩群形心与荷载合力作用点不重合使偏心距过大，其荷载偏心的负面效应比较大，造成桩设计不满足要求。JCCAD 软件提供了相关功能帮助用户轻松地实现此条要求。

某工程，采用桩筏基础，其原方案桩位平面布置图如图 8.26.1 所示。

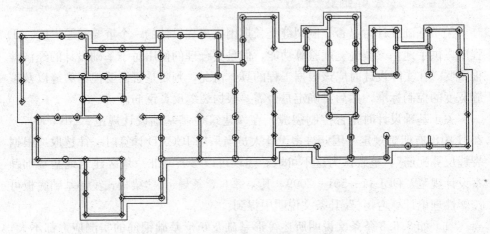

图 8.26.1　原方案桩位平面布置图

此时利用程序提供的【重心校核】下的【桩重心】功能就可以判断桩数量和桩位是否合理，不需要到〈桩筏、筏板有限元计算〉菜单中进行计算是否满足单桩承载力后再返回进行方案调整。如该工程在【桩重心】中选定某种荷载组合下桩群重心校核，用光标围取桩，确定后屏幕显示所围区内荷载合力作用点坐标与合力值、桩群形心坐标与总抗力、桩群形心相对于荷载合力作用点的偏心距 D_x、D_y，如图 8.26.2 所示。

根据《建筑桩基技术规范》JGJ 94—2008 的规定宜使桩群承载力合力点与竖向永久荷载合力作用点重合，由【桩重心】校核的结果，如图 8.26.3 所示，不难看出桩群形心与荷载合力作用点不重合，偏心距 D_x、D_y 分别为 0.97m 和 −0.43m，其荷载偏心的负面效应比较大，造成右下角的桩设计基本不满足要求。

所围区域内荷载合力作用点坐标(17656,43809)
所围区域内桩群形心坐标(16685,44244)
桩群总抗力：183150.0kN，区域合力176683.3kN
Dx= 0.97m   Dy=-0.43m

图 8.26.2 原方案的【桩重心】校核

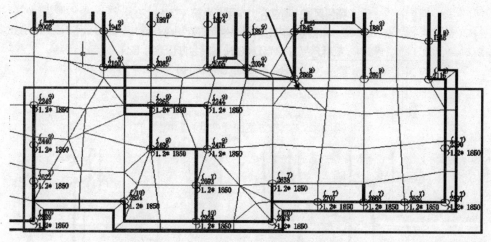

图 8.26.3 原方案的桩最大反力图

利用【桩重心】功能，反复进行桩布置调整，最后确定的新方案桩位平面布置，如图 8.26.4 所示。

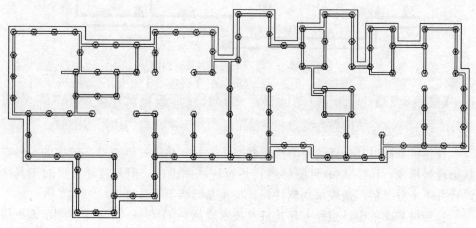

图 8.26.4 新方案桩位平面布置图

通过【桩重心】看出桩群形心与荷载合力作用点已经基本重合，偏心距 D_x、D_y 分别为 0.02m 和 0.14m，其荷载偏心的负面效应不大，如图 8.26.5 所示，桩设计基本应该能够满足要求，如图 8.26.6 所示。

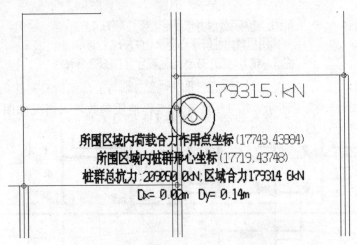

图 8.26.5　新方案的【桩重心】校核

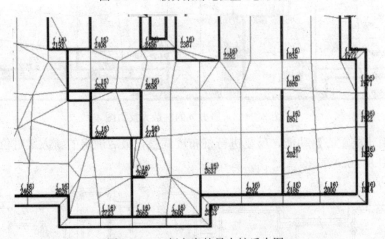

图 8.26.6　新方案的最大桩反力图

【禁忌 8.27】 采用 JCCAD 程序进行长短桩基础设计时，不了解其设计原理

长短桩基础以其合理的受力性能和经济效益，是近些年来发展较快的一种桩基础设计形式，JCCAD 软件能够进行长短桩基础设计，但是设计人员对于具体设计并不十分了解，造成采用软件设计桩筏基础结果不合理。

长短桩基础的设计也是《建筑桩基技术规范》JGJ 94—2008 中变刚度调平设计中的主要内容。根据《建筑桩基技术规范》JGJ 94—2008 第 2.1.10 条的术语解释，变刚度调平设计是考虑上部结构形式、荷载和地层分布以及相互作用效应，通过调整桩径、桩长、桩距等改变基桩支承刚度分布，以使建筑物沉降趋于均匀、承台内力降低的设计方法。

某工程为大底盘复杂高层结构，地处上海，设计时间为 2010 年之前，因此采用上海市《地基基础设计规范》DGJ 08—11—1999 进行基础设计。地下室两层，其中塔 1 为地上 28 层，相对于±0.000 高度为 90.6m，塔 2 和塔 3 为地上 23 层，相对于±0.000 高度为 72m，塔 4 和塔 5 为地上 18 层，相对于±0.000 高度为 65.7m，采用桩筏基础，基础设计时考虑基础与上部结构共同作用。结构三维轴测图如图 8.27.1 所示，塔 1～塔 5 的工程地质参数输入情况如图 8.27.2～图 8.27.4 所示。

图 8.27.1　结构三维轴测图

孔点土层参数表

标高及图幅(m)

孔口标高: -0.79　探孔水头标高: -0.50　孔口坐标:X= -17.0　孔口坐标:Y= 128.0

(用于所有点　用于所有点)

确定　取消　帮助

序号	土名称 (单位)	土层底标高 (m)	压缩模量 (MPa)	重度 (KN/M3)	摩擦角 (度)	粘聚力 (KPa)	状态参数	状态参数含义
2	淤泥	-8.09	3.08	17.50	17.50	13.00	1.35	(定性/-IL)
3	淤泥质土	-17.19	2.20	16.70	11.50	14.00	1.37	(定性/-IL)
4	红粘土	-31.79	4.42	18.00	19.50	17.00	0.96	(含水量)
5	粉土	-31.79	6.81	18.20	25.00	10.00	0.95	(孔隙比e)
6	粉砂	-41.09	5.65	18.30	21.00	18.00	11.50	(标贯击数)
7	粘土	-49.00	7.97	19.60	17.50	46.00	0.33	(定性/-IL)
8	细砂	-50.79	12.22	19.40	31.50	4.00	25.00	(标贯击数)
9	细砂	-60.79	16.34	19.20	32.50	0.00	55.00	(标贯击数)
10	粉砂	-69.39	5.67	18.40	20.00	21.00	25.00	(标贯击数)
11	中砂	-69.39	5.92	18.60	23.00	19.00	27.70	(标贯击数)
12	粗砂	-69.39	17.40	19.70	34.00	0.00	55.00	(标贯击数)
13	圆砾	-69.39	23.98	20.70	36.50	0.00	55.00	(标贯击数)

图 8.27.2　塔 1 的土层参数输入表

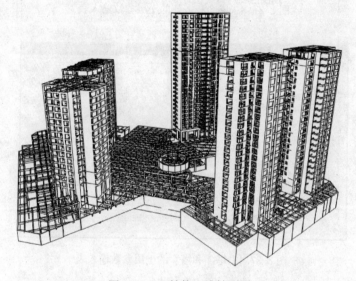

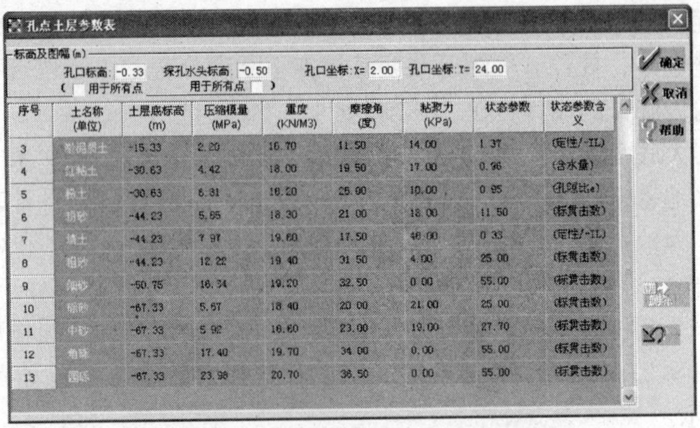

孔点土层参数表

标高及图幅(m)

孔口标高: -0.33 探孔水头标高: -0.50 孔口坐标:X= 2.00 孔口坐标:Y= 24.00

(用于所有点 用于所有点)

序号	土名称(单位)	土层底标高(m)	压缩模量(MPa)	重度(KN/M3)	摩擦角(度)	粘聚力(KPa)	状态参数	状态参数含义
3	淤泥质土	-15.33	2.20	16.70	11.50	14.00	1.37	(定性/-IL)
4	红粘土	-30.63	4.42	18.00	19.50	17.00	0.96	(含水量)
5	粉土	-30.63	6.31	18.20	25.90	10.00	0.95	(孔隙比e)
6	粉砂	-44.23	5.65	18.30	21.00	18.00	11.50	(标贯击数)
7	填土	-44.23	7.97	19.60	17.50	48.00	0.33	(定性/-IL)
8	粗砂	-44.23	12.22	19.40	31.50	4.00	25.00	(标贯击数)
9	细砂	-50.75	16.34	19.20	32.50	0.00	55.00	(标贯击数)
10	砾砂	-67.33	5.67	18.40	20.00	21.00	25.00	(标贯击数)
11	中砂	-67.33	5.92	16.60	23.00	19.00	27.70	(标贯击数)
12	角砾	-67.33	17.40	19.70	34.00	0.00	55.00	(标贯击数)
13	圆砾	-67.33	23.98	20.70	36.50	0.00	55.00	(标贯击数)

确定 取消 帮助

图 8.27.3 塔 2 和塔 3 的土层参数输入表

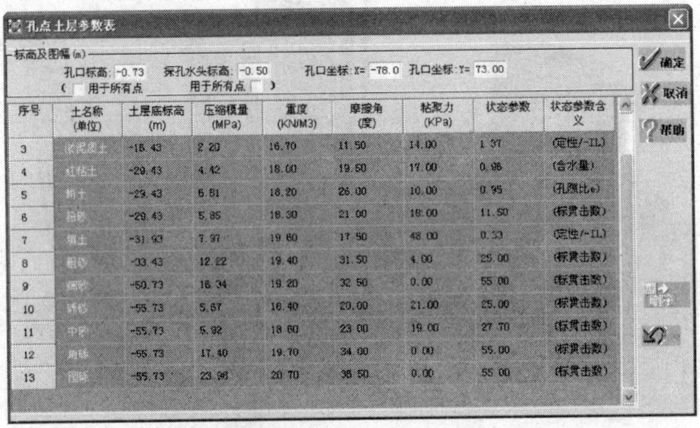

孔点土层参数表

标高及图幅(m)

孔口标高: -0.73 探孔水头标高: -0.50 孔口坐标:X= -78.0 孔口坐标:Y= 73.00

(用于所有点 用于所有点)

序号	土名称(单位)	土层底标高(m)	压缩模量(MPa)	重度(KN/M3)	摩擦角(度)	粘聚力(KPa)	状态参数	状态参数含义
3	淤泥质土	-15.43	2.20	16.70	11.50	14.00	1.37	(定性/-IL)
4	红粘土	-29.43	4.42	18.00	19.50	17.00	0.96	(含水量)
5	粉土	-29.43	6.81	18.20	26.00	10.00	0.95	(孔隙比e)
6	粉砂	-29.43	5.85	18.30	21.00	18.00	11.50	(标贯击数)
7	填土	-31.93	7.97	19.60	17.50	48.00	0.33	(定性/-IL)
8	粗砂	-33.43	12.22	19.40	31.50	4.00	25.00	(标贯击数)
9	细砂	-50.73	16.34	19.20	32.50	0.00	55.00	(标贯击数)
10	砾砂	-55.73	5.67	16.40	20.00	21.00	25.00	(标贯击数)
11	中砂	-55.73	5.92	18.80	23.00	19.00	27.70	(标贯击数)
12	角砾	-55.73	17.40	19.70	34.00	0.00	55.00	(标贯击数)
13	圆砾	-55.73	23.96	20.70	38.50	0.00	55.00	(标贯击数)

确定 取消 帮助

图 8.27.4 塔 4 和塔 5 的土层参数输入表

9 号细砂的标贯击数为 55，土层厚度 8.6m，可以作为塔 1 的桩端持力层，鉴于 9 号细砂的土体标高为－60.79m，塔 1 的筏板底标高为－11.15m，因此决定采用桩长为 50m 的混凝土灌注桩。同样，通过对图 8.27.3 和图 8.27.4 的分析以及塔 2～5 的筏板底标高为－10.85m，决定塔 2～5 采用的桩长为 41m。裙房及大底盘非主体部分筏板底标高为－6.6m，桩长为 24m，作用在标贯击数为 25 的粗砂上。

桩长确定后，再根据基础上部荷载和单桩承载力特征值采用 JCCAD 软件完成自动布桩，桩基平面布置图如图 8.27.5 所示，其中主体结构下筏板采用均匀布桩方式。各塔楼和裙房下的桩径、桩长、单桩承载力和单桩平均净反力如表 8.27.1 所示。

本工程平均沉降计算值为 106mm，工程实测为 65mm，沉降计算温度场图如图 8.27.6 所示。

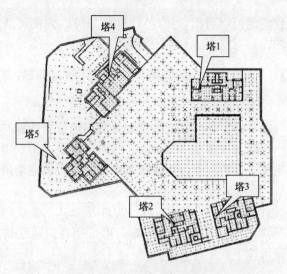

图 8.27.5 桩基础平面布置图

桩基础设计表 表 8.27.1

	桩径（mm）	桩长（m）	单桩承载力特征值（kN）	单桩平均净反力（kN）
塔 1	700	50	3300	2940
塔 2	700	41	2700	2415
塔 3	700	41	2700	2415
塔 4	700	41	2700	1920
塔 5	700	41	2700	2260
裙房	550	24	1320	986

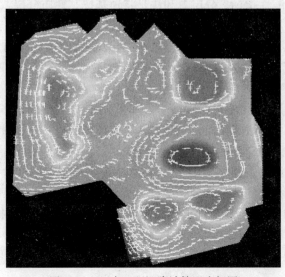

图 8.27.6 本工程沉降计算温度场图

通过以上工程实例可以看出，JCCAD 软件是可以方便灵活地进行桩基础的变刚度调平设计的。

【禁忌 8.28】 沉降计算过分依赖软件，直接采用程序根据规范计算的沉降值

地基基础设计中常需要进行基础的沉降计算，但沉降计算与计算假定关系很大，影响基础最终沉降量的因素十分复杂，很难通过公式得到准确值，工程经验尤为重要，甚至是决定性的因素，因此地基的变形不应该完全依赖于手算或程序计算。

《建筑地基基础设计规范》GB 50007—2011 第 5.3.5 条规定：

"计算地基变形时，地基内的应力分布，可采用各向同性均质线性变形体理论。其最终变形量可按下式进行计算：

$$s = \psi_s s' = \psi_s \sum_{i=1}^{n} \frac{p_0}{E_{si}} (z_i \bar{a}_i - z_{i-1} \bar{a}_{i-1})"$$

地基土层是各向异性非线性的材料，土也不是均质的，在不同地点、不同埋深的土，性质会有很大差别。《建筑地基基础设计规范》GB 50007—2011 中提供的地基变形计算公式，是按照地基内的应力分布采用各向同性均质线性变形体理论求得的，将地基土作此假定是对工程问题的简化处理。

建筑物的最终沉降量计算，目前最常用的方法是分层总和法，也是《建筑地基基础设计规范》GB 50007—2011 提供的方法。这是因为该法考虑的因素较全面，且可以利用勘察报告中提供的室内压缩试验的成果，取得土的压缩模量，作为计算变形的压缩性指标。分层总和法是将地基按其性质分层，求出各分层中的附加压力，然后用相应的压缩模量值计算出各土层的变形量，总计求得最终沉降量。该法可以考虑相邻荷载的影响，按应力叠加原理，用角点法计算出影响后的附加压力值。因此该法可以计算任意点的沉降量，目前 JCCAD 程序中的沉降计算就是采用该方法。

但是由于该计算方法采用地基土为各向同性均质线性变形体理论计算土的应力，以及其他一些无法量化而忽略的因素等，计算所得的沉降量与实测沉降量常存在一定差异。因此应该采用由长期沉降观测资料统计分析与计算沉降量对比得到经验系数加以调整。具体采用 JCCAD〈桩筏、筏板有限元计算〉时，在【沉降试算】提供了相应的调整参数，天然地基需要根据经验沉降反算基床反力系数，如图 8.28.1 所示；桩基础需要根据群桩沉降放大系数，来调整计算沉降，使其尽量与工程经验相符，如图 8.28.2 所示。

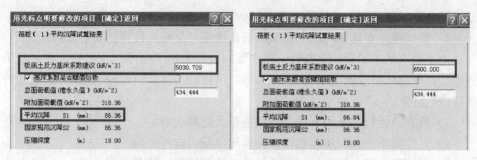

图 8.28.1　基床反力系数调整前、后的平均沉降

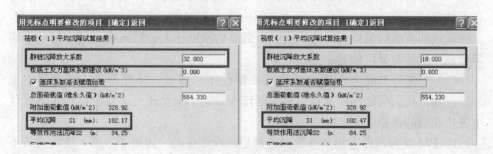

图 8.28.2　群桩沉降放大系数调整前、后的平均沉降

　　软件永远都是设计师手中的工具，永远不可能代替设计者本人。几何模型、荷载输入、参数的选用都需要设计者的学识与经验。软件本身也可能存在缺陷，即便正确的输入也不一定能得到正确的输出，何况输入的过程还不可避免地出现各类错误或疏漏。这就要求设计者必须具备基本的知识修养和概念，对软件计算的结果去进行分析判断。设计者不但要确保软件前处理过程的各项输入的正确性，还必须验证计算结果的可靠性、正确性及适用性。当数据出现不符合基本理论和类似的工程经验时，必须分析原因、调整模型，直至得出切合实际的满意结果。同时还需要考察设计结果的经济性，当给定结构模型的计算结果明显不经济时，需调整结构方案以得出可靠、适用、经济的设计成果。

　　因此，在进行地基基础设计时，决不能盲目相信计算。工程师的理论基础和工程经验十分重要，必须注意理论与实践的结合，计算分析与工程经验的结合，尤其要注意岩土工程指标的综合分析，慎重选用计算参数。在进行综合分析评价时，以下几点可供参考：

　　1）了解 JCCAD 计算中的假设，分析假设和实际条件的不同。

　　任何计算程序都有其基本假设，JCCAD 计算中的假设大部分来自相关的规范，因此应对规范中相关假设有深入了解。

2）了解程序在具体问题上采取的简化措施，分析对计算结果的影响。

由于地基基础工程的复杂性，程序编制过程采用了很多简化措施。在一般工程中，这些简化手段能满足安全要求，对于特殊工程应进行分析，最好采用几种程序进行计算。

3）检查原始数据是否有误，特别是是否遗漏荷载。

4）计算简图是否与实际相符，计算程序是否选择正确。

5）利用基本概念和类似工程经验分析计算结果，注意以下几点：

（1）分析计算结果的规律性是否正确。比如对沉降计算结果的分析，一般荷载大的部位，基础核心部位沉降大，但由于上部结构、基础和地基的相互影响，沉降量级和荷载的差异有时会不同，上部结构刚度越大、竖向刚度越均匀，不均匀荷载产生的差异沉降越小。

（2）判断计算结果的安全程度。根据程序的假设、计算原理，结合基本概念、经验，我们应能判断出计算和实际比较是偏于安全还是不安全，在具体设计中进行相应的调整。

PKPM系列软件有很多参数以前都是放在程序的"黑匣子"里，设计人员不能干预。现在程序已经或正在开放计算参数的开关。程序放开这些参数有两个原因：首先是要让设计人员真正地掌握工程的设计，尽可能地控制设计过程；其次是要把一些关键的责任交由设计人员来负责，程序只能起到设计工具的作用，不能代替设计。所以，这就需要设计人员充分理解程序的适用范围、条件，并具备校对结果合理性、可靠性的能力。

参 考 文 献

1. GB 50007—2011 建筑地基基础设计规范. 北京：中国建筑工业出版社，2012

2. JGJ 94—2008 建筑桩基技术规范. 北京：中国建筑工业出版社，2008

3. 《工程地质手册》编委会. 工程地质手册（第四版）. 北京：中国建筑工业出版社，2007

4. 陈仲颐，叶书麟. 基础工程学. 北京：中国建筑工业出版社，1996

5. 林宗元. 岩土工程治理手册. 沈阳：辽宁科学技术出版社，1993

6. 《地基处理手册》编写委员会. 地基处理手册. 北京：中国建筑工业出版社，1989

7. 罗福午. 建筑工程质量缺陷事故分析及处理. 武汉：武汉理工大学出版社，1999

8. 张可文. 地基与基础工程施工新技术典型案例与分析. 北京：机械工业出版社，2011

9. 黄绍铭，高大钊. 软土地基与地下工程，北京：中国建筑工业出版社，2005

10. 龚晓南，俞建霖. 地基处理理论与实践. 杭州：浙江大学出版社，2006

11. 黄熙龄. 复杂条件下的地基与基础工程. 沈阳：东北大学出版社，1993

12. 谢定义，林本海，邵生俊. 岩土工程学. 北京：高等教育出版社，2008

13. 张雁，刘金波. 桩基工程手册. 北京：中国建筑工业出版社，2009

14. 俞有炜. 建筑桩基概念设计与工程案例解析. 北京：中国建筑工业出版社，2010

15. 滕延京. 既有建筑地基基础改造加固技术. 北京：中国建筑工业出版社，2012

16. Bengt H. Fellenius. Basics Of Foundation Design. SecondExpanded Edition. BiTech Publishers Ltd，1999

17. Robert Wade Brown. Practical Foundation Engineering Handbook. Second Edition. McGraw—Hill，2000

18. Manjriker Gunaratne. The Foundation Engineering Handbook _ 2006. CRC Press & Taylor & Francis Group，2006

19. Mohamad H. Hussein, Jerry A. DiMaggio. Geotechnical Engineering of Standard Handbook for Civil Engineers. Fifth Edition. McGraw—Hill，2003

20. Civil Engineering and Development Department，The Government of the Hong Kong Special Administrative Region. Foundation Design and Construction. 2006

21. Joseph E. Bowles，RE. , S. E. Foundation Analysis and Design [M]. Fifth Edition. International Edition，1997

22. Bengt H. Fellenius. The Civil Engineering Handbook. Second Edition. //W. f. CHEN, J. y. Richard LieW. Chapter 23：Foundations. 2003

23. Bengt H. Fellenius. critical depth：how it came into being and why it does not exist. Proceedings of the institution of civil engineers，Geotechnical Engineering，1994，Vol. 108，No. 1

24. Bengt H. Fellenius. Recent Advances In The Design Of Piles For Axial Loads, Dragloads, Downdrag, And Settlement. ASCE and Port of NY&NJ Seminar, April 22 and 23, 1998

25. Bengt. H. Fellenius. Determining the Resistance Distribution in Piles. Geotechnical News Magazine, 2002, Vol. 20, No. 2: 35—38

26. Bengt. H. Fellenius. Determining the True Distributions of Load in Instrumented Piles. ASCE, International Deep Foundation Congress, "Down to Earth Technology" Orlando, Florida, February 14—16, 2002

27. 钱家欢, 殷宗泽. 土工原理与计算 (第二版). 北京: 中国水利水电出版社, 1979

28. 刘松玉, 钱国超. 粉喷桩复合地基理论与工程实践. 北京: 中国建筑工业出版社, 2006

29. 刘金波. 建筑桩基技术规范理解与应用. 北京: 中国建筑工业出版社, 2008

30. 黄强. 勘察与地基若干重点技术问题. 北京: 中国建筑工业出版社, 2003

31. 黄强. 桩基工程若干热点技术问题. 北京: 中国建材工业出版社, 1996

32. 黄义, 何芳社. 弹性地基上的梁、板、壳. 北京: 科学出版社, 2005

33. 赵明华, 李刚. 土力学地基与基础疑难释义. 北京: 中国建筑工业出版社, 1998